パーフェクト Java EE

井上 誠一郎／槙 俊明
上妻 宜人／菊田 洋一 著

技術評論社

ご注意
ご購入・ご利用の前に必ずお読みください

●本書に記載された内容は、情報の提供のみを目的としています。したがって、本書を用いた運用は、必ずお客様自身の責任と判断によって行ってください。これらの情報の運用の結果について、技術評論社および著者はいかなる責任も負いません。

●本書記載の情報は、2016年7月現在のものを記載していますので、ご利用時には、変更されている場合もあります。ソフトウェアに関する記述は、特に断りのないかぎり、2016年7月現在での最新バージョンをもとにしています。ソフトウェアはバージョンアップされる場合があり、本書での説明とは機能内容や画面図などが異なってしまうこともあり得ます。本書ご購入の前に、必ずバージョン番号をご確認ください。

●本書の内容およびサンプルダウンロードに収録されている内容は、次の環境にて動作確認を行っています。

OS	Windows 7 x86 (32＆64bit) SP1以上／Windows 8 x64 (32＆64bit)／OS X x64 10.7.3以上
Java	Java 8
GlassFish	GlassFish 4.1

　上記以外の環境をお使いの場合、操作方法、画面図、プログラムの動作などが本書内の表記と異なる場合があります。あらかじめご了承ください。
　以上の注意事項をご承諾いただいた上で、本書をご利用ください。

●本書のサポート情報は下記のサイトで公開しています。
　http://gihyo.jp/book/2016/978-4-7741-8316-9/support

※Microsoft、Windowsは、米国Microsoft Corporationの米国およびその他の国における商標または登録商標です。
※Javaは、米国Oracle Corporationの米国およびその他の国における商標または登録商標です。
※その他、本文中に記載されている製品の名称は、すべて関係各社の商標または登録商標です。

はじめに

本書を手に取っていただきありがとうございます。

Java EEは複雑な歴史を持った技術です。

Java EEの前身のJ2EEは、この技術は必須だと思わせる強いブランド力を持っていました。背景には、当時Javaを開発していたSun社が、今でいうGoogle社のような、強い技術ブランドで業界に光り輝いていたからでした。

歴史的には、その後、J2EEのブランドは失墜しました。J2EEの難しさは偶発的な複雑さゆえで、J2EEを使わずともWebアプリは簡単に開発できる、と主張および実践する開発者が多数現れたからです。

J2EEブランドを失墜させた側の著名人のひとりは、Spring Framework開発者のロッド・ジョンソン氏でした。こうしてJ2EEは業界の化石になりそうでした。そんな中、J2EE開発陣は大胆な決断をしました。Spring Frameworkなど人気のあるオープンソースから多くのアーキテクチャを拝借して、J2EEをJava EEとして再ブランディングする決断です。そうして誕生したのがJava EE 5です。その系譜が本書で扱うJava EE 7です。

客観的に見ると、Java EEにブランド変更以降、悪くないアーキテクチャになっていると思います。しかしJava EEを学ぶにはふたつの壁があります。

ひとつは過去の遺産です。Javaは言語自体もそうですが、後方互換性を大事にします。この方針は基盤ソフトとして価値のある点です。しかしJ2EEからJava EEにかけての大幅な刷新を経てもなお、J2EE時代の互換性がかなり残っています。古いアプリが動き続ける利点の半面、新しくJava EEを学び始める人にとっては障害でしかありません。
本書は、互換性だけのために残っていると判断した仕様や機能については、基本的に言及しないという方針でこの障害を取り除いています。

もうひとつの壁は、Java EEが扱う領域の本質的な複雑さです。マルチスレッド環境での同期処理には本質的な複雑さがあります。データベースアクセスやトランザクション処理は本質的に複雑です。更にJ2EE時代のEJBには分散処理の複雑さもありました。Java EEはこれらの複雑さをアプリ開発者から隠蔽しようと努力してきた技術です。本質的な複雑さがあるという目で読めば、心理的に壁を少し軽減できるかと思います。

本質的な複雑さは設計が戦うべき相手です。一方で、本質的な複雑さはそう簡単に消えません。むしろ隠蔽が害になる場合すらあります。Java EEが複雑さをどう手なずけようとしているのか、どんな抽象層を作っているのか、これらを意識しながら本書を読み進めてみると、興味深いと思います。

2016年7月 井上 誠一郎

● 対象読者
- Java自体の言語知識は前提とします
- Webの基本動作（HTTPやURLなど）の知識は前提とします
- Java EEでWebアプリの開発を始めたい人
- Java EEでWebアプリの開発をしているが、知識にあやふやな部分がある人
- 基盤ソフトウェアのアーキテクチャ設計に興味のある人

Part 1　JavaEE 〜 overview　　15

1章　Java EE 概論　　16

1-1　Java EEとは　　16
- 1-1-1　Java EE概論　　16
- 1-1-2　Java EEの歴史　　16
- 1-1-3　Java EEの規格　　17
- 1-1-4　規格と実装　　18

1-2　Webアプリのアーキテクチャ　　19
- 1-2-1　Webアプリの構造　　19
- 1-2-2　Java EEの役割　　19
- 1-2-3　コンテナアーキテクチャ　　20
- 1-2-4　レイヤアーキテクチャ　　22
- 1-2-5　MVCアーキテクチャ　　22
- 1-2-6　並行処理アーキテクチャ　　23

1-3　Java EEアプリ開発の準備　　23
- 1-3-1　GlassFish4の準備　　23
- 1-3-2　Java EEアプリ開発の構成管理　　24
  - COLUMN　構成管理とは　　24
- 1-3-3　自作Webアプリを動かす工程　　25

Part 2　DI　　29

2章　コンテナアーキテクチャとDI　　30

2-1　DIとは何か　　30
- 2-1-1　DIのメリット①（テスタビリティの向上）　　30
- 2-1-2　DIのメリット②（コンテナ管理インスタンスへのアクセス性向上）　　33
- 2-1-3　DIの使いどころ　　34

2-2　DIコンテナ　　34

2-3　Java EEにおけるコンポーネントモデルとDI　　35
- 2-3-1　Java EEのDI対応　　36

3章　CDI（基礎編）　　37

3-1　CDIとは　　37
3-2　はじめてのCDI　　37
- 3-2-1　CDIによる解決　　40

3-3	CDIのDI機能		43
	3-3-1	CDIの管理対象クラス	43
	3-3-2	CDIのインジェクトポイント	46
	COLUMN	どのインジェクトポイントを利用すべきか	47
	3-3-3	タイプセーフな依存性解決	48
	3-3-4	限定子による依存性解決	49
	3-3-5	プロデューサメソッド	56
3-4	スコープ		63
	3-4-1	スコープの仕組み	64
	3-4-2	ノーマルスコープと疑似スコープ	65
	3-4-3	CDIに含まれるスコープ	66
3-5	ライフサイクルコールバックメソッド		74
3-6	@Named - EL式からのBean参照		75
3-7	ステレオタイプ		76
	3-7-1	ステレオタイプのグループ化対象	78
	3-7-2	@Model - 組み込みステレオタイプ	78
3-8	インターセプタ		79
	3-8-1	インターセプタの実装例	80
	3-8-2	インターセプタの適用対象	83
	3-8-3	インターセプタの順序制御	83
	3-8-4	ステレオタイプによるインターセプタのグループ化	86
	3-8-5	インターセプタ利用の注意点	87
3-9	CDIパッケージング		88
	3-9-1	Java EE 6以前のCDI有効化方法	88
	3-9-2	Java EE 7以降のCDI有効化方法	89
3-10	CDI（基礎編）のまとめ		93

4章 CDI（応用編）　94

4-1	CDIによるクラス間依存性解決の応用		94
	4-1-1	応用的なBean型	94
	4-1-2	Bean型とジェネリクス	98
	4-1-3	Alternative	100
4-2	応用的なインターセプタ		103
	4-2-1	コンストラクタへのインターセプタ適用	103
	4-2-2	@Interceptors	105
	4-2-3	デコレータ	107
4-3	CDIイベント		111
	4-3-1	イベントオブジェクト	112
	4-3-2	@Observesによるオブザーバ実装	112
	4-3-3	Eventによるイベント通知	114

	4-3-4	限定子によるイベントの選択	115
	4-3-5	オブザーバメソッドの応用	118
4-4	CDI（応用編）のまとめ		124

Part 3　Web層　125

5章　サーブレット　126

5-1	簡単なサーブレットアプリ		126
	5-1-1	サーブレットアプリのコードの読解	127
	5-1-2	サーブレットAPIの概要	127
5-2	サーブレットクラス		128
	5-2-1	doメソッドのオーバーライド	128
	5-2-2	サーブレットクラスのインスタンスと同期処理	129
	5-2-3	initメソッドのオーバーライド	129
	5-2-4	URLマッピング	130
	5-2-5	URLパターンの文法	132
	5-2-6	ファイルシステム（リソースパス）へのマッピング	133
	5-2-7	WEB-INFとMETA-INFディレクトリ	133
5-3	リクエスト処理		134
	5-3-1	リクエストURL	134
	5-3-2	リクエストヘッダ	134
	5-3-3	クエリパラメータ	135
	COLUMN	GETとPOSTのメソッドの使い分けの指針	136
	5-3-4	リクエストボディ	137
5-4	レスポンス処理		139
	5-4-1	レスポンスステータス	139
	5-4-2	レスポンスヘッダ	140
	5-4-3	レスポンスボディ	141
	5-4-4	フォワード処理	141
	5-4-5	インクルード処理	143
	5-4-6	リダイレクト処理	143
	5-4-7	リダイレクト処理とフォワード処理の使い分け	144
5-5	状態管理		145
	5-5-1	属性用コンテナ	146
	5-5-2	属性とスコープ	146
5-6	セッション管理		147
	5-6-1	セッション管理が必要な理由	147
	5-6-2	セッション管理の仕組み	147
	5-6-3	クッキーによるセッション管理の仕組み	148

	5-6-4	セッションオブジェクト	149
	COLUMN セッション用途以外でクッキーを直接扱う方法		149
	5-6-5	jsessionidクエリパラメータによるセッション管理	151
	5-6-6	セッションタイムアウト	152
	5-6-7	セッション管理のその他の話題	152
	5-6-8	セキュリティAPI	154
	5-6-9	ユーザ認証方法の設定	155

5-7 フィルタとリスナ ... 157

- 5-7-1 フィルタとは ... 157
- 5-7-2 フィルタの割り込み先の指定方法 ... 158
- 5-7-3 フィルタの並行処理 ... 160
- 5-7-4 リスナとは ... 161

5-8 非同期処理 ... 164

- 5-8-1 同期処理と非同期処理 ... 164
- 5-8-2 非同期サーブレット ... 165
- 5-8-3 フォワード処理の非同期処理 ... 166
- 5-8-4 非同期処理のリスナ ... 167
- 5-8-5 ノンブロッキングI/O処理 ... 168

5-9 モジュール化 ... 170

- 5-9-1 ライブラリjar ... 170
- 5-9-2 jarファイル側の初期化処理 ... 171
- 5-9-3 jarファイルのリソースファイル ... 173
- 5-9-4 jarファイルのweb-fragment.xmlファイル ... 173

6章 JAX-RS 174

6-1 JAX-RSとREST ... 174

COLUMN サーブレットのURLマッピングの無効化 ... 174
- 6-1-1 自作JAX-RSアプリをGlassFishで動かす工程 ... 175
- 6-1-2 JAX-RSアプリのコードの読解 ... 176

COLUMN JAX-RSのクライアントAPI ... 177

6-2 リソースクラス ... 178

- 6-2-1 リソースクラス ... 178
- 6-2-2 URLマッピング ... 178
- 6-2-3 Applicationサブクラスと@ApplicationPathアノテーション ... 178
- 6-2-4 複数のApplicationサブクラス ... 178
- 6-2-5 web.xmlによるベースパス設定 ... 179
- 6-2-6 @Pathアノテーション ... 180
- 6-2-7 リソースメソッド ... 181
- 6-2-8 リソースクラスと同期処理 ... 183
- 6-2-9 リソースクラスのコンストラクタ ... 184

	6-2-10	フィールドおよびJavaBeansプロパティ	184
	6-2-11	サブリソースロケータによる処理の委譲	185
	6-2-12	リソースクラスからサーブレットAPIの利用	186
	6-2-13	@Contextアノテーション	186
	6-2-14	リソースクラスの例外とExceptionMapper	187
6-3	**リクエスト処理**		188
	6-3-1	JAX-RSのリクエスト処理	188
	6-3-2	フォーム処理	193
	6-3-3	フォームビーン	195
	6-3-4	@BeanParam	196
	6-3-5	JSON形式でポストされたリクエストの受信処理	197
	6-3-6	@Consumesアノテーション	199
	6-3-7	MessageBodyReader	199
	6-3-8	リクエストフィルタ	201
	6-3-9	インタセプタ	204
6-4	**レスポンス処理**		206
	6-4-1	レスポンス処理の基本	206
	6-4-2	@Producesアノテーション	206
	6-4-3	JSON形式のレスポンス	206
	6-4-4	XML形式のレスポンス	207
	6-4-5	Responseオブジェクト	208
	6-4-6	MessageBodyWriter	211
	6-4-7	リダイレクト処理	212
	6-4-8	レスポンスフィルタ	215
	6-4-9	インタセプタ	216
6-5	**非同期処理**		217
	6-5-1	JAX-RSの非同期処理の準備 (Concurrency Utilities for Java EE)	217
	6-5-2	JAX-RSの非同期処理	219

7章 ELとJSTL　222

7-1	**EL**		222
	7-1-1	ELの概要	222
7-2	**ELの文法**		223
	7-2-1	リテラル	223
	7-2-2	エスケープ	225
	7-2-3	演算子	225
	7-2-4	プロパティと配列	229
	7-2-5	例外	232
	7-2-6	スコープ	233
	7-2-7	暗黙オブジェクト	234

		7-2-8	コレクション処理	235
		7-2-9	ラムダ式とストリーム処理	235
		7-2-10	関数	236
		7-2-11	暗黙の型変換	237
7-3	JSTL			239
		7-3-1	JSTLとは	239
		7-3-2	コアタグライブラリ	239
		7-3-3	書式タグライブラリ	246
		7-3-4	関数タグライブラリ	246

8章 WebSocket　248

8-1	WebSocketとは			248
		8-1-1	WebSocketとURL	249
		COLUMN	HTTPでのサーバプッシュ通信	249
		8-1-2	WebSocketとHTTP	250
8-2	簡単なWebSocketアプリ			250
		8-2-1	JavaScriptコード	252
		8-2-2	WebSocketコードの読解	253
8-3	WebSocket API			255
		8-3-1	アノテーションAPIの使い方	256
		8-3-2	プログラマブルAPIの使い方	257
		8-3-3	EndPointクラスのオブジェクト生成	259
		8-3-4	URLマッピング	260
		8-3-5	Sessionオブジェクト	262
8-4	受信処理と送信処理			265
		8-4-1	受信処理	265
		8-4-2	分割受信	266
		8-4-3	カスタムペイロード	266
		COLUMN	WebSocket上のメッセージングプロトコル	267
		8-4-4	送信処理	270
		8-4-5	同期送信処理	271
		8-4-6	非同期送信処理	272
		8-4-7	カスタムペイロード	273
		8-4-8	ブロードキャスト送信	275
		8-4-9	状態管理	276
		8-4-10	サーブレットアプリと共存	277

9章 JSF（基礎編）　280

9-1	JSFとは			280
		9-1-1	JSFアプリケーションの作成	281

9-2　Facelets ······ 287
- 9-2-1　HTMLタグライブラリ ······ 288
- 9-2-2　UIComponentクラス ······ 294
- 9-2-3　コンポーネントの属性 ······ 297
- 9-2-4　HTML5への対応 ······ 301
- 9-2-5　リソース ······ 305

9-3　管理Bean ······ 308
- 9-3-1　@RequestScoped ······ 309
- 9-3-2　@ViewScoped、@SessionScoped、@ApplicationScoped ······ 310
- 9-3-3　@FlowScoped ······ 312

9-4　EL式 ······ 315

9-5　ライフサイクル ······ 316
- 9-5-1　Restore View ······ 318
- 9-5-2　Apply Request Values ······ 318
- 9-5-3　Process Validations ······ 319
- 9-5-4　Update Model Values ······ 319
- 9-5-5　Invoke Application ······ 319
- 9-5-6　Render Response ······ 320

9-6　ナビゲーション ······ 320
- 9-6-1　POSTによるナビゲーション ······ 320
- 9-6-2　GETによるナビゲーション ······ 321

9-7　パラメータの渡し方 ······ 321
- 9-7-1　クエリ文字列の利用 ······ 321
- 9-7-2　Flashオブジェクトの利用 ······ 322
- 9-7-3　@SessionScopedな管理Beanの利用 ······ 323

10章　JSF（実践編） 324

10-1　Ajax（Asynchronous JavaScript + XML） ······ 324
10-2　コンバータ ······ 328
- 10-2-1　標準コンバータ ······ 329
- 10-2-2　カスタムコンバータ ······ 330

10-3　バリデータ ······ 331
- 10-3-1　標準バリデータ ······ 331
- 10-3-2　カスタムバリデータ ······ 333

10-4　テンプレート ······ 334
10-5　複合コンポーネント ······ 336
10-6　カスタムコンポーネント ······ 341
10-7　リッチコンポーネントライブラリ ······ 342
10-8　例外ハンドリング ······ 348
- 10-8-1　エラーページ ······ 348

		10-8-2	ExceptionHandler	349
10-9	その他			351
		10-9-1	セキュリティ	351
		10-9-2	パフォーマンス	353

11章　Bean Validation ... 355

11-1	Bean Validationとは		355
	11-1-1	Bean Validationの利用方法	356
11-2	Bean Validationの定義		358
	11-2-1	Built-in constraints	358
	11-2-2	Bean Validationのアノテーション定義	361
	11-2-3	Bean Validationの宣言方法	363
	COLUMN	validatedByの指定が空となっている理由	363
	11-2-4	Bean Validationのメッセージ	366
11-3	Bean Validationの機能		367
	11-3-1	Custom Constraints	367
	11-3-2	Object graph validation	371
	11-3-3	Constraint Composition	372
	11-3-4	Grouping constraints	373
	11-3-5	GroupSequence	374
	11-3-6	Multi-valued constraint	375
	11-3-7	Cross-Parameter Constraints	376
11-4	Java EEとBean Validation		377

12章　MVC ... 380

12-1	MVC1.0登場の背景	380
12-2	MVC 1.0（JSR-371）の基本	381
12-3	Controller	382
12-4	Model	384
12-5	View	386
12-6	リダイレクト	388
12-7	入力チェック	390
12-8	例外ハンドリング	394
12-9	セキュリティ対策	395
	12-9-1　CSRF（Cross-site Request Forgery）	395
	12-9-2　XSS（Cross-site Scripting）	397
12-10	参照実装Ozark	397
	COLUMN　本当にJava EEで良いですか？	398

Part 4 データアクセス層 399

13章 JPA（基礎編） 400

13-1 JPAの基礎 400
- 13-1-1 JPAとは 400
- 13-1-2 JPAの構成要素 402

13-2 はじめてのJPA 405
- 13-2-1 プロジェクトの作成 405
- 13-2-2 データベースの作成 407
- 13-2-3 エンティティの作成 408
- 13-2-4 persistence.xmlの修正 412
- 13-2-5 EntityManagerを使用したJPAプログラミング 413
- 13-2-6 Web向けエンドポイントの作成 415
- 13-2-7 アプリケーションのデプロイと実行 417

13-3 エンティティ 419
- 13-3-1 Entityの定義 419
- 13-3-2 永続化属性の定義 420
- 13-3-3 主キーの設定 423
- 13-3-4 複合キーの使用 426
- 13-3-5 埋め込みクラスの利用 427
- 13-3-6 日時を扱う属性の定義 430
- 13-3-7 精度を持つ数値属性の定義 431
- 13-3-8 ラージオブジェクトの利用 431
- 13-3-9 列挙型の利用 432
- 13-3-10 永続化対象外のフィールド 433
- 13-3-11 インデックスの定義 434

13-4 EntityManagerの利用 435
- 13-4-1 EntityManagerの生成 435
- 13-4-2 エンティティの状態とライフサイクル 436
- 13-4-3 新規状態のエンティティ 437
- 13-4-4 管理状態のエンティティ 437
- 13-4-5 分離状態のエンティティ 442
- 13-4-6 削除済みのエンティティ 444

13-5 永続性ユニットの設定 445

13-6 コールバック 448
- 13-6-1 コールバック用アノテーション 448
- 13-6-2 エンティティリスナー 450

14章 JPA（発展編） … 453

14-1 関連 … 453
- 14-1-1 1方向の1対1 … 453
- 14-1-2 双方向の1対1 … 455
- 14-1-3 1方向の多対1 … 456
- 14-1-4 1方向の1対多 … 458
- 14-1-5 双方向の1対多／多対1 … 460
- 14-1-6 1方向の多対多 … 461
- 14-1-7 双方向の多対多 … 463
- 14-1-8 関連のソート … 465
- 14-1-9 関連エンティティのフェッチ … 466
- 14-1-10 関連エンティティへのイベントの伝播 … 467
- COLUMN CascadeType.PERSISTの注意点 … 470
- 14-1-11 関連エンティティと主キーを共有 … 471

14-2 JPQL … 473
- 14-2-1 SELECT文 … 474
- COLUMN ネストしたJOIN FETCH … 482
- 14-2-2 UPDATE文／DELETE文 … 490

14-3 Criteria Query … 492
14-4 Native Query … 500
14-5 ストアドプロシージャ … 501
14-6 JPAでサポートされていないフィールド型のマッピング … 504
14-7 エンティティグラフ … 506
- 14-7-1 アノテーションによる静的なエンティティグラフの定義 … 507
- 14-7-2 エンティティグラフの使用方法 … 510
- 14-7-3 Entity Graph APIによる動的なエンティティグラフの定義 … 512

14-8 DDL／スキーマ生成 … 513
14-9 同時実行制御 … 516
- 14-9-1 エンティティのバージョンニングによる楽観的ロック … 517
- 14-9-2 ロックモード指定による明示的なロック … 518

14-10 キャッシュ … 522

15章 トランザクション管理 … 525

15-1 トランザクションとは … 525
15-2 JDBCによるトランザクション管理 … 526
- 15-2-1 JDBCによるトランザクション管理の課題 … 527

15-3 JTAの概要 … 531
15-4 JTAによるトランザクション境界の定義 … 533
- 15-4-1 @Transactionalによる宣言的トランザクション … 533

		15-4-2	UserTransactionによるトランザクション管理	541
	15-5		トランザクションタイムアウト	543
	15-6		JTAによるグローバルトランザクション	545
		15-6-1	グローバルトランザクションとXAResourceインターフェース	546
		15-6-2	XAリカバリ	547
		15-6-3	グローバルトランザクションの注意点	549

16章 EJB Lite　550

	16-1		EJBとは	550
		16-1-1	EJB Liteとは	551
	16-2		セッションBean	552
		16-2-1	ステートレスセッションBean	552
		16-2-2	ステートフルセッションBean	554
		16-2-3	シングルトンセッションBean	558
	16-3		クライアントビューとビジネスインターフェース	562
	16-4		セッションBeanの例外ハンドリング	564
		16-4-1	アプリケーション例外	564
		16-4-2	システム例外	565
	16-5		セッションBeanのコンテナ管理トランザクション機能	566
	16-6		グローバルJNDI名	568
	16-7		セッションBeanへのインターセプタ適用	570
	16-8		EJBタイマーサービス	570
		16-8-1	@Scheduleによる定時起動タイマ	571
		16-8-2	TimerServiceによるAPIを用いたタイマ定義	573
		16-8-3	タイマーの永続化	575
	16-9		@Aynchronousによる非同期メソッドの実行	577
		16-9-1	非同期メソッドのキャンセル	578
		16-9-2	非同期メソッドのトランザクションコンテキスト	580
		COLUMN	CDIとEJBの使い分け	580

付録 JSP　581

	A-1		JSPとは	581
			JSPの文法	581
			本書のJSPの前提	583

索引 584

Part 1

JavaEE 〜 overview

Java EEの概要と背景知識を説明します。歴史を踏まえながらも、今からJava EEを始める人が最低限おさえるべき概念に絞って説明します。

 Java EE概論

JavaでWebアプリ開発を行う上で基礎となるJava EEの概要を説明します。合わせて、Java EEでWebアプリ開発をする上で知っておくとよいアーキテクチャをいくつか紹介します。

1-1 Java EEとは

1-1-1 Java EE概論

Java EE（Enterprise Edition）はサーバサイドプログラム開発のための技術規格を集めたものです。

Java EEはWebアプリ開発以外の技術規格も含んでいます。Webアプリ中心の世の中の情勢を受けて、Java EEの中でも特にWebアプリ開発に特化したサブセット規格が作られました。サブセット規格のことをプロファイルと呼び、Webアプリに特化したプロファイルをWebプロファイルと呼びます。

本書執筆時点で存在するプロファイルは、Java EE全体を指すFullプロファイルとWebプロファイルの2つです。本書はWebプロファイルを説明します。

1-1-2 Java EEの歴史

シンプルなWebアプリはJava EEがなくても開発可能です。ネットワークプログラミングをすれば、JavaでHTTPサーバを開発可能だからです。

誰もが書くようなHTTPサーバ処理はフレームワークとして共通化するほうが幸せです。こうしてできた標準規格がサーブレットです。その後、JSPが登場して、サーブレットを補強しました。これらを基礎として発展してきたのが今のJava EEです。

サーブレットとJSP周辺技術（JSTLとEL）は、Java EEの中でもシンプルで低レイヤの規格です。HTTPサーバ機能とこれらの規格を実装したサーバをサーブレットコンテナと呼びます。サーブレットコンテナは、Java EE規格すべてを実装したJava EEコンテナより小さくて軽い特徴があります。

サーブレット以後、Java EEの規格が徐々に増えてきました。中でも特筆すべき規格がEJBとCDIです。

EJBはかつてJava EEの中心規格でした。EJBはリモートアクセス可能なEJBコンテナをWebサーバの背後に配置して分散処理を可能にします。EJBコンテナは背後のデータベースアクセス処理、トランザクション処理、並行処理、非同期処理などの複雑な処理をアプリ開発者から隠蔽します。

現在のJava EEでは、EJBの機能が他の規格に徐々に委譲されています。たとえば、データベースアクセス処理はJPA、トランザクション管理はJTA、という具合です。またWebの世界の分散処理は、複数のWebサーバで分散化するのが主流なので、EJBコンテナでの分散処理は徐々に廃れています。このような背景の下、WebプロファイルにはリモートぶんさんしょりぶぶんをぬいたEJB Liteが残っています。

EJBに代わりJava EEの中心規格になりつつあるのがCDIです。後述しますが、Java EE全体はコンテナアーキテクチャで徹底されています。しかし徹底しているのは思想だけで手法は異なってきました。つまり、それぞれの規格がそれぞれにコンテナとして振る舞い、オブジェクト管理をしてきたのがJava EEの歴史でした。

CDIはばらばらのオブジェクト管理を統一して、Java EEに一貫したコンテナアーキテクチャを提供します。

1-1-3 Java EEの規格

本書執筆時点のJava EEの最新バージョンは7です。Java EE自体のバージョンが7という意味で、通称Java EE 7と表記します。

Java EE 7のWebプロファイルに含まれる規格の一覧を**表1.1**にまとめます。Java EE全体のバージョンと別に、個別規格にも個々のバージョンがあるので注意してください。

表1.1 Java EE 7のWebプロファイルの技術規格

規格名	バージョン	説明	本書の説明章
Java Servlet	3.1	Webアプリの基本API	5章
JavaServer Pages (JSP)	2.3	Webアプリのビュー処理	付録
Standard Tag Library for JavaServer Pages (JSTL)	1.2	JSPファイル内で使う標準カスタムタグ	7章
Expression Language (EL)	3.0	JSPファイル内などで使える簡易言語	7章
Java API for RESTful Web Services (JAX-RS)	2.0	RESTfulなWebアプリ用API	6章
JavaServer Faces (JSF)	2.2	HTMLフォーム処理を中心としたビュー処理	9章、10章
Java API for WebSocket	1.1	WebSocketを扱うAPI	8章
Contexts and Dependency Injection for Java (CDI)	1.2	DI (Dependency Injection) によるコンポーネント化	3章、4章
Dependency Injection for Java	1.0	(CDIで利用する) DIのためのアノテーション規格	3章、4章
Common Annotations for the Java Platform	1.2	共通的なアノテーション規格	3章、4章

Java Persistence (JPA)	2.1	データベースアクセスのORM (Object-relational mapping)	13章、14章
Java Transaction API (JTA)	1.2	データベースのトランザクション処理API	15章
Enterprise JavaBeans (EJB Lite)	3.2	トランザクション処理、並行処理などをコンポーネント化	16章
Bean Validation	1.1	バリデーション処理のAPI	11章
Java API for JSON Processing	1.0	JSONデータを読み書きするAPI	6章

1-1-4 規格と実装

　Java EE自体が決めているのは規格のみです。その規格に沿った実装の開発は、誰がやっても構いません。実装が正しく規格どおりかを確認する自動テストが存在するため、いい加減な実装はJava EE準拠を名乗れません。**表1.1**の個々の規格に対する実装が、商用およびオープンソースで多数存在します。Java EEすべての規格を揃えた実装を一般にJava EEコンテナと呼びます。

　歴史的にJava EEはサーブレットとJSPから始まった事情があるので、サーブレットとJSPを中心とした機能だけを提供するソフトウェアも存在します。これらをサーブレットコンテナと呼びます。サーブレットはJava EEのサブセットなので、Java EEコンテナは必然的にサーブレットコンテナになります。

　本書はJava EEコンテナとサーブレットコンテナを区別しない場合、便宜上、アプリケーションサーバと呼びます。代表的なアプリケーションサーバを**表1.2**にまとめます。

表1.2　代表的なWebアプリケーションサーバ

名称	配布元	説明
Tomcat	Apache Software Foundation (ASF)	代表的なオープンソースのサーブレットコンテナ
Apache TomEE	Apache Software Foundation (ASF)	Tomcatを使うJava EEコンテナ
Jetty	Mort Bay Consulting	オープンソースのサーブレットコンテナ。他のアプリケーションサーバの1コンポーネントになっていることも多い
GlassFish	Oracle	オープンソースのJava EEコンテナ。Java EEの参照実装
WebLogic	Oracle	商用のJava EEコンテナ
JBoss	RedHat	商用のJava EEコンテナ
WildFly	RedHat	JBossのオープンソース版
WebSphere	IBM	商用のJava EEコンテナ
Resin	Caucho	オープンソースのJava EEコンテナ

1-2 Webアプリのアーキテクチャ

1-2-1 Webアプリの構造

　Webアプリの動作を概観すると、HTTPリクエストを入力としてHTTPレスポンスを出力するプログラムと見なせます。Webアプリを1つのクラスのように見立てると、リクエストURLはメソッド名に相当し、レスポンスが返り値に相当します[注1]。JavaのメソッドとHTTPのメソッドを混乱しないために、本書では、HTTPのメソッドはGETメソッドやPOSTメソッドのようにすべて大文字で表記します。

　本書はHTTPやURLの詳細には立ち入りません。必要であれば別の書籍を当たってください。

1-2-2 Java EEの役割

　表1.2だけでは各規格の役割がわかりづらいので、一般的なWebアプリの動作シーケンスで関連を示します(**図1.1**)。

図1.1　WebアプリのシーケンスとJava EE

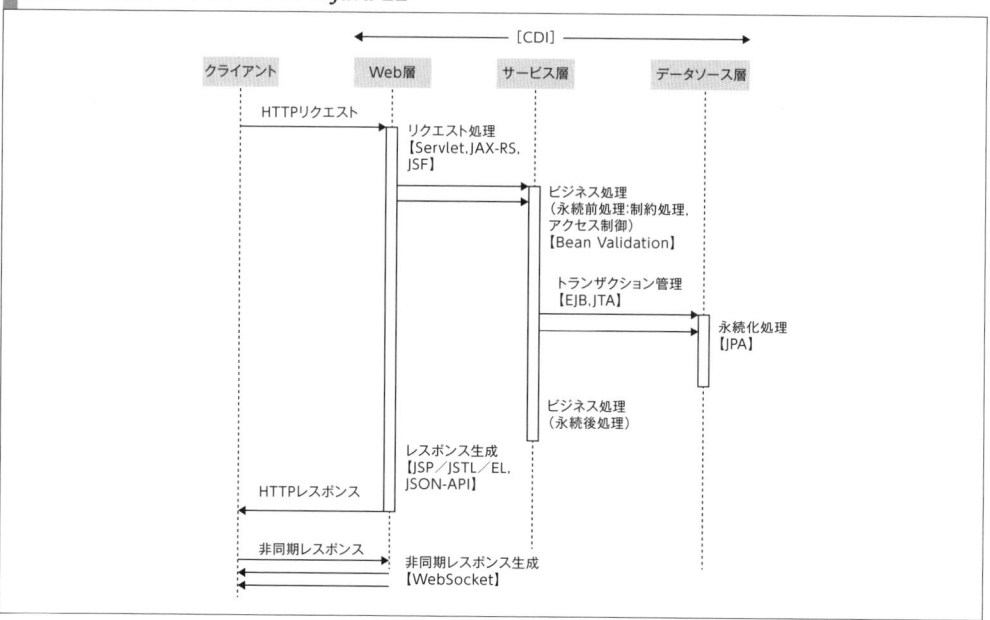

(注1)　本書はURIとURLの違いを無視して用語をURLに統一します。

JavaEE ～ overview

1-2-3 コンテナアーキテクチャ

　Java EEを理解する上で重要な概念がコンテナアーキテクチャです（**図1.2**）。**図1.2**の「Webアプリのコード」の部分がアプリ開発者の書くコードで、それ以外はコンテナのコードだと考えてください。アプリ側のコードは、コンテナが管理するオブジェクトを取得して利用します。また、アプリ側のコードは特定のタイミングでコンテナからコールバックされます。

　コンテナアーキテクチャを実行環境の視点とプログラム開発の視点の両方から説明します。

　普通のJavaプログラムの場合、生成したクラスファイル群をjavaコマンドで実行します。一方、Java EEアプリの場合、javaコマンドで実行するプログラムの実体はコンテナです。開発者の作ったWebアプリのクラスファイル群は、コンテナがロードして実行します。

　コンテナはWebアプリに共通的な機能を提供します。共通処理の1つがHTTP処理なので、通常、コンテナはHTTPサーバとしても機能します。

　プログラム開発の視点で見ると、オブジェクト生成の責務やライフサイクル管理をコンテナに任せるアーキテクチャになります。Webアプリ側のコードはコンテナ管理のオブジェクトを受け取り、それらを利用してコンテナの機能を活用します。

　コンテナを使う場合、コンテナが管理するオブジェクトの参照を不用意にアプリ側で保持しないでください。オブジェクトが別目的で再利用されるかもしれないからです。コンテナ管理のオブジェクトの参照は常にコンテナからアプリ側のコードへインジェクトされるようにしてください。

　コンテナの説明から、フレームワーク、JavaBeans、DI（Dependency Injection）を思い起こす人もいるでしょう。これら根底に流れる思想は似ているからです。これは偶然ではなく、大規模ソフトウェア開発のアーキテクチャの一定の進化の方向性を示唆しています。

図1.2　コンテナとアプリの関係の図

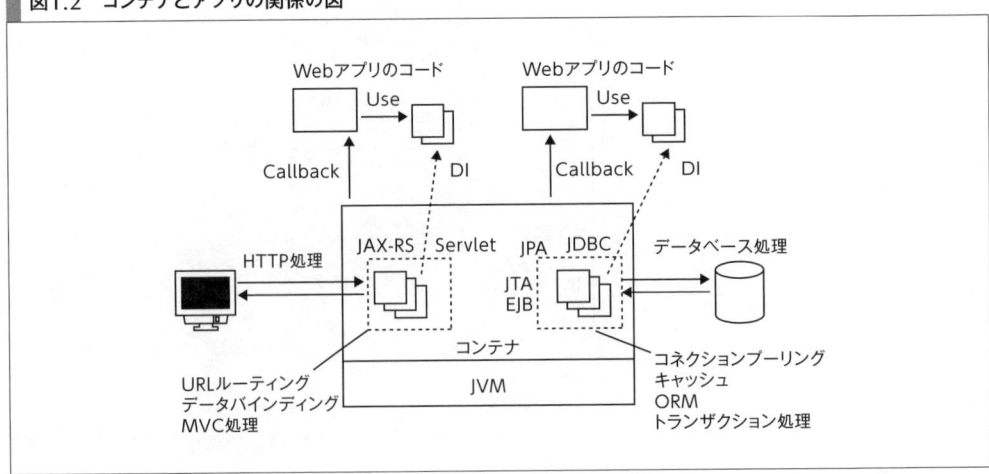

次にコンテナアーキテクチャにとって重要な2つの概念を紹介します。コンテナ管理のオブジェクトをどう探すか（JNDIとDI）とどう整理するか（コンテキストとスコープ）です。

■ JNDIとDI

コンテナが管理するオブジェクトをWebアプリから利用する手段が必要です。主に2つの手段があります。

1つはJNDI（Java Naming and Directory Interface）です。Java EEの世界ではJNDIで管理する対象物をリソースと呼びます(注2)。コンテナはリソースに名前（JNDI名）を付けて管理します。アプリ開発者はJNDI名でリソースを引いて利用します。JNDIのAPIは標準ライブラリのjavax.namingパッケージで提供されます。

もう1つの手段はDI（Dependency Injection）です。最近はDIのためにアノテーションを使うのが普通です。

コンテナ管理のオブジェクトを利用したい場合、自作クラスのフィールド変数やメソッドの引数にDIのためのアノテーションを付与します。こうすると、実行時にコンテナが必要なオブジェクトを生成して、アノテーションを付与した変数にオブジェクト参照を代入してくれます。こうして、コンテナ管理のオブジェクトをアプリ側のコードから簡易に利用できます。

JNDIの利用にもjavax.annotation.Resourceアノテーションを利用可能です。アノテーションを使うと、JNDI利用コードは、ほとんどDIと区別がつかなくなります。Resourceアノテーション利用例は本書のいくつかの箇所で紹介します。

■ コンテキストとスコープ

コンテナはたとえるとオブジェクトの貯蔵庫です。実装パターンの用語を使うとレジストリやレポジトリなどに類似します。大規模なアプリケーションで有効なアーキテクチャです。

ただ、大きな単一の貯蔵庫のままでは、管理オブジェクト数が増えたときに整理しづらくなります。下手をすると、形を変えたグローバル変数になりかねません。

管理オブジェクトを整理する仕組みとして、寿命と可視性で分類するスコープと呼ぶ仕組みがJava EEにあります。CDIの用語を使うと、スコープ管理されたオブジェクトをコンテキストオブジェクトと呼びます。紛らわしいことに、サーブレットの世界のスコープとCDIの世界のスコープは別々に定義されていて、用語の定義が異なります。それぞれの詳細は次章以降で説明しますが、どちらのスコープも、管理オブジェクトを分類する仕組みである点は共通しています。

(注2) 「リソース」は多義的な用語なので注意してください。Javaに限ってもtry-with-resources文のリソース、JNDIのリソース、JAX-RSのリソースという用語を使います。それぞれ別のコンテキストなので別の意味になります。

JavaEE ~ overview

1-2-4 レイヤアーキテクチャ

Webアプリのコードを図1.3のようなレイヤ構成に整理する設計技法があります。レイヤアーキテクチャと呼びます。

図1.3　Webアプリのレイヤアーキテクチャ

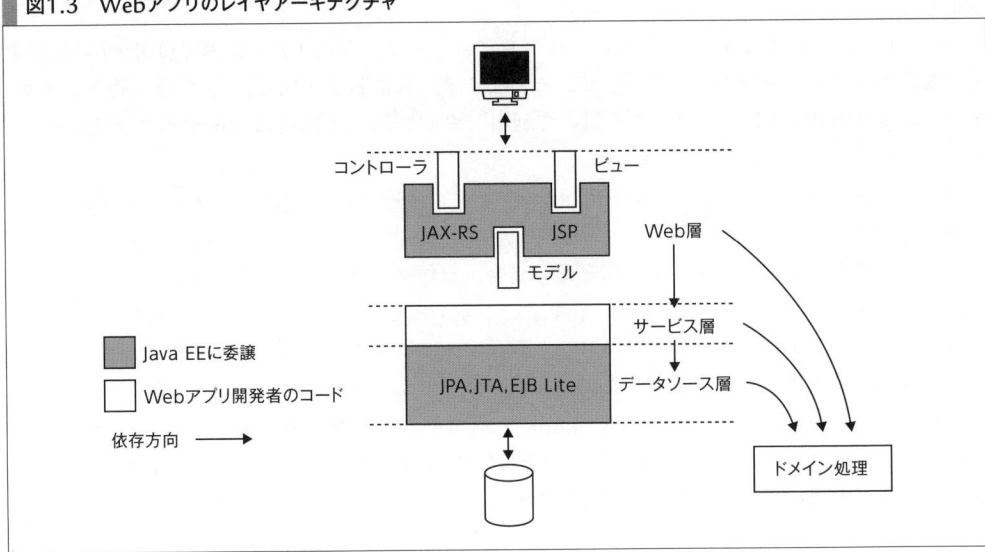

レイヤアーキテクチャのポイントは、複雑さの層への隠蔽、シンプルな境界の提供、レイヤ間の依存方向を直下の層1方向のみに限定、の3つです。たとえばデータソース層にはデータベースアクセスの複雑さを押し込め、Web層にはWeb処理の複雑さを押し込めます。

ある規模以上のWebアプリでは、3層レイヤと別にドメイン処理を区別するほうが現実的です（図1.3の右側）。ドメイン処理は、他から依存される安定コードとして存在します。

1-2-5　MVCアーキテクチャ

図1.3のWeb層には、MVCアーキテクチャとして知られる設計のベストプラクティスがあります。MVCアーキテクチャとは、モデル (M)、ビュー (V)、コントローラ (C) の3つの機能分割を意識した技法です。元々はSmalltalkを由来とするGUIプログラミングで醸成されたプラクティスです。Webアプリケーションの世界へ適用、改造され、現在主流のアーキテクチャになっています。

MVCアーキテクチャの一番の肝はユーザインターフェースのコードをビュー処理として分離する点です。ユーザインターフェースのコードは一般に複雑で変化しやすい部分なので、関心を分離して依存性を整理します。こうするとコードの見通しが良くなります。

1-2-6　並行処理アーキテクチャ

　Java EEアプリは複数のクライアント（Webブラウザなど）からの同時アクセスをさばくためにマルチスレッドで動作します。マルチスレッドの世界ではスレッドセーフなクラスとそうでないクラスの区別、状態管理するクラスとしないクラスの区別が重要です。

　Java EEコンテナは内部で自動的に複数のスレッドを生成します。アプリ開発者の書いたコードの多くはコンテナからコールバックされるので、必然的に複数のスレッドから同時に呼ばれます。普通に考えるとほぼすべてのコードに同期処理（Java開発者の視点ではsynchronized処理など）が必要になります。

　すべてに同期処理のあるコードは安全ですが並行性能に問題が生じます。また開発者の負担も大きくなります。このため次のような工夫で同期処理を不要にします。

- スレッドごとにオブジェクトを生成（コンテナ側の工夫）
- コンテナが同期処理を隠蔽（コンテナ側の工夫）
- 状態を持たない不変オブジェクトの活用（アプリ開発者の工夫）

　とは言え、上記以外の場合は明示的な同期処理が必要なので注意してください。

　Java EEアプリ開発では、スレッド管理をコンテナに任せてください。アプリ開発者がアプリ内のコードで独自にスレッドを生成してはいけません。Java EEコンテナがスレッドローカルの変数を使うという実装上の理由もありますが、そもそも適切なスレッド管理は面倒で複雑なのでコンテナに任せるほうが安全という理由もあります。

1-3　Java EEアプリ開発の準備

1-3-1　GlassFish4の準備

　GlassFish4（以下GlassFish）をインストールしたディレクトリを $GLASSFISH と表記します。たとえば /opt/glassfish4/bin/asadmin の代わりに $GLASSFISH/bin/asadmin と表記します。

　GlassFishを動かす上で最低限知っておくべきコマンドはasadminです。asadminコマンドでGlassFishの各種管理が可能です。

　asadmin実行時に渡す第1引数でサブコマンドを指定します。たとえば、次の2つはGlassFishの起動と停止のサブコマンド例です。

```
$ $GLASSFISH/bin/asadmin start-domain
$ $GLASSFISH/bin/asadmin stop-domain
```

　他にどんなサブコマンドがあるかは次の実行で調べられます。

JavaEE 〜 overview

```
$ $GLASSFISH/bin/asadmin list-commands
```

asadminはコマンドラインツールですが、それに加えて、対話的に管理できるWeb管理コンソールも利用可能です。デフォルト設定では、Webブラウザで http://localhost:4848/ にアクセスすると管理コンソール画面にアクセスできます。別のPCからアクセスする場合は、ホスト名(localhost)の部分を読み替えてアクセスしてください。

1-3-2 Java EEアプリ開発の構成管理

現場の開発の構成管理は大掛かりになる傾向にあります(コラム参照)。多人数で開発を行うにはきちんとした構成管理が必要だからです。ただ、個人的な学習に限れば簡易な構成管理で充分です。このため、本書は必要最小限の構成管理を紹介します。

構成管理に必要な最小工程は「ビルド」と「デプロイ」の2つです。

ビルドとはソースファイルをコンパイルする工程です。Javaで言えばソースファイルからクラスファイルを生成する工程です。最近のWebアプリの場合、JavaScriptやCSSファイルの変換や圧縮なども含みます。

ビルドの次工程がデプロイ(配備)です。デプロイとは、作成したプログラムをコンテナがロードできるようにする工程です。デプロイ対象ファイルはクラスファイルだけではありません。Webアプリには画像ファイル、HTMLファイル、CSSファイルなど、実行ファイル以外の構成要素があるからです。

現実の製品開発では、デプロイすべきファイル群をアーカイブ(1つのファイルにまとめる)するのが普通です。アーカイブするとファイルの扱いが簡単になるからです。またファイル数が減るのでファイルのロードが速くなる利点もあります。本章はwarと言うアーカイブ形式を使います[注3]。

COLUMN

構成管理とは

構成管理とはプログラムを書いて実際に動かすまでの一連の作業の管理と考えてください。

広義には、製品出荷までの一連の作業(ソースコード管理、バグ管理、プロジェクト管理など)、および出荷後の保守運用まで含めた作業管理を指しますが、本章の場合、プログラムを書いてGlassFish上で動かすまでの作業に限定します。

(注3) Javaの代表的なアーカイブ形式として、jar、war、earがあります。jarはクラスライブラリなどに使うアーカイブ形式です。warはサーブレットAPIが規定したアーカイブ形式、earはEJBを使うWebアプリ用のアーカイブ形式です。本章はEJBを使わない方針なのですべてwar形式で統一します(warでEJB Liteは利用可能です)。

原始的なデプロイ手法はファイルコピーです。コンテナがロードできる所定のディレクトリにファイルをコピーしてコンテナを起動すればロード可能だからです。コンテナによっては管理ツールによるデプロイ手法も提供します。GlassFishのデプロイ方法は後述します。

1-3-3　自作Webアプリを動かす工程

本章は下記の手順でWebアプリを開発します。

① mvnコマンドで開発ソースツリーの雛形を作成
② ソースコードを記述
③ mvnコマンドでビルド
④ デプロイ
⑤ 動作確認

■ mvnコマンドで開発ソースツリーの雛形を作成

ビルドのためにmaven (http://maven.apache.org) というツールを使います。紙幅の都合でmavenの詳細は説明しません。本書を読む上では、mavenのコマンド名がmvn、設定ファイルがpom.xmlの2点のみを覚えておけば充分です。

次のようにmvnコマンドを入力すると開発ソースツリーの雛形を生成できます（図1.4）(注4)。

```
$ mvn archetype:generate -DarchetypeGroupId=org.codehaus.mojo.archetypes
-DarchetypeArtifactId=webapp-javaee7 -DarchetypeVersion=1.1 -DgroupId=com.app -DartifactId=myapp
-Dpackage=com.app -Dversion=1.0-SNAPSHOT -Darchetype.interactive=false --batch-mode
```

myappの部分には任意のアプリ名（アーティファクトID）、com.appの部分に任意のグループ名を指定してください。アーティファクトは聞き慣れない言葉ですが、直感的にはWebアプリ名と考えてください。グループIDとアーティファクトIDをつなげたものが（mavenの）プロジェクト名です。たとえば上記指定では、プロジェクト名がcom.app.myappになります。以降、mavenにほとんど依存しない説明をするので、プロジェクト名は意識せずWebアプリ名だけを意識すれば充分です。

(注4)　mvnコマンドを実行すると、ネットワーク経由で依存するファイルをダウンロードします。環境によっては時間がかかるので注意してください。特にはじめての起動の時はダウンロード量が多いため時間がかかります。

JavaEE 〜 overview

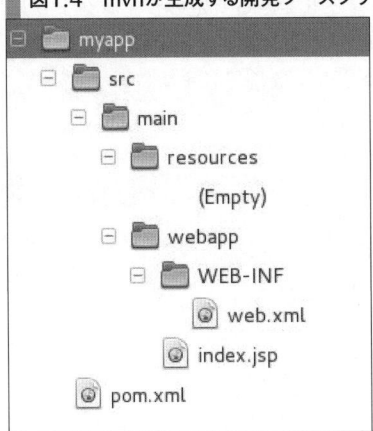

図1.4 mvnが生成する開発ソースツリー雛形

■ ソースコードを記述

前節のmvnコマンド実行により開発ソースツリーの雛形が決まります。mvnコマンドが生成するpom.xmlの必須項目と調整のヒントを示します（**リスト1.1**）。必要に応じてpom.xmlファイルを書き換えてください。書き換えの意味は、リスト中のコメントを参照してください。

リスト1.1 pom.xml

```xml
<?xml version="1.0" encoding="UTF-8"?>
<project xmlns="http://maven.apache.org/POM/4.0.0" xmlns:xsi="http://www.w3.org/2001/
XMLSchema-instance"                                                                     実際は一行
         xsi:schemaLocation="http://maven.apache.org/POM/4.0.0 http://maven.apache.org/xsd/
         maven-4.0.0.xsd">                                                              実際は一行
    <modelVersion>4.0.0</modelVersion>
    <groupId>com.my</groupId>
    <artifactId>myapp</artifactId>
    <version>1.0-SNAPSHOT</version>
    <packaging>war</packaging>
    <name>myapp</name>

    <dependencies>
        <dependency>
            <groupId>javax</groupId>
            <artifactId>javaee-web-api</artifactId> <!-- Java EEのフルプロファイルを使いたい場合、
            javaee-web-apiの部分をjavaee-apiに書き換えます -->                             実際は一行
            <version>7.0</version>
            <scope>provided</scope>
        </dependency>
    </dependencies>
```

```xml
<build>
    <finalName>myapp</finalName>    <!-- Webアプリ名 (=warファイル名)を追記 -->
    <plugins>
        <plugin>
            <groupId>org.apache.maven.plugins</groupId>
            <artifactId>maven-compiler-plugin</artifactId>
            <version>3.1</version>
            <configuration>
                <source>1.8</source>    <!-- 1.7を1.8に書き換えるとJava8を使える (本書は書き換えます) -->
                <target>1.8</target>    <!-- 1.7を1.8に書き換えるとJava8を使える (本書は書き換えます) -->
            </configuration>
        </plugin>
        <plugin>
            <groupId>org.apache.maven.plugins</groupId>
            <artifactId>maven-war-plugin</artifactId>
            <version>2.6</version>
            <configuration>
                <failOnMissingWebXml>false</failOnMissingWebXml>    <!-- web.xmlなしでもコンパイル
                エラーにしない設定 -->
            </configuration>
        </plugin>
    </plugins>
</build>
</project>
```

(実際は一行)

■ mvnコマンドでビルド

開発ソースツリーのトップディレクトリを $WEBAPP と表記することにします。pom.xmlファイルが存在するディレクトリです。

$WEBAPPで次のコマンドを実行するとビルドできます。**リスト1.1**のfinalNameで指定した名前がmyappであれば、targetディレクトリの直下にmyapp.warファイルが生成されます。

```
$ mvn package
```

開発ソースツリーの自動生成直後にビルド可能です。デプロイと動作確認も可能なので、何かソースコードを書き始める前に動作確認してください[注5]。

(注5) ソフトウェア開発はツールやフレームワークが増え環境が複雑化する傾向にあります。動作確認をして土台に問題がないことを確認してから次に進む癖をつけておくと、はまる可能性を減らせます。

■ デプロイと動作確認

GlassFishの場合、主に次の3つのデプロイ方法があります。

- GlassFishの管理コンソール画面からデプロイ
- warファイルを手動コピー（コピー先ディレクトリは $GLASSFISH/glassfish/domains/domain1/autodeploy/）
- asadminコマンドを使うデプロイ

asadminによるデプロイ方法を説明します。次のようにデプロイ可能です。ビルドで生成したwarファイルのパスを引数に指定してください。

```
$ $GLASSFISH/bin/asadmin deploy --force=true target/myapp.war
```

デプロイされているかは次のコマンドで確認可能です。

```
$ $GLASSFISH/bin/asadmin list-applications
```

■ 動作確認

Webブラウザで http://localhost:8080/myapp/ のURLにアクセスすると、デプロイしたWebアプリ（アプリ名がmyappの場合）にアクセスできます。別のPCからアクセスする場合は、ホスト名（localhost）の部分を読み替えてアクセスしてください。

mvnで自動生成した直後のデフォルト状態でこのURLにアクセスすると $WEBAPP/src/main/webapp/index.html を表示する設定になっています。気になる場合は、index.html ファイルを変更して、ビルド、デプロイ、動作確認をして確認してみてください。

Part 2

DI

サービス層の実装とアプリケーションレイヤー間の接続に必要なDIの基本的な考え方と、Java EEにおける実装方法を説明します。

2章 コンテナアーキテクチャとDI

現在のJava EEに不可欠な要素であるDIについて、特定のフレームワークに依存しない基本的な考え方を整理します。

2-1 DIとは何か

DI（Dependency Injection：依存性の注入）とは、利用したいクラスのインスタンス生成にnew演算子を使用せず、フィールドやコンストラクタ、セッターメソッドを経由して外部からインジェクトすることで、クラス間の関連を疎結合に保つための仕組みです。

Javaアプリケーションにおける DI のメリットは主に2つあります。

- テスタビリティの向上
- コンテナ管理インスタンスへのアクセス性向上

2-1-1 DIのメリット①（テスタビリティの向上）

DIの効果を理解するために、DIがない環境でのコードを想像してみましょう。Javaでは一般的に依存先クラスのインスタンス生成にnew演算子を用います。たとえば、ユーザからの注文に対して、在庫引き当てなどのビジネスロジックを実行した後に、確認メールを送信するアプリケーションのコードを**リスト2.1**に示します。

リスト2.1 依存先クラスEmailSenderImplをnewで生成
```
public class OrderService {
    public int order(int itemId, int amount) {
        // ビジネスロジック
        // 在庫引き当て => 注文情報の登録
        reserveStock(itemId, amount);
        int orderId = saveOrder();

        // 確認メールの送信
        Email email = new Email("test@gihyo.co.jp", "title", "message");
        EmailSender emailSender = new EmailSenderImpl();
        emailSender.send(email);
        return orderId;
    }
}
```

OrderServiceクラスのテストコードにおいて、一番テストしたいのは、ビジネスロジックの振る舞いです。在庫が足りるため正常応答する、在庫が足りないためエラー応答する、在庫は足りないが近日中に納入があるため正常応答するなど、アプリケーションの仕様を適切に実装できているかがテストコードによる確認対象です。

しかしこのままの状態でテストコード上でorderメソッドを呼び出すと、確認メールの送信コードが動いてしまいます。エラーなく終了させるためにはユニットテストのためにメールサーバの用意が必要です。

メールサーバであれば、少し手間をかければ各個人の開発環境に用意できますが、設定の難しいミドルウェアや、並行して開発中の他システムAPIとなると各個人の環境に用意するのは相当な負担になります。いけないとはわかっていても、簡易な動作確認の段階では外部リソースに依存するコードをコメントアウトした上でテストした経験がある人も多いと思います。

new演算子でクラス間の連携をすると依存関係が固定化され、依存先クラスの振る舞いを後から差し替えることが困難になります。この問題を解決するのが『依存性の注入（Dependency Injection）』です。DIを利用したコードでは、前述のOrderServiceクラスは**リスト2.2**のようになります。

リスト2.2　DIコンテナにより依存性解決するクラス

```java
public class OrderService {
    @Inject
    EmailSender emailSender;

    public int order(int itemId, int amount) {
        // ビジネスロジック
        // 在庫引き当て => 注文情報の登録
        reserveStock(itemId, amount);
        int orderId = saveOrder();

        // 確認メールの送信
        Email email = new Email("test@gihyo.co.jp", "title", "message");
        emailSender.send(email);
        return orderId;
    }
}
```

DIが使える環境（DIコンテナ）でOrderServiceクラスを動作させると、@Injectが付与されたフィールドには、DIコンテナによりフィールドの型に合ったインスタンスが自動的にnewされた上でセットされます。

Part 2 DI

図2.1の構成のように、今までは直接EmailSenderImplインスタンスをnew演算子で生成していたことに対し、DIコンテナ利用時はEmailSenderImplインスタンスがDIコンテナによりインジェクトされます。

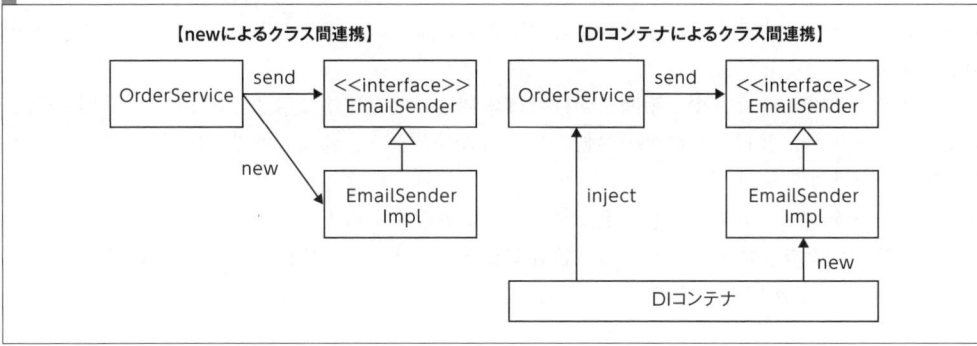

図2.1 DIコンテナによるnew依存の分離

このnew依存からの解放により、テストコードにおいて実装クラスの差し替えが容易になります。たとえば、リスト2.3のように実際にはメール送信しないフェイク実装クラスを用意します。

リスト2.3 フェイク実装クラスの作成

```java
public class EmailSenderFake implements EmailSender {
    @Override
    public void send(Email e) {
        // 何もしない
    }
}
```

リスト2.4のようにフィールド変数にフェイク実装を代入するだけで、メール送信の処理を抑止し、本来テストしたいビジネスロジックのテストに集中できます。

リスト2.4 フェイク実装のインジェクト

```java
public class OrderServiceTest {
    @Test
    public void testOrder() {
        OrderService orderService = new OrderService();
        orderService.emailSender = new EmailSenderFake();

        // フェイク実装により、メール送信エラーにならない
        orderService.order(1, 5);
    }
}
```

2-1-2　DIのメリット②（コンテナ管理インスタンスへのアクセス性向上）

　データソースなどの、コンテナ管理インスタンスの取得を簡潔にすることもDIの大きなメリットの1つです。J2EE時代のWebアプリケーション開発では、**リスト2.5**のようにJNDIルックアップによってコンテナ管理インスタンスを取得することが一般的でした。

リスト2.5　JNDIルックアップによるデータソースの取得

```
Context context = null;
DataSource ds = null;
try {
    context = new InitialContext();
    ds = context.lookup("jdbc/PostgresDS");
} catch (NamingException e) {
    // 例外ハンドリング ...
} finally {
    if (context != null) {
        try {
            context.close();
        } catch (NamingException) {
            // 処理なし
        }
    }
}
```

　やりたいことはデータソースの取得だけですが、だいぶコード量がかさみます。
　一方でDIによるコンテナ管理クラスの例、**リスト2.6**を見てみましょう。Java EE 5からは、サーブレットやEJBなどのAPサーバがインスタンス生成・管理するクラス上においては、@Resourceアノテーションによってデータソースをインジェクト可能です。DIにより、JNDIルックアップによるコードと比較して大幅にシンプルになりました。

リスト2.6　DIによるデータソースの取得

```
@Resource(lookup = "jdbc/PostgresDS")
private DataSource ds;
```

DI

2-1-3　DIの使いどころ

　DIコンテナを利用している場合においても、new演算子によってインスタンス生成する方が適切なケースも数多くあります。DIが有効なケースとnew演算子で生成すべきケースを以下にまとめます。

- **DIが有効なケース：**
  - Webアプリケーションのレイヤ間接続 (Controller - Service - DAOの接続)
  - 外部リソースに依存するクラスへの接続
  - ストラテジパターンによるアプリケーションの拡張ポイントの依存性解決
  - インターフェースと実装クラスを分離するために、Factoryクラスを生成している場合

- **new演算子が有効なケース：**
  - システムで管理する"データ"となるインスタンスを生成する処理
    例：Listなどのコレクション生成、業務データ生成 (new Alert(), new Order() など)
  - JPAエンティティの新規生成
  - アプリケーションの同一レイヤ内のクラス間依存性解決

2-2　DIコンテナ

　DIコンテナの役割は、new演算子の代わりにインスタンス生成するだけではありません。インターフェースと実装クラスの結び付けに限定せず、一般的にDIコンテナには以下のような機能があります。

- **ライフサイクル管理**
  - アノテーションやXMLを読み取って、コンテナ管理対象のクラスを識別し、インスタンス化
  - DIコンテナが生成したインスタンスのスコープに応じたライフサイクル管理
    例：リクエストごとに生成する、またはシングルトンを1つだけ生成して使い回し続けるなど

- **型解決とインジェクト**
  - インジェクト対象のフィールドの型情報を使い実装クラスを探索
    例：インターフェース実装クラスをインスタンス化してインジェクト

Javaの著名なDIコンテナにはSpring Framework(注1)や、Google Guice(注2)があります。Java EEにおいてもJava EE 5より対象をEJBセッションBeanに限定したDIのサポートが始められ、Java EE 6より導入されたCDIの導入により、幅広いクラス間の依存解決にDIの適用が可能です。

2-3　Java EEにおけるコンポーネントモデルとDI

　Java EEは、従来よりインスタンスの管理をコンテナが行うことで、ユーザに機能を提供してきました。代表的な例がサーブレットです。サーブレット実装クラスをnewしなくても、コンテナによって自動的にインスタンス生成されます。

　J2EE時代（〜1.4）は、DIこそなかったもの、コンテナによるコンポーネント管理とインターフェースと実装クラスの分離の考え方は既にできあがっていました。

　DataSourceのJNDIルックアップはわかりやすい例です。javax.sql.DataSourceはあくまでインターフェースであり、APサーバが提供するデータソースのインスタンスをJNDI経由で取得しています。こうすることで、ユーザのコードはデータソース実装クラスに依存しません。図2.2に示すとおり、図2.1で示したDIコンテナ利用時と、JNDIコンテキストを利用するときの依存関係が、非常に良く似ていることがわかります。

図2.2　JNDIによるコンテナ管理インスタンスの取得

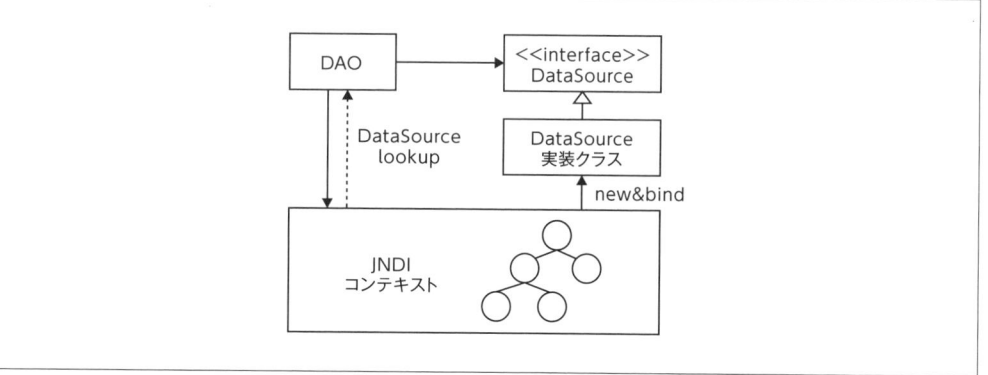

　EJB2もデータソースと同様に、JNDI経由でインスタンス取得を行い、インターフェースと実装の分離を図っていました。しかし、アプリケーションのコードが過度に冗長となるため、J2EE時代は非常に生産性が悪いフレームワークと呼ばれていました。

(注1)　Spring Framework http://projects.spring.io/spring-framework/
(注2)　Google Guice https://github.com/google/guice

2-3-1　Java EEのDI対応

　Spring Frameworkを中心としたDIコンテナの良い所を吸収し、EJBセッションBean間に限定してJava EE 5よりDIのサポートが始まりました。

　Java EE 6より、EJB以外でもDIが利用可能な新しい機能CDI（Context and Dependency Injection）が導入され、Java EEにおいても他のフレームワークと同様にDIが利用できるようになっています。

　Java EE 7ではCDIがデフォルトで有効化され、さらに従来はEJBでしかできなかった宣言的トランザクションの利用が、CDIによるコンテナ管理インスタンスで可能となりました。Java EEのDI対応の経緯を表2.1に示します。このようにCDIは拡大を続け、Java EEの主要技術の1つとなっています。

表2.1　Java EEとDI対応の経緯

バージョン	DI関連の機能追加
Java EE 5	・EJBセッションBean間に限定したDI対応 ・@ResourceによるDataSource、JMSキューなどのインジェクト
Java EE 6	・CDIの導入により、EJBでなくてもDI/AOPが利用可能
Java EE 7	・beans.xmlをアーカイブに含めなくてもデフォルトでCDIが有効化 ・@TransactionalによるCDI管理Beanの宣言的トランザクション ・@InjectによるFacesContext（JSF）のインジェクト対応

　次章からは、Java EE版DIコンテナであるCDIについて、基礎編と応用編に分けて、疎結合なアプリケーションの実現に有効な機能を解説します。

3章 CDI（基礎編）

2章で学んだDIの考え方を踏まえて、Java EEのDI仕様であるCDIについて、よく使われる主要機能を学んでいきましょう。

3-1 CDIとは

　CDI（Context and Dependency Injection）とは、Java EE 6から導入されたJava EE版のDI仕様です。その機能はDIだけに留まらず、インターセプタやObserverパターンの実装をサポートするイベント機能など、クラス間を疎結合に保つ様々な手段を提供しています。

　CDIによって提供される主要な機能は以下の5つがあります。まずコード例による全体像を紹介した上で、各機能の詳細を基礎編と応用編に分けて解説します。

- Dependency Injection（依存性の注入）
- スコープ
- EL式との連携
- インターセプタ、デコレータ（インターセプタの一部、およびデコレータは応用編で紹介）
- イベント通知（Observerパターンの実装サポート。応用編で紹介）

3-2 はじめてのCDI

　本書を手に取る方は、過去にサーブレット／JSPプログラミングを経験している人も多いでしょう。CDIによって、今までのサーブレット／JSPプログラミングがどのように変わるのか紹介します。

　CDIのコード例を確認する前に、EJBやSpring Frameworkをはじめとしたサードパーティのコンテナを利用しない、シンプルなサーブレットの課題を確認してきましょう。

　一般的なサーブレット／JSPプログラムは、**リスト3.1**に示すサーブレット実装クラス、**リスト3.2**に示す入力ページ、**リスト3.3**に示す出力ページの3つの構造になります。

リスト3.1　CDIを利用しないサーブレットの実装例

```java
@WebServlet("/echo")
public class EchoServlet extends HttpServlet {
    private static final long serialVersionUID = 1L;

    @Override
    protected void doPost(HttpServletRequest req, HttpServletResponse res)
      throws IOException, ServletException {

        // フォーム入力パラメータの取得
        String name = (String) req.getParameter("name");

        // ビジネスロジックの生成と呼び出し
        MessageService msgService = new StrongMessageService(); //=> 課題#1
        String message = msgService.create(name);

        // リクエストスコープに結果を設定
        req.setAttribute("title", message);

        // セッションスコープの操作
        HttpSession session = req.getSession();

        // 同一セッションの同時リクエストによるRequestCounterの重複生成を防ぐために、
        // セッションIDごとに同期(注1)
        RequestCounter counter;
        synchronized (session.getId().intern()) {
            // 課題#2,3
            counter = (RequestCounter) session.getAttribute("requestCounter");
            if (counter == null) {
                counter = new RequestCounter();
                session.setAttribute("requestCounter", counter);
            }
        }
        counter.increment();

        // クラスタ構成時にセッションレプリケーションを動作させるため、
        // カウンタ値の変更後はsetAttributeを再実行
        session.setAttribute("requestCounter", counter);

        req.getRequestDispatcher("/WEB-INF/echo.jsp").forward(req, res);
    }
}
```

(注1)　String.intern()メソッドにより、同じセッションID文字列のStringインスタンスは同一インスタンスとなるため、セッションIDごとの同期となる。

リスト3.2　index.jsp（入力ページのJSPファイル）

```jsp
<%@page contentType="text/html" pageEncoding="UTF-8"%>
<html>
  <head>
    <meta charset="UTF-8"/>
    <title>Hello CDI</title>
  </head>
  <body>
    <h1>Hello CDI!</h1>
    <form action="/firstcdi/echo" method="post">
      <input type="text" name="name"/>
      <input type="submit" value="submit"/>
    </form>
  </body>
</html>
```

リスト3.3　echo.jsp（出力ページのJSPファイル）

```jsp
<%@page contentType="text/html" pageEncoding="UTF-8"%>
<%@taglib prefix="c" uri="http://java.sun.com/jsp/jstl/core"%>
<!DOCTYPE html>
<html>
  <head>
    <meta charset="UTF-8"/>
    <title>Hello CDI</title>
  </head>
  <body>
    <!-- リクエストスコープ title の参照 -->
    <h1><c:out value="${title}"/></h1>
    <!-- セッションスコープ counter.nowメソッド の呼び出し-->
    <c:out value="${counter.now()}"/>
  </body>
</html>
```

　上記のコードには、3つの課題があります。

　1つ目はビジネスロジックを実装したレイヤとのnew演算子による密結合です。new演算子によるレイヤ間結合がテスト容易性の低下を招くことについては前章で解説しました。

　2つ目の課題は、スコープを操作するときに属性名を文字列で指定することです。属性名をタイプミスして、デプロイ後にはじめて気が付いた経験がある人は多いでしょう。

　3つ目の課題は、明示的なキャストが必要なことです。javax.servlet.http.HttpSessionインターフェースのAPI仕様では、getAttributeメソッドの返り値はObject型です。セッションにセットした型をプログラマ自身が覚えておいて、取得時には明示的にキャストする必要があります。誤った型でキャストするとClassCastExceptionがスローされます。属性名のタイプミスと同様に、コンパイル時には検出できず、デプロイ後になってはじめて気が付く問題です。

3-2-1 CDIによる解決

CDIによってこれらの課題を解決していきましょう。

はじめに**リスト3.4**に示すように、先ほどのコードでセッションに格納していたRequestCounterクラスのスコープを定義します。スコープとは、CDIによって管理されているインスタンスの生存期間を示します。たとえばセッションスコープの場合、セッションを開始してからCDI管理対象クラスへの初回アクセス時にコンテナによりインスタンス化され、セッション終了時に破棄されます。

スコープ定義アノテーション@SessionScopedの付与により、RequestCounterクラスはセッションスコープであることを宣言します。javax.faces.beanパッケージにも@SessionScopedが含まれているため、IDEによるコード補完時は間違えないように注意が必要です。

引数なしコンストラクタを持つクラスに対してスコープ定義アノテーションを付与すると、CDI管理Beanとなり、APサーバがインスタンス生成と破棄を管理します。CDI管理Beanのインスタンスは、@InjectによるDIで取得可能です。

次にRequestCounterクラスに@Namedを付与します。

@Namedの付与により、JSPやJSFのFaceletからEL式（例：${counter.now()}）で参照可能となります。デフォルトではクラス名の頭を小文字にして、ドット区切りで各フィールドやメソッドにアクセスする命名規則です。

CDIの利用有無に関わらず、複数のリクエストが同時に来ることを考慮して、セッションに格納するオブジェクトはスレッドセーフにすることも重要です。カウンタ値の操作に、現在値の読み込みとインクリメントをアトミックに実行するAtomicLongを使用します。

リスト3.4　セッションスコープのCDI管理Bean RequestCounterクラスの定義

```java
import javax.enterprise.context.SessionScoped;
import java.util.concurrent.atomic.AtomicLong;
import javax.inject.Named;
import javax.io.Serializable;

@Named
@SessionScoped
public class RequestCounter implements Serializable {
    private static final long serialVersionUID = 1L;
    private final AtomicLong count = new AtomicLong();

    public void increment() {
        count.incrementAndGet();
    }

    public long now() {
        return count.get();
    }
}
```

ビジネスロジックの実装クラスStrongMessageServiceのコード例を**リスト3.5**に示します。ビジネスロジックの実装クラスには@ApplicationScopedを付与し、CDI管理Beanとします。@ApplicationScopedは、アプリケーションの起動から停止まで状態を保持するスコープです。アプリケーション起動中に保持し続けたい状態の管理以外にも、今回のように状態を持たないクラスに適用し、リクエストごとのインスタンス生成を抑制する意図で用いられます。

リスト3.5　ビジネスロジッククラスのCDI管理Bean実装例

```java
import javax.enterprise.context.ApplicationScoped;

@ApplicationScoped
public class StrongMessageService implements MessageService {
    @Override
    public String create(String name) {
        return "*** " + name + " ***";
    }
}
```

準備が整いました。**リスト3.6**に示すCDIを使ったサーブレットを確認していきましょう。上記で作成したRequestCounterクラス、StrongMessageServiceクラスのインスタンスは、**リスト3.6**のように@Injectを付与したフィールドに自動的にインジェクトされます。

リスト3.6　CDIを使ったサーブレット

```java
import java.io.IOException;
import javax.inject.Inject;
import javax.servlet.ServletException;
import javax.servlet.annotation.WebServlet;
import javax.servlet.http.*;

@WebServlet("/echo")
public class EchoServlet extends HttpServlet {
    private static final long serialVersionUID = 1L;

    @Inject
    RequestCounter counter;

    @Inject
    MessageService msgService;

    @Override
    protected void doPost(HttpServletRequest req, HttpServletResponse res)
      throws IOException, ServletException {

        // フォーム入力パラメータの取得
        String name = (String) req.getParameter("name");
```

DI

```
        // ビジネスロジックの呼び出し
        String message = msgService.create(name);  //=> 課題#1の改善点

        // リクエストスコープに結果を設定
        req.setAttribute("title", message);

        // DIで取得したセッションスコープの操作
        counter.increment();                       //=> 課題#2,3の改善点
        req.getRequestDispatcher("/WEB-INF/echo.jsp").forward(req, res);
    }
}
```

　1つ目の課題であったサーブレットがビジネスロジックの実装クラスに直接依存してしまう問題ですが、CDIのフィールドインジェクトにより、MessageServiceインターフェースの実装クラスを自動的に探索して、インスタンス化し、インジェクトされるようになりました。実装クラスに直接依存していないため、ユニットテスト時にはテスト用のモック実装をインジェクトして挙動を変更できます。

　2つ目の課題、デプロイ後までスコープの属性名のタイプミスに気が付かない問題もCDIによってセッションスコープのRequestCounterインスタンスがインジェクトされるため、属性名を文字列で指定せずにスコープを操作できています。このように、型を活かしてなるべく実行時例外を減らし、コンパイルによって問題が検出できるコードを"タイプセーフ"と呼びます。

　3つ目の課題である、セッション取得時の明示的キャストもDIにより不要です。サーブレットの実装経験のある読者は、サーブレットはシングルトンであり、RequestCounterインスタンスへの参照をどうやってセッションごとに差し替えているのか疑問に感じる方もいらっしゃるでしょう。この理屈については本章後述のスコープ解説時に紹介します。

　@Namedにより、EL式からの参照を可能としているため、JSPのコードに修正はありません。

　最後に、Java EE 6環境の場合は、WEB-INFフォルダ直下に、空ファイルbeans.xmlを置いてCDIを有効化させます。Java EE 7環境の場合はbeans.xmlのオプション化に伴い不要です。

　サーブレットの場合、リクエストパラメータの取得にCDIが利用できないため、一部文字列キーによる操作が残っていますが、コードはかなり簡潔になりました。Part3で紹介するMVCやJSFを利用すると、リクエストパラメータの取得もタイプセーフにできます。

　上記の例で重要なことは、Java EEの新しいコンポーネントモデルと呼ばれるCDIは、J2EE時代（EJB2以前）のようなインターフェースの実装や複雑なXMLの作成を強制することなく、より簡易なモデルでDI/AOPを始めとした強力なJava EEの機能が利用可能となっていることです。

　CDIの例は一般的にJSFとの組み合わせで紹介されますが、ここまで解説してきたように、サーブレットとの組み合わせでも十分メリットを活かせるため、新規アプリケーション開発だけでなく、既存コードをJava EE 6以降に対応したAPサーバに移植する場合にも活用できます。

3-3　CDIのDI機能

先ほどのコード例において、CDIのDI機能は@Injectにより非常にシンプルに利用できることを紹介しました。実際にCDIを利用するときには、どのクラスが@Injectによりインジェクト可能か、どこにインジェクト可能か、インジェクトしたい型を選択したい場合はどうするかなど様々な疑問が生じます。

ここからは、CDIのDI機能について、以下の項目を紹介します。

- CDIの管理対象クラス（@Injectでインスタンス取得できるクラス）
- インジェクトポイント（フィールドなど、@Injectが適用可能な箇所）
- タイプセーフな依存性解決
- 限定子（静的な型解決）
- プロデューサメソッド（動的な型解決、およびユーザが生成したインスタンスのインジェクト）

3-3-1　CDIの管理対象クラス

DIには、**図3.1**に示すようにインジェクトされる側を示す被インジェクト対象と、コンテナにより生成されインジェクトされるインジェクト対象の2つのクラスがあります。

図3.1　被インジェクト対象とインジェクト対象

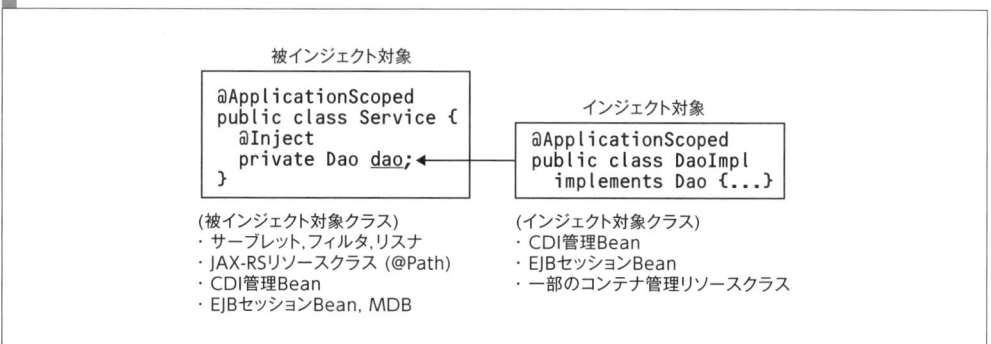

@Injectを書く方を被インジェクトクラスとします。多くのコンテナ管理クラスは被インジェクトクラスであり、@Injectによるインジェクトが可能です。

一方、インジェクト対象にはCDI管理Bean、EJBセッションBean、および一部のコンテナ管理リソースクラスがあります。インジェクト可能なクラスについてはこの後解説します。

DI

　CDIによるDI機能で注意したいことは、ユーザがnew演算子によって生成したインスタンスにはCDIの機能が働かないことです。例として、**リスト3.7**のようにServiceクラスをnew演算子により生成した場合、Serviceクラスのフィールドdaoに対するDIは動作しません。

▍リスト3.7　new演算子で生成したインスタンスにはDIが動作しない

```
@ApplicationScoped
public Service {
    @Inject
    Dao dao;
    …
}

@WebServlet("/path")
public Servlet extends HttpServlet {
    @Override
    protected void doPost(HttpServletRequest req, HttpServletResponse res)
      throws IOException, ServletException {
        // serviceのフィールドdaoはインジェクトされない
        Service service = new Service();
        …
    }
}
```

　リスト3.8のように、@Injectでコンテナが生成したインスタンスを取得した場合のみ、フィールドdaoに対するDIは動作します。

▍リスト3.8　DIが動作する正しい例

```
@WebServlet("/path")
public Servlet extends HttpServlet {
    @Inject
    Service service;
    …
```

3章 CDI（基礎編）

■ CDI管理Bean

引数なしコンストラクタを持つすべての具象クラスはCDI管理Beanにできます。たとえば、前述の節で紹介した**リスト3.4**のクラスはCDI管理Beanです。

リスト3.4（再掲）　EL式から参照可能で、かつスコープを持つRequestCounterクラスの定義

```java
// import文は省略
@Named
@SessionScoped
public class RequestCounter implements Serializable {
    private static final long serialVersionUID = 1L;
    private final AtomicLong count = new AtomicLong();

    public void increment() {
        count.incrementAndGet();
    }

    public long now() {
        return count.get();
    }
}
```

　CDI管理Beanはインターフェースの実装有無を問いません。Java EE 7より導入された、beans.xmlをwarに含めずにCDIを利用する場合、@SessionScopedなどのスコープ定義を中心としたBean定義アノテーションを持つクラスのみがCDI管理Beanとして扱われます。CDI有効化に関する詳細は本章後半のCDIパッケージングにて解説しています。

■ CDIでインジェクト可能なコンテナ管理リソース

表3.1に示すコンテナ管理リソースは@Injectアノテーションによってインジェクト可能です。

表3.1　CDIでインジェクト可能なコンテナ管理リソース

インジェクト可能なコンテナリソース	概要
javax.transaction.UserTransaction	Java EEのトランザクション管理機能（JTA）を利用する場合の、コミット、ロールバックを行うAPI（JTAは15章参照）
javax.security.Principal	Java SEのセキュリティ機能（JAAS）に含まれる、ログインIDなどのユーザ情報を含むクラス
javax.servlet.http.HttpServletRequest	サーブレットに含まれる、HTTPリクエスト情報（サーブレットは5章参照）
javax.servlet.http.HttpSession	HTTPセッション情報
javax.servlet.ServletContext	Webアプリケーション（war）ごとに生成される、サーブレットがコンテナと通信するためのクラス
javax.validation.Validator	Java EE 6より導入されたBean ValidationのAPI（Bean Validationは11章参照）

3-3-2 CDIのインジェクトポイント

CDIでは**リスト3.9**のフィールドインジェクト、**リスト3.10**のコンストラクタインジェクト、**リスト3.11**のセッターインジェクトをサポートしています。インジェクトポイントのアクセス修飾子は、非staticでかつ、private／デフォルト／protected／publicスコープいずれにも対応しています。

リスト3.9 フィールドインジェクト

```
@Inject
ItemRepository repository;
```

リスト3.10 コンストラクタインジェクト

```
// コンストラクタでインジェクトするので、finalが適用可能
private final ItemRepository repository;

@Inject
public InventoryService(ItemRepository repository) {
    this.repository = repository;
}
```

リスト3.11 セッターインジェクト

```
private ItemRepository repository;

@Inject
public void setItemRepository(ItemRepository repository) {
    this.repository = repository;
}
```

@Injectを付与したコンストラクタおよびセッターは、引数にCDIコンテナが生成したインスタンスが設定された状態で、CDI管理Beanの初期化時に呼び出されます。

3章 CDI（基礎編）

COLUMN

どのインジェクトポイントを利用すべきか

コンストラクタインジェクトがもっとも理にかなった方式です。

インジェクト対象のフィールドをprivate finalにできるため、インスタンス生成してから状態が変わることのないイミュータブルなインスタンスが実現できます。イミュータブルなインスタンスは、マルチスレッドからアクセスされても状態変更の競合が発生しないため、スレッドセーフです。また、デバッグもしやすく、コードの保守性が向上します。ユニットテスト時には、コンストラクタの引数経由でフェイクオブジェクトが容易に設定できます。Spring Frameworkでは、リファレンスにおいてコンストラクタインジェクトが推奨されています。

しかし、CDIでコンストラクタインジェクトを利用する場合には制約があります。@Injectが付与されたコンストラクタを持つ、インジェクトされる側のCDI管理Beanにおいては、インターフェースを実装するか、またはリストAのように明示的に引数なしコンストラクタを定義する必要があります。

リストA　コンストラクタインジェクトする場合のCDI管理Bean例

```
@ApplicationScoped
public class InventoryService {
    private ItemRepository repository;

    // インターフェースを実装せずにコンストラクタインジェクトする場合、
    // 明示的な引数なしコンストラクタ定義が必要
    public InventoryService() {
    }

    @Inject
    public InventoryService(ItemRepository repository) {
        this.repository = repository;
    }
}
```

また、オラクルによるJava EEの公式チュートリアルThe Java EE 7 Tutorialでは、主にパッケージプライベートなフィールドへのフィールドインジェクトを採用しています。パッケージプライベートにすることで、厳密なカプセル化は維持できなくなりますが、ユニットテスト時に任意のオブジェクトをインジェクトしやすくなります。

本書では、前述の制約によるコードの冗長性とThe Java EE 7 Tutorialでの慣習を踏まえ、コード例はフィールドインジェクトを採用しています。

3-3-3 タイプセーフな依存性解決

CDIでは、インジェクトポイントの型関係によりインジェクト対象クラスを決定します。

リスト3.12および**リスト3.13**のようにインターフェースを実装したCDI管理Beanの場合は、インターフェースをインジェクトポイントに指定すると、自動的に実装クラスを探索してインジェクトします。

リスト3.12 インターフェースを持つCDI管理Beanの例
```
@ApplicationScoped
public class ItemRepositoryImpl implements ItemRepository {...}
```

リスト3.13 インターフェース型の指定（ItemRepositoryImplインスタンスがインジェクトされる）
```
@Inject
ItemRepository repository;
```

インジェクト対象のCDI管理Beanは必ずしもインターフェースの実装クラスである必要はなく、**リスト3.14**、**リスト3.15**のように、具象クラスをインジェクトすることも可能です。

リスト3.14 インターフェースを実装しないCDI管理Bean
```
@ApplicationScoped
public class InventoryService {...}
```

リスト3.15 インジェクトポイントに具象クラス型を指定
```
@Inject
InventoryService service;
```

型の継承関係が多段構成になっている場合、中間に位置する型をインジェクトポイントに設定可能です。**リスト3.16**のように、抽象クラスを継承し、かつインターフェースを実装しているクラスのインジェクトについて考えます。

リスト3.16 多段構成の型関係を持つクラス
```
@ApplicationScoped
public class CreditService extends AbstractTxService implements PaymentService {...}
```

CreditServiceクラスは、PaymentService、AbstractTxService、CreditService、およびjava.lang.Objectの4つの型を持ちます。

CreditServiceクラスのインスタンスは、**リスト3.17**に示すいずれの方法においても取得可能です。Object型を指定しても、インジェクト候補が一意に特定できないため、デプロイエラーとなります。このように、依存性解決に使われる型情報のことをBean型（Bean types）と呼びます。

リスト3.17　いずれもCreditServiceのインスタンスが取得される
```
@Inject PaymentService      service1;
@Inject AbstractTxService   service2;
@Inject CreditService       service3;
```

　複数のBean型を持つクラスから、インジェクトポイントに利用可能な型を絞り込むことも可能です。前述のCreditServiceクラスの例において、PaymentServiceインターフェース経由のみでインジェクトを許容する場合は、**リスト3.18**のように@TypedアノテーションによってBean型を指定します。

リスト3.18　@TypedによるBean型の指定
```
import javax.enterprise.context.ApplicationScoped;
import javax.enterprise.inject.Typed;

@Typed(PaymentService.class)
@ApplicationScoped
public class CreditService extends AbstractTxService
  implements PaymentService {...}
```

　AbstractTxServiceおよびCreditServiceはBean型から除外され、インジェクトポイントに指定された場合は依存性解決できずにデプロイエラーとなります。

3-3-4　限定子による依存性解決

　インターフェースの実装クラスが複数存在するなど、型情報だけではインジェクト対象のクラスを一意に特定できない場合、限定子（Qualifier）と呼ばれるアノテーションをインジェクトポイントに付与することによって対象を特定します。

　業務アプリケーションのビジネスロジックでは、同じ業務でも異なる仕様を表現したコードが、複数存在する場合が多くあります。GoFデザインパターンにおいてストラテジパターンと呼ばれる構成です。

DI

たとえば、在庫引き当て業務のAPIをInventoryReserverインターフェースとして定義し、倉庫から配送先への距離を優先して出庫する実装InventoryReserverByDistanceクラスと、古い在庫の出庫を優先する実装InventoryReserverByFIFOクラスの2つの実装クラスがある場合について考えます。クラス構成は**リスト3.19**のようになります。

リスト3.19　在庫引き当てサービスのコード例

```java
/** 在庫引き当てサービスのインターフェース */
public interface InventoryReserver {
    ReservedStock reserve(Order order);
}

/** 在庫引き当てサービスの実装クラス1 */
@ApplicationScoped
public class InventoryReserverByDistance implements InventoryReserver {
    @Override
    public ReservedStock reserve(Order order) {
        // 配送先に近い在庫を優先して引き当てるビジネスロジック
    }
}

/** 在庫引き当てサービスの実装クラス2 */
@ApplicationScoped
public class InventoryReserverByFIFO implements InventoryReserver {
    @Override
    public ReservedStock reserve(Order order) {
        // 古い在庫を優先して引き当てるビジネスロジック
    }
}
```

このクラス構成において、**リスト3.20**のようにインジェクトを試みると、デプロイエラーとなります。InventoryReserverインターフェースの実装クラスが2つあり、コンテナがインジェクトすべきクラスを一意に特定できないことが原因です。

リスト3.20　デプロイエラーとなるインジェクトポイント

```java
@Inject
InventoryReserver reserver;
```

このような場合は限定子によってインジェクト対象クラスを解決します。限定子とは、アノテーションへのアノテーション、メタアノテーション@Qualifierが付与されたアノテーションです。

限定子の作成例を示します。**リスト3.21**はInventoryReserverByDistanceクラスに適用する限定子@Distanceアノテーション、**リスト3.22**はInventoryReserverByFIFOクラスに適用する限定子@FIFO (First In First Out) アノテーションの作成例です。

3章 CDI（基礎編）

リスト3.21　限定子@Distanceの作成例

```
import static java.lang.annotation.ElementType.*;
import static java.lang.annotation.RetentionPolicy.RUNTIME;
import java.lang.annotation.Retention;
import java.lang.annotation.Target;
import javax.inject.Qualifier;

@Qualifier
@Retention(RUNTIME)
@Target({METHOD, FIELD, PARAMETER, TYPE})
public @interface Distance {}
```

リスト3.22　限定子@FIFOの作成例

```
// import文は@Distanceの定義と同じであるため省略
@Qualifier
@Retention(RUNTIME)
@Target({METHOD, FIELD, PARAMETER, TYPE})
public @interface FIFO {}
```

　今までJava EEアプリケーション開発では、アノテーションはJava EE仕様で用意されたものを利用することが多かったですが、CDIを用いたアプリケーション開発では、アプリケーション開発者がアノテーションを作成する機会が数多くあります。

　作成した限定子@Distanceおよび@FIFOは、**リスト3.23**のようにインターフェースを実装したCDI管理Beanに付与します。

リスト3.23　インターフェースを実装するCDI管理Beanへの限定子の付与

```
@ApplicationScoped
@Distance
public class InventoryReserverByDistance implements InventoryReserver {...}

@ApplicationScoped
@FIFO
public class InventoryReserverByFIFO implements InventoryReserver {...}
```

　インジェクトポイントにはインジェクトしたい実装クラスに付与された限定子と同じ限定子を付与します。**リスト3.24**の場合、InventoryReserverByDistanceのインスタンスがインジェクトされます。

リスト3.24　インジェクトポイントへの限定子の適用

```
@Inject
@Distance
InventoryReserver reserver;
```

■ 複数限定子の組み合わせ

複数の限定子を組み合わせることもできます。

たとえば、配送先からの距離優先、古い在庫の払い出し優先のそれぞれの在庫引き当てロジックに対して、"お急ぎ便"または"通常便"の仕様が加わったとしましょう。お急ぎ便かつ距離優先、お急ぎ便かつ古い在庫優先、通常便かつ距離優先、通常便かつ古い在庫優先の4つの在庫引き当てロジッククラスが作られるとします。

お急ぎ便のロジックに付与する限定子を**リスト3.25**のように@Expressとして定義します。

▌リスト3.25 限定子@Expressの作成例

```
// import文は省略
@Qualifier
@Retention(RUNTIME)
@Target({METHOD, FIELD, PARAMETER, TYPE})
public @interface Express {}
```

お急ぎ便かつ古い在庫の払い出し優先の在庫引き当ての実装クラスの例を示します。**リスト3.26**のように限定子を複数付与できます。

▌リスト3.26 複数限定子を持つCDI管理Bean

```
@ApplicationScoped
@Express
@FIFO
public class InventoryReserverExpressByFIFO implements InventoryReserver {...}
```

複数の限定子が付与されたCDI管理Beanをインジェクトしたい場合は、**リスト3.27**のようにインジェクトポイントにも複数の限定子を指定します。

▌リスト3.27 インジェクトポイントへの複数限定子の適用

```
@Inject
@Express
@FIFO
InventoryReserver reserver; //=> InventoryReserverExpressByFIFOがインジェクトされる
```

複数の限定子を組み合わせる上で注意が必要なのは、複数の組み合わせに利用した限定子は、単一の限定子として利用できなくなることです。**リスト3.28**のコードはデプロイ時に例外が出力され、デプロイエラーとなります。

3章 CDI（基礎編）

リスト3.28　デプロイ時に依存性解決エラーとなるインジェクトポイント例

```
@Inject
@FIFO
InventoryReserver reserver;    //=> 依存性解決エラー

@ApplicationScoped
@FIFO
public class InventoryReserverByFIFO implements InventoryReserver {...}

@ApplicationScoped
@Express
@FIFO
public class InventoryReserverExpressByFIFO implements InventoryReserver {...}
```

　リスト3.28には、インジェクトポイントには@FIFOが付与され、CDI管理Beanには@FIFOのみ付与されたクラスと、@FIFOと@Expressの両方が付与されているクラスがあります。一見してインジェクトポイントと同じく@FIFOのみが付与されているInventoryReserverByFIFOがインジェクトされるように見えます。CDIではこのような限定子の組み合わせのうち、一方のみを指定することはできません。

　今回の例でいうと、新しく通常便を示す限定子@Normalを新たに作成し、**リスト3.29**に示すようにインジェクトポイントおよびCDI管理Beanの両方に付与が必要です。

リスト3.29　修正後のインジェクトポイント

```
@Inject
@Normal
@FIFO
InventoryReserver reserver;    //=> InventoryReserverByFIFOがインジェクト

@ApplicationScoped
@Normal
@FIFO
public class InventoryReserverByFIFO implements InventoryReserver {...}

@ApplicationScoped
@Express
@FIFO
public class InventoryReserverExpressByFIFO implements InventoryReserver {...}
```

■ 限定子とアノテーション要素

　限定子にはアノテーション要素を持たせることが可能です。前述の例で紹介した配送ロジックの選択を示す限定子@Distanceと@FIFOは、**リスト3.30**のようにアノテーション要素付き限定子@Reserverに書き換えられます。

Part 2 DI

■ リスト3.30　アノテーション要素付き限定子

```
@Qualifier
@Retention(RUNTIME)
@Target({METHOD, FIELD, PARAMETER, TYPE})
public @interface Reserver {
    ReserverStrategy value();
}


public enum ReserverStrategy {
    DISTANCE, FIFO
}
```

作成した限定子は**リスト3.31**のようにCDI管理Beanに適用できます。

■ リスト3.31　アノテーション要素付き限定子のCDI管理Beanへの適用

```
@ApplicationScoped
@Reserver(DISTANCE)
public class InventoryReserverByDistance implements InventoryReserver {...}

@ApplicationScoped
@Reserver(FIFO)
public class InventoryReserverByFIFO implements InventoryReserver {...}
```

限定子のアノテーション要素も、依存性解決のパラメータの1つに使われます。たとえば、InventoryReserverByFIFOクラスのインスタンスをインジェクトしたい場合は、**リスト3.32**のようにインジェクトポイントを定義します。

■ リスト3.32　インジェクトポイントへのアノテーション要素付き限定子の適用

```
@Reserver(FIFO)
InventoryReserver reserver;
```

■ @Nonbinding

デフォルトでは、限定子が持つすべてのアノテーション要素が依存性解決に使われます。**リスト3.33**のように限定子にメモ文字列を埋め込みたいが、限定子の型解決のキーからは除外する場合は、対象のアノテーション要素に対して@Nonbindingアノテーションを付与します。

■ リスト3.33　@Nonbindingの適用例

```
import javax.enterprise.util.Nonbinding;
```

```
@Qualifier
@Retention(RUNTIME)
@Target({METHOD, FIELD, PARAMETER, TYPE})
public @interface Reserver {
    ReserverStrategy value();
    @Nonbinding String memo;
}
```

@Nonbindingが付与されたアノテーション要素は依存性解決に使われないため、**リスト3.34**に示すようにインジェクトポイントにおいて自由にメモ文字列が記述できます。

リスト3.34　アノテーション要素memoは依存性解決キーの対象外となる

```
@Reserver(value = FIFO, memo = "comment message.")
InventoryReserver reserver;
```

■ 組み込み限定子

CDIでは、以下のアノテーションが組み込み限定子としてAPI仕様で定義されています[注2]。

- javax.enterprise.inject.Any (@Any)
- javax.enterprise.inject.Default (@Default)
- javax.inject.Named (@Named)

すべてのCDI管理Beanは、組み込み限定子@Anyを暗黙的に持ちます。本書では解説していない、@Injectを使わずにAPIでCDI管理Beanを取得するjavax.enterprise.inject.Instance[注3]を利用する際に@Anyが必要です。また、何も限定子が付与されていない場合は、@Anyに加えて、デフォルト限定子と呼ばれる@Defaultが暗黙的に付与されています。**リスト3.35**に示す3つの表記は、すべて同じCDI管理Beanを示しています。

リスト3.35　同一の意味を示すCDI管理Bean

```
@Any
@Default
public class Message {...}

@Default
public class Message {...}

public class Message {...}
```

（注2）　仕様上は@Newも組み込み限定子として定義されていますが、CDI1.1より非推奨となっているため、本書では解説しません。
（注3）　Instanceについては、以下のCDI仕様書を参照
　　　　http://docs.jboss.org/cdi/spec/1.2/cdi-spec.html#programmatic_lookup

このようにCDIでインジェクト可能なすべてのクラスは、暗黙的なものを含めて限定子を何かしら保持しています。CDIのコンセプトとして、すべてのDIは『型情報と限定子のセット』をキーに依存性解決が行われています。

組み込み限定子をアプリケーション内に直接記述することはあまりなく、日常のコーディングで意識することもありません。しかし、CDIのコンセプトである型情報と限定子のセットでの依存性解決は、@Anyと@Defaultのようなデフォルトで付与される暗黙的限定子の存在によって成り立っています。

最後に@Namedについてです。通常EL式からのCDI管理Beanを参照可能とするために利用する@Namedの定義には@Qualifierメタアノテーションが付与されており、分類上は限定子です。しかし、CDI1.1より限定子としての利用は非推奨となっています[注4]。@Namedを限定子として利用すると、リスト3.36のように型解決に文字列情報を使用することとなり、タイプミスによる実行時例外を防ぐことができません。

リスト3.36　@Namedを限定子として利用した例

```
@Named("StrongMessage")
@Inject
Message message;

@Named("StrongMessage")
@ApplicationScoped
public class StrongMessage implements Message {...}
```

CDIのコンセプトはタイプセーフなプログラミングを実現し、可能な限りコンパイル時に問題を検出して実行時例外を防ぐことです。@Namdを限定子として利用するとタイプセーフが実現できず、コンセプトに反することが非推奨の理由です。

3-3-5　プロデューサメソッド

限定子による型解決は、デプロイ以前にインジェクト対象を特定する静的な依存性解決です。一方で、アプリケーションの実行時に、ロジックに基づき動的にインジェクト対象のクラスを決定したい場合もあります。また、今まで紹介してきたインジェクト対象のインスタンスは、すべてコンテナがデフォルトコンストラクタを呼び出して生成し、ライフサイクルを管理しているものでした。

プロデューサメソッドを用いると、動的な依存性解決や、コンテナがライフサイクルを管理しないインスタンスのインジェクトが可能です。

[注4]　CDI1.2仕様 3.13. The qualifier @Named at injection points

■ プロデューサメソッドの実装例

限定子の解説でも例示した在庫引き当てロジックの選択をテーマに、**リスト3.37**にプロデューサメソッドの実装例を示します。@Producesアノテーションが付与されたメソッドが、プロデューサメソッドです。**リスト3.38**は、プロデューサメソッドの返り値がインジェクトされるインジェクトポイントの例です。

▶ リスト3.37　プロデューサメソッドの実装例

```java
import javax.enterprise.context.Dependent;
import javax.enterprise.inject.Produces;

@Dependent
public class InventoryReserverProducer {

    @Produces
    public InventoryReserver select(@Distance InventoryReserver dist, @FIFO InventoryReserver fifo) {
        if (isPriorityDist()) {
            return dist;
        }
        return fifo;
    }

    private boolean isPriorityDist() {
        // 実装省略
    }
}
```

▶ リスト3.38　インジェクトポイントにはselectメソッドの返り値がインジェクトされる

```java
@Inject
InventoryReserver reserver;
```

　プロデューサメソッドを持つクラスはCDI管理Beanである必要があるため、スコープの指定します。**リスト3.37**では@Dependentを指定しており、プロデューサメソッドの呼び出し時にインスタンスが生成され、完了すると破棄されます。

　次にselectメソッドを確認します。@Producesが付与されており、このメソッドの返り値の型に一致するインジェクトポイントがある場合、selectメソッドから返されるインスタンスがインジェクトされます。selectメソッドの引数には、限定子が付与された2つの引数があります。プロデューサメソッドがコンテナから呼び出されるとき、引数にはコンテナが生成したコンテキストを持ったCDI管理Beanのインスタンスが渡されます。

例ではisPriorityDistメソッドの呼び出し結果に応じて、プロデューサメソッドから返すインスタンスを決定しています。デプロイ後にロジックに基づきインジェクト対象クラスを決定する動的な依存性解決を実現しています。

動的な依存性解決は型解決を柔軟にできる利点が得られる一方、限定子による静的な依存性解決と比較して、コードの見通しが悪くなる欠点もあります。

インジェクトポイントに限定子が付与されていると、NetBeansを始めとした各種IDEでは関連づけられたクラスにジャンプが可能です。しかし、@Producesによる依存性の解決は、インジェクトポイント側のコードを見ていても、どのクラスがインジェクトされるのかわかりません。コードの可読性を良くするために、可能な限り限定子による静的な依存性解決によりインジェクト対象クラスの特定をおすすめします。

■ ディスポーザメソッド

プロデューサメソッドのもう1つの目的して、ユーザがプロデューサメソッド内で生成した非コンテナ管理インスタンスのインジェクトがあります。プロデューサメソッドにおいて、後でリソース解放処理が必要なインスタンスを返す場合、ディスポーザメソッドによりクリーンアップ処理を実現します。

Java EE 7から導入された、JAX-RSのRESTクライアントをプロデューサメソッドによって、初期化およびクリーンアップを行うコード例を**リスト3.39**に示します。**リスト3.40**のとおり、インジェクトポイント側は通常のDIと同じです。

リスト3.39　JAX-RSのClientを返すプロデューサメソッド

```java
import javax.enterprise.context.Dependent;
import javax.enterprise.context.RequestScoped;
import javax.enterprise.inject.Disposes;
import javax.enterprise.inject.Produces;
import javax.ws.rs.client.Client;
import javax.ws.rs.client.ClientBuilder;

@Dependent
public class JaxRsClientProducer {

    @Produces
    @RequestScoped
    public Client getClient() {
        Client client = ClientBuilder.newClient();
        return client;
    }

    public void close(@Disposes Client client) {
        client.close();
    }
}
```

> **リスト3.40　インジェクトポイントは通常のDIと同じ**
> ```
> @Inject
> Client client;
> ```

　最初のプロデューサメソッドのコード例と異なり、プロデューサメソッドに@RequestScopedアノテーションによるスコープ指定が定義されています。これはプロデューサメソッドが返すインスタンスのライフサイクルを示します。例では、HTTPリクエストのたびにgetClientメソッドが呼び出され、インジェクトポイントのフィールドに再インジェクトされます。

　リスト3.39のコード例では、ディスポーザメソッドは、

> ```
> public void close(@Diposes Client client)
> ```

の部分です。ディスポーザメソッドは、プロデューサメソッドが定義されたクラスと同じクラスに定義します。プロデューサメソッドで定義されたリクエストスコープの終了時に、メソッドの引数に@Disposesアノテーションが付与されたメソッドがコンテナから呼び出されます。ディスポーザメソッドの引数の型は、プロデューサメソッドの返り値と同じです。

　コード例では、HTTPリクエスト処理の終了ごとに、プロデューサメソッドが生成したインスタンスを引数にcloseメソッドが呼び出されます。JAX-RSクライアントのcloseメソッドを実行することで、ネットワーク接続関連のリソースを解放しています。

■ プロデューサフィールド

　プロデューサフィールドは、プロデューサメソッドを簡易化したもので、@Producesが付与されたフィールドをコンテナ管理インスタンスとして扱い、@Injectによりインジェクト可能とする機能です。

　アプリケーション共通で使うリストデータを、プロデューサフィールドによって@Injectで取得するコード例を**リスト3.41**に示します。同様の実装をプロデューサメソッドを行うと、フィールドbooksへのgetterメソッドが必要ですが、プロデューサフィールドの適用により省略可能です。インジェクトポイント側は通常のDIと変わらず、**リスト3.42**のようになります。

DI

リスト3.41　プロデューサフィールドの実装例

```
@ApplicationScoped
public class BookStore {

    @Produces
    private List<Book> books;

    @PostConstruct
    public void init() {
        List<Book> books = new ArrayList<>();
        books.add(new Book(1, "java se book"));
        books.add(new Book(2, "java ee book"));
        books.add(new Book(3, "java fx book"));

        // リストを変更不可能にする
        this.books = Collections.unmodifiableList(books);
    }
}
```

リスト3.42　インジェクトポイントの実装例

```
@Inject
List<Book> books;
```

　ポイントとなる部分は、@Producesが付与されているフィールドです。@Producesが付与されたフィールドの参照が、同じ型を持つインジェクトポイントにインジェクトされます。
　initメソッドに付与されている@PostConstructは、CDI管理Beanの初期化時にコールバックさせる初期処理を示します。@PostConstructの詳細については、「**3-5　ライフサイクルコールバックメソッド**」にて解説します。
　注意したい点として、プロデューサフィールドのインスタンス参照が直接渡されるため、あるインジェクトポイントでリストの追加や削除が行われると、bookフィールドの参照がインジェクトされるすべてのインジェクトポイントで影響を受けます。このため、リストを不変にしたい場合は、java.util.Collections.unmodifiableListメソッドでラップします。リストへの変更が加えられてもUnsupportedOperationExceptionがスローされ、意図しない変更を検知可能です。

■ プロデューサによるJava EEリソースの注入

　プロデューサフィールドの適用例として、Java EEで定義されているコンテナ管理リソースのインジェクトがあります。Java EE 7では、以下のインスタンスは@Injectで取得できません。

- JDBCデータソース（javax.sql.DataSource）
- JMSのQueue、Topic、ConnectionFactory
- JPAのエンティティマネージャ（javax.persistence.EntityManager）

@Injectには対応していませんが、Java EE 5以降の場合、**リスト3.43**のように@Resourceによるインジェクトで取得可能です。

リスト3.43　@Resourceによるデータソースの取得

```
public class BookDao {
    @Resource(lookup="jdbc/kantoDS")
    DataSource dsKantoRegion;

    @Resource(lookup="jdbc:/kansaiDS")
    DataSource dsKansaiRegion:
    ...
```

しかし、@Resourceは"タイプセーフ"の観点からはあまり好ましくありません。ルックアップ対象のJNDI名を文字列で指定するため、タイプミスによる実行時例外発生の可能性があります。**リスト3.44**、**リスト3.45**のようにCDIのプロデューサフィールドと限定子の仕組みを組み合わせると、文字列でなく限定子によるタイプセーフなデータソースのインジェクトが可能です。

リスト3.44　データソースを返すプロデューサフィールドの例

```
@Dependent
public class DataSourceProducer {
    @Produces
    @KantoDS
    @Resource(lookup="jdbc/kantoDS")
    Datasource dsKantoRegion;

    @Produces
    @KansaiDS
    @Resource(lookup="jdbc/kansaiDS")
    DataSource dsKansaiRegion;
}
```

リスト3.45　データソースを識別する限定子の定義

```
@Qualifier
@Retention(RUNTIME)
@Target({METHOD, FIELD, PARAMETER, TYPE})
public @interface KantoDS {}

@Qualifier
@Retention(RUNTIME)
@Target({METHOD, FIELD, PARAMETER, TYPE})
public @interface KansaiDS {}
```

インジェクトポイントでは、**リスト3.46**のように、作成した限定子を利用してインジェクトしたいデータソースを選択します。

リスト3.46　CDIによるデータソースのインジェクト

```
@Inject
@KantoDS
DataSource dsKantoRegion;

@Inject
@KansaiDS
DataSource dsKansaiRegion;
```

プロデューサフィールドに文字列によるデータソースのJNDI名指定が残っているため、完全にはタイプセーフではありません。しかし、インジェクトポイントは限定子によりタイプミスをコンパイラで検出可能です。プロデューサフィールドによるJNDI名の記述箇所の集約により、実行時例外の可能性を低減しています。

■InjectionPointインスタンスのインジェクト

プロデューサメソッドを持つクラスのスコープが@Dependentの場合、インターフェース型であるInjectionPointのインジェクトによって、インジェクトポイントのクラス情報、フィールド情報、限定子の付与情報などのメタデータを取得できます。

InjectionPointを必要とする代表例はロガーの取得です。JDK付属のjava.util.loggingパッケージをはじめ、SLF4JやApache Commons Loggingのようなログライブラリのラッパー、Log4jやLogbackなどのログ実装においては、どれもロガーインスタンスの取得時に、クラス名やClassインスタンスを引数にしてログカテゴリの指定を行います。

リスト3.47は、プロデューサメソッドを利用してSLF4J経由でロガーインスタンスを取得する実装例です。

リスト3.47　InjectionPointを利用したプロデューサメソッド

```
@Dependent
public class LoggerProducer {
    @Produces
    public Logger getLogger(InjectionPoint ip) {
        return LoggerFactory.getLogger(ip.getMember().getDeclaringClass());
    }
}
```

インジェクトポイントには**リスト3.48**のようにインジェクトできます。

リスト3.48　Loggerのインジェクト
```
@Inject
Logger logger;
```

　プロデューサメソッドの引数にInjectionPointを定義すると、プロデューサメソッドが呼び出される時に、コンテナにより自動的にインジェクトポイント情報が含まれるインスタンスがインジェクトされます。InjectionPoint.getMemberメソッドにより、インジェクトポイントのフィールド情報（java.lang.reflect.Member）を取得し、Memberからインジェクトポイントのクラスインスタンスを取得しています。

　Loggerの利用クラスで直接LoggerFactory.getLoggerメソッドを呼び出すと、テスト時に特定のロガーのみカテゴリやログレベルを変更することは困難です。CDIにより外部からインジェクトすることで、テスト時においてLoggerインスタンスの差し替えが可能となりました。

3-4　スコープ

　スコープは、CDIによって管理されているインスタンスの生存期間を示します。すべてのCDI管理Beanはスコープを持ちます。

　通常のJavaアプリケーションでは、Java仮想マシンのメモリ管理機構により、GCルート[注5]から対象のインスタンスが辿れなくなるとGC対象となりますが、Webアプリケーションでは HTTPの特性を踏まえてオブジェクトの生成と破棄を行いたい場面が多くあります。

　たとえば、以下のようなケースです。サーブレットプログラミングの経験がある方にはなじみ深いものでしょう。

- HTTPリクエスト受付時に生成し、レスポンス完了後に破棄する（リクエストスコープ）
- ユーザがログイン中のみ対象インスタンスを生存させる（セッションスコープ）

　CDIのスコープ管理機能により、複雑なコードになりやすい、インスタンスのライフサイクル管理コードの作成を避けられます。CDI管理Beanにスコープアノテーションを付与することで、スコープの定義を行います。HTTPリクエストごとにインスタンスを入れ替えるリクエストスコープを利用する場合は、**リスト3.49**のようにクラスレベルを対象に@RequestScopedアノテーションを付与します。

[注5]　GCの参照ツリー関係の最上位要素のこと。ローカル変数を保持するJavaスタックフレーム、スレッド、JNIグローバル／ローカル変数などがGCルートの代表例。

リスト3.49　リクエストスコープの定義例

```
@RequestScoped
public class Message {...}
```

3-4-1　スコープの仕組み

スコープを理解する上では『コンテキスト』と『クライアントプロキシ』が大切です。

CDIにおけるコンテキストとは、各CDI管理Beanが持つスコープ定義に応じて、あるスレッドが置かれた状況を示します。

たとえば、リクエストスコープのコンテキストはHTTPリクエストごとに異なります。コンテキストが異なる各々のリクエストを処理するスレッドには、異なるインスタンスが割り当てられます。セッションスコープのコンテキストはHTTPセッションごとに異なります。異なるスレッドであっても、同一HTTPセッションであれば同一コンテキストであるため、スレッド間で同じインスタンスを参照できます。CDIは、各スコープが意図するコンテキストを考慮して、インスタンスの状態管理を行っています。

次に大切なのがクライアントプロキシの考え方です。

本章の冒頭の**リスト3.6**から抜粋した**リスト3.50**のコードは、なぜHTTPセッションごとに異なるRequestCounterインスタンスにアクセスできたのでしょうか。通常のサーブレットプログラミングの場合は、セッションへのアクセスはHttpServletRequest.getSessionメソッドによって、現在のリクエストに対応したセッションを毎回取得する必要があります。

リスト3.50　リスト3.6から抜粋（セッションスコープRequestCounterのインジェクト）

```
@WebServlet("/echo")
public class EchoServlet extends HttpServlet {
    private static final long serialVersionUID = 1L;

    @Inject
    RequestCounter counter;
    ...
}

@Named
@SessionScoped
public class RequestCounter implements Serializable {...}
```

CDIでは直接CDI管理Beanのインスタンスをインジェクトせず、『クライアントプロキシ』をインジェクトし、図3.2に示すようにプロキシ経由でCDI管理Beanを操作させることで、Bean間の参照の依存を分離しています。

図3.2　クライアントプロキシ

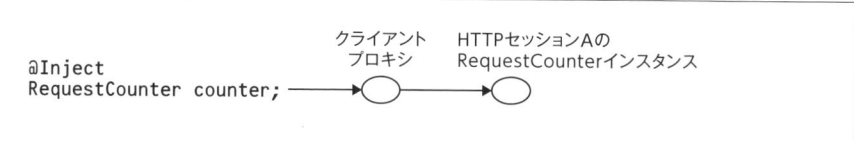

　シングルトンであるサーブレットに対して、セッションスコープのCDI管理Beanをインジェクトした場合、**図3.3**に示すようにHTTPセッションごとにクライアントプロキシが参照するRequestCounterインスタンスが差し替えられ、サーブレットからは常に正しいインスタンスが参照可能です。クライアントプロキシの仕組みにより、異なるライフサイクルを持つインスタンスを独立させています。

図3.3　クライアントプロキシによる参照の制御

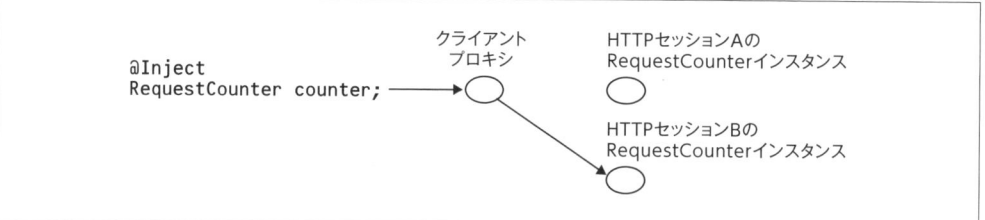

3-4-2　ノーマルスコープと疑似スコープ

　CDIで利用可能なスコープは『ノーマルスコープ』と『疑似スコープ』に分けられます。
　ノーマルスコープとは、前述のとおりコンテキストとクライアントプロキシによってライフサイクル管理が行われる通常のスコープです。
　デフォルトで定義されているスコープのうち、@Dependentと@Singleton以外はすべてノーマルスコープです。ノーマルスコープのアノテーションには、**リスト3.51**のようにメタアノテーション@NormalScopeが付与されています。

リスト3.51　ノーマルスコープ@RequestScopedの宣言

```
// 他のimportは紙幅都合により省略
import javax.enterprise.context.NormalScope;

@Target(value={TYPE,METHOD,FIELD})
@Retention(value=RUNTIME)
@Documented
@NormalScope
@Inherited
public @interface RequestScoped
```

ノーマルスコープを持つCDI管理Bean間では、プロキシ経由でアクセスする仕組みにより、**図3.4**に示す循環参照が許容されています。

図3.4 Beanの循環参照

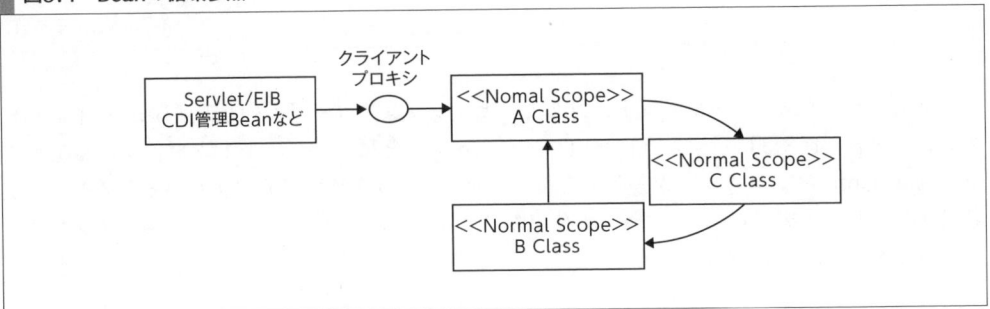

一方で@Dependentおよび@Singletonに代表される疑似スコープは、厳密にはスコープではありません。

疑似スコープを持つCDI管理Beanは、クライアントプロキシを経由せずにアクセスされます。たとえば、@DependentではCDI管理Beanの参照が直接インジェクトされます。よって疑似スコープを持つCDI管理Beanによる循環参照はできません。

疑似スコープのアノテーションには、**リスト3.52**のようにメタアノテーション@Scopeが付与されています。

リスト3.52 疑似スコープ@Dependentの宣言

```
// 他のimportは紙幅都合により省略
import javax.enterprise.context.Scope;

@Target(value={METHOD,TYPE,FIELD})
@Retention(value=RUNTIME)
@Documented
@Scope
@Inherited
public @interface Dependent
```

3-4-3 CDIに含まれるスコープ

Java EE 7では、デフォルトで4つのノーマルスコープ、および疑似スコープ@Dependentと@Singletonが定義されています。CDIで定義されているスコープの一覧を**表3.2**に示します。

@RequestScoped、@SessionScoped、@ApplicationScopedの3つについては、サーブレットに含まれる各インターフェースHttpServletRequest、HttpSession、ServletContextと同じ考え方です。

サーブレットに含まれない、@ConversationScoped、および疑似スコープ@Dependentと@Singletonについて解説します。

表3.2 CDIのスコープ一覧

スコープ	インスタンスの生存期間
@RequestScoped	・HTTPリクエストからレスポンスまでの間 ・サーブレットフィルタ、ServletRequestListener、AsyncListenerの実行中を含む ・JAX-WS/JAX-RSによるWebサービスの受付から応答までの間
@SessionScoped	・サーブレットのservice()実行時から、セッションタイムアウト、またはHttpSession.invalidate()によりセッションが破棄されるまで ・HTTPセッション間でセッションスコープのインスタンスは共有される ・HttpSessionListener、ServetRequestListener、AsyncListenerの実行中を含む
@ApplicationScoped	・アプリケーションのデプロイから、アンデプロイされるまで ・ear/warアプリケーション内で、アプリケーションスコープのインスタンスは共有される
@ConversationScoped	・リクエストスコープ以上、セッションスコープ未満で任意の長さが指定できる ・Conversation.Begin()からConversation.end()の実行までの間
@Dependent	・疑似スコープ。ライフサイクルはインジェクト先のクラスに依存する
@Singleton	・疑似スコープ。アプリケーション中で1つだけインスタンスが生成される

■ @ConversationScoped

Conversationスコープ（会話スコープ）とは、複数のリクエストを跨ぐ、任意の範囲を生存期間とするスコープです。

リクエストスコープとセッションスコープの間の位置付けで、Conversation.beginメソッドにより、Conversationスコープの開始を明示的に指定しなかった場合はリクエストスコープと同じ範囲です。beginメソッドにより明示的に開始した場合はConversation.endメソッドの実行、またはタイムアウトまでがスコープの生存範囲です。

Conversationスコープはセッションスコープの範囲内で、セッションが終了した場合はConversationスコープも破棄されます。Conversationスコープの範囲を図3.5に示します。

図3.5 Conversationスコープの範囲

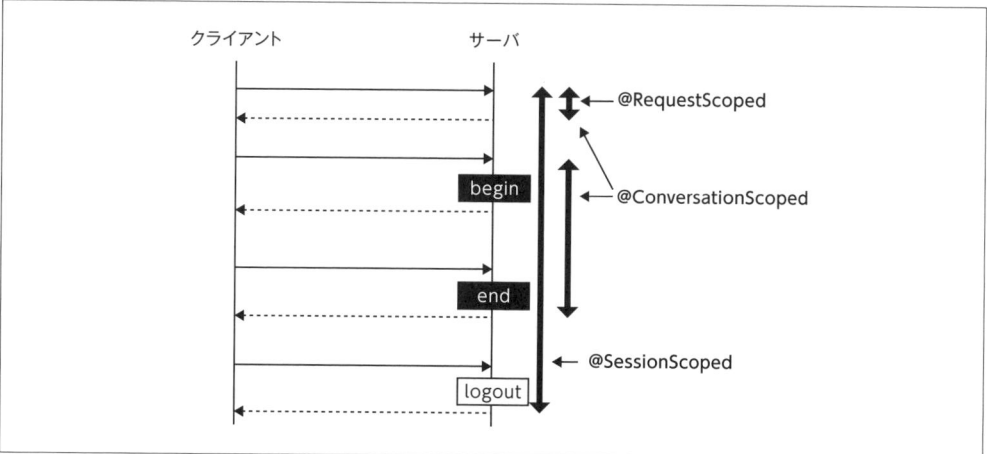

DI

任意の範囲を指定できる特徴の他に、ブラウザのタブごとに状態管理が分けられることも特徴の1つです。

セッションスコープがクッキーを使ってユーザを識別することに対し、Conversationスコープではリスト3.53に示すように、リクエストパラメータに付与された会話ID『cid』をキーにどのクライアントからのリクエストかを識別します。

リスト3.53　Conversationスコープではcidをキーにクライアントを識別

```
http://localhost:8080/conversation?cid=1
```

クッキーのようにブラウザのタブ間で共有されるパラメータを識別子に用いないことで、タブごとのスコープを実現しています。

Conversationスコープを用いた、シンプルなリクエストカウンタのコードをリスト3.54に示します。ConversationスコープのCDI管理Beanには、@ConversationScopedアノテーションを付与します。

リスト3.54　ConversationスコープのCDI管理Bean

```java
import java.io.Serializable;
import javax.enterprise.context.ConversationScoped;
import javax.inject.Named;

@ConversationScoped
@Named
public class CounversationCounter implements Serializable {
    private static final long serialVersionUID = 1L;
    private int count;

    public int incrementAndGet() {
        count++;
        return count;
    }

    public int getCount() {
        return count;
    }
}
```

Conversationスコープのクラスにはjava.io.Serializableインターフェースの実装が必要です。

マルチスレッドプログラミングについて鋭い方は、上記のようなカウントアップとその値の取得は、synchronizedブロックによりロックを取得して、一連の処理をアトミックに実行すべきと考えるでしょう。Conversationスコープの特徴として、同一会話ID（cid）へのマルチスレッド

アクセスが制限されています。マルチスレッドで同じCDI管理Beanのインスタンスにアクセスされた場合は、後発のリクエスト時にjavax.enterprise.context.BusyConversationExceptionがスローされる仕様となっています。このため、ConversationスコープのCDI管理Beanにおいては、スレッドセーフの考慮は不要です。

一方で、スレッドセーフの考慮が不要な代わりに、BusyConversationExceptionに備え、多少複雑な例外ハンドリングが必要です。CDIのデフォルトでは、同一cidへの並行リクエスト判定とBusyConversationExceptionのスローは、ユーザのサーブレットやフィルタが実行される前に行われます。

リスト3.55のようなフィルタを設定しても、BusyConversationExceptionがキャッチ可能なことをCDI仕様は保証していません。ユーザが設定したフィルタが動作する前に、BusyConversationExceptionがスローされる場合があります。

リスト3.55　BusyConversationExceptionをハンドリングするフィルタ

```java
public class ConversationExceptionHandler implements Filter {

    @Override
    public void init(FilterConfig filterConfig) throws ServletException {
    }

    @Override
    public void doFilter(ServletRequest req, ServletResponse res, FilterChain chain)
      throws IOException, ServletException {
        try {
            chain.doFilter(req, res);
        } catch (BusyConversationException e) {
            // 任意の例外ハンドリングの後、エラーページへ遷移
            req.getRequestDispatcher("/error.html").forward(req, res);
        }
    }

    @Override
    public void destroy() {
    }
}
```

このデフォルトの振る舞いを変更し、cidの識別処理の前にフィルタを適用する場合は、リスト3.56のようにweb.xmlを定義します。CDI仕様で決められているフィルタ名『CDI Conversation Filter』に対して、例外ハンドリング用のフィルタの後に動作するように<filter-mapping>タグを定義します。

リスト3.56　BusyConversationExceptionハンドリング用フィルタのweb.xml定義例

```xml
<web-app xmlns="http://xmlns.jcp.org/xml/ns/javaee"
    xmlns:xsi="http://www.w3.org/2001/XMLSchema-instance"
    xsi:schemaLocation="http://xmlns.jcp.org/xml/ns/javaee
    http://xmlns.jcp.org/xml/ns/javaee/web-app_3_1.xsd"
    version="3.1">

    <filter>
        <filter-name>ConversationExceptionHandler</filter-name>
        <filter-class>jp.co.gihyo.perfectjavaee.conversation.ConversationExceptionHandler
        </filter-class>
    </filter>
    <filter-mapping>
        <filter-name>ConversationExceptionHandler</filter-name>
        <url-pattern>/*</url-pattern>
    </filter-mapping>
    <filter-mapping>
        <filter-name>CDI Conversation Filter</filter-name>
        <url-pattern>/*</url-pattern>
    </filter-mapping>
```

次にリクエストを受け付けるサーブレット部分のコードを**リスト3.57**に示します。Conversationスコープの操作は、CDIの組み込みBeanの1つである、Conversationインターフェース経由で行います。

リスト3.57　Conversationスコープの開始と終了

```java
import java.io.IOException;
import javax.enterprise.context.Conversation;
import javax.inject.Inject;
import javax.servlet.ServletException;
import javax.servlet.annotation.WebServlet;
import javax.servlet.http.*;

@WebServlet("/count")
public ConversationServlet extends HttpServlet {

    @Inject
    ConversationCounter counter;

    @Inject
    Conversation c;

    @Override
    protected void doGet(HttpServletRequest req, HttpServletResponse res)
```

```
    throws ServletException, IOException {

        // Conversationスコープが開始されていなければ開始
        if (c.isTransient()) {
            c.begin();
            // Conversationスコープのタイムアウト設定
            c.setTimeout(9000);
        }

        if (counter.incrementAndGet() == 5) {
            // Conversationスコープの終了
            c.end();
        }

        req.getRequestDispatcher("/WEB-INF/count.jsp").forward(req, res);
    }
}
```

上記のコードでは、@Injectにより取得したConversationインスタンス経由で、スコープの開始終了、タイムアウト設定の操作を実行しています。

Conversation.isTransientメソッドは、現在のリクエストで既にConversationが開始されているかを判定します。リクエストパラメータにcidが付与されていない新規リクエストの場合にtrueを返します。

Conversationスコープのデフォルトタイムアウト値は、APサーバの実装に依存します。GlassFish4.1の場合は60秒です。既にタイムアウトしているcidが指定された場合、javax.enterprise.context.NonexistentConversationExceptionがスローされます。

最後にjsp部分のコードです。**リスト3.58**にコード例を示します。払い出されたcidをどうやって次回リクエスト時のリクエストパラメータに載せるかが課題ですが、前述のとおり、

```
@Inject Conversation c;
```

で取得できるConversationインスタンスは、EL式からも参照できます。

Conversation.getIdメソッドにより現在のcidが取得できるため、EL式でのアクセス名規則に従い、"get"を削除した${javax.enterprise.context.conversation.id}によりcidを取得しています。

また、ConversationスコープとしたCDI管理BeanであるConversationCounterクラスには、@Namedを付与していたため、現在のカウント値をEL式経由で取得しています。

リスト3.58　Conversationスコープの参照とcidの再送信

```jsp
<%@page contentType="text/html" pageEncoding="UTF-8"%>
<!DOCTYPE html>
<html>
  <head>
    <meta charset=UTF-8">
    <title>Counter</title>
  </head>
  <body>
    <h1>Count: ${conversationCounter.count}</h1>
    <a href="/scope/count?cid=${javax.enterprise.context.conversation.id}">Count Up</a>
  </body>
</html>
```

　Conversationスコープの代表的な利用用途には、ウィザード形式の画面遷移で、一連の入力が完了するまでの状態保持があります。セッションと異なり、タブ間でスコープを分けられるため、複数タブによる同時操作も可能です。

■ @Dependent

　Dependentスコープとは、インジェクト先のスコープに自身のスコープを"依存(Dependent)"させる疑似スコープです。

　リスト3.59のように、リクエストスコープのCDI管理BeanにDependentスコープのCDI管理Beanがインジェクトされた場合、リクエストスコープの開始時にDependentスコープのインスタンスも生成されます。インスタンスの破棄もインジェクト先のスコープに合わせて、リクエストスコープの終了時に破棄されます。

リスト3.59　Dependentスコープの適用

```java
import javax.enterprise.context.Dependent;

@Dependent
public class DependentBean {...}

@RequestScoped
public class RequestScopedBean {
    @Inject
    DependentBean dependent;
}
```

　Java EE 6では、スコープアノテーションが付与されていないCDI管理Beanはすべて暗黙的に@Dependentアノテーションが付与され、Dependentスコープとして扱われます。

Java EE 7では、デフォルトでは何もスコープアノテーションが付与されていないクラスはCDI管理Beanとみなされないため、Dependentスコープの利用には明示的に@Dependentを付与する必要があります。

EL式からDependentスコープのCDI管理Beanが参照された場合は、EL式の評価ごとに新しいインスタンスが生成され、評価後に破棄されます。**リスト3.60**のように2つのEL式を持つコードの場合、ページリクエストごとに2つのDependentBeanインスタンスが生成され、リクエスト応答時にはいずれも破棄されます。

リスト3.60　EL式からのDependentスコープの参照

```
<h1>${dependentBean.title}</h1>
<p>${dependentBean.message}</p>
```

Dependentスコープの用途には、インジェクト先のスコープとライフサイクルを合わせたい場合や、プロデューサメソッドを持つCDI管理Beanに適用して、プロデューサメソッド実行後すぐにインスタンス破棄させたい場合があります。

■ @Singleton

シングルトンスコープとは、アプリケーションごとに1つのみインスタンスが生成されることを示す疑似スコープです。シングルトンスコープを指定するためには、**リスト3.61**のように@javax.inject.SingletonアノテーションをCDI管理Beanに付与します。

リスト3.61　シングルトンスコープの適用

```
@Singleton
public class SingletonBean {...}
```

JavaにおけるメジャーなDI/AOPコンテナであるSpring Frameworkでは、デフォルトのスコープがシングルトンであり、よく利用されますが、CDIにおいては以下の理由から@Singletonをあまり利用しません。

- Java EE 7のデフォルトではクラスに@Singletonを付与してもCDI管理Beanとして扱われない。シングルトンスコープを使いたい場合は、ステレオタイプで@Singletonをラップする必要がある（「**3-7　ステレオタイプ**」参照）
- @ApplicationScopedやEJBシングルトンセッションBeanなどの類似機能と比較しても、利用メリットがない

Webアプリケーションの3層レイヤに登場する、ステートレスなビジネスロジック実装のServiceクラスや、DAOクラスは、CDIの@Singletonではなく、@ApplicationScopedの適用がおすすめです。

シングルトンスコープと類似する機能との比較を表3.3に示します。

表3.3 シングルトンスコープ類似機能の比較

	@ApplicationScoped	@javax.inject.Singleton	@javax.ejb.Singleton
インスタンス生存期間	アプリケーション起動から停止まで	左記と同じ	左記と同じ
アプリケーション起動時の初期化	なし	なし	あり（@Startup）
フィールドへの排他制御機能	なし	なし	あり（@Lock）

3-5　ライフサイクルコールバックメソッド

ライフサイクルコールバックメソッドとは、CDI管理Beanのインスタンス生成時と破棄時に呼び出すことのできるメソッドです。スコープ開始時の初期処理メソッドには@PostConstruct、スコープ終了時の終了処理メソッドには@PreDestoryを付与します。

アプリケーションスコープで管理するAP固有コンフィグのロードを@PostConstructメソッド、終了時の永続化処理を@PreDestoryメソッドで実装したコード側を**リスト3.62**に示します。

リスト3.62　@PostConstructおよび@PreDestroyの適用

```java
import javax.annotation.PostConstruct;
import javax.annotation.PreDestroy;
import javax.enterprise.context.ApplicationScoped;

@ApplicationScoped
public class ApplicationConfig {

    @Inject
    ConfigManager configManager;
    Config config;

    @PostConstruct
    public void init() {
        // アプリケーションコンフィグのロード
        this.config = configManager.load();
    }

    @PreDestroy
    public void cleanup() {
        // コンフィグが変更されていたら永続化
        configManager.persistIfModified(config);
    }

    // getter、setterメソッドは省略
}
```

@PostConstructおよび@PreDestoryは、void <METHOD>() 形式のシグネチャのみ許容され、検査例外を投げることはできません。

@PostConstructメソッドから実行時例外が投げられた場合は、初期化失敗とみなされ該当のインスタンスは破棄されます。

@PreDestoryメソッドから実行時例外が投げられた場合の振る舞いは仕様としては規定されておらず、GlassFish4.1の場合ではリクエスト処理に影響を与えずにエラーロギングのみ行われます。

コンストラクタと異なり、@PostConstructメソッドが呼び出される時には、DIによる依存性解決が完了した後で、@Injectが付与された変数には既にインスタンスがインジェクトされた状態になっています。

まとめると、CDI管理Beanは以下の順序でインスタンス生成から破棄が行われます。

① コンストラクタの実行
② DIの解決。@Inject適用ポイントへのインジェクト
③ @PostConstructメソッドの実行
④ スコープ定義に応じた生存期間
⑤ @PreDestoryメソッドの実行
⑥ インスタンス破棄によりGC対象へ

3-6 @Named - EL式からのBean参照

JSPやFaceletsに含まれるEL式からCDI管理Beanを参照する際にはBean名を指定します。Bean名とはCDI管理Beanを一意に識別するための識別子で、デフォルトでは各CDI管理BeanはBean名を持っていません。リスト3.63のように@Namedアノテーションを付与することで、Bean名を持たせることができます。

リスト3.63　@Namedの適用

```java
import javax.enterprise.context.RequestScoped;
import javax.inject.Named;

@Named
@RequestScoped
public class Message {
    private String title;
    private String message;

    public String getTitle() {
        return title;
    }
```

```
    public String getMessage() {
        return message;
    }

    // setterメソッドは省略
}
```

@Namedを付与すると、デフォルトでクラス名の先頭を小文字にした名前がBean名になります。パッケージ名は含みません。上記コード例の場合、messageがMessageクラスのBean名です。

CDI管理Bean内のフィールドにEL式からアクセスする場合には、getterメソッドが必須です。get<プロパティ名>の命名規則で作成します。上記コードのプロパティは、**リスト3.64**のようにEL式で参照できます。

リスト3.64　EL式によるCDI管理Beanの参照

```
<c:out value="${message.title}"/>
<c:out value="${message.message}"/>
```

別のパッケージに同じクラス名を持つBeanが含まれていた場合などには、**リスト3.65**のように@Namedのアノテーション要素にBean名を指定して、デフォルト名を上書きできます。

リスト3.65　Bean名をデフォルト値から変更する

```
@Named("displayMessage")
@RequestScoped
public class Message {...}
```

3-7　ステレオタイプ

ステレオタイプとは、スコープアノテーションや@Namedなど、CDIに関するアノテーションをグループ化する仕組みです。@SessionScopedと@Namedをまとめたステレオタイプ@Sessionを定義した場合の例を**リスト3.66**に示します。

リスト3.66　ステレオタイプ@Sessionの定義

```
import static java.lang.annotation.ElementType.TYPE;
import static java.lang.annotation.RetentionPolicy.RUNTIME;
import java.lang.annotation.Retention;
import java.lang.annotation.Target;
```

```
import javax.enterprise.context.SessionScoped;
import javax.enterprise.inject.Stereotype;
import javax.inject.Named;

@Stereotype
@Retention(RUNTIME)
@Target(TYPE)
@Named
@SessionScoped
public @interface Session {
}
```

ステレオタイプには、メタアノテーション@Stereotypeを付与します。ステレオタイプ@Sessionの定義に@Namedと@SessionScopedを含め、1つのアノテーションにグループ化しています。メソッドやフィールドには付与せず、クラスレベルにのみ適用したいため、@Target(TYPE)としています。

作成したステレオタイプ@Sessionの適用例を**リスト3.67**に示します。

リスト3.67　ステレオタイプ@Sessionの適用

```
@Session
public class LoginUser {
    private String name;
    private List<Role> roles;

    // getter、setterメソッドは省略
}
```

ステレオタイプにより@Namedを適用した場合は、ステレオタイプ適用クラスの、クラス名の頭を小文字した名前をデフォルトのBean名とします。**リスト3.65**のインスタンスは、**リスト3.68**のようにEL式で参照できます。

リスト3.68　ステレオタイプ適用したCDI管理BeanへのEL式参照

```
<c:out value="${loginUser.name}"/>
```

ステレオタイプが持つ@NamedによるBean名、およびスコープの定義は、ステレオタイプ適用クラスにおいて上書き可能です。**リスト3.69**では、Bean名をデフォルトのloginUserからuserに、スコープをセッションスコープからDependentスコープに変更しています。

DI

リスト3.69　ステレオタイプの上書き

```
@Session
@Named("user")
@Dependent
public class LoginUser {...}
```

3-7-1　ステレオタイプのグループ化対象

ステレオタイプでは、以下のようなアノテーションをグループ化できます。

- スコープ定義（@RequestScopedなど）
- Bean名定義（@Named）
- インターセプタバインディング
- 代替Bean（@Alternative。4章参照）

ステレオタイプにインターセプタを含める方法については、本章後述のステレオタイプによるインターセプタのグループ化で解説しています。また、ステレオタイプと代替Beanの組み合わせについては、「**4章　CDI（応用編）**」に含まれるステレオタイプによる代替Beanの有効化で解説しています。合わせて参照してください。

注意したい点として、ステレオタイプに限定子を含めることはできません。限定子はインジェクト対象のクラスを一意に特定することが目的であるため、グループ化して異なるクラス間で使い回すステレオタイプの考え方に反するためです。

3-7-2　@Model - 組み込みステレオタイプ

デフォルトで用意されているステレオタイプに@Modelアノテーションがあります。@Modelは@Namedと@RequestScopedを組み合わせたステレオタイプです。主にJSFのバッキングBeanクラスに使われます。@Modelの定義を**リスト3.70**に示します。

リスト3.70　@Modelの定義

```
@Named
@RequestScoped
@Documented
@Stereotype
@Target(value={TYPE,METHOD,FIELD})
@Retention(value=RUNTIME)
public @interface Model
```

初めて@Documentedアノテーションが出てきましたが、こちらはJava SEで定義されているメタアノテーションの一種です。@Documentedが付与されているアノテーションをクラスに適用すると、**図3.6**のようにjavadocに出力される効果があります。

図3.6 @Documentedによるjavadoc効果

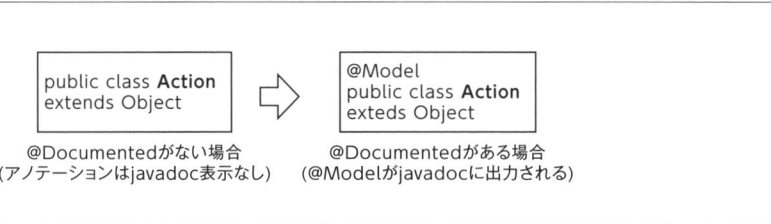

3-8 インターセプタ

　インターセプタとは、ビジネスロジックと直接関連しない前処理と後処理をクラスから分離し、共通化する仕組みです。インターセプタの概念を**図3.7**に示します。

図3.7 インターセプタの概念

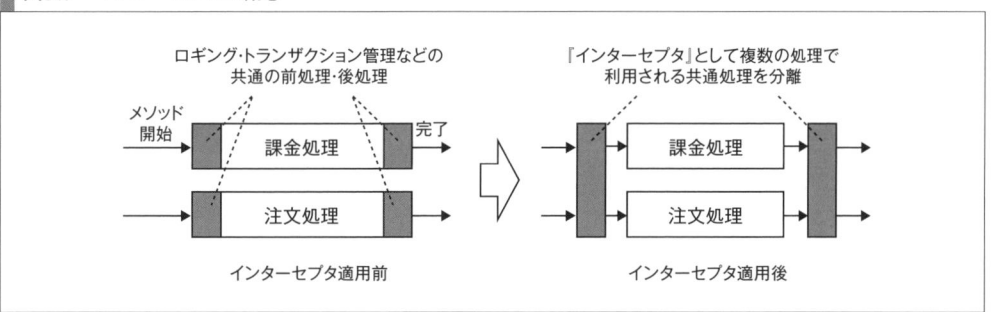

　インターセプタで実装される代表的な処理としては、以下があります。

- トランザクション管理
- セキュリティ関連（認証認可処理）
- メソッド開始／終了時ロギング

　各メソッドの開始終了時にログを出力させるコードを1度は書いた経験を持つ方は多いのではないでしょうか。インターセプタをCDI管理Beanに適用することで、このようなビジネスロジックとは直接関係しない処理を抜き出して集約し、ビジネスロジックのコードを簡潔にできます。
　このようなビジネスロジックとは直接関連しない共通の前処理・後処理のことを、一般的に横断的関心事（Cross-cutting concern）と呼びます。

3-8-1 インターセプタの実装例

リスト3.71のように、CDI管理Beanで実装されたビジネスロジックのsubmitメソッド前後でトレースログを出力したい場合について考えます。

リスト3.71　インターセプト対象のCDI管理Bean

```java
@ApplicationScoped
public class OrderService {
    public OrderStatus submit(Order o) {
        // メソッド実装は省略
    }
}
```

インターセプタの実装は、1つのクラスとして実装されます。複数のインターセプタがある場合は複数のクラスに分かれます。インターセプタでメソッド前後のトレースログを出力する場合は、**リスト3.72**のような実装になるでしょう。

リスト3.72　トレースログを出力するインターセプタの実装例

```java
import javax.annotation.Priority;
import javax.interceptor.AroundInvoke;
import javax.interceptor.Interceptor;
import javax.interceptor.InvocationContext;
import org.slf4j.Logger;
import org.slf4j.LoggerFactory;

@Interceptor
@Priority(Interceptor.Priority.APPLICATION)
@EnableTraceLog
public class TraceInterceptor {

    private static final Logger LOGGER = LoggerFactory.getLogger(TraceInterceptor.class);

    @AroundInvoke
    public Object log(InvocationContext ic) throws Exception {
        // メソッドの実行前に開始ログ
        LOGGER.trace("start {}", ic.getMethod());

        // 次のインターセプタチェーンの実行
        Object result = ic.proceed();

        // メソッドの実行後に終了ログ
        LOGGER.trace("finish {}", ic.getMethod());
        return result;
    }
}
```

複数のアノテーションが使われていますが、上から順番に解説します。

インターセプタの実装クラスには、@Interceptorアノテーションを付与します。これにより、TraceInterceptorクラスはインターセプタとしてコンテナに認識されます。インターセプタもCDI管理Beanの一種であるため、コンテナにより自動的にライフサイクルが管理されます。

次に付与されているのが、@Priorityアノテーションです。Java EE 7以降では、@Priorityにより、設定ファイルbeans.xmlの記述をせずに、インターセプタの有効化と順序制御が可能です。

Interceptor.Priority.APPLICATIONはインターセプタの優先順位を示しています。Java EEコンテナおよびライブラリのインターセプタの後に実行することを示すAPPLICATIONの他にも、BEFORE_PLATFORMやBEFORE_LIBRARYなど、複数の優先順位がAPIで定義されています。順序制御の詳細については後ほど解説します。

ユーザ定義アノテーションである @EnableTraceLog の前に、@AroundInvoke とインターセプタの実装メソッドについて解説します。

インターセプタの実装メソッドには@AroundInvokeアノテーションを付与します。@AroundInvokeが付与されたメソッドの実行時には、コンテナによりメソッド引数にInvocationContextインスタンスが設定されます。InvocationContext.proceedメソッドにより、インターセプト対象のメソッド（例ではOrderService.submitメソッド）が起動され、メソッドの返り値はObject型として返ります。proceedメソッドのログの実行前後でトレースログを出力することで、ビジネスロジックに割り込んで（インターセプト）、ロギング実装を追加できます。

また、proceedメソッドからはインターセプト対象からスローされた例外が渡ってくるため、インターセプタで例外ハンドリングすることも可能です。**リスト3.72**ではキャッチせずに上位に伝搬しているため、logメソッドを throws Exception としています。

インターセプト対象からスローされた例外をキャッチし、ロギングする場合は**リスト3.73**のようになります。

リスト3.73　インターセプタによる例外ロギング

```
@AroundInvoke
public Object log(InvocationContext ic) throws Exception {
    LOGGER.trace("start {}", ic.getMethod());

    try {
        Object result = ic.proceed();
        return result;
    } catch (Exception e) {
        LOGGER.error("Some error message...", e);
        throw e;
    } finally {
        LOGGER.trace("finish {}", ic.getMethod());
    }
}
```

InvoationContextインスタンスからは、インターセプト対象メソッドに関する情報を取得できます。**リスト3.73**ではInvocationContext.getMethodメソッドにより、インターセプト対象のメソッド情報を取得し、ログに埋め込んでいます。

では、作成したインターセプタをどのように対象のCDI管理Beanに適用するのでしょうか。ここで重要なのは、説明を飛ばしたユーザ定義アノテーション@EnableTraceLogです。@EnableTraceLogは、メタアノテーション@InterceptorBindingを持つインターセプタバインディング型と呼ばれ、インターセプタの実装クラスと、インターセプト対象との結び付けを行います。

@EnableTraceLogの定義を**リスト3.74**に示します。

リスト3.74 インターセプタバインディング型の定義

```
import static java.lang.annotation.ElementType.*;
import static java.lang.annotation.RetentionPolicy.RUNTIME;
import java.lang.annotation.*;
import javax.interceptor.InterceptorBinding;

@Inherited
@InterceptorBinding
@Retention(RUNTIME)
@Target({METHOD, TYPE})
public @interface EnableTraceLog {
}
```

今回作成したトレースログを出力するインターセプタを適用するためには、**リスト3.72**に示すインターセプタ実装クラスと、**リスト3.75**に示すインターセプタ適用対象の両方に@EnableTraceLogを付与します。

リスト3.75 インターセプタ適用対象のCDI管理Bean

```
@ApplicationScoped
publi class OrderService {
    @EnableTraceLog
    public OrderStatus submit(Order o) {
        // メソッド実装は省略
    }
}
```

限定子と同様に、インターセプタにおいても、ユーザ自身がアノテーションを作成し、作成したアノテーションによって分離されたクラス間の関連付けを行うことが特徴です。

3-8-2　インターセプタの適用対象

インターセプタはCDI管理Beanのメソッド単位だけでなく、クラス単位の適用も可能です。
リスト3.76のように、複数のメソッドを持つCDI管理Beanに対して、クラスレベルでインターセプタバインディング型を付与すると、3つのメソッドすべてにインターセプタが適用されます。

リスト3.76　クラスレベルのインターセプタ適用

```
@ApplicationScoped
@EnableTraceLog
publi class OrderService {
    public OrderStatus submit(Order o) {...}
    public OrderStatus referStatus(long orderId) {...}
    public OrderStatus cancel(long orderId) {...}
}
```

インターセプタをクラス単位で設定する場合は、インターセプタバインディング型に@Target({METHOD, TYPE})のようにクラス(java.lang.annotation.ElementType.TYPE)にもアノテーションが適用可能と定義されている必要があります。

3-8-3　インターセプタの順序制御

特定のメソッドに対して複数のインターセプタを適用可能です。
トランザクションの開始とコミットを管理するインターセプタと、メソッドの開始終了時にロギングする2つのインターセプタを適用する場合、図3.8のようにチェーン構造で複数のインターセプタを適用できます。

図3.8　インターセプタチェーン

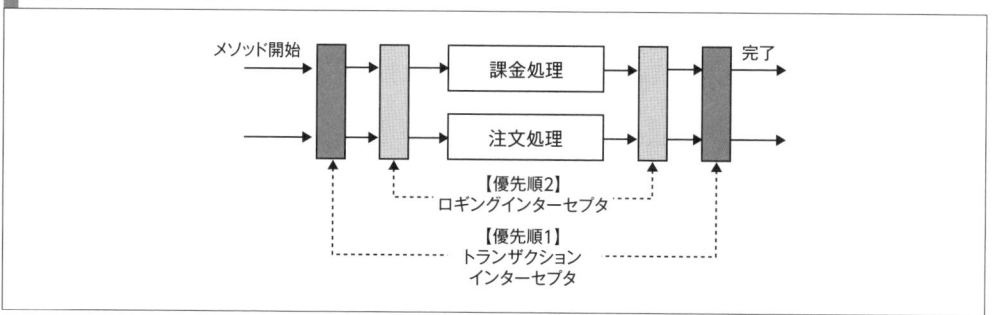

インターセプタの実装メソッドは**リスト3.77**のような構造になっています。次のインターセプタがある場合は、InvocationContext.proceedメソッドによりインターセプタが実行され、ない場合はインターセプト対象メソッド自体が呼び出されます。

リスト3.77　複数インターセプタ適用時のproceedメソッドの振る舞い

```
@AroundInvoke
public Object intercept(InvocationContext ic) throws Exception {
    // 前処理 ...

    // 次のインターセプタがある場合はインターセプタを実行
    // 最後のインターセプタの場合はインターセプト対象メソッドを実行
    Object result = ic.proceed();

    // 後処理 ...

    return result;
}
```

インターセプタの順序制御の方法は2種類あります。

- @Priorityアノテーション
- beans.xmlの<interceptors>タグ

■ @Priorityによるインターセプタの順序制御

Java EE 7より利用可能な方法で、@Priorityアノテーションをインターセプタ実装クラスに付与することで順序制御します。

@Priority(2000)のように、アノテーション要素に数値で優先順位を定義し、より小さい値を持つインターセプタから呼び出されます。

インターセプタの種類ごとに、優先順位値として指定すべき範囲がインターセプタの仕様で定義されており、境界値はjavax.interceptor.Interceptor.Priorityクラスに定数値として以下の5つの値が定義されています。それぞれの適用範囲を**表3.4**に示します。

- javax.interceptor.Interceptor.Priority.PLATFORM_BEFORE = 0
- javax.interceptor.Interceptor.Priority.LIBRARY_BEFORE = 1000
- javax.interceptor.Interceptor.Priority.APPLICATION = 2000
- javax.interceptor.Interceptor.Priority.LIBRARY_AFTER = 3000
- javax.interceptor.Interceptor.Priority.PLATFORM_AFTER = 4000

表3.4 @Priorityのプライオリティ値と適用範囲

プライオリティ値	インターセプタの適用範囲
PRATFORM_BEFORE = 0 以上、LIBRARY_BEFORE = 1000 未満	Java EE仕様で定義されているインターセプタより前に実行したい場合は、この値の範囲でプライオリティ値を設定
	例：宣言的トランザクション管理を実現する@TransactionalはPLATFORM_BEFORE + 200であるため、トランザクション開始前にインターセプトしたい場合は 0 ～ 199 の間でプライオリティを設定する
LIBRARY_BEFORE = 1000 以上、APPLICATION = 2000 未満	Java EE仕様で定義されているインターセプタより後、アプリケーションのイン前に起動したい場合。ライブラリ群に適用する
	例：Java EEサーバでアクションベースのMVCを実現するOSSライブラリVRaptorではLIBRARY_BEFOREでインターセプトしている
APPLICATION = 2000 以上、LIBRARY_AFTER = 3000 未満	アプリケーションに含まれるインターセプタにはこの値の範囲を設定
LIBRARY_AFTER = 3000 以上、PLATFORM_AFTER = 4000 未満	ライブラリ群のインターセプタチェーンが完了した後に実行
PLATFORM_AFTER = 4000 以上	Java EE仕様で定義されているインターセプタチェーンが完了した後に実行

APサーバ機能の拡張やフレームワークの実装でない限り、通常は2000～2999の値を利用します。チェーン構造で示すと、**図3.9**の順序でインターセプタが適用されます。

図3.9 インターセプタの実行順序

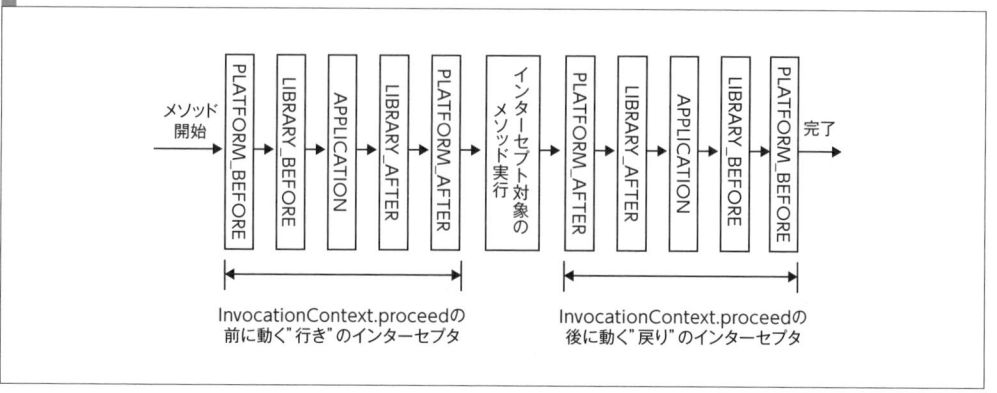

@Priority(Interceptor.Priority.APPLICATION) とは、@Priority(2000) と同じ意味で、Java EEサーバおよびライブラリに含まれるインターセプタの後に呼び出される、アプリケーションレベルのインターセプタであることを示します。

アプリケーションレイヤで複数のインターセプタを宣言する場合は、**リスト3.78**の@Priority(Interceptor.Priority.APPLICATION + 10)のように2000から2999までの値の範囲に収まるように加算し、優先順位を制御します。

リスト3.78 プライオリティ値を+10してAPPLICATIONよりも後に適用される例

```java
import javax.annotation.Priority;
import javax.interceptor.Interceptor;

@Interceptor
@Priority(Interceptor.Priority.APPLICATION + 10)
@EnableTraceLog
public class TraceInterceptor {...}
```

■beans.xmlによるインターセプタの順序制御

beans.xmlの<interceptors>タグに、対象のインターセプタ実装クラスを定義することによって順序制御が可能です。Java EE 6対応までのAPサーバでは@Priorityが使用できないため、この方法により順序制御を定義します。

リスト3.79のように<interceptors>タグの子要素としてインターセプタ実装クラスを指定し、上から定義した順にインターセプタが適用されます。

リスト3.79 beans.xmlによるインターセプタ順序制御

```xml
<beans>
  <interceptors>
    <class>jp.co.gihyo.perfectjavaee.interceptor.SecureInterceptor</class>
    <class>jp.co.gihyo.perfectjavaee.interceptor.TraceInterceptor</class>
  </interceptors>
</beans>
```

注意すべき点として、インターセプタが1つであっても、beans.xmlに定義を追加しないとインターセプタが有効化されません。@Priorityが付与されているか、またはbeans.xmlにクラス定義されているインターセプタ実装クラスのみ、有効化されます。

3-8-4 ステレオタイプによるインターセプタのグループ化

ステレオタイプにより、複数のインターセプタを1つのアノテーションにグループ化できます。

リスト3.80では、3つのアノテーション@Transactional、@EnableTraceLog、@ApplicationScopedを@Serviceとしてグループ化しています。@TransactionalはJTA(「**15章　トランザクション管理**」参照)で定義されている宣言的トランザクション機能で、実態はインターセプタバインディング型です。@Transactionalと@EnableTraceLogの2つのインターセプタバインディング型と@ApplicationScopedによるスコープ定義をステレオタイプでグループ化しています。

リスト3.80　ステレオタイプによるインターセプタのグループ化

```
@Stereotype
@Retention(RUNTIME)
@Target(TYPE)
@Transactional
@EnableTraceLog
@ApplicationScoped
public @interface Service {
}
```

インターセプタバインディング型を含むステレオタイプは、クラスレベルのみで利用可能です。@Target(TYPE)とする必要があります。

ステレオタイプを適用前（**リスト3.81**）と適用後（**リスト3.82**）を比較すると、ステレオタイプの適用により、コードを簡潔に表現できることがわかります。

リスト3.81　ステレオタイプ適用前

```
@Transactional
@EnableTraceLog
@ApplicationScoped
public class OrderService {
    public OrderStatus submit(Order o) {
        // メソッド実装は省略
    }
}
```

リスト3.82　ステレオタイプ適用後

```
@Service
public class OrderService {
    public OrderStatus submit(Order o) {
        // メソッド実装は省略
    }
}
```

3-8-5　インターセプタ利用の注意点

インターセプタにより、ビジネスロジック自体を拡張することはおすすめしません。あくまでビジネスロジックとは関連しない共通処理のみ切り出します。

インターセプタでは、各クラスの責務を無視してクラスやメソッドの機能拡張ができてしまうこと、さらにインターセプタはAPサーバにデプロイしないと動作しないため、ロジックに対するユニットテストのしやすさを損ないます。

ビジネスロジックの一部を拡張したい場合は、「**4章　CDI（応用編）**」で紹介するデコレータを利用します。デコレータでは型のセマンティクスを考慮した機能拡張が可能です。

3-9 CDIパッケージング

　CDI管理Beanは、コンテナ管理クラスではない通常のクラスと同様に、warまたはjarファイルにパッケージングします。CDI管理Beanを含んだjarファイルを、warファイルのWEB-INF/libに含めたり、earファイルに含めることも可能です。

　CDIの有効化方法は、Java EE 6以前（CDI1.0）とJava EE 7以降（CDI1.2）で異なります。

3-9-1　Java EE 6以前のCDI有効化方法

　Java EE 6以前の環境においては、CDIを利用するために、warまたはjarファイルにbeans.xmlを含める必要があります。

　beans.xmlの内容はオプションで、空ファイルでも有効に機能します。空ファイルではないbeans.xmlを作成する場合は、**リスト3.83**のスキーマ定義を追記します。

リスト3.83　CDI1.0のbeans.xmlスキーマ

```xml
<?xml version="1.0" encoding="UTF-8"?>
<beans xmlns="http://java.sun.com/xml/ns/javaee"
  xmlns:xsi="http://www.w3.org/2001/XMLSchema-instance"
  xsi:schemaLocation="
    http://java.sun.com/xml/ns/javaee
    http://java.sun.com/xml/ns/javaee/beans_1_0.xsd">
</beans>
```

　beans.xmlを配置する場所はwarとjarにより異なります。

- **warファイルの場合**：WEB-INF/beans.xml または WEB-INF/classes/META-INF/beans.xml
- **jarファイルの場合**：META-INF/beans.xml

　ear形式のアーカイブを利用する場合は、ear単位でCDIを有効化することはできません。earに含まれるwarおよびjarごとにbeans.xmlを含め、CDIを有効化します。

　CDI1.0では、beans.xmlを含んだwarおよびjarに含まれる、引数なしコンストラクタを持つすべてのクラスがCDI管理Beanとして扱われます。スコープアノテーションを持たないクラスのスコープは@Dependentです。

3-9-2 Java EE 7以降のCDI有効化方法

CDI1.2（Java EE 7）より『Beanディスカバリモード』という考え方が導入され、beans.xmlがオプション化されました。

Beanディスカバリモードとは、どのようなクラスをCDI管理Beanとして扱うかを定義する設定です。Beanディスカバリモードの一覧を**表3.5**に示します。

表3.5　Beanディスカバリモード

モード名	Beanディスカバリモードの振る舞い
bean-discovery-mode="all"	引数なしコンストラクタを持つすべてのクラスをCDI管理Beanとする。Java EE 6と互換性のある振る舞いがこのレベル
bean-discovery-mode="annotated"	Bean定義アノテーションが付与されているクラスのみ、CDI管理Beanとする。beans.xmlを含まなかった場合のデフォルトでかつ推奨モード
bean-discovery-mode="none"	アーカイブに含むすべてのクラスをCDI管理Beanとして扱わない。CDIによる管理対象外とする

beans.xmlが含まれていなかった場合のデフォルトは "annotated" です。このモードでは、スコープ定義を中心としたBean定義アノテーションが付与されているクラスのみ、CDI管理Beanとして扱います。CDI1.0と異なり、デフォルトではスコープ定義を持たないクラスはCDI管理Beanとして扱われません。

Bean定義アノテーションの一覧を**表3.6**に示します。

表3.6 Bean定義アノテーション

種類	意味
スコープアノテーション	• @ApplicationScoped、@SessionScoped、@RequestScoped、@ConversationScoped • @NormalScopeが付与されたカスタムアノテーション • @Dependent
インターセプタ/デコレータ	• @Interceptor、@Decorator
ステレオタイプ	• @Stereotypeを持つアノテーション

Bean定義アノテーションについて注意点が2つあります。

1つ目は、@javax.inject.SingletonはBean定義アノテーションに含まれません。bean-discovery-mode="annotated" のデフォルト状態では、@Singletonがクラスに付与されていても、該当クラスは@Injectによりインスタンス取得できません。@SingletonをBean定義アノテーションとして利用したい場合は、**リスト3.84**のようにステレオタイプでラップすることで対処可能です。

DI

リスト3.84　ステレオタイプによる@SingletonのBean定義アノテーション対応

```
@Singleton
@Stereotype
@Retention(RUNTIME)
@Target({METHOD, FIELD, TYPE})
public @interface Component {
}
```

2つ目は@Produces、@Disposes、@ObservesもBean定義アノテーションに含まれないことです。プロデューサメソッドやオブザーバメソッドを持つクラスには、スコープアノテーションを付与する必要があります。

■ Beanディスカバリモードの設定

Beanディスカバリモードをデフォルトから変更する場合は、属性bean-discovery-modeを定義したbeans.xmlをwarまたはjarに含めます。

リスト3.85では、CDI1.0と同じ振る舞いを示すbean-discovery-mode="all"を指定し、引数なしコンストラクタを持つすべてのクラスをCDI管理Beanとして扱います。

リスト3.85　bean-discovery-mode="all"の定義例

```xml
<?xml version="1.0" encoding="UTF-8"?>
<beans xmlns="http://xmlns.jcp.org/xml/ns/javaee"
  xmlns:xsi="http://www.w3.org/2001/XMLSchema-instance"
  xsi:schemaLocation="
    http://xmlns.jcp.org/xml/ns/javaee
    http://xmlns.jcp.org/xml/ns/javaee/beans_1_1.xsd"
  bean-discovery-mode="all">
</beans>
```

CDI1.0からの互換性を維持するため、空ファイルのbeans.xmlをアーカイブに含めても、bean-discovery-mode="all"として認識されます。

CDIの仕様では、デフォルトのbean-discovery-mode="annotated"の利用が推奨されています。"all"に設定した場合、意図しないクラスがCDI管理Beanとして扱われる可能性があることが理由です。

CDIはwarファイルのWEB-INF/libや、APサーバの共有ライブラリディレクトリに含まれるjarファイルに含まれるクラスも、CDI管理Beanとして扱えます。特にライブラリjarのbean-discovery-mode="all"には注意が必要です。あるインターフェースの実装クラスが、意図せずにライブラリ内に含まれていた場合、アプリケーションにも同じインターフェースの実装クラスを含めると、@Injectの依存性解決ができずにデプロイエラーとなります。

■ CDI管理対象からの除外

@Vetoedアノテーション、またはbeans.xmlの<exclude>タグによるフィルタ機能を用いると、特定のパッケージやクラスをCDIの管理対象から除外できます。主に引数なしコンストラクタを持つすべてのクラスがCDI管理Beanとなるbean-discovery-mode="all"の時に利用します。

特定のインターフェースを実装したクラスが複数ある状況で、依存性解決エラーを防ぐために特定のクラスをCDIの管理対象から外したい場合に有効です。

■ @Vetoedによるフィルタリング

@Vetoedの適用例を**リスト3.86**に示します。@Vetoedの適用により、Utilsクラスのインスタンスを@Injectで取得できなくなります。

リスト3.86　@Vetoedの適用によるCDI管理対象からの除外

```
import javax.enterprise.inject.Vetoed;

@Vetoed
public class Utils {...}
```

パッケージ単位での除外も可能です。パッケージ単位で適用する場合は、該当パッケージのpackage-info.javaのpackage宣言に@Vetoedを付与します。パッケージ単位での@Vetoed適用例を**リスト3.87**に示します。

package-info.javaとは、Java言語仕様で決められている、パッケージ単位でのjavadocの記述やアノテーションを付与するためのファイルで、対象パッケージのソースフォルダに配置します。

リスト3.87　package-info.javaへの@Vetoedの適用

```
/**
 * JPAエンティティクラスは、JPAでライフサイクル管理を行うため、
 * 誤って@InjectによりCDIで利用しないように、CDI管理対象外とします。
 */
@Vetoed
package jp.co.gihyo.perfectjavaee.entity;
```

■ beans.xmlによるフィルタリング

beans.xmlの<exclude>タグにより、対象のパッケージやクラスをCDIの管理対象から除外できます。<exclude>タグは、<scan>タグの子要素として定義します。**リスト3.88**に例を示します。

DI

リスト3.88　excludeタグによるCDI管理対象からの除外

```xml
<?xml version="1.0" encoding="UTF-8"?>
<beans>
  <scan>
    <!-- utilsおよびentityパッケージを除外 -->
    <exclude name="jp.co.gihyo.perfectjavaee.utils.*"/>
    <exclude name="jp.co.gihyo.perfectjavaee.entity.*"/>

    <!-- debugから始まるすべてのパッケージを除外 -->
    <exclude name="debug.**"/>
  </scan>
</beans>
```

　<exclude>タグの子要素の設定により、条件付き除外の設定が可能です。

　リスト3.89に示す<if-class-available>タグは、指定されたクラスがクラスパスに含まれていた場合、<if-class-not-available>タグは逆に含まれていなかった場合のみ、<exclude>タグに定義されたパッケージやクラスをCDIの管理対象から除外します。

リスト3.89　クラスパス上に特定のクラスがある/ない場合のみ除外する例

```xml
<!-- library.util.Utilsクラスが含まれていたら、
     jp.co.gihyo.perfectjavaee.utilsパッケージを除外 -->
<exclude name="jp.co.gihyo.perfectjavaee.utils.*"">
  <if-class-available name="library.util.Utils"/>
</exclude>

<!-- logger.TraceLoggerクラスが含まれていなかったら
     debugから始まるすべてのパッケージを除外 -->
<exclude name="debug.**">
  <if-class-not-available name="logger.TraceLogger"/>
</exclude>
```

　<if-system-property>タグでは、特定のシステムプロパティ[注6]が含まれていた場合のみ、<exclude>タグを有効化させます。**リスト3.90**のように、前述の<if-class-available>や<if-class-not-available>タグと組み合わせた複合条件の定義が可能です。

（注6）　Java起動オプションに-Dproperty=value形式で設定するパラメータです。

リスト3.90　システムプロパティによる条件付きフィルタ

```xml
<!-- Java起動オプションに-Ddebug=falseがあったら
     debugから始まるすべてのパッケージを除外 -->
<exclude name="debug.**">
  <if-system-property name="debug" value="false"/>
</exclude>

<!--
   システムプロパティ-Ddebug=falseが設定されている、
   かつlogger.TraceLoggerクラスが含まれていなかったら
   debugから始まるすべてのパッケージを除外 -->
<exclude name="debug.**">
  <if-system-property name="debug" value="false"/>
  <if-class-not-available name="logger.TraceLogger"/>
</exclude>
```

　beans.xmlによる除外フィルタ設定の有効範囲は、同じwarまたはjarです。warファイルのbeans.xmlから、warファイルのWEB-INF/libに含まれるjar内のパッケージやクラスに対して<exclude>によるフィルタ設定はできません。

3-10　CDI（基礎編）のまとめ

　ここまで解説してきたCDIの機能により、業務ロジックから、システムコードを取り除いたり、Javaの持つ型システムを活かしつつ、クラス間を疎結合にして変更に強いアプリケーションが実現できます。

　CDIはシステムのユーザに直接的に新しい体験を提供する機能ではありません。常に改修を繰り返して必要な機能を必要な時に適用するために、CDIによる疎結合化とシステムコードの分離は重要な役割を担います。

4章 CDI（応用編）

DI／AOP機能をより掘り下げると共に、他のDIコンテナにはないデコレータやイベントなどのCDI固有の機能を紹介します。

4-1 CDIによるクラス間依存性解決の応用

基礎編において、CDIが持つDI機能の基本的な機能について紹介してきましたが、他にもクラス間依存性解決に関する多彩な機能がCDIには用意されています。

CDIのDI機能について、応用編では以下のようなトピックを解説します。

- プリミティブ型や配列型、総称型のインジェクト
- @Alternativeによる代替Beanのインジェクト

4-1-1 応用的なBean型

@Injectでインジェクト可能な型は、インターフェース型やクラス型だけに限りません。CDIでは以下の型をインジェクト可能としています。

- インターフェース型、抽象クラスおよび具象クラス型
- プリミティブ型
- 配列型
- 型変数、または実型引数を持つクラス型

プリミティブ型や、配列型はリスト4.1のようにプロデューサメソッドで生成した値をインジェクトします。

リスト4.1　プリミティブ型および配列型を生成するプロデューサメソッド

```
@Dependent
public class ParamProducer {

    @Produces
    public int getInt() {
        return 1;
```

```
    }
    @Produces
    public int[] getIntArray() {
        int[] arr = new int[2];
        arr[0] = 1;
        arr[1] = 2;
        return arr;
    }
}
```

リスト4.2のように、@Injectで他のクラスと同様にインジェクトできます。

リスト4.2　プリミティブ型および配列型のインジェクトポイント

```
@Inject
int intParam;

@Inject
int[] intArray;
```

もう少し実用的な例も合わせて紹介します。

プリミティブ型を@Injectで扱えることで、アプリケーションのコンフィグパラメータをDIで取得する処理(注1)が実装可能です。リスト4.3のように、warファイルに含まれるプロパティファイル（リスト4.4）の値を、@Injectと限定子@Configの組み合わせによって取得することを考えます。

リスト4.3　CDIによるプロパティ値のインジェクト

```
@Inject
@Config("maxPool")
int maxPool;

@Inject
@Config("message")
String message;
```

リスト4.4　プロパティファイルconfig.propertiesの例

```
maxPool = 10
message = Hello, world!
```

(注1)　Java EEと並んでJavaの代表的なフレームワークであるSpring Frameworkでは@Valueにより同様の機能が実現可能です。

はじめに、限定子@Configの実装を**リスト4.5**に示します。限定子@Configのアノテーション要素に取得したいプロパティのキー値を持たせます。「**3章　CDI（基礎編）**」で紹介したように、デフォルトでは限定子のアノテーション要素も型解決のキーに含まれるため、@Nonbindingで型解決の対象から除外しています。

リスト4.5　限定子@Configの実装

```java
@Qualifier
@Retention(RUNTIME)
@Target({METHOD, FIELD, PARAMETER, TYPE})
public @interface Config {
  @Nonbinding String value() default "";
}
```

プロパティファイルのロードと、キーに対応したプロパティ値のインジェクトは、プロデューサメソッドにより実現します。実装例を**リスト4.6**に示します。

限定子@Configのアノテーション要素valueをInjectionPoint経由で取得し、プロパティファイルに含まれるレコードのキー値として扱います。

プロデューサメソッドは、int型のプロパティ値を取得するgetIntConfigメソッドとString型のプロパティ値を取得するgetStringConfigメソッドの2つを実装しています。

リスト4.6　プロパティ値を返すプロデューサメソッド

```java
@ApplicationScoped
public class ConfigProducer {

    private Properties props;

    @PostConstruct
    public void init() {
        try (BufferedInputStream bis =
          new BufferedInputStream(
            this.getClass().getClassLoader().getResourceAsStream("config.properties"))) {
            this.props = new Properties();
            this.props.load(bis);
        } catch (IOException e) {
            // 例外ハンドリング
        }
    }

    @Produces
    @Config
    public int getIntConfig(InjectionPoint ip) {
        // InjectionPoint経由で @Config("maxPool")のmaxPool部分のアノテーション要素を抽出
```

```
        String key = ip.getAnnotated().getAnnotation(Config.class).value();
        return Integer.valueOf(props.getProperty(key));
    }

    @Produces
    @Config
    public String getStringConfig(InjectionPoint ip) {
        String key = ip.getAnnotated().getAnnotation(Config.class).value();
        return props.getProperty(key);
    }
}
```

今回の例のように、プロデューサメソッドによる様々な型のインジェクトは、アプリケーションからビジネスロジックに関連しないコードを分離したい場合や、外部リソースにアクセスする処理を疎結合にする強力な手段の1つです。

アプリケーション固有のコンフィグを読み込む処理も、DIが使えない環境では、**リスト4.7**のようにコンフィグを保持するシングルトンから値を取得していました。

リスト4.7　シングルトンパターンによるコンフィグ値の取得

```
int maxPool = AppConfig.getInstance().getValue("maxPool");
```

シングルトンへの依存により、ユニットテスト時に値を差し替えることが困難になります。@Injectによるインジェクトであれば、ユニットテスト時の値の差し替えは容易です。

CDIによる依存性の解決は以下のようなケースで有効です。

- 外部リソースにアクセスするクラスへの依存性解決
  例：疎結合によるテスタビリティ向上が目的。メール送信、ファイル入出力など
- 初期化コストが掛かり、再利用したいインスタンスへの依存性解決
  例：アプリケーション固有コンフィグのロードなど今までFactoryクラスで実装していた処理全般（プロデューサメソッドをFactoryとし、@Injectでインジェクト）

4-1-2　Bean型とジェネリクス

インジェクト可能な型として、"型変数、または実型引数を持つクラス型"と本章の冒頭で紹介しましたが、CDIによるDIとジェネリクスの対応について例を交えて紹介します。

"型変数、または実型引数を持つクラス型"のうち、1つ目の型変数を持つクラスのインジェクトについて、リスト4.8のようにキャッシュクラスのインターフェースと実装クラスの組が定義されていた場合について考えます。型変数Kはキャッシュキーの型、型変数Vはキャッシュされる値の型を示します。

リスト4.8　型変数を持つCDI管理Beanの定義

```java
public interface Cache<K,V> {
    public V get(K key);
    public V put(K key, V value);
}

@Dependent
public class InMemoryCache<K,V> implements Cache<K,V> {

    private final Map<K, V> cache = new ConcurrentHashMap<>();

    @Override
    public V get(K key) {
        return cache.get(key);
    }

    @Override
    public V put(K key, V value) {
        return cache.put(key, value);
    }
}
```

InMemoryCacheクラスのスコープを@Dependentとしているのは、型変数を持つクラスをCDI管理Beanとする場合、必ず@Dependentスコープである制約があるためです。@Dependent以外のスコープが指定されていると、デプロイエラーになります。

リスト4.9のように、インジェクトポイントは任意の型引数を指定可能です。

リスト4.9　インジェクトポイントでの型引数指定

```java
@Inject
Cache<String, String> Cache;

@Inject
Cache<Integer, String> intKeyCache;
```

Javaの言語仕様上、コンパイル後のクラスファイルから変数の型引数情報が破棄されるため、実行時に2つのフィールドCache<String, String>とCache<Integer, String>をインジェクトポイントとして区別できません。

　このため@ApplicationScopedなど、他のインジェクトポイントとインスタンスが共用される可能性があるスコープが指定されても、インジェクトすべきインスタンスが一意に特定できません。インジェクトポイントごとに必ず異なるインスタンスが生成される@Dependentのみが指定可能となっています。

　次に"型変数、または実型引数を持つクラス型"のうち、2つ目の実型引数を持つクラス型のインジェクトについて紹介します。

　リスト4.10のように、InMemoryCacheクラスにはスコープが定義されておらず、プロデューサメソッドで生成したInMemoryCacheインスタンスをインジェクトする場合を考えます。

リスト4.10　InMemoryCacheクラスからスコープ定義を外し、CDIの管理対象外とする

```
public class InMemoryCache<K,V> implements Cache<K,V> {...}
```

　リスト4.11のように、Cacheインターフェースに対して2種類の型実引数を持つプロデューサメソッドを定義します。

リスト4.11　返り値型が異なる型実引数を持つプロデューサメソッド

```
@Dependent
public class CacheProducer {
    @ApplicationScoped
    @Produces
    public Cache<String, String> produceStringKeyCache() {
        Cache<String, String> cache = new InMemoryCache<>();
        cache.put("key-default", "value-default");
        return cache;
    }

    @ApplicationScoped
    @Produces
    public Cache<Integer, String> produceIntKeyCache() {
        Cache<Integer, String> cache = new InMemoryCache<>();
        cache.put(1, "value-default");
        return cache;
    }
}
```

　上記のコードは有効です。メソッド宣言の返り値型に含まれる実型引数はクラスファイルに保持されます。このため、2つのプロデューサメソッドの返り値型の区別が可能で、@ApplicationScopedのようなBean間でインスタンスが共有化されるスコープが指定可能です。

4-1-3　Alternative

　Alternative（代替）とは、同じBean型を持つ複数のCDI管理Beanがある場合、@Alternativeが付与された代替Beanのみを有効化させる機能です。

　この機能は、開発者ローカル環境用、結合試験環境用、プロダクション環境用など、環境に応じて作成するear/warアーカイブを分け、環境に応じてCDI管理Beanを差し替えたい時に便利です。

　たとえば、**リスト4.12**のようなWebアプリケーションの一般的なレイヤー分割において、ローカル環境用のアーカイブではDAOクラスによるDBアクセスを抑止するため、フェイク実装であるBookDaoFakeを有効化したいと考えます。

　図にすると**図4.1**のような構成です。

図4.1　Alternativeの適用

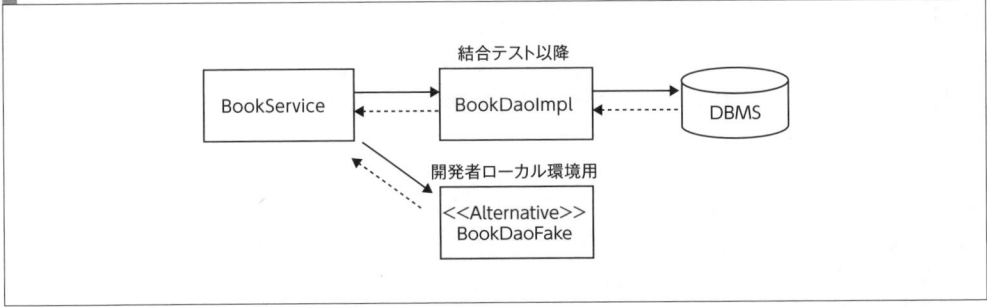

リスト4.12　一般的なService-DAO連携のコード

```java
@ApplicationScoped
public class BookService {
    @Inject
    BookDao bookDao;

    public List<Book> referBook() {
        return bookDao.getAll();
    }
}

public interface BookDao {
    List<Book> getAll();
}

@ApplicationScoped
public class BookDaoImpl implements BookDao {
    @Resource(lookup="jdbc/DefaultDS")
```

```
    DataSource ds;

    @Override
    public List<book> getAll() {
        // JDBCによるDBアクセス
    }
}
```

代替Beanとして使用するフェイク実装には、@Alternativeアノテーションを付与します。代替Beanの実装例を**リスト4.13**に示します。

リスト4.13　代替Beanの実装例

```
import javax.enterprise.inject.Alternative;

@Alternative
@ApplicationScoped
public class BookDaoFake implements BookDao {
    @Override
    public List<Book> getAll() {
        List<Book> books = new ArrayList<>();
        books.add(new Book(1, "fake book1"));
        books.add(new Book(2, "fake book2"));
        return books;
    }
}
```

@Alternativeが付与された代替Beanは、そのままでは有効化されません。コード例においては、BookDaoインターフェースの2つの実装クラス、BookDaoImplとBookDaoFakeが共存してもデプロイエラーは発生せず、デフォルトではBookDaoImplがインジェクトされます。

BookDaoFakeを有効化させる場合は、**リスト4.14**のようにbeans.xmlの<alternatives>の定義に@Alternativeが付与されたBeanクラスの定義を追加し、ビルド時にbeans.xmlを差し替えます。BookServiceにはBookDaoFakeがインジェクトされ、JDBCによるDBアクセス処理がフェイク実装に差し替えられます。

リスト4.14　beans.xmlによる代替Beanの有効化

```
<beans>
  <alternatives>
    <class>jp.gihyo.perfectjavaee.alternative.BookDaoFake</class>
  </alternatives>
</beans>
```

■ @Priorityによる代替Beanの有効化

　Java EE 7以降では、代替Beanに@Priorityアノテーションを付与することで、代替Beanの有効化が可能です。この場合、前述のbeans.xmlの定義は不要です。例を**リスト4.15**に示します。

リスト4.15　@Priorityによる代替Beanの有効化

```java
@Alternative
@Priority(Interceptor.Priority.APPLICATION + 100)
@ApplicationScoped
public class BookDaoFake implements BookDao {
    @Override
    public List<Book> getAll() {...}
}
```

　@Priorityのアノテーション要素valueは、代替Beanの優先度を示しており、複数の代替Beanがwarアーカイブに含まれていた場合は、より大きい値を持つ代替Beanが有効化されます。

　この機能の導入により、ビルドスクリプトにおいて、warファイルのWEB-INF/libディレクトリに、代替Beanを含むjarファイルを追加するだけで代替Beanが有効化され、アプリケーションの動作を変更できます。

■ ステレオタイプによる代替Beanの有効化

　リスト4.16のように、@Alternativeはステレオタイプに組み込むことが可能で、beans.xmlに@Alternativeを含むステレオタイプを定義することで、複数の代替Beanをまとめて有効化できます。

リスト4.16　@Alternativeを含むステレオタイプの実装例

```java
@Alternative
@Stereotype
@Retention(RUNTIME)
@Target({METHOD, FIELD, TYPE})
public @interface LocalEnvProfile {
}
```

　作成したステレオタイプ@LocalEnvProfileの適用例を**リスト4.17**に示します。BookDaoFakeクラスは代替Beanとして定義されます。

リスト4.17　ステレオタイプ@LocalEnvProfileによる代替Bean定義

```
@LocalEnvProfile
@ApplicationScoped
public class BookDaoFake implements BookDao {
    @Override
    public List<Book> getAll() {...}
}
```

　beans.xmlには<stereotype>タグで有効化させたいステレオタイプを定義します。**リスト4.18**のbeans.xmlの定義では、ステレオタイプ@LocalEnvProfileが付与された代替Beanがすべて有効化されます。

リスト4.18　beans.xml ステレオタイプによる代替Bean有効化

```
<beans>
  <alternatives>
    <stereotype>jp.gihyo.perfectjavaee.alternative.LocalEnvProfile</stereotype>
  </alternatives>
</beans>
```

4-2　応用的なインターセプタ

　「**3章　CDI（基礎編）**」では、インターセプタバインディングを用いて、メソッドの前後に共通的な処理を適用する基本的なインターセプタを紹介しました。
　応用編では、コンストラクタへのインターセプタ、@Interceptorsによるインターセプタ、デコレータについて紹介します。

4-2-1　コンストラクタへのインターセプタ適用

　Java EE 7より、CDI管理Beanのコンストラクタにインターセプタの適用が可能となりました。
　「**3章　CDI（基礎編）**」で紹介したメソッドの開始終了時にログを出力するインターセプタに対して、**リスト4.19**に示すように、コンストラクタの開始終了時にもログを出力できるようにコードを追加します。

リスト4.19　トレースログを出力するインターセプタ実装例

```java
import javax.annotation.Priority;
import javax.interceptor.AroundConstruct;
import javax.interceptor.AroundInvoke;
import javax.interceptor.Interceptor;
import javax.interceptor.InvocationContext;
import org.slf4j.Logger;
import org.slf4j.LoggerFactory;

@Interceptor
@Priority(Interceptor.Priority.APPLICATION)
@EnableTraceLog
public class TraceInterceptor {

    private static final Logger LOGGER = LoggerFactory.getLogger(TraceInterceptor.class);

    @AroundInvoke
    public Object log(InvocationContext ic) throws Exception {
        // 再掲のため省略(「3章 CDI(基礎編)」参照)。
    }

    @AroundConstruct
    public Object logConstructor(InvocationContext ic) throws Exception {
        LOGGER.trace("start {}", ic.getConstructor());
        Object result = ic.proceed();
        LOGGER.trace("finish {}", ic.getConstructor());
        return result;
    }
}
```

　1つのインターセプタ実装クラスには、通常のメソッド向けのインターセプタ実装と、コンストラクタ向けのインターセプタ実装の両方を含められます。コンストラクタ向けのインターセプタ実装メソッドには@AroundConstructアノテーションを付与します。InvocationContext.getConstructorメソッドにてインターセプト対象のコンストラクタ情報を取得し、ログメッセージに含めています。

　コンストラクタに適用するインターセプタバインディング型には、@Targetにjava.lang.annotation.ElementType.CONSTRUCTORが必要です。**リスト4.20**に示すインターセプタバインディング型@EnableTraceLogは、メソッド、クラス、コンストラクタに適用可能です。

リスト4.20　コンストラクタに適用可能なインターセプタバインディング型

```
@Inherited
@InterceptorBinding
@Retention(RUNTIME)
@Target({METHOD, TYPE, CONSTRUCTOR})
public @interface EnableTraceLog {
}
```

作成したインターセプタを、**リスト4.21**のようにCDI管理Beanのコンストラクタに適用します。

リスト4.21　CDI管理Beanコンストラクタへのインターセプタ適用

```
@ApplicationScoped
public class OrderService {
    @EnableTraceLog
    public OrderSercivice() {
    }

    @EnableTraceLog
    public OrderStatus submit(Order o) {...}
}
```

クラスレベルへの適用も可能です。**リスト4.22**では、暗黙的に宣言されている引数なしデフォルトコンストラクタの呼び出し時に、インターセプタが適用されます。

リスト4.22　暗黙的デフォルトコンストラクタへのインターセプタ適用

```
@ApplicationScoped
@EnableTraceLog
public class OrderService {
    public OrderStatus submit(Order o) {...}
}
```

4-2-2　@Interceptors

ここまで@InterceptorBindingが付与されたインターセプタバインディング型によってインターセプタ実装と、インターセプト対象を結び付けていました。代わりに@Interceptorsアノテーションによる関連付けも可能です。

@Interceptorsアノテーションにより関連付けを行う場合は、**リスト4.23**のように、インターセプタの実装クラスに@Interceptorとインターセプタバインディング型を付与する必要はありません。

Part 2　DI

リスト4.23　@Interceptorsで関連づけを行う場合のインターセプタ実装

```java
public class TraceInterceptor {

    private static final Logger LOGGER = LoggerFactory.getLogger(TraceInterceptor.class);

    @AroundInvoke
    public Object log(InvocationContext ic) throws Exception {
        LOGGER.trace("start {}", ic.getConstructor());
        Object result = ic.proceed();
        LOGGER.trace("finish {}", ic.getConstructor());
        return result;
    }
}
```

インターセプト対象に適用する際は、対象のクラス、コンストラクタ、またはメソッドに、@Interceptors（インターセプタ実装クラス.class）の形式でアノテーションを付与します。例を**リスト4.24**に示します。

リスト4.24　@InterceptorsによるCDI管理Beanへのインターセプタ適用

```java
import javax.interceptor.Interceptors;

@ApplicationScoped
public class OrderService {
    @Interceptors(TraceInterceptor.class)
    public OrderStatus submit(Order o) {...}
}
```

複数のインターセプタを適用する場合には、@Interceptors({Class1.class, Class2.class})のように、適用する順序ごとにClassクラスを定義します。実装がシンプルになるため、インターセプタバインディングよりも@Interceptorsのほうが優れているように見えますが、デメリットもあります。

@Interceptorsによる関連付けは、インターセプタ実装とインターセプト対象がより密結合です。具体的には、インターセプタ実装のClassクラスをインターセプト対象のクラス内で直接指定するため、クラス間の依存関係が発生します。

一方インターセプタバインディングでは、インターセプタバインディング型の付与対象を変更すると、インターセプト対象のコードを修正せずに適用するインターセプタを変更可能です。

また、インターセプタバインディング型を利用すると、@EnableTraceLogのように、適用されるインターセプタの機能を理解しやすいコードになります。

@Interceptorsは、元々Java EE 5においてEJBセッションBeanのみを対象にインターセプタ機能が盛り込まれた時に追加されたアノテーションで、Java EE 6以降ではCDI管理Beanへのインターセプタ適用時にも利用可能となりました。

デメリットを理解した上でシンプルな実装を優先したい場合は@Interceptorsを利用し、疎結合でより直感的なコード表現を優先したい場合は@InterceptorBindingを利用するような使い分けが考えられます。

4-2-3　デコレータ

デコレータとは、インターセプト対象のCDI管理Beanと型関係を持たせた上で機能拡張する仕組みです。

Javaには継承により、上位クラスのセマンティクスを維持しつつ機能を拡張する考え方があります。java.utilパッケージに含まれるコレクションフレームワークはその代表例で、AbstractCollection → AbstractList → ArrayList の型階層のように、上位クラスのセマンティクスを維持しながら機能を拡張しています。

インターセプタは、インターセプタの実装クラスと、インターセプト対象のクラスに型関係がありません。インナーセプタをビジネスロジックの拡張に利用すると、インターセプト対象のセマンティクスの維持は開発者が意識するしかなく、ビジネスロジックの拡張に向いていません。インターセプタは、ビジネスロジック仕様を変更しない、トランザクション管理やロギングなどの共通的な処理の盛り込みに向いています。

一方でデコレータ実装クラスは、機能を拡張したいCDI管理Beanが実装しているインターフェースと、同じインターフェースを実装します。インターフェースの実装により、デコレート先のセマンティクスを意識しやすく、ビジネスロジック自体の拡張に向いています。

デコレータの適用例として、セールに伴い期間限定でポイントを5倍付与するビジネスロジックについて考えます。

ポイントと有効期限の組を**リスト4.25**のようにPointクラスとして定義し、購入金額を基にポイント計算します。

リスト4.25　Pointクラス。ポイントと有効期限の組。

```
public class Point {
    private final int point;
    private final LocalDate expire;

    public Point(int point, LocalDate expire) {
        this.point = point;
        this.expire = expire;
    }

    // getterメソッドは省略
}
```

DI

セール期間以外の通常時のポイント計算を行うロジックのインターフェースと実装クラスを**リスト4.26**に示します。現在日から90日間を期限としたポイントを、購入金額の1%付与しています。

リスト4.26　通常時のポイント計算ロジック実装

```java
public interface PointProcessor {
    Point process(int purchasePrice);
}

@ApplicationScoped
public class DefaultPointProcessor implements PointProcessor {
    /** ポイント期限 90日 */
    private static final int EXPIRE_DAY = 90;

    /** ポイント還元率 1% */
    private static final BigDecimal RATE = new BigDecimal(0.01);

    @Override
    public Point process(int purchasePrice) {
        LocalDate expire = LocalDate.now().plusDays(EXPIRE_DAY);
        BigDecimal price = new BigDecimal(purchasePrice) ;
        BigDecimal point = price.multiply(RATE).setScale(0, RoundingMode.DOWN);
        return new Point(point.intValue(), expire);
    }
}
```

さて、一時的なセール対応に伴い、ポイントを5倍付与するようにビジネスロジックを改修する状況を考えてみましょう。

既存のポイント計算処理であるDefaultPointProcessorクラスを改造して対応することも可能ですが、以下のような課題があります。

- 既存ロジックの改修に伴い、新たなバグを盛り込む可能性がある
- JUnitテストケースを、セール期間中ポイント対応に書き直す必要がある
- セールが終わったら、再び改修してロジックを元に戻す必要がある

このようにビジネスの要求上、一時的な機能追加を行いたいが、既存ロジックには手を入れたくない時に有効なのがデコレータです。

既存ロジックに加えてポイントを5倍付与するデコレータの例を、**リスト4.27**に示します。

リスト4.27　デコレータの実装例

```java
import javax.decorator.Decorator;

@Decorator
@Priority(Interceptor.Priority.APPLICATION)
public class SalePointDecorator implements PointProcessor {
    /** ポイント5倍 */
    private static final int BONUS_RATE = 5;

    @Inject
    @Delegate
    private PointProcessor processor;

    @Override
    public Point process(int purchasePrice) {
        Point p = processor.process(purchasePrice);
        return new Point(p.getPoint() * BONUS_RATE, p.getExpire());
    }
}
```

　まず、デコレータクラスには@Decoratorアノテーションを付与します。@Decoratorはステレオタイプの一種であるため、スコープアノテーションを付与しなくても、SalePointDecoratorクラスはCDI管理Beanとして認識されます。

　Java EE 7においては、インターセプトやAlternativeと同様に@Priorityアノテーションをデコレータクラスに付与することで、デコレータを有効化できます。同じインターフェースに対して複数のデコレータを適用する際は、プライオリティ値が高い値を持つデコレータから適用されます。

　Java EE 6においてはbeans.xmlに有効化対象のデコレータクラスを定義する必要があり、**リスト4.28**のように記載します。beans.xmlによるデコレータの有効化はJava EE 7においても利用可能です。上から書いた優先順位でデコレータが適用されます。

リスト4.28　beans.xmlによるデコレータの有効化

```xml
<beans>
 <decorators>
   <class>jp.co.gihyo.perfectjavaee.decorator.SalePointDecorator</class>
   <class>...</class>
 </decorators>
</beans>
```

リスト4.27のコード例のうち、もっとも重要な部分が機能追加対象であるPointProcessorインターフェースを実装している部分です。デコレータの場合はインターセプタと異なり、デコレート対象のインターフェースを実装しているため、インターフェースのセマンティクスから外れない範囲で機能を追加します。

たとえば、ポイント計算処理のインターフェースにデコレートするのは、あくまでポイントに関する処理のみです。PointProcessorインターフェースのセマンティクスと関連のない購入確認メールの送信処理などをデコレータで付与するのは不適切です。

例ではインターフェースがメソッドを1つしか持っていないため、デコレータが具象クラスとなっていますが、複数のメソッドを持つインターフェースに対して特定のメソッドのみ機能追加したい場合は、デコレータクラスにabstractを付与して抽象クラスとします。

デコレータ対象のCDI管理Beanは**リスト4.29**のように、デコレータ実装クラス内（例ではSalePointDecoratorクラス）において、@Injectと@Delegateによるインジェクトで取得します。

リスト4.29 @Delegateによるデコレータ対象Beanの取得（リスト4.27から抜粋）

```
@Decorator
@Priority(Interceptor.Priority.APPLICATION)
public class SalePointDecorator implements PointProcessor {
    ...
    @Inject
    @Delegate
    PointProcessor processor;
```

最後にデコレータ実装メソッドの解説です（**リスト4.30**）。DIで取得した既存のロジックを呼び出した上で、さらにBONUS_RATE（ポイント5倍）を掛けたポイント値を結果として返しています。

リスト4.30 デコレータ実装メソッド(リスト4.27から抜粋)

```
@Override
public Point process(int purchasePrice) {
    Point p = processor.process(purchasePrice);
    return new Point(p.getPoint() * BONUS_RATE, p.getExpire());
}
```

デコレートされたCDI管理Beanを利用する側のコードでは、新たな修正は不要です。@Priorityまたはbeans.xmlによりデコレータが有効化された状況では、**リスト4.31**のよう@Injectで取得したCDI管理Beanを呼び出すと、自動的にデコレータが適用されたCDI管理Beanが呼び出されます。

リスト4.31　デコレータが適用されたCDI管理Beanの利用側コード

```
@Inject
private PointProcessor pointProcessor;

public void submitOrder(Order order) {
    // デコレータSalePointProcessorが適用された、DefaultPointProcessorが実行される
    pointProcessor.processPoint(order.getPrice());

    // 注文受付処理が続く...
}
```

　@Alternativeと同様に、ビルドスクリプトにおいてデコレータを含むjarファイルをwarのWEB-INF/libに追加するだけで、既存のコードを変更せずにアプリケーションの振る舞いを変更できます。デコレータはアプリケーションの疎結合化を実現する強力なツールの1つです。

4-3　CDIイベント

　CDIによるイベント機能は、クラスを何らかのイベントを発生させる生産者（Producer）と、特定イベントに応じた処理するオブザーバに分離し、CDI管理Bean間で直接メソッド呼び出ししなくても関連付ける仕組みです。

　GoFデザインパターンにおいてオブザーバパターンと呼ばれる構成を、シンプルに実装する仕組みを提供します。

　CDIによるイベント実装は3つの役割に分けられます。

- イベントオブジェクト
- オブザーバ（@Observes）
- プロデューサ（Eventインターフェース）

　アラート受信を契機にイベントを発火し、受信したアラートのキャッシュとロギングをオブザーバにより実行するコード例より、CDIイベント機能が持つ様々な機能を紹介していきます。

　CDIイベントを利用した場合のコード例の構成を、図4.2に示します。

図4.2　CDIイベントの構成

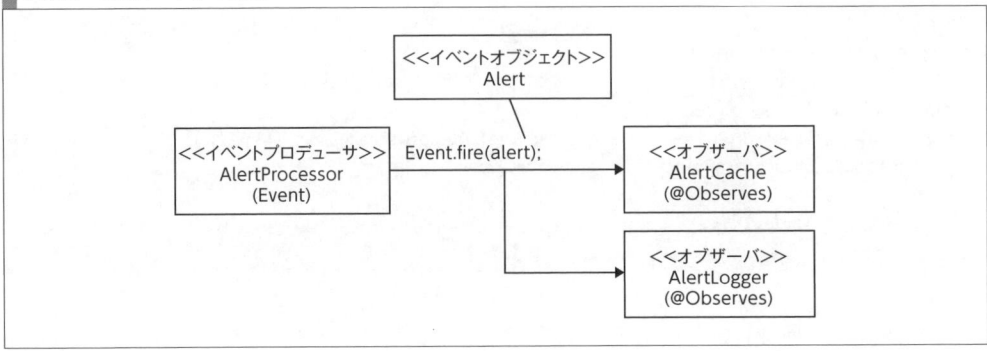

4-3-1　イベントオブジェクト

イベントオブジェクトは、2つの目的で使われます。

- プロデューサとオブザーバ間のパラメータ
- イベント識別子（プロデューサにおいては発火対象のイベントの選択、オブザーバにおいては監視対象のイベントの宣言に使われる）

イベントオブジェクトは、CDI管理Beanである必要はありません。このため、スコープアノテーションの付与も必要なく、**リスト4.32**のように完全なPOJOとして実装します。

リスト4.32　イベントオブジェクトの例

```
public class Alert {
    private long id;
    private AlertLevel level;
    private String alertTitle;

    // getter、setterメソッドは省略
}
```

4-3-2　@Observesによるオブザーバ実装

次にオブサーバの実装です。

アラート情報をキャッシュするオブザーバの実装例AlertCacheクラスから紹介します。
以下の要件を前提としたコード例を**リスト4.33**に示します。

- アプリケーションスコープのCDI管理Beanとし、DIで取得可能とする
- サイズ制限を持ち、古いアラートから破棄する
- イベントオブジェクトAlertクラスを監視対象とし、CDIイベントの発火を契機にアラートをキャッシュする

リスト4.33　オブザーバの実装例

```
import javax.enterprise.event.Observes;

@ApplicationScoped
public class AlertCache {

    private static final int MAX_CACHE = 1000;
    private final Map<Long, Alert> fifo;

    public AlertCache() {
        // 古いキャッシュから削除するサイズ制限付きMapの生成
        Map<Long, Alert> cache = new LinkedHashMap<Long, Alert>(MAX_CACHE) {
            @Override
            protected boolean removeEldestEntry(Entry<Long, Alert> entry) {
                return size() > MAX_CACHE;
            }
        };

        // マルチスレッドアクセス対策として同期Map化
        this.fifo = Collections.synchronizedMap(cache);
    }

    public Alert get(long id) {
        return fifo.get(id);
    }

    public void putIfAbsent(@Observes Alert alert) {
        fifo.putIfAbsent(alert.getId(), alert);
    }
}
```

　少し長くなりましたが、CDIイベントとして注目すべき部分は@Observesを含む、putIfAbsentメソッドです。オブザーバメソッドの引数には、@Observesアノテーションと共に、受信したいイベントの種類を示すイベントオブジェクトを指定します。

　イベントオブジェクトと異なり、オブザーバメソッドを持つクラスは、CDI管理Beanとする必要があります。例では@ApplicationScopedを付与してCDI管理Beanとしています。

続けて、受信したアラートをロギングするオブザーバ実装の例、AlertLoggerクラスについて**リスト4.34**のように実装します。

リスト4.34 オブザーバの実装例2

```
@Dependent
public class AlertLogger {

    private static final Logger LOG = LoggerFactory.getLogger(AlertLogger.class);

    public void log(@Observes Alert alert) {
        LOG.info(alert.toString());
    }
}
```

AlertCacheクラスと同様に、監視対象のイベントオブジェクトをAlertクラスとしています。状態を持たないクラスであるため、スコープは@Dependentとしています。@Observesを持つクラスのスコープを@Dependentとした場合、オブザーバメソッドの実行中のみインスタンスは生存し、オブザーバメソッドの起動時に生成され、完了時に破棄されます。

4-3-3　Eventによるイベント通知

最後に、イベント発火させるプロデューサの実装を**リスト4.35**に示します。

イベント発火には、組み込みBeanの一種であるEventを使います。@Injectで取得可能です。Eventの型パラメータに、Event<Alert>のように発火対象のイベントオブジェクトのクラスを指定し、fireメソッドによりイベントを発火します。

リスト4.35 プロデューサの実装例

```
import javax.enterprise.event.Event;

@ApplicationScoped
public class AlertProcessor {

    @Inject
    Event<Alert> event;

    public void recept(Alert alert) {
        event.fire(alert);
    }
}
```

リスト4.35のコードでは、オブザーバとして登録していたAlertCache.putIfAbsentメソッドと、AlertLogger.logメソッドがイベントの発火に伴い実行されます。

CDI1.2においては、オブザーバの実行順序を制御することはできません。また、イベントの通知は同期で行われ、すべてのオブザーバメソッドの実行が完了するとfireメソッドの応答が返ります[注2]。

AlertProcessorクラスの実装を見ると、オブザーバクラスへの依存が全くないことがわかります。これがCDIイベントによる疎結合のメリットです。

アラート受信に伴う処理を追加したい場合は、Alertクラスを監視するオブザーバメソッドを追加するだけでよく、プロデューサ側のコードに手を入れずに機能追加が可能です。

以下のような機能を実装する時にCDIイベントは有効です。

- 特定のイベント発生に伴い、順序性を持たない処理を実行する機能
  (アプリケーションの修正時、オブザーバメソッドの追加が拡張ポイントとなる)
- 特定のイベント発生に伴い、複数CDI管理Bean間の状態を更新したい機能
  (コード例では、アプリケーションスコープのキャッシュのみであったが、ユーザごとのセッションスコープのキャッシュも合わせて持つような場合はCDIイベントによる状態同期が有効)

CDIイベントにより疎結合は実現できますが、コードの可読性は直接のメソッド呼び出しと比べて低下します。以下のような機能においてはCDIイベントを利用せずに、通常のメソッド呼び出しで実装する方法が適切です。

- 処理の順序性を持つ機能
- 拡張の可能性が少ない機能(フォーム入力パラメータをDBに格納するだけの機能など)

4-3-4 限定子によるイベントの選択

同じ型のイベントオブジェクトを利用したいが、発火するイベントを分けたい場合、限定子との組合せにより、イベントオブジェクトの型と限定子のセットをイベント識別子として扱えます。

図4.3のように、重大アラートを受信した場合のみ、メール通知を実施するオブザーバAlertMailSenderクラスを追加したいと考えます。

[注2] オブザーバの順序制御および、非同期でのイベントの発火は、Java EE 8(CDI2.0)の盛り込みに向けて検討が進められています。

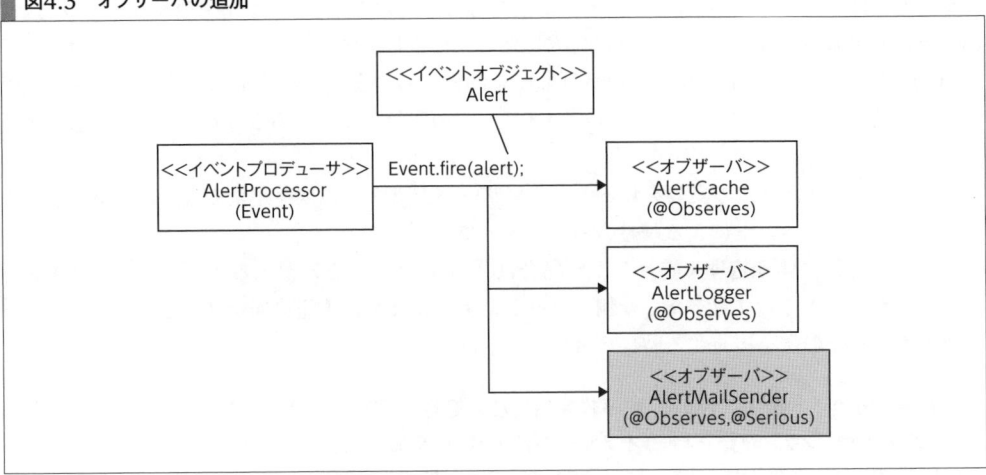

図4.3 オブザーバの追加

はじめに、**リスト4.36**のように重大アラートを示す限定子@Seriousを定義します。イベントに使う限定子も、インジェクト時の型解決に使う限定子と同じです。イベント限定子はクラス単位で付与することがないため、@TargetからTYPEを除いています。

リスト4.36 イベント限定子の定義

```
@Qualifier
@Retention(RUNTIME)
@Target({METHOD, FIELD, PARAMETER})
public @interface Serious {
}
```

次にオブザーバメソッドの実装です。**リスト4.37**のように、オブザーバメソッドの引数に定義されたイベントオブジェクトに対して作成した限定子@Seriousを付与します。限定子の付与により、イベントオブジェクトはAlert型、かつ限定子@Seriousを持つイベントを監視対象とします。

リスト4.37 限定子を指定したオブザーバの実装例

```
@Dependent
public class AlertMailSender {
    public void sendMail(@Observes @Serious Alert alert) {
        // Eメール送信処理 ...
    }
}
```

リスト4.38のように、プロデューサにおいては、Eventオブジェクトを取得するフィールドに限定子@Seriousを付与します。

■ リスト4.38　限定子を指定したプロデューサの実装例
```
@Inject
@Serious
private Event<Alert> seriousEvent;

public void recept(Alert alert) {
    seriousEvent.fire(alert);
}
```

　限定子を持つイベントの発火で注意したいことは、同じイベントオブジェクトの型を持つが限定子を持たないオブザーバも通知対象となることです。
　コード例においては、@Seriousを持つAlertMailSenderクラスだけでなく、限定子を持たないがイベントオブジェクトAlert型を監視するAlertCacheクラスおよび、AlertLoggerクラスにもイベントは通知されます。イベントオブジェクトの型が同じでも、別の限定子を持つオブザーバには通知が行われません。
　たとえば、リスト4.39のようにオブザーバが定義されていた場合、@Seriousが付与されたEvent.fireメソッドから、@Minorが付与されたオブザーバsendMinorMailメソッドには通知されません。

■ リスト4.39　限定子を指定したオブザーバの実装例
```
@Dependent
public class AlertMailSender {
    public void sendMinorMail(@Observes @Minor Alert alert) {...}
    public void sendSeriousMail(@Observes @Serious Alert alert) {...}
}
```

　イベント限定子はリスト4.40のように複数適用することも可能です。

■ リスト4.40　イベント限定子の複数適用例
```
public void sendSeriousMail(@Observes @Admin @Serious Alert alert) {...}
```

　イベント発火する際は、リスト4.41に示すように、オブザーバメソッドに付与されている複数のイベント限定子と、同じ限定子をインジェクトポイントに適用します。

リスト4.41　複数イベント限定子を持つイベントのプロデューサ

```
@Inject
@Admin
@Serious
private Event<Alert> seriousEvent;
```

4-3-5　オブザーバメソッドの応用

　CDIイベントの基本的な機能はここまででほぼ紹介してきましたが、オブザーバメソッドにはさらに多彩な機能があります。オブザーバメソッドの応用的な機能について紹介します。

■ パラメータ付きイベント限定子

　イベント限定子には、アノテーション要素にパラメータを持たせることが可能です。

　先ほどの例では、重大なアラートを示すために限定子@Seriousを作成しましたが、アラートのレベルに応じて細かいイベント発火を行いたい場合には、パラメータ付き限定子が有効です。

　例として、マイナー、メジャー、重大の3つのレベルに分けてイベントを管理する限定子について考えます。

　イベント限定子に**リスト4.42**のようにアノテーション要素を持たせます。アラートレベルのように、固定的な選択肢の場合は、意図しない値が設定されないように列挙型（enum）をパラメータとします。

リスト4.42　パラメータ付きイベント限定子の定義

```
@Qualifier
@Retention(RUNTIME)
@Target({METHOD, FIELD, PARAMETER})
public @interface AlertEvent {
    AlertLevel value();
}

public enum AlertLevel {
    MINOR, MAJOR, SERIOUS
}
```

　オブザーバメソッドには、**リスト4.43**のようにパラメータを持たせたイベント限定子を付与します。

リスト4.43　パラメータ付き限定子を持つオブザーバ実装例

```
@Dependent
public class AlertMailSender {
    public void sendMinorMail(@Observes @AlertEvent(MINOR) Alert alert) {...}
    public void sendMajorMail(@Observes @AlertEvent(MAJOR) Alert alert) {...}
    public void sendSeriousMail(@Observes @AlertEvent(SERIOUS) Alert alert) {...}
}
```

　プロデューサにおいては、**リスト4.44**のように限定子のパラメータで、発火対象のイベントを選択します。イベントオブジェクトがAlert型でかつ、@AlertEvent(SERIOUS)を持つオブザーバと、同じくイベントオブジェクトがAlert型で限定子を持たないオブザーバに対して通知が行われます。

リスト4.44　パラメータ付き限定子イベントのプロデューサ実装例

```
@Inject
@AlertEvent(SERIOUS)
Event<Alert> seriousEvent;

public void recept(Alert alert) {
    seriousEvent.fire(alert);
}
```

　イベント限定子にパラメータは含めたいが、イベント識別子として扱いたくない場合、**リスト4.45**のようにアノテーション要素の定義に@Nonbindingアノテーションを付与します。

リスト4.45　@Nonbindingによりアノテーション要素noteをイベント識別子から除外

```
@Qualifier
@Retention(RUNTIME)
@Target({METHOD, FIELD, PARAMETER})
public @interface AlertEvent {
    AlertLevel value();
    @Nonbinding String note() default "";
}
```

　リスト4.46のようにオブザーバのイベント限定子にnoteパラメータが付与されても、イベント識別子には利用されません。

リスト4.46　バインディング対象外のイベント限定子パラメータの適用例

```
public void sendSeriousMail(
    @Observes @AlertEvent(value = SERIOUS, note = "...") Alert alert) {...}
```

■ EventMetadata

オブザーバメソッドの引数にBean型を含めると、自動的にインジェクトされた上でオブザーバメソッドが起動されます。

たとえば、オブザーバメソッドにおいて、セッションスコープに含まれるユーザ情報Userにアクセスしたい場合は、**リスト4.47**のようなコードとなります。

リスト4.47 オブザーバメソッドの引数にBean型Userを含める

```
public void sendMail(@Observes Alert alert, User user) {...}
```

Java EE 7より、オブザーバメソッドの引数として取得可能な組み込みBeanの一種としてEventMetadataが導入されました。**リスト4.48**に示すように、EventMetadataインスタンスは、オブザーバメソッドの引数として取得します。

リスト4.48 EventMetadataの取得

```
import javax.enterprise.inject.spi.EventMetadata;
...
public void sendMail(@Observes Alert alert, EventMetadata meta) {...}
```

EventMetadataはインターフェースで、**リスト4.49**に示すメソッドを持ちます。イベント限定子が持つアノテーション要素の取得や、イベント発火させたプロデューサのクラス情報など、メタ情報へのアクセスに利用できます。

リスト4.49 EventMetadataの定義

```
public interface EventMetadata {
    /** 発火したイベントのイベント限定子を取得 */
    public Set<Annotation> getQualifiers();

    /**
     * イベント発火元情報の取得。
     * どのクラスに含まれるEventから発火したか、
     * オブザーバ側で識別するために利用する。
     */
    public InjectionPoint getInjectionPoint();

    /** イベントオブジェクトの型情報を取得 */
    public Type getType();
}
```

■ オブザーバメソッドの例外ハンドリング

リスト4.50のようにオブザーバメソッドから例外がスローされた場合、fireメソッドに伝搬され、fireメソッドから例外がスローされます。この際、まだ起動していないオブザーバメソッドは実行されません。

リスト4.50　オブザーバメソッドからの例外スロー

```
// オブザーバ側コード
public void sendMail(@Observes @Serious Alert alert) {
    // Eメール送信処理 ...
    throw new MailSendException("invalid destination.");
}

// プロデューサ側コード
// MailSendExceptionがスローされる可能性あり
event.fire(alert);
```

実行時例外が投げられた場合はfireメソッドにそのまま伝搬されます。検査例外が投げられた場合は、実行時例外javax.enterprise.event.ObserverExceptionでラップされた状態でfireメソッドからスローされます。

fireメソッドの返り値はvoidであり、発火済イベントに対応するオブザーバメソッドが実行済みか識別する仕組みがないため、原則としてオブザーバメソッドから例外をスローしない方が適切です。プロデューサ側で特定の例外をハンドリングするコードは、プロデューサとオブザーバの依存に繋がるため、あまり好ましくありません。

例として、リスト4.51のようなイベントプロデューサ側のコードは、オブザーバからMailSendExceptionがスローされてる可能性を意識しているため、プロデューサとオブザーバが疎結合となっていません。

リスト4.51　良くない例（オブザーバから投げられる例外に依存したプロデューサ）

```
try {
    event.fire(alert);
} catch (MailSendException e) {
    // 例外ハンドリング
}
```

オブザーバメソッドには、プロデューサで開始した宣言的トランザクションのコンテキストが引き継がれます。オブザーバメソッドでの例外発生に伴い、プロデューサ側を意図的にロールバックしたい場合は、オブザーバメソッドから例外スローすることが考えられます。

■条件付きオブザーバメソッド

条件付きオブザーバメソッドにより、コンテキスト上に該当のCDI管理Beanが生成されていなかった場合、新たにインスタンス生成せず、オブザーバメソッドも実行しないように振る舞いを変更できます。

CDI管理Beanが生成されていなかった場合にオブザーバ起動を抑止するためには、**リスト4.52**のように @Observers(nofityObserver = IF_EXISTS) と設定します。

セッションスコープのCDI管理Beanは、HTTPセッションの生成時ではなく、インジェクトポイントからアクセスが発生した時点でインスタンスの生成が行われます。nofityObserver = IF_EXISTSがオブザーバメソッドに設定されているため、セッション生成後に何らかのメソッドがAlertSessionCacheにアクセスしてインスタンス生成されるまで、イベント通知が行われてもオブザーバメソッドは実行されません。

リスト4.52　条件付きオブザーバメソッドの適用例

```
@SessionScoped
public class AlertSessionCache {
    ...
    public void putIfAbsent(@Observes(notifyObserver = IF_EXISTS) Alert alert) {
        fifo.putIfAbsent(alert.getId(), alert);
    }
}
```

@Observesのアノテーション要素notifyObserverに適用可能な値は、列挙型であるjava.enterprise.event.Receptionに定義されています。列挙型Receptionの定義を**リスト4.53**に示します。

リスト4.53　javax.enterprise.event.Receptionの定義

```
public enum Reception {
  IF_EXISTS, ALWAYS
}
```

@Observesのアノテーション要素が未指定の場合は @Observes(notifyObserver = ALWAYS) とみなされます。コンテキスト上にオブザーバメソッドを持つCDI管理Beanのインスタンスがなければ、新たに生成してオブザーバを実行するデフォルトの挙動が適用されます。

■ トランザクションオブザーバ

デフォルトでは、Event.fireメソッドを呼び出した時点でオブザーバメソッドに通知が行われます。@TransactionalやEJBセッションBeanによる宣言的トランザクション内でイベント発火する場合、イベント通知をトランザクションのコミット時まで遅延させることが可能です。

CDIイベントの解説の始めに解説した、アラート情報をキャッシュするコード例を振り返った上で、処理を追加します。

リスト4.35のイベントプロデューサの例に加えて、リスト4.54のようにイベント発火をトランザクション境界内で行うように@Transactionalを付与します。fireメソッドによるイベントの発火処理の後は、ビジネスロジックが続き、条件によってはロールバック対象となる実行時例外がスローされる可能性があるとします。

リスト4.54　イベントの発火後に実行時例外が発生する例

```
@Inject
Event<Alert> event;

@Transactional
public void recept(Alert alert) {
    event.fire(alert);
    // ... 何らかの処理が続いた後に例外
    throw new BusinessRuntimeException();
}
```

リスト4.55では、ロールバックされても既にオブザーバメソッドが実行されているため、キャッシュに無効なアラート情報が追加されてしまいます。

トランザクションオブザーバ機能を使うと、トランザクションがコミットされるまで、オブザーバメソッドの起動が遅延されます。リスト4.55のように@Observesのアノテーション要素duringに、オブザーバメソッドを実行するタイミングを指定します。

リスト4.55　トランザクション成功時のみ実行されるオブザーバ

```
public void putIfAbsent(@Observes(during = TransactionPhase.AFTER_SUCCESS) Alert alert) {
    fifo.putIfAbsent(alert.getId(), alert);
}
```

トランザクションのコミット直後以外にも遅延方式は複数あり、列挙型javax.enterprise.event.TransactionPhaseにリスト4.56のように定義されています。

リスト4.56　TransactionPhaseの定義

```
public enum TransactionPhase {
    IN_PROGRESS,
    BEFORE_COMPLETION,
    AFTER_COMPLETION,
    AFTER_FAILURE,
    AFTER_SUCCESS
}
```

各フェーズのオブザーバ実行タイミングは**表4.1**のとおりです。IN_PROGRESSおよびBEFORE_COMPLETIONの場合は、オブザーバメソッドにトランザクションコンテキストが引き継がれます。AFTERから始まるフェーズはコミット後に実行されるため、トランザクションコンテキストは引き継がれません。

表4.1　トランザクションオブザーバの種類

TransactionPhaseの種類	オブザーバメソッドの実行タイミング
IN_PROGRESS	デフォルト。Event.fireメソッド実行直後にオブザーバ実行
BEFORE_COMPLETION	トランザクション完了の直前にオブザーバ実行
AFTER_COMPLETION	トランザクション完了の直後にオブザーバ実行。ロールバック時も呼び出される
AFTER_FAILURE	ロールバック直後にオブザーバ実行
AFTER_SUCCESS	コミット直後にオブザーバ実行

4-4　CDI（応用編）のまとめ

ここまでは解説してきたように、CDIの機能はDIのみならず多彩です。すべての機能を1つのアプリケーションに適用することは少ないでしょう。

まずは「**3章　CDI（基礎編）**」で解説したDI/AOPを有効に活用し、効果的に使えると判断できたところで「**4章　CDI（応用編）**」で解説した機能を適用すると、開発チームにスムーズにCDIが広まります。

CDIを活用して、コードの整理を始めましょう。

Part 3

Web層

クライアントからリクエストを受け付ける処理と、結果のレスポンスをクライアントに返すWeb層の技術を説明します。Webの進化もあり、多くの技術が存在します。

Web層

5章  サーブレット

Java EEでWebアプリを作るシンプルな規格がサーブレットAPIです。サーブレットAPIの使い方を通じてWebアプリの構造を理解してください。最新のJava EEでは、サーブレットAPIより新しくかつ上位規格のJAX-RSのほうが主流です。本章でサーブレットAPIを学んで、後ほど、比較しながらJAX-RSも学んでください。

5-1 簡単なサーブレットアプリ

サーブレットAPIを使うWebアプリをサーブレットアプリと呼びます。簡単なサーブレットアプリの例を示します（**リスト5.1**）。

リスト5.1　サーブレットアプリの例

```java
package my; // パッケージ名は任意（後述のコードではpackage文を省略します）

// 紙幅の節約のため、後述のコードから類似のimport文の記述を省略していきます
import java.io.IOException;
import java.io.PrintWriter;
import javax.servlet.http.HttpServlet;
import javax.servlet.http.HttpServletRequest;
import javax.servlet.http.HttpServletResponse;
import javax.servlet.ServletException;
import javax.servlet.annotation.WebServlet;

@WebServlet("/my")
public class MyServlet extends HttpServlet { // クラス名は任意
    @Override
    public void doGet(HttpServletRequest req, HttpServletResponse resp)
        throws ServletException, IOException {
        PrintWriter out = resp.getWriter();
        out.print("<html><head><title>hello servlet</title></head>");
        out.print("<body><p>hello, servlet</p></body></html>");
    }
}
```

ビルドとデプロイの方法は「**1章　Java EE概論**」の説明を参照してください。デプロイ後、Webブラウザから http://localhost:8080/myapp/my のURLにアクセスしてください。画面にhello, servlet の文字が表示されれば成功です。

5-1-1　サーブレットアプリのコードの読解

リスト5.1のように、HttpServletクラスを開発者が拡張継承して作るクラスをサーブレットクラスと呼びます。サーブレットクラスのオブジェクトを生成するのはサーブレットコンテナです。

サーブレットクラスを直感的に説明すると、特定のURLにHTTPリクエストを受けた場合のエントリポイントとなるクラスです。@WebServletアノテーションが、URLとサーブレットクラスを結びつけます。

サーブレットクラスのdoGetメソッドはHTTPのGETメソッドに対する処理を記述できるエントリポイントです。基底クラスのHttpServletクラスが持つメソッドですが、自作のサーブレットクラスでdoGetメソッドをオーバーライドして独自処理を記述できます。

doGetメソッドにはHttpServletRequestとHttpServletResponseの2つの引数オブジェクトが渡ってきます。前者がHTTPリクエストを表現するオブジェクト、後者がHTTPレスポンスを表現するオブジェクトです。直感的には、前者が入力元、後者が出力先と考えてください。どちらのオブジェクトも、オブジェクト生成の責務はサーブレットコンテナです。

リスト5.1は、HttpServletResponseオブジェクトから取得した出力ストリーム（PrintWriter）にHTML文字列を直接書き込んでいます。これがHTTPレスポンスになります。現実のサーブレットアプリはここまで単純ではありませんが、最小のサーブレットクラスとしてはこれで動作します。

■ リクエストURLの構造

http://localhost:8080/myapp/my を分解してみます。localhostの部分がホスト名で、8080の部分がポート番号です。これが1つのサーブレットコンテナ（OSレベルでのJavaプロセス）に対応すると考えてください。

myappの部分がサーブレットアプリ名に相当します。コンテキストパスとも呼びます。1つのサーブレットコンテナ上で複数のサーブレットアプリが稼働可能なので、サーブレットアプリ名はそれらを区別する識別子と考えてください。デフォルトではwarファイルのファイル名と対応します。

コンテキストパス以降はサーブレットアプリ内でのパスです。パスとサーブレットクラスの対応づけは@WebServletアノテーションでできます。詳細は後ほど説明します。

5-1-2　サーブレットAPIの概要

サーブレットアプリ開発に使うAPIがサーブレットAPIです。サーブレットAPIを提供するパッケージは、javax.servletとjavax.servlet.httpの2つです。

javax.servletパッケージがHTTPに依存しないクラスやインターフェースを提供し、javax.servlet.httpパッケージがHTTPに依存したクラスやインターフェースを提供します。ただ、普通にサーブレットアプリを開発する際はあまり違いを気にする必要はありません。

5-2 サーブレットクラス

リスト5.1で実例を見ましたが、Webアプリ開発者は自作のサーブレットクラスを作成します。継承元のHttpServletクラスはフレームワーク（サーブレットコンテナ）が提供する抽象基底クラスです。このように、フレームワークが抽象基底クラスを用意し、開発者が拡張継承して具象クラスを作成する技法は多くのフレームワークで一般的な構造です。

説明のため、以降、サーブレットクラスのオブジェクトを「サーブレットオブジェクト」と呼びます。

サーブレットオブジェクトの生成はサーブレットコンテナの役割です。開発者がサーブレットオブジェクトの生成を明示的に行うのは、（たとえできたとしても）禁止です[注1]。サーブレットオブジェクトの生成はサーブレットコンテナの専売特許と心得てください。

コンテナにオブジェクト生成を丸投げする感覚は重要なので覚えておいてください。この感覚はサーブレットのみならず、Java EE全般で重要です。

5-2-1 doメソッドのオーバーライド

開発者は、自作のサーブレットクラス内でdoGetやdoPostのように接頭辞doのついた名前のメソッドをオーバーライドします。本書では便宜上これらをdoメソッドと呼びます。

実行時、HTTPリクエストを受信したサーブレットコンテナがサーブレットオブジェクトのdoメソッドを呼びます。開発者がdoメソッドをオーバーライドしていれば、サーブレットコンテナがそのメソッドをコールバックする関係になります。

doメソッドはHTTPのメソッドに対応しています。リクエストがGETメソッドであればdoGetメソッドが呼ばれる関係です。本書ではdoGetとdoPostのメソッドのみを使います。

```
// HttpServletのdoメソッド（一部）
protected void doGet(HttpServletRequest req, HttpServletResponse resp) throws ServletException, IOException         実際は一行
protected void doPost(HttpServletRequest req, HttpServletResponse resp) throws ServletException, IOException        実際は一行
```

doメソッドをオーバーライドしていない場合、該当HTTPメソッドをサポートしていない旨のエラーをWebブラウザに返します。基底クラスHttpServletのデフォルト実装がHTTPエラーを返す実装だからです。

（注1） 1つだけ例外があります。プログラマブルなURLマッピングをする場合です。実例は後述します。

doメソッドの引数はHttpServletRequestオブジェクトとHttpServletResponseオブジェクトです。doメソッドに実装すべき基本動作はHttpServletRequestオブジェクトからリクエスト情報を読み取り、HttpServletResponseオブジェクトにレスポンス情報を書き出すことです。

　適切なMVCアーキテクチャの下では、レスポンス生成処理をJSPなどのビュー処理として分離するのが普通です。この流儀に従うdoメソッドは、HttpServletRequestオブジェクトからリクエスト情報を読み取り、JSPなどのビュー処理にレスポンス処理を丸投げ（委譲）する構造になります。サーブレットの世界では処理の丸投げを「フォワード」と呼びます。フォワード処理は後ほど説明します。

5-2-2　サーブレットクラスのインスタンスと同期処理

　サーブレットコンテナ（アプリケーションサーバ）は、同時に複数のクライアント（Webブラウザなど）から接続を受けます。サーブレットコンテナは、これらのリクエスト処理に別々のスレッドを割り当てます。つまり、複数のWebブラウザから同じURLに対して同時アクセスがあると、サーバ上では、複数のスレッドが同時に同じコードを実行します。

　サーブレットコンテナは、サーブレットクラスごとのオブジェクトをただ1つだけ生成します（複数オブジェクトを生成するモードも可能ですが非推奨です）。このため、複数スレッドが同じサーブレットオブジェクトのdoメソッドを呼び出す可能性があります。仮にサーブレットクラスにインスタンスフィールドがある場合、同期処理（排他制御）が必要になります。

　仮にインスタンスフィールドがあれば、と説明しました。実際には、サーブレットクラスにインスタンスフィールドを持たせないのが定石です。詳細は後述しますが、サーブレットオブジェクト自身で状態管理しないのが定石だと理解してください。代わりに、リクエストごとに持つべき状態はHttpServletRequestオブジェクトに持たせます。またセッションごと（直感的にはログインユーザごと）に持つべき状態はHttpSessionオブジェクトに持たせます。

　doメソッドの引数に渡ってくるHttpServletRequestオブジェクトとHttpServletResponseオブジェクトはリクエストごとに独立して生成されます。この2つのオブジェクトは他のスレッドと共有しません（してはいけません）。このため、これらのオブジェクトに同期処理は不要です。

　上記指針を守ると、同期処理が必要になるのはHttpSessionオブジェクトおよびアプリケーション全体で共有するキャッシュなどに限定できます。複雑な並行処理を統制するには、同期処理が必要な部分とそうでない部分を意識的に分離する必要があります。並行処理は本質的に難しいので、指針を守って少しでも複雑さを減らしてください。

5-2-3　initメソッドのオーバーライド

　doメソッド以外にサーブレットクラスでオーバーライドする可能性のあるメソッドはinitメソッドです。サーブレットコンテナはサーブレットオブジェクト生成後にinitメソッドをただ1

Web層

度呼びます。各サーブレットオブジェクトはただ1つしか生成されないので、initメソッドをオーバーライドすると、起動時に1度だけ行いたい処理を書けます。

しかし、サーブレットクラス固有の初期化処理に使うならともかく、Webアプリ全体の初期化処理にinitメソッドは使わないでください。特定のサーブレットクラスが全体初期化の責務を負うのは直感的ではないからです。Webアプリ起動時に1回だけ呼ばれる処理を書くには、別の適切な方法があります（後述します）。

initメソッドをオーバーライドした場合、initメソッドの先頭でsuper.init()を必ず呼んでください。基底クラスに必要な処理があるからです。

5-2-4　URLマッピング

サーブレットクラスは特定のリクエストURLのパスと関連づけられます。リクエストURLのパスからサーブレットクラスを決める処理をURLマッピングやURLルーティングと呼びます。URLマッピングは次のいずれかの手段で設定可能です。

- アノテーション（@WebServlet）
- web.xmlの<servlet-mapping>要素
- プログラマブルAPI（ServletContextオブジェクトのaddServletメソッド）

■ @WebServletアノテーションを使うURLマッピング

@WebServletアノテーションをサーブレットクラスに付与すると、そのサーブレットクラスを特定のリクエストURLに関連づけられます。

@WebServletのvalue要素もしくはurlPatterns要素でURLのパス文字列を指定します。URLパス文字列は複数指定可能です。後述するようにワイルドカード的なURL指定も可能です。

value要素とurlPatterns要素の意味は同じなので、使い分けの基準は開発者次第です。他のアノテーション要素がなく要素名を省略可能な場合はvalue要素を使い、他の要素と併記する場合は意味がわかりやすいurlPatterns要素を使うのが推奨されています。**リスト5.2**に例を示します。

リスト5.2　@WebServletアノテーションの使用例

```
@WebServlet("/")                          // value要素でURLマッピング
@WebServlet({"/foo", "/bar"})             // 複数のURLを指定可能
// 他のアノテーション要素と併記する場合、urlPatterns要素を推奨
@WebServlet(urlPatterns={"/foo", "/bar"}, asyncSupported=true)
@WebServlet(urlPatterns="/", name="my")   // name要素でサーブレット名を指定可能
```

■ web.xmlを使うURLマッピング

web.xmlでURLマッピングする例を**リスト5.3**に示します。

クラスとURLパスの関連づけは2段階になります。まずweb.xml内の<servlet>要素で、完全修飾名で記述したサーブレットクラスにサーブレット名を対応づけます。次に<servlet-mapping>要素でサーブレット名とURLパターンを対応づけます。サーブレット名はweb.xml内で一意であれば任意につけられる名前です。

リスト5.3　web.xmlを使うURLマッピング

```xml
<web-app xmlns="http://xmlns.jcp.org/xml/ns/javaee"
         xmlns:xsi="http://www.w3.org/2001/XMLSchema-instance"
         xsi:schemaLocation="http://xmlns.jcp.org/xml/ns/javaee
                             http://xmlns.jcp.org/xml/ns/javaee/web-app_3_1.xsd"
         version="3.1">  <!-- 以降の例ではweb-app要素のXML名前空間と属性を省略します -->
  <servlet>   <!-- my.MyServletクラスにmyServletという名前をつける -->
    <servlet-name>myServlet</servlet-name>
    <servlet-class>my.MyServlet</servlet-class>  <!-- 完全修飾名でクラス名を記述 -->
  </servlet>
  <servlet-mapping>  <!-- myServletと/myというURLを関連づける -->
    <servlet-name>myServlet</servlet-name>
    <url-pattern>/my</url-pattern>
  </servlet-mapping>
</web-app>
```

昔のサーブレットではweb.xmlファイルの存在が必須でしたが、サーブレット3.0で@WebServletアノテーションが導入され、web.xmlファイルの存在が必須ではなくなりました。

■ ServletContextオブジェクトを使うURLマッピング

ServletContextオブジェクトのaddServletメソッドを使うと開発者が明示的にURLマッピングを実装できます。

ServletContextオブジェクトは、サーブレットクラスのメソッド内でgetServletContextメソッドを呼ぶと取得できます。しかし、サーブレットクラスのメソッド内でURLマッピング処理はできません。次の2つの初期化処理でのみ実施可能です。

- 初期化リスナ (ServletContextListener) のcontextInitializedメソッド
- ServletContainerInitializerオブジェクトのonStartupメソッド

後者はライブラリjarでURLマッピングする場合の手段です。ライブラリjarは後ほど「**5-9 モジュール化**」で説明するので、ここでは省略します。

初期化リスナ内のcontextInitializedメソッド内でURLマッピングするコード例を**リスト5.4**に示します。ServletContextオブジェクトのaddServletメソッドの引数でサーブレット名とサー

Web層

ブレットクラスを渡します。サーブレットクラスの渡し方はいくつか方法があります。詳細はAPIマニュアルを参照してください。

　addServletメソッドの返り値のServletRegistration.DynamicオブジェクトのaddMappingメソッドで、サーブレットオブジェクトを指定URLにマッピングします。

リスト5.4　ServletContextオブジェクトを使うURLマッピング

```java
import javax.servlet.ServletContext;
import javax.servlet.ServletContextListener;
import javax.servlet.ServletRegistration;
import javax.servlet.ServletContextEvent;

@WebListener
// リスナは後述する「5-7 フィルタとリスナ」を参照
public class MyListener implements ServletContextListener {
    @Override
    // サーブレット起動時に呼ばれる初期化処理
    public void contextInitialized(ServletContextEvent sce) {
        ServletContext ctx = sce.getServletContext();
        try {
            // DynServletの実装を開発者が書いている前提 ("dyn"はサーブレット名)
            ServletRegistration.Dynamic d = ctx.addServlet("dyn", DynServlet.class);
            d.addMapping("/d"); // URLマッピング。"/d"はURLのパス
        } catch (Exception ex) {
            System.out.println("Exception " + ex);
        }
    }

    @Override
    public void contextDestroyed(ServletContextEvent sce) { /* 省略 */ }
}
```

5-2-5　URLパターンの文法

　URLマッピングに指定できるURLパスのパターンの文法を**表5.1**に示します。URLの記述はcase sensitive（大文字小文字を区別）です。

表5.1　URLパターンの文法

記述	説明	例
パス	完全一致パスのルール	/my
/*で終端するパス	前方一致パスのルール	/my/*
*.拡張子	拡張子によるマッピングルール	*.jsp
/の1文字	デフォルトルール	/
空文字	ルートパスに一致	

URLにマッチするサーブレットクラスは次の優先順で決まります。

① 完全一致
② 拡張子ルール一致
③ 最長前方一致
④ デフォルトルール
⑤ サーブレットコンテナのデフォルト動作（拡張子 .jspファイルをJSPサーブレットに処理委譲など）

5-2-6　ファイルシステム（リソースパス）へのマッピング

　URLマッピングで一致するサーブレットクラスが見つからない場合、サーブレットコンテナはファイルシステム上のファイル名とのマッチングを試みます。探索ファイルシステムのルートディレクトリは $WEBAPP/src/main/webapp/ ディレクトリです。
　わかりやすさのためにファイルシステムと書きましたが、より厳密に説明するにはリソースパスという概念が必要です。リソースパスはファイルシステム以外にライブラリjar内の特別なパス（META-INF/resources/ディレクトリ）も含んでいます。詳細は「**5-9　モジュール化**」で説明します。

5-2-7　WEB-INFとMETA-INFディレクトリ

　WEB-INFとMETA-INFの2つのディレクトリ名は特別に予約された名前です。これらの下のファイルは、URLのパターンがマッチしてもファイルの中身を返さない決まりになっています。
　一般にWEB-INFの下には、web.xmlファイル、クラスファイルやjarファイルを配置します。META-INFディレクトリの下にはコンテナ固有の設定ファイルなどを配置します。
　外部から直接アクセスできない仕組みにより、これらの設定ファイルを外部からWebブラウザで見られたり、クラスファイルをダウンロードできない仕組みになっています。
　逆に言うと、この2つのディレクトリ以外に配置したファイルは、設定次第でダウンロードできる可能性があります。設定に気を使うよりも仕組みに依存して安全さを確保してください。

Web層

5-3 リクエスト処理

HttpServletRequestオブジェクトからHTTPリクエスト情報を取得する処理をリクエスト処理と呼びます。

HTTPリクエストの構成要素は、URL、リクエストヘッダ、リクエストボディの3つです。構成要素と主な取得メソッドを**表5.2**に示します。

表5.2 リクエストに対する操作

リクエストの構成要素	対応メソッド
リクエストURL	getRequestURLなど
リクエストヘッダ	getHeaderやgetHeadersなど
クエリパラメータ(URLもしくはボディから取得)	getParameterやgetParameterValuesなど
リクエストボディ(=POSTデータ)	getInputStreamやgetReaderなど

5-3-1 リクエストURL

リクエスト情報の一部はURLの文字列そのものに内包されています。次のリクエストURLを見てください。

```
http://localhost:8080/myapp/doJob/extra?id=foobar&x=y
```

これは次のように分解できます。

```
http://localhost:8080/コンテキストパス/サーブレットパス/拡張パス...?クエリパラメータ
```

このURLを前提にメソッドの具体的な返り値と説明を**表5.3**にまとめます。

表5.3 リクエストURLに関係する代表的なメソッド

メソッド名	説明	返り値の具体例
getContextPath	コンテキスパス	/myapp
getServletPath	サーブレットパス	/doJob
getPathInfo	拡張パス	/extra
getQueryString	クエリパラメータ	id=foo&x=1&y=2
getRequestURI	URLのパス部分	/myapp/doJob/extra
getRequestURL	クエリパラメータを除くURL全体	http://localhost:8080/myapp/doJob/extra

5-3-2 リクエストヘッダ

HTTPリクエストにはリクエストヘッダが存在します。ヘッダ情報の読み取りメソッドを**表5.4**にまとめます。

表5.4　リクエストヘッダ取得メソッド

メソッド定義	説明
String getHeader(String name)	ヘッダ名からヘッダ値を取得。ヘッダが存在しない場合、null
int getIntHeader(String name)	ヘッダ名からヘッダ値をintで取得。ヘッダが存在しない場合、-1。intに変換できない場合、NumberFormatException例外が発生
long getDateHeader(String name)	ヘッダ名からヘッダ値を時刻のエポック値で取得。ヘッダが存在しない場合、-1。エポック値に変換できない場合、IllegalArgumentException例外が発生
Enumeration<String> getHeaderNames()	ヘッダ名の一覧を取得。ヘッダが1つも存在しない場合、空のEnumeration。返り値の型はSet<String>相当
Enumeration<String> getHeaders(String name)	ヘッダ名から複数のヘッダ値を取得。ヘッダが存在しない場合、空のEnumeration。返り値の型はList<String>相当

　ヘッダ名には大文字小文字の区別がありません（case-insensitive）。メソッドの引数に渡す文字列が"Referer"でも"referer"でも同じように動作します。

　リクエストヘッダの読み取りはフレームワークに隠蔽する場合が多く、実際のWebアプリで使う機会はそれほど多くありません。リクエストヘッダの有無はWebブラウザに依存する部分が多いため、リクエストヘッダに依存すると汎用性に欠けるためです。

5-3-3　クエリパラメータ

　クエリパラメータはURLパスの？文字以降に現れる文字列です。リンク先URLとして普通に記述する場合もあれば、画面上の入力フォームの入力値がクエリパラメータになる場合もあります。

　後者を補足します。Webブラウザで利用者からの入力を受けつけるには一般にフォームと呼ばれるHTML要素を使います。テキスト入力領域やチェックボックスなどで馴染みがあるでしょう。

　フォームの入力項目をサーバに送信する時、GETメソッドもしくはPOSTメソッドのどちらで送信するかを選択できます（コラム参照）。GETメソッドで送信するとフォームの入力項目はリクエストURLのクエリパラメータになります。たとえば**リスト5.5**のHTMLを見てください。

リスト5.5　GETメソッドを使うHTMLフォームの例

```
<form method="GET" action="/doJob">
  <input name="title" type="text"/>  <!-- フィールド名が title -->
  <input name="submit" type="submit" value="Submit" />
</form>
```

　利用者が**リスト5.5**のtitleフィールドにfooを入力して送信すると、リクエストURLのクエリパラメータはtitle=fooになります。便宜上、title=fooのtitleに相当する値をクエリ名、fooに相当する値をクエリ値と呼びます。クエリ名は大文字小文字を区別します（case-sensitive）。

Web層

> **COLUMN**
>
> ## GETとPOSTのメソッドの使い分けの指針
>
> GETとPOSTのメソッドの使い分けの指針は次のようになります。
>
> GETメソッドは名前のとおりWebサーバから情報を得る場合に使うのが原則です。一方、POSTメソッドはWebサーバ上の状態を変更するために使うのが原則です。
>
> HTTPメソッドをクラスのメソッドに見立てると、問い合わせ処理にGETメソッドを使い、コマンド処理にPOSTメソッドを使うと説明できます。
>
> たとえば座標をフォームに入力して地図を表示する場合、情報を得る処理なのでGETメソッドを使うのが適切です。この時のURLは http://maps.foo.com?x=100&y=200 のようになり、URLをリンクとして使えます。
>
> GETメソッドとPOSTメソッドの使い分けの例外がログイン処理などパスワード送信処理です。パスワードをGETメソッドで送ると、ブラウザの履歴やサーバ側のアクセスログにパスワードが残ってしまうからです。

■ クエリパラメータ用メソッド

クエリパラメータ全体の文字列はgetQueryStringメソッドで取得できます。しかし、通常、クエリパラメータ全体を取得する必要はありません。代わりに表5.5のメソッドを使います。これらのメソッドを使うと、クエリパラメータをキー（クエリ名）とバリュー（クエリ値）のペアとして扱えて便利だからです。また、クエリパラメータにはURL固有のエンコード処理が施されていますが、表5.5のメソッドを使うとデコード処理を隠蔽できる利点もあります。

クエリ値は常に文字列で得られます。意味的に数値を送信する場合もネットワーク上は文字列になるのでメソッドの返り値の型はStringです。必要に応じて数値に変換するのは開発者の責任です（JAX-RSを使うと型変換を任せられます）。

同じクエリ名に対して複数のクエリ値が存在しえます。リクエストURL的には http://localhost:8080/appname?title=foo&title=bar のような場合です。この場合、クエリ名titleに対して、クエリ値がfooとbarの2つになります。

表5.5 クエリパラメータ取得メソッド

メソッド定義	説明
String getParameter(String name)	クエリ名からクエリ値を取得。存在しない場合、null
String[] getParameterValues(String name)	クエリ名から複数のクエリ値を取得。存在しない場合、null
Enumeration<String> getParameterNames()	クエリ名の一覧を取得。クエリが1つも存在しない場合、空のEnumeration。返り値の型はSet<String>相当
Map<String,String[]> getParameterMap()	キーがクエリ名、値がクエリ値の集合のマップを取得

5-3-4　リクエストボディ

HTTPリクエストのボディ部はいくつかの形式でデータを運びます。Webアプリのサーバから見ると、利用者からの入力データという位置づけになります。

HTTPボディ部の現実的な形式は次の3パターンです。括弧内に通称を併記します。

- HTMLフォームから送るPOSTデータ（フォームデータ）
- ファイルアップロードによるPOSTデータ（ファイルアップロードデータ）
- その他（Web APIでのJSONやXMLでのデータ送信。あるいは任意のバイト列データ）

一般的なWeb画面から送信できるHTTPボディ部の形式はフォームデータとファイルアップロードデータの2種です。それ以外の形式はJavaScriptを使ったり、Webサービスなど他の用途で使います。

■ フォームのPOSTデータ（サブミットデータ）

HTMLフォームの入力項目をPOSTメソッドで送信すると、入力データはHTTPのボディ部で送信されます。

この場合にも表5.5のクエリパラメータ取得メソッドを使えます。サーブレットコンテナが内部でHTTPボディ部を解析して、クエリ名とクエリ値のペアにするからです。つまり、フォーム送信に関しては、HttpServletRequestがGETメソッドとPOSTメソッドの違いを隠蔽します。

■ ファイルアップロード

ファイルアップロードデータはHttpServletRequestのgetPartメソッドで取得可能です。ファイルアップロードを受け取るサーブレットクラスには、@MultipartConfigアノテーションの付与が必須です。

ファイルをアップロードするHTML例を**リスト5.6**、ファイルを受け取る側のサーブレットクラスのコード例を**リスト5.7**に示します。説明はコメントを見てください。

@MultipartConfigの要素で、最大ファイルサイズや最大リクエストサイズなどを指定できます。これらのデフォルト値は、サイズ上限なしを意味する-1です。

最大ファイルサイズなどを明示的に指定した場合に実サイズが指定上限値を越えると、HttpServletRequestオブジェクトのgetPartsメソッド呼び出しが実行時例外IllegalStateExceptionを投げます。

リスト5.6　ファイルをアップロードするHTML

```
<html><body>
<!-- ファイルアップロードのためにenctype属性指定が必要 -->
<form action="upload" enctype="multipart/form-data" method="POST">
  Upload: <input type="file" name="content">
```

Web層

```
            <input type="submit" value="Submit">
    </form>
</body></html>
```

リスト5.7　リスト5.6でアップロードしたファイル情報の取得

```java
import javax.servlet.annotation.MultipartConfig;
import javax.servlet.http.Part;

@WebServlet("/upload") // リスト5.6のform要素のaction属性に対応
@MultipartConfig(maxFileSize=10_000_000, location="/tmp") // アノテーション内の要素はオプショナル
public class MyServlet extends HttpServlet {
    @Override
    public void doPost(HttpServletRequest req, HttpServletResponse resp)
        throws IOException, ServletException {
        PrintWriter out = resp.getWriter();
        // type="file"のinput要素が複数あれば複数要素のコレクションになる※1
        Collection<Part> parts = req.getParts();
        for (Part part : parts) {
            String fieldName = part.getName();   // リスト5.6の"content"の文字列が取得できる
            // アップロードされたファイル名が取得できる（ファイルパスではない）
            String fileName = part.getSubmittedFileName();
            long fileSize = part.getSize();      // ファイルサイズが取得できる
            long lineNum = new BufferedReader(new InputStreamReader(part.getInputStream())).
                lines().count(); // ファイルの読み込み例                              実際は一行
            out.println("File: " + Stream.of(fieldName, fileName, String.valueOf(fileSize),
                String.valueOf(lineNum)).collect(Collectors.joining(",", "[", "]")));  実際は一行

            // 指定した一時ディレクトリへファイルを保存
            // （一時ディレクトリは、@MultipartConfigのlocation要素で設定したディレクトリ※2）
            part.write(fileName);
        }
    }
}
```

※1　HTML5を使うと、type="file"のinput要素のmultilpe属性で複数ファイルのアップロードが可能です。
※2　@MultipartConfigのlocation要素のデフォルト値は空文字列です。空文字列は、ServletContextオブジェクトの"javax.servlet.context.tempdir"属性の値（型はjava.io.File）の使用を意味します。ServletContextオブジェクトの属性値はgetAttributeメソッドで取得できます。

■ HTTPのボディ部のI/Oストリーム処理

　HTTPボディ部の生データを読み取るには、HttpServletRequestのgetInputStreamメソッドもしくはgetReaderメソッドでI/Oストリームオブジェクトを取得する必要があります。バイトI/Oストリームとして扱う場合はgetInputStreamメソッド、文字I/Oストリームとして扱う場合はgetReaderメソッドを使います。

```
// リクエストボディ用I/Oストリームの取得メソッド
ServletInputStream getInputStream() throws IOException
//↑ ServletInputStreamクラスはInputStreamクラスの拡張継承クラス
BufferedReader getReader() throws IOException
```

　HTTPボディ部のデータ長を取得するgetContentLengthメソッドがあります。ただしHTTPの構造上、データ長が不明な場合があります(注2)。データ長が不明な場合、getContentLengthメソッドは-1を返します。確実にHTTPボディ部を読み取るためには、データの終端まですべて読み取る処理が必要です。

　生データを読み取れば、理屈上はHTTPボディ部のデータを解析する処理を自分で書けます。しかしあまり現実的ではないので、JAX-RSや別のライブラリに解析処理を任せることを推奨します。

5-4　レスポンス処理

　HttpServletResponseオブジェクトを使うレスポンス生成処理をレスポンス処理と呼びます。
　HTTPレスポンスは3つの構成要素からなります。3つの構成要素と対応するHttpServletResponseのメソッドを**表5.6**に示します。

表5.6　レスポンスの構成要素とHttpServletResponseの対応メソッド

レスポンスの構成要素	生成メソッド
レスポンスステータス	setStatusなど
レスポンスヘッダ	setHeaderやaddHeaderやsetContentTypeなど
レスポンスボディ	getOutputStreamやgetWriterなど

5-4-1　レスポンスステータス

　レスポンスステータスは"200 OK"や"404 Not Found"などで知られる文字列です。200や404の数字の部分がステータスコードです。HTTPの規格で数値の意味と説明文字列が決まっています。
　setStatusメソッドでレスポンスコードをセットできます。メソッドの引数でステータスコードを与えます。ステータスコードはHttpServletResponseのクラスフィールドの定数定義を使ってください。下記に一部を引用します。

(注2)　HTTPではContent-LengthヘッダでHTTPボディ長を指定できます。しかし、Content-Lengthヘッダは必須ではないので、全体長が不明な場合があります。

```
// ステータスコードの定数定義（一部抜粋）
public static final int SC_OK = 200;
public static final int SC_MOVED_TEMPORARILY = 302;
public static final int SC_FORBIDDEN = 403;
public static final int SC_NOT_FOUND = 404;
```

　実際のWebアプリでsetStatusメソッドを使うべき場面はあまりありません。なぜならsetStatusメソッドを呼ばない場合、自動的に200の成功ステータスコードになるからです。

■ 特別なステータスコード

　表5.7のような、200以外のステータスコードを返すために特別に用意されたメソッドがあります。

表5.7 ステータスコードを変更するHttpServletResponseのメソッド

メソッド名	説明
sendError	引数で指定したステータスコードでエラーページを返す
sendRedirect	リダイレクト処理を行う

　sendErrorメソッドで（サーブレットコンテナが用意する）デフォルトエラーページを返せます。しかしsendErrorメソッドの濫用は避けるべきです。なぜならデフォルトのエラーページを返しても利用者に利することはほとんどないからです。たとえばフォーム入力で入力値が足りない場合、デフォルトエラーページを返すのではなく、利用者に適切なフィードバック（不正な入力項目のあったフィールドを明示するなど）を返すほうが望ましいはずです。

　sendRedirectメソッドは後ほど「5-4-6 リダイレクト処理」で説明します。

5-4-2 レスポンスヘッダ

　レスポンスヘッダを生成するにはヘッダ名とヘッダ値のペアで指定します。setHeaderメソッドもしくはaddHeaderで指定できます。2つの違いは置換か追加の違いです。

　リクエストヘッダ同様、レスポンスヘッダの処理もフレームワークで暗黙に処理することがほとんどです。Webブラウザがレスポンスヘッダをどう解釈するかWebブラウザ依存が大きく、レスポンスヘッダの利用は汎用性が低いからです。

　比較的利用頻度の高いメソッドがsetContentTypeメソッドです。Content-Typeヘッダの値を指定します。このヘッダでレスポンスボディのフォーマットを指示できます。HTML以外のフォーマットでレスポンスを返す場合、指定すると利用者の利便性が上がります。

5-4-3 レスポンスボディ

レスポンスボディの送信はI/Oストリームに対する出力で行います。バイトI/Oストリームと文字I/Oストリームのそれぞれの取得メソッドがあります

```
// レスポンスボディ用I/Oストリームの取得メソッド
PrintWriter getWriter() throws IOException
ServletOutputStream getOutputStream() throws IOException
```

getWriterメソッドの使い方は**リスト5.1**で示しました。出力I/Oストリームへの書き込みはそのままレスポンスボディとして送信されます。直感的には、I/OストリームにHTML文字列を書き込むとそれがWebブラウザの画面に表示されます。

ただし、適切なMVCアーキテクチャに従うサーブレットアプリでは、レスポンスボディ部の出力処理をサーブレットクラス自身が行うべきではありません。JSPなどのビュー処理に任せる（フォワードする）のが定石です。説明は次節のフォワード処理に譲ります。

5-4-4 フォワード処理

フォワード処理とは、他のサーブレットクラスやJSPに処理を丸投げ（委譲）することです。

他のサーブレットオブジェクトに処理を委譲するには、そのサーブレットオブジェクトのdoメソッドを直接呼べばいいと思うかもしれません。しかし、このようなコードを書いてはいけません。サーブレットオブジェクトのdoメソッドはコンテナから呼ばれるのを想定して書くものだからです。サーブレットオブジェクトから別のサーブレットオブジェクトの参照は禁止と考えてください。

直接呼ぶ代わりにフォワード処理を使ってください。フォワード処理をすると、コンテナにいったん処理が移り、コンテナがフォワード先のdoメソッドを呼びます。

■ フォワード処理の方法

フォワード処理をするにはRequestDispatcherオブジェクトを使います。RequestDispatcherオブジェクトは**表5.8**の3つの手段で取得できます。

表5.8 RequestDispatcherオブジェクトの取得メソッド

取得メソッド	説明
HttpServletRequestオブジェクトのgetRequestDispatcherメソッド	URLのパスからRequestDispatcherオブジェクトを取得。一般的な取得手段
ServletContextオブジェクトのgetRequestDispatcherメソッド	URLのパスからRequestDispatcherオブジェクトを取得。
ServletContextオブジェクトのgetNamedDispatcherメソッド	サーブレット名からRequestDispatcherオブジェクトを取得

Web層

フォワード処理の典型的な処理フローは下記になります。

① HttpServletRequestオブジェクトのgetRequestDispatcherメソッドでRequestDispatcherオブジェクトを取得
② RequestDispatcherオブジェクトに対してforwardメソッドを呼ぶ

HttpServletRequestオブジェクトを取得できない場合、または別サーブレットアプリへのフォワード処理をしたい場合は、ServletContextオブジェクト経由でRequestDispatcherオブジェクトを取得をしてください。

リスト5.8にフォワード処理の例を示します。getRequestDispatcherメソッドの引数にURLパスを与えて、RequestDispatcherオブジェクトを取得します。この場合のフォワード先サーブレットオブジェクトはURLマッピングで決まります。URLパスではなく、サーブレット名からサーブレットオブジェクトの取得も可能です（**リスト5.9**）。

リスト5.8　getRequestDispatcherを使うフォワード処理

```java
public class MyServlet extends HttpServlet {
    public void doGet(HttpServletRequest req, HttpServletResponse resp) throws ServletException,
    IOException {                                                                          実際は一行
        ここにリクエスト処理などを記述
        req.getRequestDispatcher("/another").forward(req, resp); // レスポンス処理を委譲
    }
}
```

リスト5.9　getNamedDispatcherを使うフォワード処理

```java
public class MyServlet extends HttpServlet {
    public void doGet(HttpServletRequest req, HttpServletResponse resp) throws ServletException,
    IOException {                                                                          実際は一行
        ここにリクエスト処理などを記述
        getServletContext().getNamedDispatcher("my").forward(req, resp); // レスポンス処理を委譲
    }
}
```

フォワード先はJSPなどのビュー処理に限定すべきです。通常のサーブレットクラスをフォワード先にできますが、良い習慣ではありません。サーブレットクラス間の依存関係を避けたほうが設計がシンプルになるからです。こういう事情があるので、実際に使うのはgetNamedDispatcherではなくgetRequestDispatcherのほうです。

■ 他アプリへのフォワード処理

　ServletContextオブジェクトは、サーブレットアプリ1つに対しインスタンスが1つ存在します。ServletContextオブジェクトを使うと、サーブレットアプリの状態を問い合わせたり、設定を変更できたりします。後述するようにアプリケーションスコープの状態管理のコンテナにもなります。

　サーブレットクラスのメソッド内でgetServletContextメソッドを使うと、ServletContextオブジェクトを取得できます。ここで取得できるオブジェクトは、そのサーブレットクラスが属するサーブレットアプリに対応するServletContextオブジェクトです。

　サーブレットコンテナ（JVMの視点で見ると1つのJVM）上で複数のサーブレットアプリが稼働可能です。ServletContextオブジェクトのgetContextメソッドに別のサーブレットアプリのコンテキストパスを渡すと、同じコンテナ上で動く他のサーブレットアプリに対応するServletContextオブジェクトを取得可能です。

　別サーブレットアプリのServletContextオブジェクトからRequestDispatcherオブジェクトを取得すると、サーブレットアプリをまたがったフォワード処理を実現できます。ただ、HttpSession（後述）のセッション管理は独立しているので注意してください。

5-4-5　インクルード処理

　フォワード処理と似た機能にインクルード処理があります。フォワードが処理のすべてを丸投げするのに対し、インクルードは処理の1部を任せる機能です。

　HTML内のヘッダやフッタのような共通部分のレスポンス生成をインクルード処理に任せられます。ただ、何度も書いているように、レスポンス生成はJSPなどのビュー専用の処理に任せるべきです。必然的にインクルード処理は非推奨になります。このため本書では説明を省略します。

5-4-6　リダイレクト処理

　リダイレクト処理は特別なステータスコードを返すレスポンスです。リダイレクト用のステータスコードを受けたWebブラウザは、指定されたURL（リダイレクト先URL）にもう1度リクエストをしなおします。最終的に画面に表示されるレスポンスは、リダイレクト先URLのレスポンス結果のほうです。

　Webブラウザのリダイレクト動作は自動で動くため、Webブラウザの利用者には通常のレスポンスとリダイレクトによる別URLのレスポンスの区別がつきません（Webブラウザのアドレス欄を見れば気づきますが）。つまり、元のリクエスト処理の中から別リクエスト処理に切り替える効果があります。

　doメソッド内でリダイレクト処理をするには、HttpServletResponseオブジェクトのsendRedirectメソッドを呼びます。引数にリダイレクト先のURLを指定します。

5-4-7 リダイレクト処理とフォワード処理の使い分け

リダイレクト処理とフォワード処理は時々混同されますが、まったく別の仕組みです。フォワード処理とリダイレクト処理の違いを図5.1で示します。

図5.1 リダイレクト処理とフォワード処理

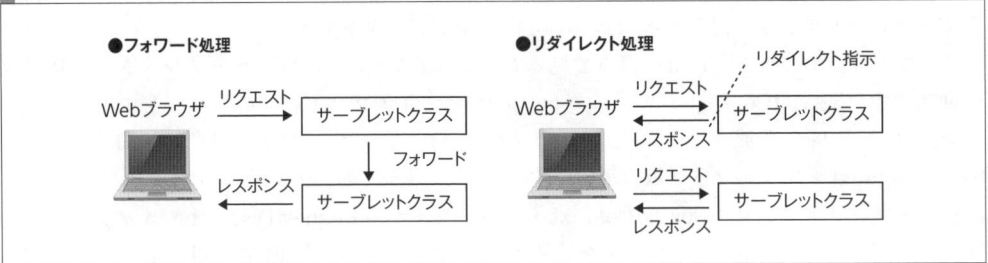

リダイレクト処理をするとHTTPの通信が余計に発生します。サーバ側の負荷も少しかかり、利用者の体感速度も若干低下します。この速度低下を嫌い、リダイレクト処理を避けて、フォワード処理で代替しようと考える人がいます。残念ながらこれは誤った代用です。フォワード処理とリダイレクト処理はそもそも目的が異なるからです。リダイレクト処理を適切に使わないWebアプリはURLを軽んじた設計になります。具体例を次節で示します。

■ リダイレクト処理を使うべき時

ブログや掲示板などのWebアプリを例に考えます。文書作成画面で「保存」ボタンを押して文書を保存した後、利用者に文書一覧画面を見せたいとします。動作上はリダイレクトでもフォワードでも同じ効果を得られます。

ここで動作効率を考えてフォワード処理にするのは間違いです。「保存」ボタンを押した時のHTTPリクエストは一般にPOSTメソッドで、この時のリクエストURLは保存処理に対応するURLです。仮にフォワード処理で文書一覧画面を返してしまうと、Webブラウザは、保存処理のURLに対して文書一覧画面を表示する状態になります。たいした問題に感じないかもしれませんが、利用者が文書一覧画面のつもりでこのURLをブックマークしたり、あるいはURLをリンクとして共有すると問題になります。

特別な設計(残念ながらおかしな設計です)をしていない限り、保存用URLに直接アクセスしても文書一覧画面を表示しないはずです。つまり利用者から見ると、不正なブックマークやリンクです。

この問題を避けるためにリダイレクトを使います。保存処理の後、文書一覧を表示するURLにリダイレクトします。Webブラウザは文書一覧画面用のURLにリダイレクトして文書一覧を表示します。リダイレクト処理は利用者には見えない処理なので、利用者からすれば、文書保存後に直接文書一覧画面に遷移したように見えます。この時Webブラウザに残っているURLは適切なものです。ブックマークもリンクも適切に動作します。

5-5　状態管理

　MVCアーキテクチャに従うと、サーブレットオブジェクトからJSPなどのビュー処理へフォワードするコードが一般的になります。この時、何らかの処理結果をフォワード先に渡す必要が生じます。

　通常、メソッド間で状態を引き渡すには引数を使います。しかしフォワード処理は間接的にメソッドを呼ぶ構造上、直接引数を渡せません。そもそも仮に呼び出し先がJSPだとすると、相手が明示的なメソッドではないので、引数で渡すという概念自体が希薄になります。

　引数を渡せない問題に対して、サーブレットプログラミングでは「呼び出し元と呼び出し先の間で共有可能なオブジェクトに属性を持たせる」という解決手法を使います。

　属性は概念的にはマップのような機能です。文字列をキーとして任意のオブジェクトを値として持てます。型で示すと Map<String,Object> 相当です。マップと区別するため、属性の場合、キーバリューではなく属性名と属性値と呼びます。

　サーブレットオブジェクトとJSPの間で共有可能なオブジェクトの1つがHttpServletRequestです。HttpServletRequestは次の属性用メソッドを持ちます。同じ属性名でsetAttributeを2度以上呼ぶと新しい値で元の属性値を上書きします。この挙動はマップと同じです。

```
// HttpServletRequestの属性用メソッド
void setAttribute(String name, Object o);
Object getAttribute(String name);
```

　サーブレットオブジェクトからJSPにフォワードすると、両者は同じHttpServletRequestオブジェクトを参照できます。サーブレットクラスがフォワード前にsetAttributeメソッドを使い任意のオブジェクトを属性としてセットしておきます。フォワード先のJSPが同じ属性名でgetAttributeメソッドを呼び出すと、事前にセットされたオブジェクトを取得できます。お互いの間で使う属性名を取り決めておけば、任意のオブジェクトをいくつでも共有可能です[注3]。

　属性値の型はObjectなので任意のオブジェクトを指定できます。一般的には、属性値にはJavaBeansオブジェクトもしくは文字列をキーとしたマップオブジェクトを使います。JSPのELで扱いやすいからです。詳細は後続の章に譲ります。

(注3)　属性を使う状態引き渡しには弱点もあります。属性名が文字列なので打ち間違いをコンパイルエラーで検出できません。

5-5-1 属性用コンテナ

HttpServletRequestのように属性を持てるオブジェクトは他にもあります。便宜上、これらを属性用コンテナと呼びます。HttpServletRequestを含めて表5.9にまとめます。

表5.9 属性用コンテナ

型	doメソッド内での取得方法	JSPのスコープ
HttpServletRequest	引数で渡ってくる	リクエスト
HttpSession	HttpServletRequestのgetSessionメソッドで取得	セッション
ServletContext	getServletContextメソッドで取得	アプリケーション
PageContext	なし	ページ

属性用コンテナの使い分けは、サーブレットの世界ではスコープの違いとして認識されます。スコープは可視範囲と生存期間に関係します。スコープの広い順にアプリケーション、セッション、リクエスト、ページです。スコープが広いほど可視範囲が大きく生存期間が長くなります。スコープが広いほどグローバル変数に近くなるので、必要な範囲内で最小スコープの属性コンテナを使うべきです。

ただし、この規則には例外があります。ページスコープです。他の属性用コンテナと異なり、サーブレットオブジェクトとJSPの間の状態共有には使えません。ページスコープのPageContextは、JSPの中だけで可視な属性用コンテナだからです。

スコープという概念は、JAX-RSやCDIにも存在する概念です。スコープで状態の可視範囲と生存期間を上手く統制するのが複雑なWebアプリ開発の1つの肝になります。大規模なアプリの状態管理や状態共有は難しいため、適切な統制が重要だからです。可視範囲と生存期間をカテゴライズし明確に管理するスコープという概念は、Webアプリに限らず使える設計技法です。

5-5-2 属性とスコープ

ページスコープ以外の残りの3つに限定して説明を続けます。

HttpServletRequestは3つの中でもっとも小さいスコープです。HttpServletRequestオブジェクトはHTTPリクエストごとに生成されるオブジェクトなので、生存期間も短く他に与える影響も最小です。また複数スレッドで共有しないので同期処理を考える必要もありません。このため、サーブレットオブジェクトとJSPの間だけで共有する状態は、HttpServletRequestの属性で引き渡すのを推奨します。考えることを減らせるからです。

HttpSessionを使うにはセッションの理解が必要です。現時点では、セッションとはログイン中のユーザに紐付くものだと理解してください。ユーザに紐付く状態管理はHttpSessionの属性で管理します。詳しくは次節で説明します。

ServletContextを使うアプリケーションスコープは、事実上、サーブレットアプリの中のグローバル変数です。グローバル変数と同じ理由で過度な利用は推奨しません。

5-6　セッション管理

　Webアプリのセッション管理を端的に説明すると、HTTPリクエストがどの利用者からのリクエストかを判別するための仕組みです[注4]。

5-6-1　セッション管理が必要な理由

　HTTPという通信プロトコルは、1つのリクエストに対し1つのレスポンスが返り、これが1つの単位になります。同じ利用者が同じWebブラウザから同じサーバに新しいリクエストを投げても、前のリクエストと今のリクエストを結びつける情報は（原則は）存在しません。

　低レイヤ（TCP/IP）のレベルで見ると、同じPCからのリクエストは同じIPアドレスからのリクエストになります。しかし、同じIPアドレスからのリクエストを同じ利用者からのリクエストと見なすには、2つの理由で無理があります。

　1つはNATやプロクシサーバの存在です。WebブラウザとWebサーバの間にNATやプロクシサーバが存在しえます。この場合、サーバには、異なるPCからのリクエストが同じIPアドレスからのリクエストに見えます。

　2つ目は、利用者が同じPCを使い続けても、IPアドレスが変わる可能性です。たとえばノートPCや携帯端末を使い移動するような場合です。たとえ物理的な移動がなくても、動的なIPアドレスの割り当てが途中で変わることもありえます。このため、HTTPの世界ではIPアドレスで利用者を区別できません[注5]。

5-6-2　セッション管理の仕組み

　セッション管理の基本的なアイディアは、個々のHTTPリクエストに発信元のWebブラウザを区別するマークをつける部分です。そのマークを元にサーバ側でリクエストがどのWebブラウザから来たかを判別します。

　Webアプリ側がマークごとに保持する状態をセッションと呼びます。セッションに利用者の情報を格納すれば、リクエストと利用者の紐付けが可能です。こうして利用者に応じたレスポンスを返せます。

（注4）　厳密に言うと、セッション管理とユーザ管理は別の概念です。とは言え、多くのWebアプリのセッション管理の目的はログインユーザの識別なので、本書はその前提でセッション管理を説明します。

（注5）　HTTPのkeep-alive機能を使うと、TCP/IPのレベルで接続を維持できます。この場合、同じPCからのHTTPリクエストをTCP/IPレベルで区別可能です。しかし、keep-aliveはHTTPの必須機能ではない点、および同じWebブラウザから複数のHTTPリクエストを同時に投げる場合を考慮すると、同一利用者を判別するために依存はできません。

Web層

リクエストに付与するマークには、クッキーヘッダの値（以下クッキー）もしくは特別なクエリパラメータを使います。サーブレット規格がクエリパラメータ名をjsessionidとしているので、後者を通称jsessionidパラメータと呼びます。

Webアプリは、これらクッキーもしくはjsessionidパラメータの値を参照して、そのリクエストがどのセッションに属するかを判別します。クッキー、jsessionidパラメータの値のセット方法は後述します。

5-6-3　クッキーによるセッション管理の仕組み

クッキーを使うセッション管理の仕組みを説明します。

クッキーの実体は2種類のヘッダです。Cookieという名前のリクエストヘッダと、Set-Cookieという名前のレスポンスヘッダです。

Cookieヘッダには他のリクエストヘッダと異なる点があります。Webブラウザがヘッダ値を記憶する点です。Webブラウザはアクセスしたサーバごとにクッキー値を記憶します[注6]。そして、次に同じサーバへアクセスすると、Webブラウザは記憶しているクッキー値を持つCookieヘッダをリクエストとともに送ります。

クッキーの値の決まり方は後述します。ここでは、値が決まると、サーバがリクエスト中のCookieヘッダの値を見て、リクエスト元を識別可能になる理屈を理解してください。

Cookieヘッダの値で区別できるのは、本質的には、利用者ではなくリクエスト元のWebブラウザです。別の利用者が同じWebブラウザを使うと利用者の区別はつきません。企業や学校のPCでも充分に危険ですし、ネットカフェなど不特定多数の利用者が同一のPCを使う環境ではセキュリティリスクになります。またクッキーの値を1度でも盗まれると完全に利用者のなりすましができます。つまり、単純にクッキーを利用者の識別に使おうとするとリスクがあります。

このリスクを防ぐために、クッキー値はWebアプリが発行し、かつ予測困難な値を使い、かつ寿命を短くします。一般にこの値をセッションIDと呼びます。セッションIDはCookieヘッダ値であると同時に、サーバ側で保持される値でもあります。サーバ側の視点での説明は後述します。

利用者がログアウトをした時、あるいは利用者から一定時間リクエストがない時、サーバ側でセッションIDをクリアします。サーバ側のセッションIDの有効期間を限定して、クッキー値つまりセッションIDを盗まれた時のリスクを減らします[注7]。

[注6]　厳密には相手サーバとリクエストURLのパスまで含めて対応するクッキー値を記憶します。詳細はHTTPの書籍などを参照してください。

[注7]　セッションIDを盗難する攻撃手法をセッションIDハイジャックと呼びます。セッションIDの有効期間をサーバ側で制御しても、このセキュリティリスクはゼロになりません。

■ **クッキー値のセット方法**

技術的にはCookieヘッダの値をセットする手段は2つ存在します。サーバが発行するSet-Cookieレスポンスヘッダを使う方法とJavaScriptを使う方法です。Webアプリのセッション管理では前者を使います。前述したようにクッキー値（セッションID）の生成がサーバ側の責任だからです。

WebブラウザはサーバからSet-Cookieレスポンスヘッダを受け取ると、Set-Cookieヘッダの値をクッキー値として記憶し、次以降のリクエストのCookieヘッダの値として使います。

5-6-4 セッションオブジェクト

通常のWebアプリ開発では、CookieヘッダやSet-Cookieヘッダを直接意識する必要はありません。またセッションIDの値も直接意識しません。代わりにセッションオブジェクト（HttpSessionオブジェクト）を意識します（図5.2）。

COLUMN

セッション用途以外でクッキーを直接扱う方法

セッション管理のためにクッキーを使う場合、HttpSessionでクッキーの扱いを隠蔽すべきです。

一方、場合によってはセッション以外の用途でクッキーを使う場合があります。この場合、javax.servlet.http.Cookieクラスを使います。使い方のコード例を示します。

```
Cookie cookie = new Cookie("クッキー名", "クッキー値");
// クッキーの生存期間(秒で指定)。負数を指定するとブラウザ側で永続化しなくなる
cookie.setMaxAge((int)java.util.concurrent.TimeUnit.DAYS.toSeconds(1));
cookie.setPath("/myapp");   // クッキーの有効パス。指定したURLパスのプレフィックスに合致した時のみ
                            ブラウザがCookieリクエストヘッダでクッキー値を送信
// cookie.setSecure(true);  // trueにすると、HTTPSの時のみCookieリクエストヘッダでクッキー値を送信
                            (HTTPSを使うアプリなら、trueを推奨)
cookie.setHttpOnly(true);   // trueにすると、ブラウザ側のJavaScriptが扱えないクッキーになる(特別な
                            理由がない限り、trueを推奨)
resp.addCookie(cookie);     // Set-Cookieレスポンスヘッダの生成
```

Part 3 Web層

図5.2 クッキーを使うセッション管理の概念図

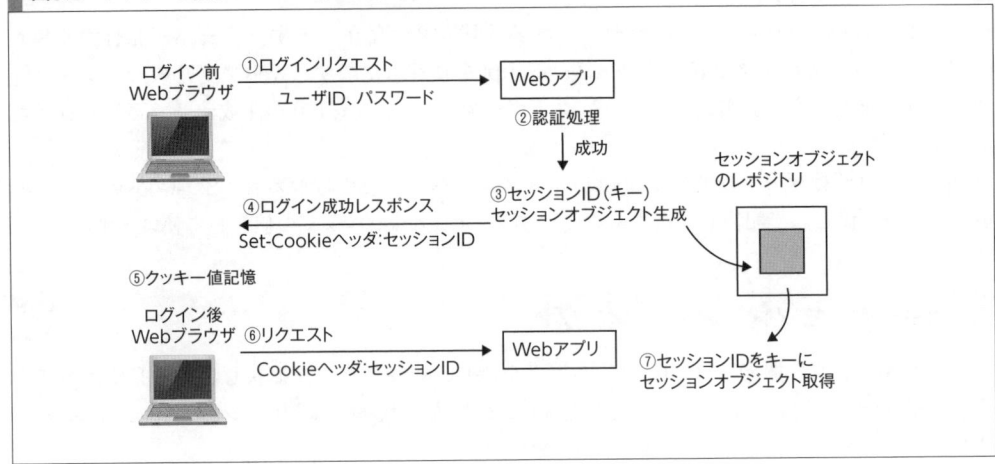

開発者がすることは次の2つです。

- 新しいログインユーザごとにセッションオブジェクトを割り当てる
- リクエストに紐づいたセッションオブジェクトを見てそのリクエストがどの利用者からかを判定する

■ セッションオブジェクト取得API

HttpSessionオブジェクト取得のAPIは、HttpServletRequestのgetSessionメソッドです。このAPIが暗黙にオブジェクト生成の役割も持っています。下記2つの形式があります。後者は単なる前者の省略呼び出しで、2つの動作の意味は同じです。

```
// HttpSessionオブジェクトの取得API
HttpSession getSession(boolean create)
HttpSession getSession()         // 上記の引数createにtrueを渡す動作
```

セッションオブジェクト(HttpSessionオブジェクト)取得のAPIを呼んだ時の動作は、リクエストに紐づいたセッションオブジェクトが存在するか否かで動作が変わります。

対応セッションがない場合、自動的にセッションIDを生成し、Set-CookieレスポンスヘッダにセッションIDを載せて送信します。直感的にはセッション生成に相当する動作です。セッションIDの値はユニークであればいいので、通常、ランダムに生成します。

サーブレットコンテナは、生成したセッションオブジェクトを(内部的なレポジトリに)維持します。これで、セッションIDをキーにセッションオブジェクトを引けるようになります。

対応セッションが既にある場合、セッションオブジェクト取得のAPIは、受信したCookieヘッダの値（セッションID）をキーにして、対応するセッションオブジェクトをレポジトリから取得します。

なお、前者のセッション生成の動作は、引数のcreateにfalseを指定すると抑制できます。この場合、対応セッションがなければ単にnullを返す動作になります。セッションオブジェクトの存在チェックをできます。ログイン処理とgetSession呼び出しを組み合わせた使い方は、後ほど説明します。

5-6-5　jsessionidクエリパラメータによるセッション管理

世の中にはクッキーを使えないWebブラウザが存在します。このため、クッキーの代わりにjsessionidクエリパラメータでもセッション管理できる仕組みがあります。HTTPリクエストのURLに必ずセッションIDの値を持つクエリパラメータが載るように細工して実現します。

クッキーを使うセッション管理で、開発者がクッキーの具体的な値を意識する必要がないように、jsessionidパラメータを使う場合も開発者は値を意識する必要はありません。リクエストURLにjsessionidパラメータがあれば、サーブレットコンテナが自動的にセッションIDとして認識するからです。つまり、セッション管理に関して、クッキーとjsessionidパラメータの利用は透過に扱えます。

jsessionidパラメータを使うセッション管理には、クッキーを使う方法に比べて面倒な点が1つあります。画面上のリンクのURLすべてにjsessionidパラメータを明示的に付与しなければいけない点です。クッキーの場合、セッションオブジェクトを生成するだけで暗黙にクッキーヘッダの生成をしてくれますが、クエリパラメータの場合は自前でURLにパラメータを付与する必要があります。

生成URLにjsessionidを付与するためのAPIが用意されています。HttpServletResponseオブジェクトのencodeURLメソッドです。

```
public String encodeURL(String url)
```

URL文字列をencodeURLメソッドの引数に渡すと、jsessionidパラメータ（パラメータ名がjsessionid、パラメータ値がセッションID）を付与したURL文字列を返します。

JSTL内で同様のURL書き換えを行うには次のc:urlタグを使います。

```
// JSTLでのURL書き換え（jsessionidパラメータの付与）。変数urlが元のURL文字列と仮定
<c:url value="url"/>
```

5-6-6 セッションタイムアウト

サーバ側でセッションを無効にするまでの時間を「セッションタイムアウト値」と呼びます。

セッションタイムアウト値が長いと、長期間、同じセッションIDを使い続けるので、セッションIDを盗まれる確率が高まります。一方、セッションタイムアウト値を短くすると安全になりますが、Webアプリの利用者がすぐにセッションタイムアウトで再ログインを促され、利便性を落とします。利便性とセキュリティリスクの兼ね合いでセッションタイムアウト値を決める必要があります。

セッションタイムアウト値を設定するには、web.xmlに次の記述をします[注8]。

```
// web.xmlのセッションタイムアウト値の設定
<session-config>
    <session-timeout>30</session-timeout>   <!-- 30分 -->
</session-config>
```

5-6-7 セッション管理のその他の話題

■ セッションと状態管理

「**5-5 状態管理**」で説明したように、セッションスコープの属性はHttpSessionオブジェクトの属性になります。この属性にサイズの大きなオブジェクトを格納するのは悪い習慣です。メモリ使用量の限界で同時ログイン可能な利用者の数が低く抑えられてしまうからです。

セッションオブジェクトを小さく保つには、利用者に結び付くオブジェクトは別途データベースや共有キャッシュで管理して、これらのキーのみをセッションオブジェクトで管理するのが定石です。

■ 複数台構成のWebアプリ

パフォーマンスや可用性の向上のため、Webアプリのサーバを複数台構成にする場合があります。普通、セッションオブジェクト(HttpSessionオブジェクト)はWebアプリごとのメモリ上の実体なので、同じ利用者からのリクエストが別のWebアプリに割り振られてしまうと、再ログイン状態になってしまいます。

これは実用に耐えないので、通常、アプリケーションサーバの手前に適切な振り分けをするプロクシサーバを配置して対応します。同じセッションIDのリクエストを常に同じサーバが処理するようにプロクシサーバが振り分けます。同じセッションIDが同じアプリケーションサーバに張り付くので、スティッキーセッションなどと呼びます。

[注8] GlassFishの管理画面でも設定可能です。またコード内から、HttpSessionオブジェクトのsetMaxInactiveIntervalメソッドでも設定可能です。

スティッキーセッション以外に、セッションオブジェクトを複数Webサーバ間で複製（レプリケーション）して共有する手法もあります。しかし、前述のようにデータベースや共有キャッシュに状態管理を寄せるほうが最近の主流です。

■ **ステートレスなWebアプリ**

セッションオブジェクトを小さなキーのみに限定すれば、セッションオブジェクトそのものをクッキー値に載せる手法が1つの選択肢になります。この手法を使うと、先ほど紹介したスティッキーセッションやレプリケーションなどの仕組みが不要になります。どのサーバでもリクエストからセッションオブジェクト自体を取得できるからです。サーバがセッション状態を持つ必要がない、このような構成のWebアプリをステートレスと呼びます。

ただ、クッキー値に利用者の個人情報を載せるのは厳禁です。クッキーの値は比較的簡易に盗める情報だからです。この課題は、セッションオブジェクトをサーバ側で暗号化してクッキー値に載せる手法で解決できます。

クッキー値のサイズ次第では、通信のオーバヘッドになったり、Webブラウザごとに決まっている最大長を越えるリスクがあります。このリスクに注意すれば暗号化したセッションオブジェクトをクッキー値に載せる手法は有効です。

■ **ユーザ認証**

多くのWebアプリはセッションをログインユーザと紐付けます。利用者にログインしてもらいユーザを識別する処理を認証と呼びます。

既に説明したHttpServletRequestのgetSessionメソッドを使うと、ログイン処理および既にログイン済みかのチェック処理を実現できます。

利用者にユーザ名とパスワードを入力してもらう前提とします。実装は省略しますが、ログイン処理を行うloginメソッドがあると仮定します。loginメソッドはログインに成功すると内部的なユーザIDの数値を返し、失敗するとnullを返す仕様とします。この仕様を前提にすると、**リスト5.10**のようなコードを書けます。ログインに成功すると、HttpSessionオブジェクトを新規生成し、セッションスコープにユーザIDを記録します。

リスト5.10　ログイン処理を呼び出すコード例

```
Integer id = login(name, password); // ログイン成功するとユーザIDを返す
if (id != null) { // ログイン成功
    HttpSession session = req.getSession(true); // HttpSessionオブジェクト生成
    req.changeSessionId(); // セッションID固定化攻撃への対応のためセッションIDを明示的に変更
    session.setAttribute("id", id); // セッションスコープにユーザIDを記録
    resp.sendRedirect(ログイン成功時の画面);
} else {                              // ログイン失敗
    resp.sendRedirect(ログイン画面); // リトライ
}
```

Web層

リスト5.11のような処理で認証済みかをチェックします。HttpSessionオブジェクトの存在チェックをして、セッションスコープにユーザIDがあるかを確認します。このような処理を認証が必要なすべてのURLに対して実施します。複数リクエスト処理の前に割り込む必要があるので、フィルタなど共通的な場所で実施するのが定石です。

リスト5.11　認証済みであればtrue、認証済みでなければfalseを返す処理

```java
boolean isAuthenticated(HttpServletRequest req) {
    HttpSession session = req.getSession(false);
    return session != null && session.getAttribute("id") != null;
}
```

5-6-8　セキュリティAPI

前節は自前でユーザ認証を実装する前提でしたが、サーブレットのセキュリティAPIを使うと、ユーザ認証のAPIとユーザ認証の内部実装を分離できます。内部実装とは、認証方式にBASIC認証を使うかフォーム認証を使うかや、ユーザIDとパスワードのペアをどこで管理するか、などです。これらの内部実装をサーブレットコンテナのアドインとして開発します。サーブレットアプリ側のコードがAPIのみに依存していれば、コードを変えずに裏側の仕組みを差し替え可能です。

セキュリティAPIの基本的な要素にロールという概念があります。コード上は、ロールでサーブレット実行権限を設定します。たとえば特定ロールのみに実行可能なサーブレットクラスなど、です。そして、ロールに対してユーザやグループを割り当てます。ロールはロール名で識別します。ロール名は開発者が決める名前です。

ロールをサーブレットに関連づけるために、@ServletSecurityアノテーションをサーブレットクラスに付与します（**リスト5.12**）。

ロール指定は、@ServletSecurityアノテーションの@HttpConstraintアノテーション要素で指定します。@HttpConstraintアノテーションのrolesAllowed要素にロール名を指定します。**リスト5.12**ではMY_ROLEというロール名を指定しています。

ロール名はサーブレットコンテナで事前定義します（後述）。ロール名をサーブレットアプリに伝える方法は、DeclareRolesアノテーションもしくはweb.xmlでの指定です。**リスト5.12**では@DeclareRolesアノテーションを使っています。

リスト5.12　セキュリティAPI

```java
import javax.servlet.annotation.ServletSecurity;
import javax.annotation.security.DeclareRoles;
import javax.servlet.annotation.HttpConstraint;

@WebServlet("/my")
```

```
@DeclareRoles("MY_ROLE")   // MY_ROLEというロールの利用を宣言
@ServletSecurity(
    @HttpConstraint(
        // HTTPS以外でもアクセス可能にする指定（なくても良い）
        transportGuarantee = ServletSecurity.TransportGuarantee.NONE,
        rolesAllowed = {"MY_ROLE"}))   // MY_ROLEという名前のロールにこのサーブレットの実行権限を付与
public class MyServlet extends HttpServlet {
    /* 省略 */
}
```

5-6-9　ユーザ認証方法の設定

リスト5.12のMY_ROLEロールにユーザやグループを結びつける方法はサーブレットコンテナ依存です。ここではGlassFishの方法を説明します。

GlassFishの管理画面で左のSecurityメニューを選択するとセキュリティ管理画面が開きます（図5.3）。

図5.3　GlassFishのセキュリティ管理画面

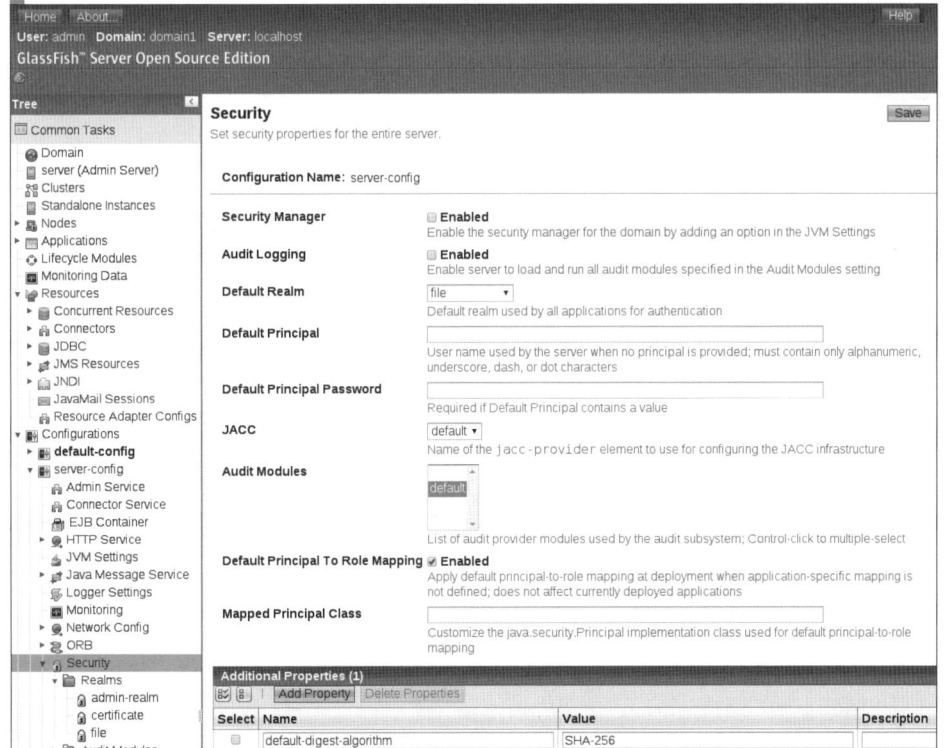

Web層

　GlassFishは認証情報の格納方法をレルム（realm）と呼びます。管理画面でfile realmメニューを選択すると、認証情報を保存するファイルのパスを確認できます（図5.4）。この画面から「Manage Users」ボタンをクリックするとユーザ一覧画面が現れます。ユーザ一覧画面で「New」ボタンをクリックするとユーザ追加画面が開くので、ユーザIDとパスワードを指定して新しいユーザをfile realmに登録してください。この時、ユーザをグループに対応づける必要があるので、ユーザ登録画面のGroup Listフィールドにグループ名を入力してください。新しいグループ名をここに入力すると暗黙にグループが生成されます。適当なグループ名、たとえばMY_GROUPなどの文字列を入力してください。

図5.4　GlassFishのfile realm管理画面

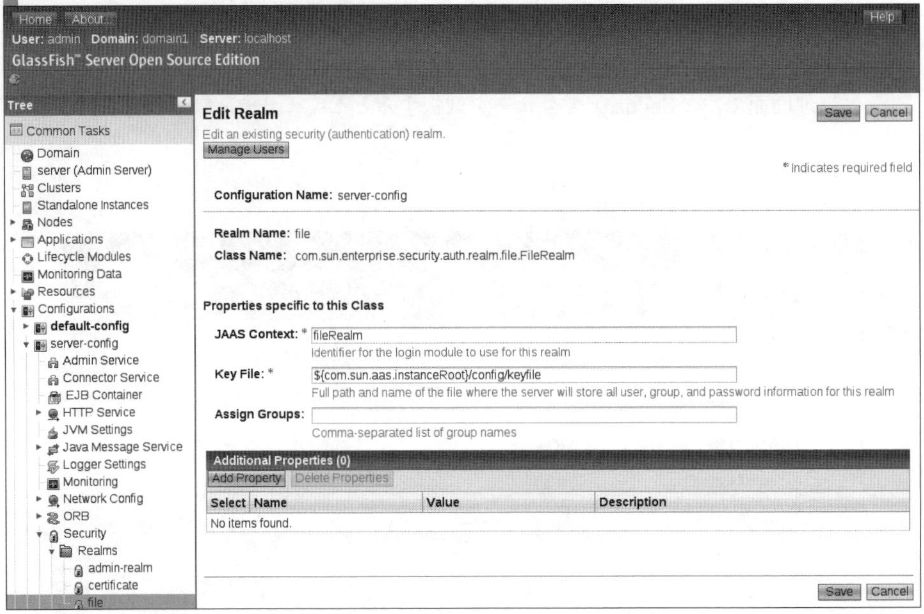

　登録グループをロール（MY_ROLE）に関連づけるには2つ方法があります。1つはグループ名とロール名を同じにして、図5.4のセキュリティ管理画面で「Default Principal To Role Mapping」にチェックを入れる方法です。GlassFishではもっとも簡易な手段です。
　もう1つはglassfish-web.xmlで指定する方法です。サーブレットアプリのWEB-INFディレクトリの直下にglassfish-web.xmlに配備し、リスト5.13のような設定をします。

リスト5.13　MY_GROUPグループとMY_ROLEロールを関連づける設定（glassfish-web.xml）

```
<!DOCTYPE glassfish-web-app PUBLIC "-//GlassFish.org//DTD GlassFish Application Server 3.1
Servlet 3.0//EN" "http://glassfish.org/dtds/glassfish-web-app_3_0-1.dtd">   実際は一行
<glassfish-web-app error-url="">
  <security-role-mapping>
    <role-name>MY_ROLE</role-name>
    <group-name>MY_GROUP</group-name>
  </security-role-mapping>
</glassfish-web-app>
```

5-7　フィルタとリスナ

5-7-1　フィルタとは

　フィルタとは、指定サーブレットクラスのdoメソッドに割り込み処理を書ける仕組みです。具体例を見たほうがわかりやすいので例を示します（**リスト5.14**）。

　Filterインターフェースを実装したクラスがフィルタクラスです。フィルタクラスをサーブレットと関連づける方法はいくつかありますが、**リスト5.14**は@WebFilterアノテーションで指定しています。指定方法の詳細は後述します。

　コードの詳細は後回しにして動作概要を大雑把に説明します。フィルタクラスのインスタンスをフィルタオブジェクトと呼ぶことにします。フィルタオブジェクト生成の責務はサーブレットコンテナです。

　コンテナはURLマッピングに応じてサーブレットオブジェクトのdoメソッドを呼びます。この時、サーブレットクラスに関連づいたフィルタクラスが存在すれば、フィルタオブジェクトのdoFilterメソッドを先に呼びます。

　1つのサーブレットクラスに複数のフィルタが関連する場合があります。複数のフィルタオブジェクトはフィルタチェインと呼びます。

　doFilterメソッドには、引数でFilterChainオブジェクトが渡ってきます。それ以外の引数はサーブレットクラスのdoメソッドの引数と同じです。意味や役割も同じです。

　開発者はdoFilterメソッド内に任意の処理を書けますが、忘れてはいけないのが引数で渡ってきたFilterChainオブジェクトに対するdoFilterメソッド呼び出しです。この呼び出しは、内部的にフィルタチェインの次のフィルタのdoFilterメソッドを呼び出します。フィルタチェインの最後では、この呼び出しがサーブレットオブジェクトのdoメソッド呼び出しになります。こうしてフィルタチェイン上のすべてのフィルタオブジェクトがdoFilterメソッドを呼び続けることで、最終的にすべてのフィルタの呼び出しとサーブレットオブジェクトのdoメソッド呼び出しを達成します。

リスト5.14 フィルタの例

```java
import javax.servlet.Filter;
import javax.servlet.FilterConfig;
import javax.servlet.annotation.WebFilter;

@WebFilter("/*")  // フィルタの指定アノテーション (すべてのサーブレットに対するフィルタ)
public class MyFilter implements Filter {
    @Override public void init(FilterConfig filterConfig) throws ServletException { /* 省略 */ }
    @Override public void destroy() { /* 省略 */ }

    @Override
    public void doFilter(ServletRequest req, ServletResponse resp, FilterChain chain)
        throws IOException, ServletException {
        // サーブレットクラスのdoメソッドの前に割り込む処理を書く場所
        // サーブレットクラスのdoメソッドもしくはフィルタチェインの次フィルタ呼び出し
        chain.doFilter(req, resp);
        // サーブレットクラスのdoメソッドの後に割り込む処理を書く場所
    }
}
```

5-7-2 フィルタの割り込み先の指定方法

フィルタは複数のサーブレットクラスに対して一括して割り込めます。単一のサーブレットクラスへの割り込みをフィルタにする旨味は少ないので、一般的には複数サーブレットクラスの共通処理をフィルタに書きます。

開発者は次のいずれかの方法でフィルタの割り込み先を指定できます。

- アノテーション (@WebFilter)
- web.xml の <filter> 要素
- プログラマブル API (ServletContext オブジェクトの addFilter メソッド)

■ @WebFilterアノテーションを使うフィルタ指定

@WebFilter アノテーションを使う例は**リスト5.14**で説明しました。他のアノテーション例を**リスト5.15**に示します。説明はコメントを参照してください。

リスト5.15 @WebFilterアノテーションの使用例

```java
// value要素でURL文字列を指定。URLにマッピングされたサーブレットクラスにフィルタを関連づける
@WebFilter("/*")
@WebFilter({"/foo", "/bar"})    // 複数のURLを指定可能
@WebFilter(urlPatterns="/*")    // urlPatterns要素でもURLマッピング可能
// 他のアノテーション要素と併記する場合、urlPatterns要素を推奨
```

```
@WebFilter(urlPatterns={"/foo", "/bar"}, asyncSupported=true)
// filterName要素でフィルタ自身の名前を指定可能
@WebFilter(urlPatterns="/*", filterName="myFilter")
// フィルタの対象をサーブレット名で指定(サーブレットのクラス名ではないので注意)
@WebFilter(servletNames="myServlet")
// フォワード処理時にもフィルタする(デフォルトはリクエスト処理時のみ)
@WebFilter(urlPatterns="/*", dispatcherTypes={DispatcherType.REQUEST, DispatcherType.FORWARD})
```

　割り込み先サーブレットクラスは、URLパスかサーブレット名で指定します。URLパスの指定は、完全マッチもしくは/*で終端するパスです。

　複数の指定で同じサーブレットクラスがマッチする可能性があります。たとえばurlPatterns={"/*","/my"}は /my というパスに2回マッチします。また、urlPatternsとservletNamesで両方にマッチする場合もあります。この場合、該当フィルタはマッチした回数呼ばれます。

■ web.xmlを使うフィルタ指定

　web.xmlでフィルタを登録する例を**リスト5.16**に示します。基本的な考え方はサーブレットクラスのURLマッピングと似ています。フィルタクラスに名前をつけて、その名前を使ってサーブレットクラスと関連づけます。詳細はコメントを参照してください。

リスト5.16　web.xmlを使うフィルタの登録

```xml
<web-app>
  <filter>   <!-- my.MyFilterクラスにmyFilterという名前をつける -->
    <filter-name>myFilter</filter-name>
    <filter-class>my.MyFilter</filter-class> <!-- 完全修飾名でクラス名を記述 -->
  </filter>
  <filter-mapping>  <!-- myFilterクラスとURLパスを関連づける -->
    <filter-name>myFilter</filter-name>
    <url-pattern>/*</url-pattern>
  </filter-mapping>
  <filter-mapping>  <!-- myFilterクラスとmyServletクラスを関連づける -->
    <filter-name>myFilter</filter-name>
    <servlet-name>myServlet</servlet-name>
  </filter-mapping>
</web-app>
```

■ ServletContextオブジェクトを使うフィルタ指定

　ServletContextオブジェクトのaddFilterメソッドを呼べるタイミングは、「**5-2-4　URLマッピング**」の「ServletContextオブジェクトを使うURLマッピング」で説明した、addServletメソッドを呼べるタイミングと同じです。

Web層

コード例を**リスト5.17**に示します。addFilterメソッドは第1引数にフィルタ名、第2引数にフィルタクラスのクラスオブジェクトを渡します。フィルタクラスの渡し方はいくつか方法があります。詳細はAPIマニュアルを参照してください。

addFilterメソッドの返り値はFilterRegistration.Dynamicオブジェクトです。このオブジェクトのaddMappingForUrlPatternsメソッドもしくはaddMappingForServletNamesメソッドで、フィルタオブジェクトとサーブレットオブジェクトを関連づけます。どちらのメソッドも第1引数がDispatcherType、第2引数がisMatchAfterフラグ引数です。isMatchAfter引数は、アノテーションやweb.xmlで指定したフィルタより、フィルタチェイン上、先に呼ばれるか後に呼ばれるかを指定します(trueにすると後)。第3引数以降は可変長引数です。URLパスもしくはサーブレット名を文字列で指定します。

リスト5.17 ServletContextオブジェクトを使うフィルタ登録

```java
import javax.servlet.FilterRegistration;

@WebListener
// リスナは後述する「5-7-4 リスナとは」を参照
public class MyListener implements ServletContextListener {
    @Override
    // サーブレット起動時に呼ばれる初期化処理
    public void contextInitialized(ServletContextEvent sce) {
        ServletContext ctx = sce.getServletContext();
        try {
            // DynFilterの実装を開発者が書いている前提。"dyn"はフィルタ名
            FilterRegistration.Dynamic d = ctx.addFilter("dyn", DynFilter.class);
            // 最後の引数は可変長引数。URLで指定
            d.addMappingForUrlPatterns(EnumSet.of(DispatcherType.REQUEST), true, "/*", "/my");
            // 最後の引数は可変長引数。サーブレット名で指定
            d.addMappingForServletNames(EnumSet.of(DispatcherType.REQUEST), true, "myServlet");
        } catch (Exception ex) {
            System.out.println("Exception " + ex);
        }
    }

    @Override
    public void contextDestroyed(ServletContextEvent sce) { /* 省略 */ }
}
```

5-7-3 フィルタの並行処理

フィルタオブジェクトはサーブレットオブジェクト同様、シングルトンです。複数スレッドが同時にフィルタオブジェクトのメソッドを呼ぶ場合があるので、同期処理が必要です。ただし、サーブレットオブジェクト同様、フィルタオブジェクトで状態管理するのは推奨しません。状態管理はスコープで管理するのが定石だからです。

5-7-4 リスナとは

　リスナとは、サーブレットAPIの各種オブジェクトが発火するイベントに対するイベントハンドラを書ける仕組みです。イベントハンドラ自体は一般的なプログラミング技法なので、自力で実装も可能ですが、リスナを使うとアノテーションやweb.xmlの記述だけでイベントハンドラの設定が可能なので便利です。

　リスナAPIは、インターフェースとして提供されています。リスナを使う開発者は、インターフェースを実装したクラスを自分で実装します。オーバーライドして実装したメソッドがイベントハンドラになり、イベント発火に応じて、サーブレットコンテナから呼ばれます（コールバックされます）。

　イベントの種別ごとにインターフェースが存在します。具体的なイベントの種類とインターフェースの対応を**表5.10**にまとめます。それぞれのインターフェースのメソッドの詳細はAPIマニュアルを参照してください。

　開発者が**表5.10**のインターフェースを実装して作成したクラスをリスナクラスと呼びます。リスナクラスのオブジェクトをリスナオブジェクトと呼びます。リスナオブジェクトの生成はサーブレットコンテナの責務です。

表5.10　イベントの説明とインターフェース

イベントの説明	インターフェース
ServletContextオブジェクトの初期化と破棄時	ServletContextListener
ServletContextオブジェクトの属性の追加時、削除時、置換時	ServletContextAttributeListener
HttpSessionオブジェクトの初期化と破棄時	HttpSessionListener
HttpSessionオブジェクトの属性の追加時、削除時、置換時	HttpSessionAttributeListener
HttpSessionオブジェクトの退避時と復帰時[※1]	HttpSessionActivationListener
HttpSessionオブジェクトのセッションID変更時	HttpSessionIdListener
ServletRequestオブジェクトの初期化と破棄時	ServletRequestListener
ServletRequestオブジェクトの属性の追加時、削除時、置換時	ServletRequestAttributeListener

※1　複数のサーブレットコンテナ間でセッション共有する場合のイベントです。異なるプロセス間や異なる筐体間で共有するため、HttpSessionオブジェクトをコンテナのメモリ以外のどこか（データベースや共有メモリ）に退避および復帰をします。

　イベントハンドラのメソッドには、メソッドごとに決まったイベントオブジェクトが引数として渡ってきます。たとえばHttpSessionAttributeListenerリスナのメソッドにはHttpSessionBindingEventオブジェクトが渡ってきます。このオブジェクトからイベント発火元のHttpSessionオブジェクト、発火の原因となる属性の情報などを取得できます（**リスト5.18**）。

Web層

リスト5.18　リスナオブジェクトに渡ってくるイベント情報

```
@WebListener
public class MyListener implements HttpSessionAttributeListener {
    @Override
    // コールバック時に、引数としてイベント情報が渡ってくる
    public void attributeAdded(HttpSessionBindingEvent event) {
        HttpSession sess = event.getSession();        // イベントの監視対象のHttpSessionオブジェクト
        String attributeName = event.getName();       // セットされた属性の属性名
        Object attributeValue = event.getValue();     // セットされた属性の属性値
    }
    @Override public void attributeRemoved(HttpSessionBindingEvent event) { /* 省略 */ }
    @Override public void attributeReplaced(HttpSessionBindingEvent event) { /* 省略 */ }
}
```

■ リスナの登録方法

開発者は表5.10のいずれかのインターフェースを実装したクラスを自作しますが、これだけではイベントと関連づけられません。下記のいずれかの方法でリスナオブジェクトとイベントを結びつける必要があります。

- アノテーション（@WebListener）
- web.xmlの<listener>要素
- プログラマブルAPI（ServletContextオブジェクトのaddListenerメソッド）

@WebListenerアノテーションを使う例は**リスト5.17**です。サーブレットクラスやフィルタと違い、@WebListenerに渡すべき特別なアノテーション要素はありません。@WebListenerアノテーションを付与すると、内部的にイベントと結びつきます。対応イベントが発生すると、コンテナがオブジェクトのメソッドをコールバックします。

web.xmlでリスナを登録する例を**リスト5.19**に示します。

リスト5.19　web.xmlを使うリスナの登録

```
<web-app>
  <listener>
    <listener-class>my.MyListener</listener-class> <!-- 完全修飾名でクラス名を記述 -->
  </listener>
</web-app>
```

ServletContextオブジェクトのaddListenerメソッドを呼ぶタイミングは「**5-2-4 URLマッピング**」の「ServletContextオブジェクトを使うURLマッピング」で説明したタイミングと同じです。サーブレットやフィルタと異なり、リスナの場合は、addListenerメソッドの引数にリスナクラスのクラスオブジェクトもしくはリスナオブジェクトを渡して呼べば充分です。これだけでリスナを登録できます。コード例は省略します。

1つのイベントに対して複数のリスナオブジェクトを登録可能です。複数リスナオブジェクトのイベントハンドラメソッドが呼ばれる順序は、プログラマブルおよびweb.xmlの場合は記述順に呼ばれます。@WebListenerアノテーションで登録した場合、呼ばれる順は不定です。どの場合であっても、イベントハンドラメソッドが呼ばれる順に依存したコードは保守性が低いので避けてください。

■ リスナの並行処理

リスナオブジェクトはシングルトンです。

いくつかのケースでは、複数スレッドが同時に同じリスナオブジェクトのメソッドを呼ぶ可能性があります。たとえば、ServletContextオブジェクトとHttpSessionオブジェクトの属性の変更イベントなどです。この時の適切な同期処理は、開発者の責任です。一般論で言うと、リスナオブジェクトに状態を持たせず、同期処理を不要にする設計のほうがシンプルになります。

■ HttpSessionBindingListenerインターフェース

リスナインターフェースの中でHttpSessionBindingListenerだけは少し特別です（**表5.10**に書いていません）。

このインターフェースの実装クラスのオブジェクトをセッションスコープの属性にセットすると、オブジェクト自身のメソッドがイベントハンドラとしてコールバックされます。

少々わかりづらいので**リスト5.20**の例を見てください。MySessionContextクラスは開発者が独自に作るクラスです。このクラスに@WebListenerは不要です。web.xmlに設定もありません。このクラスのオブジェクトをHttpSessionオブジェクトの属性値としてセット、つまりセッションスコープに入れると、HttpSessionBindingListenerインターフェースのvalueBoundメソッドが呼ばれます。このメソッドをオーバーライドして独自実装を書くとイベントハンドラになります。

リスト5.20　HttpSessionBindingListenerインターフェースの利用例

```java
class MySessionContext implements HttpSessionBindingListener {// @WebListenerは不要
    @Override
    public void valueBound(HttpSessionBindingEvent event) {
        System.out.println("bound: " + Stream.of(event).flatMap(e -> Stream.of(e.getName(),
        e.getValue().toString())).collect(Collectors.joining(",")));
    }
    @Override
    public void valueUnbound(HttpSessionBindingEvent event) {
        System.out.println("unbound: " + Stream.of(event).flatMap(e -> Stream.of(e.getName(),
        e.getValue().toString())).collect(Collectors.joining(",")));
    }
    @Override
    public String toString() {
        return "MySessionContext";
```

Web層

```java
        }
    }

@WebServlet("/my")
public class MyServlet extends HttpServlet {
    @Override
    public void doGet(HttpServletRequest req, HttpServletResponse resp)
        throws ServletException, IOException {
        HttpSession sess = req.getSession();
        // リスナのvalueBoundメソッドがコールバックされる
        sess.setAttribute("key", new MySessionContext());
        // リスナのvalueUnboundメソッドがコールバックされる
        sess.removeAttribute("key");
        // 上記リスナの場合、両方とも"key, MySessionContext"の文字列を出力
    }
}
```

5-8 非同期処理

5-8-1 同期処理と非同期処理

　サーブレットコンテナ上では、リクエストを受けてレスポンスを返すまでの一連の処理が1スレッドに割り当てられます。通称このスレッドをワーカースレッドと呼びます。同時に複数のリクエストがあると複数のワーカースレッドが同時に動きます。ワーカースレッドの総数はメモリ容量などにより上限が決まります。

　なお、実際の実装では、ネットワーク受信処理に専念するリスナスレッドが1つあり、リクエスト処理をワーカースレッドに引き渡す構造になります（図5.5）。この構造は単なる実装上の都合ですが、受信時に多数のワーカースレッドが処理を奪い合うよりも効率的になるため一般的です。

　レスポンス送信が終わればワーカースレッドは空き、次のリクエストに備えます。個々の処理が短時間で終われば、特段問題はありません。しかし、処理中にワーカースレッドが待ち状態になると少し不都合があります。たとえばレスポンス生成のためにデータベースアクセスで待つ場合などです。待機中、CPU資源の無駄はありません。しかし、待機中は次のリクエスト処理に移れません。最悪の場合、ワーカースレッドが枯渇して、CPUが空いているにも関わらず新しいリクエストを受け入れられなくなります。

　非同期処理はこのような課題を解決します。図5.5の右のようにワーカースレッドが処理を他スレッドに引き渡し、新しいリクエストの処理に移ります。

　非同期処理はノンブロッキングI/O処理（後述）と組み合わせると更に効果を発揮します。と言うのも待機処理の多くは一般にファイルやネットワークなどのI/O待ちだからです。

　ノンブロッキングI/O処理は、ネットワークの待機処理にリスナ処理（コールバック処理）を使

います。リスナはI/O処理が可能になった時にのみコールバックされます。コールバックされるまで他の処理を実行可能なので、待機中に他の処理を実行できます。

図5.5　同期処理と非同期処理

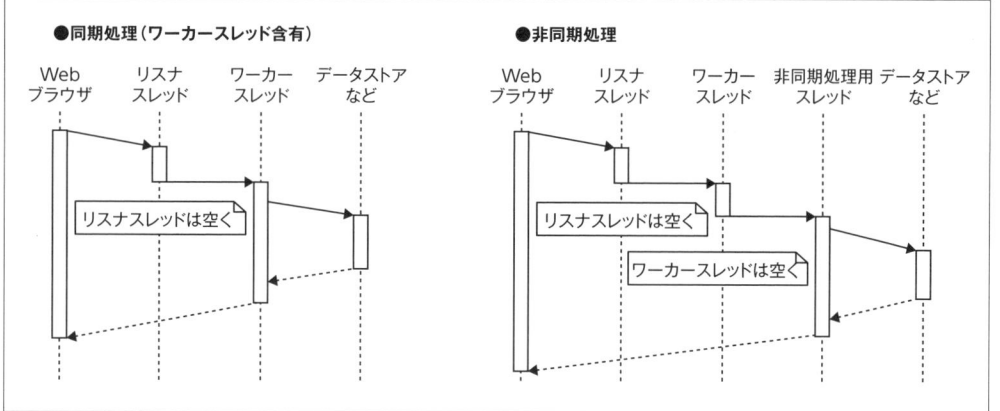

5-8-2　非同期サーブレット

サーブレットクラスで非同期処理を使うには明示的な指定が必要です。@WebFilterアノテーションでサーブレットクラスを設定する場合、asyncSupported=true要素を指定します。プログラマブルAPIやweb.xmlでサーブレットクラスを設定する場合にも類似の指定手段があります。必要であればAPIマニュアルを参照してください。

@WebFilterアノテーションのasyncSupported=true要素により、そのサーブレットクラスが非同期処理できる能力を有するだけです。実際に非同期処理するには、それ用のコードを書く必要があります。

非同期サーブレット処理をするにはAsyncContextオブジェクトを使います（**リスト5.21**）。

リスト5.21　非同期サーブレットの例

```java
import javax.servlet.AsyncContext;

@WebServlet(urlPatterns = "/my", asyncSupported=true) // asyncSupported=true要素が必須
public class MyAsync extends HttpServlet {
    @Override
    public void doGet(HttpServletRequest req, HttpServletResponse resp) throws ServletException, IOException {
        AsyncContext asyncCtx = req.startAsync(req, resp); // AsyncContextオブジェクトの取得
        asyncCtx.start(() -> {   // 引数のラムダ式は別スレッド（非同期処理用スレッド）で実行されます
            try {
```

Web層

```
            // ここに時間がかかる処理があると想定してください
            req.setAttribute("result", "result from async task"); // 結果をセット
            // フォワード処理
            getServletContext().getRequestDispatcher("/my.jsp").forward(req, resp);
        } catch (IOException ex) {
            throw new UncheckedIOException(ex);
        } catch (ServletException ex) {
            throw new RuntimeException(ex);
        }
        asyncCtx.complete(); // 非同期処理用スレッドの完了
    });
    // 非同期処理に処理を委譲するのでdoメソッドはこのまますぐに抜けます
    // doメソッドを抜けると、ワーカースレッドは別のリクエスト処理が可能になります
    }
}
```

リスト5.21の動きを説明します。HttpServletRequestオブジェクトのstartAsyncメソッドでAsyncContextオブジェクトを取得します。紛らわしいですが、この時点で非同期処理、つまり別スレッドへの処理委譲はまだ行われません。

AsyncContextオブジェクトのstartメソッドを呼ぶと処理が別スレッドに委譲されます。処理はstartメソッドに渡すRunnableオブジェクトのrunメソッドに記述します。Runnableオブジェクトのrunメソッドは Java8 以降ではラムダ式としても記述できます。リスト5.21はラムダ式で記述していますが、Runnableインターフェースを実装した自作クラスを定義してそのオブジェクトをstartメソッドに渡してもかまいません。

startメソッドの引数に渡したラムダ式の処理はワーカースレッドと別のスレッドが処理します。この別スレッドを便宜上、非同期処理用スレッドと呼びます。非同期処理用スレッドの最終的な責務はレスポンス生成です。レスポンス生成後、非同期処理用スレッドの処理の最後にAsyncContextオブジェクトのcompleteメソッドを呼ぶ必要があります。

5-8-3　フォワード処理の非同期処理

リスト5.21は非同期処理スレッド内でフォワード処理しましたが、フォワード処理のみを非同期処理スレッドに委譲したければ、AsyncContextオブジェクトのdispatchメソッドを使えます（リスト5.22）。前節と違い、completeメソッド呼び出しは不要です。

リスト5.22　フォワード処理のみの非同期処理化

```
@WebServlet(urlPatterns = "/my", asyncSupported=true) // asyncSupported=true要素が必須
public class MyAsync extends HttpServlet {
    @Override
    public void doGet(HttpServletRequest req, HttpServletResponse resp) throws ServletException, IOException {
```
実際は一行

```
        AsyncContext asyncCtx = req.startAsync(req, resp);
        asyncCtx.dispatch("/my.jsp"); // フォワード処理を非同期処理用スレッドで実行
    }
}
```

■ 非同期処理とフィルタ

非同期サーブレット自身にフィルタ処理をかける場合、フィルタクラスの@WebFilterアノテーションにasyncSupported=true要素が必要です。プログラマブルAPIやweb.xmlでフィルタクラスを設定する場合にも類似の指定手段があります。

フィルタのdispatcherTypesにDispatcherType.ASYNCを指定すると、非同期処理に対してフィルタ処理をはさめます。この場合のフィルタにもasyncSupported=true要素が必要です。

5-8-4　非同期処理のリスナ

非同期処理で発生するいくつかのタイミングに割り込む処理を書けるリスナ機構が存在します。

開発者はAsyncListenerインターフェースを実装したリスナクラスを用意します。リスナクラスのオブジェクトをAsyncContextオブジェクトのaddListenerメソッドでセットします。必要な部分のみ抜粋したコード例を**リスト5.23**に示します。

リスナクラスの各メソッドは、非同期処理の過程でコールバックされます。onCompleteメソッドは処理完了時、onTimeoutメソッドは処理（データベースアクセスなど）が指定時間内に終わらない場合に呼ばれます。タイムアウト値はAsyncContextオブジェクトのsetTimeoutメソッドで指定できます（デフォルト値は30秒です）。

紛らわしいですが、onStartAsyncメソッドは単に非同期処理を開始したタイミングでは呼ばれません。非同期処理の中で別の非同期処理を始めた時に呼ばれます。

リスト5.23　非同期処理のリスナ

```
import javax.servlet.AsyncListener;
@WebServlet(urlPatterns = "/my", asyncSupported=true)
public class MyAsync extends HttpServlet {
    private static class MyListener implements AsyncListener { // リスナクラス
        @Override
        public void onComplete(AsyncEvent event) throws IOException { /* 処理 */ }
        @Override
        public void onError(AsyncEvent event) throws IOException { /* 処理 */ }
        @Override
        public void onStartAsync(AsyncEvent event) throws IOException { /* 処理 */ }
        @Override
        public void onTimeout(AsyncEvent event) throws IOException { /* 処理 */ }
    }
```

Web層

```
@Override
public void doGet(HttpServletRequest req, HttpServletResponse resp) throws ServletException,
IOException {
    AsyncContext asyncCtx = req.startAsync(req, resp);
    asyncCtx.addListener(new MyListener(), req, resp); // リスナオブジェクトのセット
    asyncCtx.start(() -> { /* 省略(リスト5.21)と同じ */ });
}
```
実際は一行

5-8-5 ノンブロッキングI/O処理

　非同期サーブレット処理にノンブロッキングI/O処理を組み合わせられます。ノンブロッキングI/O処理は、I/Oの読み書き処理が可能な時のみコールバック処理が呼ばれるようにできる仕組みです。

　一般にネットワーク処理には待ち状態が発生しえます。たとえばリクエスト処理には受信待ち、レスポンス処理には送信待ちの可能性があります。多くの場合、無視できる程度の待ち時間ですが、モバイルなどの低速回線からのアクセスの場合、待ち時間がそれなりに増える可能性があります。ノンブロッキングI/O処理を使うと、このようなネットワークの待ち状態からスレッドを解放できます。

　ノンブロッキングI/O処理を使うコード例を示します(**リスト5.24**)。ノンブロッキングI/O処理は非同期サーブレットとともにしか使えないので、AsyncContextオブジェクトの生成が必須です。しかし前節までに説明したAsyncContextオブジェクトのstartメソッド呼び出しは不要です。代わりに入力ストリーム(ServletInputStream)に対して読み込みリスナをセットします。読み込みリスナはReadListenerインターフェースを実装したクラスで、クラス定義およびオブジェクト生成は開発者の責務です。

　ReadListenerインターフェースは3つのコールバックメソッドを持ちます。開発者はこれらのコールバックメソッドを実装します。メソッドの責務はリクエストを入力ストリームから読み取ることです。リクエストデータをすべて読みきれば、レスポンス生成処理に移れます。レスポンス生成処理のために、出力ストリーム(ServletOutputStream)に対して書き込みリスナをセットします。書き込みリスナはWriteListenerインターフェースを実装したクラスで、クラス定義およびオブジェクト生成は開発者の責務です。

　書き込みリスナの責務は、コールバックメソッドの中で、出力ストリームへレスポンスを書き込むことです。

リスト5.24　非同期サーブレットとノンブロッキングI/O

```java
import javax.servlet.ReadListener;

@WebServlet(urlPatterns = "/my", asyncSupported=true)
public class MyAsync extends HttpServlet {
    @Override
    public void doGet(HttpServletRequest req, HttpServletResponse resp) throws ServletException, IOException {  // 実際は一行
        AsyncContext asyncCtx = req.startAsync(req, resp);
        ServletInputStream input = req.getInputStream();
        ReadListener readListener = new ReadListenerImpl(input, resp, asyncCtx); // 読み込みリスナ
        input.setReadListener(readListener); // 読み込みリスナの登録
    }

    private static class ReadListenerImpl implements ReadListener { // 読み込みリスナ
        private final ServletInputStream input;
        private final HttpServletResponse resp;
        private final AsyncContext ac;
        private StringBuilder sb = new StringBuilder();

        ReadListenerImpl(ServletInputStream input, HttpServletResponse resp, AsyncContext ac) {
            this.input = input;
            this.resp = resp;
            this.ac = ac;
        }

        @Override
        // データ読み込み可能になるとコールバックされる
        public void onDataAvailable() throws IOException {
            int len;
            byte[] b = new byte[1024];
            while (input.isReady() && !input.isFinished() && (len = input.read(b)) != -1) {
                sb.append(new String(b, 0, len));
            }
        }

        @Override
        public void onAllDataRead() throws IOException { // 全データを読み終わるとコールバックされる
            // 通常はここに、レスポンスの生成コードを書く(サンプルなので省略)
            ServletOutputStream output = resp.getOutputStream();
            WriteListener writeListener = new WriteListenerImpl(output, ac); // 書き込みリスナ
            output.setWriteListener(writeListener); // 書き込みリスナの登録
        }

        @Override
        public void onError(final Throwable t) { // エラー時にコールバックされる
            ac.complete();
```

```
            t.printStackTrace();
        }
    }

    static class WriteListenerImpl implements WriteListener { // 書き込みリスナ
        private final ServletOutputStream output;
        private final AsyncContext ac;

        WriteListenerImpl(ServletOutputStream output, AsyncContext ac) {
            this.output = output;
            this.ac = ac;
        }

        @Override
        // データ書き込み可能になるとコールバックされる
        public void onWritePossible() throws IOException {
            output.print("<body>result</body>"); // サンプルなのでレスポンスはこれのみ
            output.flush();
            ac.complete(); // 全データを書き込み終えたら、completeメソッドを呼ぶ
        }

        @Override
        public void onError(final Throwable t) { // エラー時にコールバックされる
            ac.complete();
            t.printStackTrace();
        }
    }
}
```

5-9 モジュール化

5-9-1 ライブラリjar

　複数のサーブレットアプリに共通するソースコードがある場合、jarの形にして複数サーブレットアプリに同梱できます。これはフレームワークや共有ライブラリなどに有用です。

　jarファイルの配置位置はWEB-INFディレクトリの下のlibディレクトリの下と決まっています。ここに配置したjarファイル内のクラスはサーブレットアプリから使えます。

　ユーティリティ系ライブラリなど、サーブレットアプリ側から呼ばれるだけのjarファイルであれば、話は以上で終わりです。一方、フレームワーク用のjarなどには別の配慮が必要です。たとえばjarファイル側のクラスにイベント処理登録などの初期処理が必要だったり、jarファイル側にJSPファイルやJavaScriptファイルなどを含めたい場合などです。

5-9-2 jarファイル側の初期化処理

jarファイル内に存在する特定クラスの処理をサーブレットアプリ起動時に実行したいとします。1つの手は、jarファイルを梱包したサーブレットアプリ開発者に初期化処理呼び出しコードを書いてもらうことです。たとえばjarファイル内にStartupクラスを含め、jarファイルを同梱したサーブレットアプリ内の初期化コード（ServletContextListenerクラスのcontextInitializedメソッド）からStartupクラスのinitメソッドを呼ぶ、というような規約の強制です。しかし、Startupというクラス名もinitというメソッド名も単にjarファイル作成者が独自に決めた規約に過ぎません。個々のjarごとに規約があると、開発者はjarごとに規約を調べる必要があり面倒です。

代わりに、jarファイル内に初期化処理を書ける標準規約（少し奇妙な規約です）を使ってください。この規約を使うと、jarファイル内の特定クラスのonStartupメソッドをサーブレットアプリ起動時に自動で呼ばれるようにできます。規約を守る必要があるのはjarファイル開発者であり、利用する側のサーブレットアプリ開発者ではないのがポイントです。

jarファイル側が守るべき規約は次の4つです。

- jarファイル内にMETA-INF/servicesというディレクトリを持ち、このディレクトリ直下に javax.servlet.ServletContainerInitializer というファイル名のテキストファイルを配置
- 上記の javax.servlet.ServletContainerInitializer ファイル内に起動時に呼びたいクラス名を記述（テキストファイルの1行で完全修飾名のクラス名を記述します）
- 上記で記述したクラスは javax.servlet.ServletContainerInitializer インターフェースを実装継承
- 上記クラスで、ServletContainerInitializerインターフェースから継承したonStartupメソッド内に初期化処理を記述

■ ServletContainerInitializerインターフェース

ServletContainerInitializerインターフェースを実装継承して開発者が自作するクラスをServletContainerInitializerオブジェクトと呼ぶことにします。

ServletContainerInitializerオブジェクトは次のonStartupメソッド（のみ）を持ちます。前節の規約に従っていれば、サーブレットアプリの起動時に1度だけコールバックされます。

```
void onStartup(Set<Class<?>> c, ServletContext ctx) throws ServletException
```

onStartupメソッドの2番目の引数で、ServletContextオブジェクトを受け取れます。ServletContextオブジェクトは本章で既に何度か言及した、サーブレットアプリごとに1つ存在するオブジェクトです。

Web層

　onStartupメソッドの1番目の引数でサーブレットアプリのクラス群を受け取れます。最近のフレームワークであれば、ここで受け取るクラス群に対してインジェクト処理などをするのが一般的です。

　デフォルトで受け取るクラス群はサーブレットアプリの全クラスです。ServletContainerInitializerオブジェクトに付与するHandlesTypesアノテーションで受け取るクラス群を絞り込めます。HandlesTypesアノテーションの要素にはクラスオブジェクトを記述します。一般的には、基底クラス、インターフェース、アノテーションクラスを記述します。これらを記述すると、基底クラスを拡張継承したクラス、インターフェースを実装継承したクラス、アノテーションが付与されたクラスをサーブレットアプリのクラス群から検出し、それらがonStartupメソッドの引数に渡ってきます。

　例を**リスト5.25**に示します。サーブレットアプリ側のコードではなく、MyStartupクラス側、つまりjar側のコードでURLマッピングをする例です。URLマッピング対象の各サーブレットクラスはMyAbstractServlet基底クラスを拡張継承したと仮定しています。

リスト5.25　HandlesTypesアノテーションの利用例

```java
import javax.servlet.ServletContainerInitializer;
import javax.servlet.annotation.HandlesTypes;

@HandlesTypes({
    // my.MyAnnon.class,          // 最近のフレームワークであればアノテーションでのクラス絞り込みが一般的
    my.MyAbstractServlet.class    // 基底クラスでの絞り込みも可能。MyAbstractServletクラスは
                                  // HttpServletクラスを継承した基底クラスとして作ったと仮定
})
public class MyStartup implements ServletContainerInitializer {
    @Override
    public void onStartup(Set<Class<?>> c, ServletContext ctx) throws ServletException {
        if (c != null) {
            try {
                for (Class clazz : c) {
                    // jar内(=サーブレットアプリから見ると外部コード)でURLマッピングを実施
                    ServletRegistration.Dynamic d = ctx.addServlet(clazz.getSimpleName(),
                                                    (Class<? extends Servlet>)clazz);
                    d.addMapping("/" + clazz.getSimpleName());
                }
            } catch (Exception ex) { /* 省略 */ }
        }
    }
}
```

5-9-3　jarファイルのリソースファイル

　jarファイル内にJSPファイルやJavaScriptなどの静的ファイルを配置したい場合があります。サーブレットの世界ではこれらの静的ファイルをリソースファイルと呼びます。

　リソースファイルはjarファイル内のMETA-INFディレクトリ下のresourcesディレクトリの下に配置します。ここに配置したリソースファイルは、サーブレットアプリ側の下に配置したファイルと同様に、サーブレットアプリ内から参照できます。

5-9-4　jarファイルのweb-fragment.xmlファイル

　web.xmlファイルの記述項目をjarファイル側で記述したい場合があります。この場合、jarファイル内のMETA-INFディレクトリの下にweb-fragment.xmlファイルを配置して、このファイルの中にweb.xmlの記述ルールに従い必要事項を記述できます。

　ここまでの話をまとめるとjarファイル側および、jarファイルを使う側のサーブレットアプリのソースツリーの構造は図5.6のようになります。

図5.6　ソースツリーの構成

● jarファイルのソースツリー

```
📁 my/My.java
📁 META-INF/web-fragment.xml
    ├── 📄 /resources/リソースファイル
    │       └── 📄 /WEB-INF/JSPファイルなどのリソースファイル
    ├── 📄 /services/javax.servlet.ServletContainerInitializer
```

● サーブレットアプリのソースツリー

```
📄 WEB-INF/lib/の下にjarファイルを配置
```

6章  JAX-RS

JAX-RSはRESTという設計思想を元にしたAPIです。RESTfulなWebアプリの開発をサポートします。JAX-RSはサーブレットAPIとほぼ同じ領域をカバーします。サーブレットAPIより抽象度が高いので、少ない記述で同等以上の機能を実装可能です。

6-1 JAX-RSとREST

　JAX-RSはRESTfulなWebアプリを実現するために作られた規格です。RESTはRepresentational State Transferの略で、RESTfulとはREST風という意味です。

　RESTはWebアプリのアーキテクチャの考え方の1つです。Webアプリ開発の視点で見ると、URL設計に強く影響を与える考え方です。REST以前のURL設計は、URLをメソッド名のように考える方式が主流でした。クエリパラメータやフォームデータを入力と見なし、レスポンスを出力と見なす見方は、ある意味では自然な発想だからです。サーバ上の手続きをクライアントがHTTPで呼び出すと見なす見方です。伝統的なネットワークプログラミングの用語を使うと、RPC（Remote Procedure Call）と呼べます。

　一方、RESTfulなWebアプリの場合、URLをオブジェクト名やデータ名に相当すると見立てます。RESTの文脈では、サーバ上のサービスやデータをリソースと呼びます[注1]。そして、URLをリソースを指し示す参照と見立てます。リソースという用語はやや曖昧ですが、どうしてもイメージがわかなければ、データやオブジェクトと考えてもかまいません。

C O L U M N

サーブレットのURLマッピングの無効化

　JAX-RSを使うとサーブレットAPIでURLマッピングする必要がなくなります。この場合、サーブレットの@WebServletアノテーション検出処理を無効化すると少し起動速度が速まります。無効にするには、web.xmlファイルのweb-app要素にmetadata-complete="true"属性を指定します。他のサーブレットアノテーション（フィルタ用の@WebFilterなど）も無効になるので注意してください。

（注1）　リソースという用語は多義的でソフトウェアの世界で様々な文脈で使われます。RESTの世界のリソースと、他の文脈ででてくるリソースを混同しないようにしてください。

RESTfulなWebアプリは、各種リソースへの操作を提供するプログラムになります。リソースの参照名がURLで、操作するメソッド名に相当するのが、GETやPOSTなどのHTTPメソッドです。GET、POST以外に、PUT、DELETEの4つが基本的な操作になります。

　GET、POST、PUT、DELETEの4操作があると、リソースに対する読み書きの基本操作が可能になります。RESTは個々のメソッドに**表6.1**のような意味づけをします。URLの使い方にも一定のパターンがあります。更に厳密にRESTfulにすると、POSTメソッド以外はべき等の操作にする必要があります。べき等な操作とは、同じ操作を繰り返し呼んでも結果が変わらない操作のことです。同じ操作を繰り返し呼んでも不都合がないと、操作の順序を気にしなくて良くなります。この性質は並行性能を向上させ、システム全体のスケーラビリティを向上させます。

表6.1　RESTのHTTPメソッドの意味づけ

HTTPメソッドの例	説明
GET /article/1	リソースの取得
POST /article/	リソースの新規作成（新規リソースのURLはサーバ側が生成。たとえば /article/1 のパスで生成）
PUT /article/1	指定URLのリソースの新規作成もしくは更新
DELETE /article/1	リソースの削除

　本書はRESTの専門書ではないので、RESTの詳細にはこれ以上踏み込みません。代わりに、JAX-RSをサーブレットAPIより高度なWeb処理APIという視点で紹介します。

6-1-1　自作JAX-RSアプリをGlassFishで動かす工程

　簡単な自作JAX-RSアプリを作ってGlassFishで動かしてみます。Webアプリ名を myjaxrs にします。

　まず、サーブレットアプリと同じ手順で開発ソースツリーを構築します。次に、**リスト6.1**のファイルを $WEBAPP/src/main/java/my/MyJax.java に配置、**リスト6.2**のファイルを $WEBAPP/src/main/java/my/AppConfig.java に配置してください。その後、mvnコマンドによるビルド、デプロイをサーブレットアプリと同じ手順で実行します。

リスト6.1　JAX-RSアプリの例

```
package my; // パッケージ名は任意（後述のコードではpackage文を省略します）

// 紙幅の節約のため、後述のコードから類似のimport文の記述を省略していきます
import javax.ws.rs.Path;
import javax.ws.rs.GET;
import javax.ws.rs.Produces;
import javax.ws.rs.core.MediaType;

@Path("my")
```

Web層

```java
public class MyJax { // クラス名は任意
    @GET
    @Path("hello")
    @Produces(MediaType.TEXT_HTML)
    public String hello() {
        String html = "<html><head><title>hello JAX-RS</title></head>"
                    + "<body><p>hello, JAX-RS</p></body></html>";
        return html;
    }
}
```

リスト6.2　Applicationサブクラス

```java
import javax.ws.rs.ApplicationPath;
import javax.ws.rs.core.Application;

@ApplicationPath("/rest")
public class AppConfig extends Application { // クラス名は任意
}
```

Webブラウザから http://localhost:8080/myjaxrs/rest/my/hello のURLにアクセスしてください。画面に hello, JAX-RS の文字が表示されれば成功です。

6-1-2　JAX-RSアプリのコードの読解

リスト6.1 のMyJaxクラスのように、@Pathアノテーションを付与したクラスをリソースクラスと呼びます[注2]。リソースクラスのメソッドのうち、@GETや@POSTのアノテーションを付与したメソッドをリソースメソッドと呼びます。@Pathアノテーションはリソースメソッドにも付与可能です。

リソースメソッドは、HTTPリクエスト処理のエントリポイントです。サーブレットクラスのdoメソッドと同じ役割のメソッドと考えてください。サーブレットの場合、doGetやdoPostのようにメソッド名が抽象基底クラスで決まっていますが、リソースメソッドの名前はアプリ開発者が任意に決められます。メソッド名が任意である代わりに、@GETや@POSTなどのアノテーションでメソッドの役割を規定します。

リソースクラスの@Pathとリソースメソッドの@Pathのvalue要素の値で、リソースメソッドに紐づくリクエストURLが決まります。リソースメソッドの@Pathはリソースクラスの@Pathからの相対パスになります。つまり、**リスト6.1** の場合、リソースクラスの@Path("my")とリソー

[注2]　リソースクラスは、ルートリソースクラスとサブリソースクラスに分類できます。サブリソースはルートリソースから処理を委譲されるリソースクラスです。サブリソースの説明は後述します。本書で特に断りなくリソースクラスと書いた場合はルートリソースクラスと考えてください。

スメソッドの@Path("hello")から my/hello というURLのパスが決まります。

　JAX-RSのリクエストURLを決める要素はもう1つあります。**リスト6.2**のようなクラスです。Applicationクラスを継承して、かつ@ApplicationPathを付与したクラスです。クラス名は自由に付けられます。このクラスの直感的な理解はJAX-RSのグローバル設定クラスです。

　@ApplicationPathのvalue要素がJAX-RS全体のURLのベースパスになります。**リスト6.2**の場合 "/rest" を指定しているので、"/rest"で始まるパスのURLがJAX-RSの対象になります。仮に"/"を指定するとすべてのパスがJAX-RSの対象になります。

　ここまでの情報でリソースメソッドに対応するリクエストURLが決まります。Webアプリ名が"myjaxrs"、JAX-RSのベースパスが"/rest"、リソースメソッドのパスが"my/hello"なので、これらを合わせて http://localhost:8080/myjaxrs/rest/my/hello で**リスト6.1**のリソースメソッドhelloが呼ばれます。

　リスト6.1のリソースメソッドにはもう1つアノテーションがあります。@Produces(MediaType.TEXT_HTML)です。これでレスポンスの形式を指定できます。HTML以外にJSONやXMLなどを指定できます。

　リソースメソッドの返り値の型と引数は一定の制約の下で自由度があります。完全にメソッドの型が決まっているサーブレットのdoメソッドと異なる部分です。具体例は本章の説明を通じて説明します。

COLUMN

JAX-RSのクライアントAPI

　JAX-RS 2.0は、サーバ用APIだけではなくクライアント用APIも提供しています。クライアントAPIを簡単に説明すると、HTTPでリクエストを投げるAPIです。Java SE自体にも簡易なHTTPクライアントAPIは存在しますが、JAX-RSは、より高レベルなAPIを提供しています。いわゆるWeb APIを使う側のコードに活用できます。本書は、JAX-RSクライアントAPIの説明は省略します。

6-2 リソースクラス

6-2-1 リソースクラス

リスト6.1で見たように、@Pathアノテーションを付与したクラスがリソースクラスです。リソースクラスは表6.2の種類のメソッドを持ちます。

表6.2 リソースクラスのメソッド分類

名称	識別
リソースメソッド	@GETなどのメソッドアノテーションがある
サブリソースメソッド	@GETなどのメソッドアノテーションに加えて、@Pathアノテーションがある
サブリソースロケータ	@Pathアノテーションがある。@GETなどのメソッドアノテーションはない

メソッドの説明を後回しにして、リソースクラスとURLの関連付けの説明を先にします。

6-2-2 URLマッピング

リクエストURLのパスとリソースクラスの対応付けを、URLマッピングと呼びます。

JAX-RSのURLマッピングは、Applicationサブクラスによるベースパス設定と個々のリソースクラスの@Pathアノテーションの2段階で実施します。個々のリソースクラスの設定パスがベースパスからの相対パスになります。

6-2-3 Applicationサブクラスと@ApplicationPathアノテーション

Applicationサブクラスの具体例はリスト6.2を参照してください。自作クラスに@ApplicationPathアノテーションを付与して、アノテーションのvalue要素でURLパス文字列を指定します。なお、URLパス文字列の末尾に/がなければ暗黙に付与されます。

URLパスに"/"を指定すると、すべてのリクエストをJAX-RSで処理します。サーブレットクラスと組み合わせる必要がなければ、この指定でも問題ありません。

6-2-4 複数のApplicationサブクラス

Applicationサブクラスを単に作ると、すべてのリソースクラスの@Path指定がそこからの相対パスになります。

複数のApplicationサブクラスを作って複数のベースパスを設定するには、アノテーションだけでは不十分です。個々のリソースクラスがどのApplicationサブクラスに従属するか不明だか

らです。この問題の回避には、個々のApplicationサブクラスのgetClassesメソッドをオーバーライドする必要があります。

　getClassesメソッドは該当のApplicationサブクラスのベースパスに従属するリソースクラスのクラスオブジェクトを返すように実装します（**リスト6.3**）。返り値の型はクラスオブジェクトを要素としたSetです。

　リスト6.3を例に説明します。仮に、MyJaxクラスに@Path("my")、MyJax2クラスに@Path("my2")のアノテーションがそれぞれあるとします。そうすると、それぞれのリクエストURLのパスは"/rest/my"と"/rest2/my2"になります（URLパス全体はアプリ自身のコンテキストパスとリソースメソッドの@Pathが加味されて決まります）。

　なお、同じリソースクラスを別のApplicationサブクラスのgetClassesの返り値に含めることも可能です。もし、**リスト6.3**のAppConfig2クラスのgetClassesメソッドの返り値のSetにMyJax.classも含めると、"/rest/my"と"/rest/my2"のどちらでもリソースクラスMyJaxにアクセスできます。

リスト6.3　複数のApplicationサブクラスを使う例

```
@ApplicationPath("/rest")
public class AppConfig extends Application { // クラス名は任意
    @Override
    public Set<Class<?>> getClasses() {
        Set<Class<?>> s = new HashSet<>();
        s.add(MyJax.class);
        return s;
    }
}

@ApplicationPath("/rest2")
public class AppConfig2 extends Application { // クラス名は任意
    @Override
    public Set<Class<?>> getClasses() {
        Set<Class<?>> s = new HashSet<>();
        s.add(MyJax2.class);
        return s;
    }
}
```

6-2-5　web.xmlによるベースパス設定

　ほとんどの場合、Applicationサブクラスの利用で事足りますが、なんらかの事情でアノテーションを使えないもしくは使いたくない場合、同様の設定をweb.xmlでも可能です。少しトリッキーですが**リスト6.4**のように記述します。web.xmlの細かい項目の意味は「サーブレット」の章を参照してください。

Web層

web.xmlの構文を知っている人から見ると**リスト6.4**は少し奇妙です。通常、servlet-name要素で開発者が自由に名前をつけて、サーブレットクラスと対応づけるのですが、対応するサーブレットクラスがないからです。代わりに、servlet-nameに javax.ws.rs.core.Application という事前定義された名前を指定します。

後はservlet-mapping要素で、このサーブレットにURLパターンを対応づけます。**リスト6.4**の場合であれば、ベースパスが /rest/ になります。@ApplicationPathアノテーションと違い、ワイルドカード表記にする必要があるので注意してください。

リスト6.4 web.xmlによるApplicationサブクラス設定

```xml
<web-app> <!-- web-app要素のXML名前空間および属性は省略 -->
  <servlet>
    <servlet-name>javax.ws.rs.core.Application</servlet-name>  <!-- この名前にすることが必須 -->
  </servlet>
  <servlet-mapping>
    <servlet-name>javax.ws.rs.core.Application</servlet-name>
    <url-pattern>/rest/*</url-pattern>
  </servlet-mapping>
</web-app>
```

6-2-6 @Pathアノテーション

@Pathアノテーションは、value要素にURLパスの文字列を指定します。@Pathアノテーションの付与対象は、リソースクラス自身とリソースクラス内のメソッド（リソースメソッド）です。リソースクラスへのアノテーション付与は必須ですが（@Pathアノテーションの存在がリソースクラスの定義そのもの）、リソースメソッドへの付与はオプショナルです。

@Pathアノテーションの要素はvalue要素のみなので、通常、アノテーション値のみを記述します。

■ URLテンプレート

@PathアノテーションにURLパス文字列にはURLテンプレート機能を使えます。URLテンプレート機能を直感的に説明すると、部分マッチでURLマッピングできる機能です。なお、@ApplicationPathアノテーションのほうはURLテンプレート機能を使えません。

URLテンプレートは、パス文字列の一部を{}で囲む表記になります。たとえば @Path("users/{id}") のように表記します。このパス指定は、users で始まり任意の1単語のパス（スラッシュ文字区切りを1単語と考える）が続くURLパスにマッチします。

URLテンプレートにはもう1つ強力な機能があります。{}で囲った部分のマッチ文字列をリソースメソッド内でプログラム的に参照できる機能です。{}内に記述した id はプログラムから参照するときに使う変数名です。URLテンプレート内で一意であれば開発者が自由につけられ

ます。プログラムからの参照方法は後ほど@PathParamと合わせて説明します。

URLテンプレートのマッチ表記には、正規表現も指定可能です。たとえば@Path("users/{id:[0-9]*}")にすると、後続の1単語が任意の数字列のみにマッチします。コロンの前のidの意味は先ほど説明した意味のままです。

正規表現が入ると、1つのリクエストURLに対して複数のリソースメソッドがマッチする可能性があります。どの@Path指定が選択されるかは少し複雑です。直感的にはリテラル文字（正規表現内で特殊文字以外の普通の文字と考えてください）の一致長が長いほど選択されると考えてください。少し複雑になる場合は動作確認するほうが簡単です。

6-2-7 リソースメソッド

リソースクラスのメソッドのうち、@GET、@POST、@PUT、@DELETE、@HEAD、@OPTIONSのいずれかのアノテーションを付与したpublicメソッドをリソースメソッドと呼びます。これらのアノテーションを便宜上、メソッドアノテーションと呼びます。

リソースメソッドのうち更に@Pathアノテーションも付与したメソッドをサブリソースメソッドと呼びます。ただ、リソースメソッドとサブリソースメソッドの違いは、@PathアノテーションでURLパスを更に絞り込んでいるかだけの違いです。このため本書では特に区別せず両者をリソースメソッドの枠組みで説明します。

リソースメソッドはHTTPリクエスト処理のエントリポイントです。リソースクラスおよびリソースメソッドの@PathアノテーションでしたURLパスにHTTPリクエストが来ると、コンテナはHTTPメソッドに応じてリソースメソッドを呼び出します。

■ リソースメソッドの引数

リソースメソッドの引数には原則、後述する**表6.5**に示すリクエスト処理用のアノテーションを付与します。ただし、アノテーションのない引数を1つだけ書けます。アノテーションのない引数を、通称、エンティティ引数と呼びます。エンティティ引数にはリクエストボディの中身がセットされ渡ってきます。リクエストボディからエンティティ引数の値への変換処理は、暗黙の場合（JSONなど）もあれば自前の変換処理での変換もあります。それぞれ詳細は「**6-3 リクエスト処理**」で説明します。

エンティティ引数以外にはリクエスト処理用アノテーションが必要です。アノテーションを付与する決まりさえ守れば、リソースメソッドには任意の数（引数なしも含めて）の引数を書けます。引数の並びの順序は自由です。

リクエスト処理用アノテーションを付与した引数には、リクエスト情報（ヘッダやボディなど）の何らかの値がセットされ渡ってきます。この動作を「値がインジェクトされる」と表現します。裏で値をインジェクトしているのはコンテナです。何の情報がインジェクトされるかはアノテーションで決まります。

Web層

リクエスト処理用アノテーションを付与できる引数の型には、以下に示すようにいくつかの制約があります[注3]。制約の背景は、値をインジェクトする過程での型変換の必要性です。リクエスト情報そのものはHTTP上の文字列なので、文字列から変換できる必要があります。

- 基本型（intやdoubleなど）
- String型引数が1つのpublicコンストラクタがある型
- String型引数が1つのvalueOfまたはfromStringというpublicかつstaticなメソッドを持つ型（両方のメソッドがある場合、valueOfメソッドが優先）
- String型引数が1つのfromStringというpublicかつstaticなメソッドを持つEnum型
- 上記を満たすようなTのList<T>またはSet<T>またはSortedSet<T>
- 開発者がParamConverterの実装を提供した型（「6-3 リクエスト処理」で説明します）

リクエスト処理用アノテーションを付与した引数には、@DefaultValueアノテーションでデフォルト値を設定できます。デフォルト値の指定がないと暗黙のデフォルト値になります。

型変換できない場合は実行時例外が発生します。例外の捕捉方法は後ほど説明します。リソースメソッドの引数に関する詳細は「6-3 リクエスト処理」で改めて説明します。

■ リソースメソッドの返り値

リソースメソッドの返り値はHTTPのレスポンスになります。レスポンスの形式を決めるのはメソッドに付与した@Producesアノテーションのvalue要素です。

返り値から必要な形式のレスポンスへの変換は、必要であればアプリ開発者が変換処理を提供します。多くのコンテナが、JSONとXMLの2つに関しては変換処理を用意しているので気にせずに使えます。この辺りの詳細は「6-4 レスポンス処理」で説明します。

リソースメソッドの返り値の型を表6.3にまとめます。このうち、Response型がもっとも細かく制御できる型です。詳細は後ほど説明します。

表6.3　リソースメソッドの返り値の型

返り値の型	説明
通常のJavaオブジェクト	変換されてレスポンスボディとなる
void	レスポンスのボディが空。ステータスコード204 (No Content)
Response	レスポンスステータス、レスポンスヘッダ、レスポンスボディのすべてを指定できる汎用レスポンス型
GenericEntity	変換されてレスポンスボディとなる

（注3）　共通的に許容可能な型です。アノテーションによって個別に許容可能な型があります。本書では詳細を省略します。

6-2-8　リソースクラスと同期処理

リソースクラスのオブジェクト生成はコンテナの責務です。

リソースクラスのオブジェクトは、リクエストごとに生成するのがデフォルト動作です。これはサーブレットクラスと異なる動作なので注意してください。JAX-RSは、リソースクラスのオブジェクトにレスポンス用の状態を持たせる方針だからです。

■ リソースクラスのシングルトンオブジェクト化

リソースクラスの役割を単なるHTTP処理のエントリポイントとする設計方針もありえます。HTTP処理のエントリポイントと、状態を持つオブジェクトを別にしたほうが見通しが良くなるからです(後述するフォームビーンなどに状態管理を寄せます)。

この設計方針に従うなら、リソースクラスに状態を持たせるべきではありません。こうすると、リクエストごとのオブジェクト生成は無駄です。リスト6.5のように@ApplicationScopedを付与して、リソースクラスのオブジェクトをシングルトンにするのを勧めます[注4]。

リスト6.5　リソースクラスのシングルトンオブジェクト化

```java
import javax.enterprise.context.ApplicationScoped;

@ApplicationScoped
@Path("my")
public class MyJax {
    /* クラス内は省略 */
}
```

「6-2-4　複数のApplicationサブクラス」でApplicationサブクラスのgetClassesメソッドをオーバーライドする例を紹介しました。getClassesメソッドのオーバーライドは、リソースクラスがリクエストごとにオブジェクト生成する動作を想定したコードです。

リソースクラスをシングルトンオブジェクト化して、かつ複数のApplicationサブクラスを持ちたい場合には、getClassesメソッドの代わりにgetSingletonsメソッドをオーバーライドします。メソッドの返り値でリソースクラスのオブジェクトを要素とするSetを返します。

[注4] オブジェクトをシングルトンにするアノテーションは他にも、@javax.ejb.Singleton、@javax.ejb.Stateless、@javax.inject.Singletonなどがあります。シングルトンにするだけが目的であれば、EJB系アノテーションは過剰です(EJB系アノテーションは排他制御やトランザクション管理など他の仕事も負うからです)。

6-2-9　リソースクラスのコンストラクタ

　コンテナにオブジェクト生成を任せるクラスの多くは、引数なしのコンストラクタでオブジェクト生成します。これはJavaBeansの流儀です。リソースクラスはやや例外的で、引数ありのコンストラクタを記述できます。

　コンストラクタの各引数には次のいずれかのアノテーション付与が必要です。@Context、@QueryParam、@PathParam、@HeaderParam、@CookieParam、@MatrixParamのいずれかです。これらのアノテーションがあるとコンテナが引数に値をセットしてコンストラクタを呼び出します。リソースメソッドの引数と同じような動作です。それぞれのアノテーションの意味は「**6-3 リクエスト処理**」で説明します。

　これらのアノテーションを付与した引数には、同時に@DefaultValueアノテーションでデフォルト値を設定できます。@DefaultValueの利用例は次節の**リスト6.6**を見てください。

　リソースクラスをシングルトンオブジェクトにする場合、オブジェクト生成は最初に1度だけになります。この場合、コンストラクタの引数に@Context以外のアノテーションは使えません。他のアノテーションはリクエストごとに決まる値をインジェクトするからです。

6-2-10　フィールドおよびJavaBeansプロパティ

　リソースクラスのフィールドおよびJavaBeansプロパティに、@Context、@QueryParam、@PathParam、@HeaderParam、@CookieParam、@MatrixParamのいずれかのアノテーションを付与すると、オブジェクト生成時、必要なオブジェクト参照や値がセットされます。簡単な例を**リスト6.6**に示します。

　リソースクラスをシングルトンオブジェクトにした場合、使えるアノテーションは@Contextだけになります。

リスト6.6　リソースクラスのDI

```java
import javax.ws.rs.QueryParam;
import javax.ws.rs.DefaultValue;

@Path("/my")
public class MyJax {
    private @QueryParam("key1") @DefaultValue("foo") String key1; // フィールドへのDI

    private String key2;
    @QueryParam("key2") void setKey2(String key2) { // JavaBeansプロパティへのDI
        this.key2 = key2;
    }

    private String id;
```

```
    public MyJax(@QueryParam("id") String id) { // コンストラクタの引数へのDI
        this.id = id;
    }

    // リソースメソッドの記述は省略
}
```

6-2-11　サブリソースロケータによる処理の委譲

リソースクラスのメソッドのうち、@GETなどのメソッドアノテーションを付与せず、ただ@Pathアノテーションを付与したメソッドをサブリソースロケータと呼びます。

サブリソースロケータの目的は別のリソースクラスへの処理の委譲です。委譲される側のリソースクラスをサブリソースクラスと呼びます。サブリソースロケータは返り値でサブリソースクラスのオブジェクトを返す必要があります（**リスト6.7**）。

サブリソースクラス側はクラス自身に特別なアノテーションは不要です。ただ、メソッドには@GETなどのメソッドアノテーションを付与します。メソッドの中身は通常のリソースクラスのリソースメソッドと同じです。引数や返り値の制約も同じです。サブリソースクラスの例を**リスト6.8**に示します。

サブリソースクラスのオブジェクト生成はコンテナ任せではないので、DIは使えません。

リスト6.7　サブリソースロケータの例

```
@Path("/my")
public class MyLocator {
    @Path("hello")    // @Pathがあり、@GETなどメソッドアノテーションがない
    public MyJax hello() {
        return new MyJax(); // 条件に応じてオブジェクトを変えるコードも可能
    }
}
```

リスト6.8　サブリソースクラスの例

```
public class MyJax {
    @GET
    @Produces(MediaType.TEXT_HTML)
    public String hello() {
        String html = "<html><head><title>hello JAX-RS</title></head>"
                    + "<body><p>hello, JAX-RS</p></body></html>";
        return html;
    }
}
```

6-2-12 リソースクラスからサーブレットAPIの利用

リソースクラスのコード内からサーブレットAPIを呼び出せます。このために@Contextアノテーションを使います。@Contextを付与すれば、サーブレットAPI用のクラスのオブジェクトをリソースクラス内にDIできます。これらのオブジェクト生成の責務はコンテナです。

リソースメソッドの引数にHttpServletRequestオブジェクトを渡す例を**リスト6.9**に示します。同じようにHttpServletResponseオブジェクト、HttpSessionオブジェクト、ServletContextオブジェクト、ServletConfigオブジェクトも渡せます。

リソースメソッドの引数以外にも、フィールド、JavaBeansプロパティ、コンストラクタの引数にもインジェクト可能です。ただし、リソースクラスをシングルトンオブジェクトにした場合、インジェクトできる対象に制限がかかります。たとえば、HttpServletRequestオブジェクトをフィールドにインジェクトできなくなります。細かい制約はオブジェクト生成のタイミングに依存しますが、シングルトンオブジェクトにした場合はリソースメソッドの引数以外にインジェクトしないほうが安全です。

リスト6.9　@ContextアノテーションによるサーブレットAPIの利用

```
import javax.ws.rs.core.Context;

@Path("/my")
public class MyJax {
    @GET
    @Path("hello")
    @Produces(MediaType.TEXT_HTML)
    public String hello(@Context HttpServletRequest req, @Context HttpSession sess) {
        /* reqやsessを使う処理は省略（「5章 サーブレット」参照） */
    }
}
```

6-2-13 @Contextアノテーション

@Contextアノテーションは、コンストラクタの引数、リソースメソッドの引数、リソースクラスのフィールドおよびJavaBeansプロパティに付与できます。リソースクラスをシングルトンオブジェクトにした場合は相応の制約が生じます。

@Contextアノテーションを使う具体例は本章の多くの場所で目にするはずです。

6-2-14　リソースクラスの例外とExceptionMapper

　リソースクラスのインジェクト処理中に実行時例外が発生する場合があります。想像しやすい例外は型変換の失敗です。例外が発生すると、リソースクラスのオブジェクト生成やリソースメソッドの呼び出しそのものができません。このため、これらの例外の捕捉はリソースクラスの外側でする必要があります。

　リソースクラスの外側での例外の捕捉の手段をExceptionMapperと呼びます。ExceptionMapperを使うには、開発者がExceptionMapperインターフェースを実装したクラスを作る必要があります。ExceptionMapperインターフェースはジェネリック型で、捕捉したい例外の基底クラスを型引数に指定します。

　基底例外クラスとしてWebApplicationExceptionを使う例を**リスト6.10**に示します。ExceptionMapperインターフェースを実装継承したクラスで実装すべきメソッドはtoResponseメソッド1つです。

　このメソッドの役割はJAX-RSプログラムの実行時に発生した例外を捕捉する例外ハンドラです。引数で例外を受け取り、Responseオブジェクトを返します。返り値のResponseオブジェクトが、例外発生時にどんなHTTPレスポンスを返すかを意味します。Responseオブジェクトの代わりにnullを返すと、Response.Status.NO_CONTENT のHTTPレスポンス (HTTPのレスポンスステータスは "204 No Content") 返却の動作になります。

　リスト6.10で使ったWebApplicationExceptionは、JAX-RSの汎用基底例外クラスです。JAX-RSが規格として定義する例外は原則WebApplicationExceptionのサブ例外クラスです。

　WebApplicationExceptionは実行時例外なので、コード中での捕捉は必須ではありません。代わりにExceptionMapperで包括的に捕捉して適切な処理をしてください。

　自作のアプリケーション例外クラスを作る場合、JAX-RS固有の例外であれば、WebApplicationExceptionのサブ例外クラスとして定義するのが良いでしょう。

　JAX-RSと無関係の自作アプリケーション例外クラスであれば、別途定義して、それ用のExceptionMapperクラス (たとえばExceptionMapper<AppException>を実装継承したクラス) を定義して例外を一括処理できます。

　なお**リスト6.10**のクラスには@Providerアノテーションが必要です。@Providerアノテーションはこの後も何度か出てきますが、コンテナにクラスを登録するためのアノテーションと考えてください。

リスト6.10　自作のExceptionMapperクラス

```
import javax.ws.rs.WebApplicationException;
import javax.ws.rs.core.Response;
import javax.ws.rs.ext.Provider;
import javax.ws.rs.ext.ExceptionMapper;
```

Web層

```
@Provider
public class MyExceptionMapper implements ExceptionMapper<WebApplicationException> {
    @Override
    public Response toResponse(WebApplicationException exception) {
        /* exception を使う処理は省略 */
        return null; // null もしくは適切な Responseオブジェクトを生成して返す
    }
}
```

6-3 リクエスト処理

6-3-1 JAX-RSのリクエスト処理

　JAX-RSのリクエスト処理の原則はサーブレットと同じです。HTTPのリクエスト情報の構成要素が、URL、リクエストヘッダ、リクエストボディの3つである事実は変わらないからです。リクエスト処理の全体像を**表6.4**に示します。

表6.4　JAX-RSのリクエスト処理

リクエストの構成要素	主なアクセス手段
リクエストURL	UriInfoオブジェクトもしくは表6.5のアノテーション
リクエストヘッダ	HttpHeadersオブジェクト
クエリパラメータ(URLもしくはボディから取得)	表6.5のアノテーション
リクエストボディ(=POSTデータ)	表6.5のアノテーション、ビーンオブジェクト、MessageBodyReader

　原則は同じですが、JAX-RSとサーブレットのアプローチはだいぶ異なります。サーブレットの場合は個々の情報を取得するメソッドが存在します。一方、JAX-RSでは情報を受け取りたい変数を開発者が用意して、その変数にアノテーションを付与して何の情報を受け取りたいかを明示します。

　説明のわかりやすさのために変数という表現をしましたが、正確には、フィールド変数、JavaBeansプロパティ(形式的にはセッターメソッド)、リソースメソッドの引数、コンストラクタの引数にアノテーションを付与できます。

　リクエスト処理に使えるJAX-RSアノテーションを**表6.5**にまとめます。

表6.5 リクエスト処理用のJAX-RSアノテーション

アノテーション	説明
@QueryParam	リクエストURLのクエリパラメータ値
@PathParam	リクエストURLのパス値。パスの位置はURIテンプレートで指定する（前述の@Pathの説明を参照）
@HeaderParam	リクエストヘッダ値
@CookieParam	リクエストのCookieヘッダ値（Cookieヘッダは、名前と値のペアの集合）
@MatrixParam	リクエストURLの最後にセミコロン文字（;）で区切った後に並べる名前と値のペアの集合の値

　この先、説明を簡略化するため、原則、リソースメソッドの引数にインジェクトする方針にします。

　表6.5のアノテーションをリソースメソッドの引数に付与すると、リソースメソッドが呼ばれる時、コンテナが自動的にオブジェクトを生成して該当の引数に値（オブジェクト）をインジェクトします（**リスト6.11**）。これらのアノテーションさえあれば、リソースメソッドは、任意の引数名および任意の数の引数を持てます。引数の型は「**6-2-7　リソースメソッド**」を参照してください。

リスト6.11　JAX-RSのリクエスト処理

```java
import javax.ws.rs.QueryParam;
import javax.ws.rs.PathParam;
import javax.ws.rs.HeaderParam;
import javax.ws.rs.CookieParam;
import javax.ws.rs.MatrixParam;

// http://localhost:8080/myjaxrs/rest/my/hello/foo/bar;m=baz?q=keyword&q2=keyword2
// でアクセスしたと仮定すると、リソースメソッドの各引数は下記コメントのような値になる
@Path("/my")
public class MyJax {
    @GET
    @Path("hello/{id}/{trailing:.+}")   // 「URLテンプレート」の節を参照
    @Produces(MediaType.TEXT_HTML)
    public String hello(@QueryParam("q") String param,   //=> "keyword"
                        @QueryParam("q2") String param,  //=> "keyword2"
                        @PathParam("id") String id,      //=> "foo"
                        @PathParam("trailing") String trail, //=> "bar"
                        @MatrixParam("m") String matrix,     //=> "baz"
                        //=> "User-Agent"リクエストヘッダの値
                        @HeaderParam("User-Agent") String userAgent,
                        //=> CookieヘッダのJSESSIONID値
                        @CookieParam("JSESSIONID") String sessionId) {
        /* メソッド内は省略 */
    }
}
```

Web層

■ @DefaultValueおよび@Encodedアノテーション

表6.5のアノテーションを付与した場合、同時に@DefaultValueアノテーションおよび@Encodedアノテーションも付与可能です。次のように使います。

```
@DefaultValue("defVal") @QueryParam("q") String param
@Encoded @QueryParam("q") String param
@DefaultValue("defVal") @Encoded @QueryParam("q") String param    // 両方の指定も可能
```

@DefaultValueのvalue要素でデフォルト値を指定します。たとえば@QueryParam("q")と一緒に使うと、クエリパラメータqが存在しない場合のデフォルト値になります。

@Encodedがない場合、@QueryParamなどのアノテーションは内部的にURLエンコーディングを適切にデコードした値をインジェクトします。通常、これが求める動作ですが、勝手に起きるデコードを抑制したい場合、@Encodedを付与すると抑制できます。

■ ParamConverter

「6-2-7 リソースメソッド」で説明した引数の型の制約を満たす型であれば、リクエスト処理用アノテーションを付与すると自動的に適切な型変換が起きます。それ以外の型の変数にリクエスト処理用アノテーションを付与した場合、開発者が型変換処理を提供する必要があります。開発者が提供する型変換処理をParamConverterと呼びます。

次のように自作のMyクラスに@QueryParamアノテーションを付与したと仮定します。

```
public String hello(@QueryParam("id") My id) { // クラスMyの定義は省略
```

Myクラスが先に説明した制約の条件、たとえばString型引数1つだけのコンストラクタを持つ条件等を満たさなかったとします。そうすると上記のアノテーションのコードはコンパイル時エラーになります。

コンパイルエラーを回避するには、文字列とMyクラスの間の変換処理を提供するParamConverterインターフェースの実装クラスを提供します。具体例をリスト6.12に示します。

ParamConverterインターフェースはジェネリック型なのでMyクラス用という意味で、ParamConverter<My>を実装継承します。実装すべきメソッドはfromStringとtoStringの2つです。それぞれの意味はメソッド名から自明なので割愛します。

ParamConverterインターフェースの実装クラスをコンテナに伝えるために、ParamConverterProviderインターフェースの実装クラスも合わせて開発者が提供する必要があります（リスト6.13）。このクラスには@Providerアノテーションが必要です。@Providerアノテーションの役割は、コンテナに見つけさせる目印と考えてください。

ParamConverterインターフェースの実装クラスで実装すべきメソッドはgetConverterメソッ

ドの1つです。このメソッドは、引数で渡ってくる型情報に応じて適切なParamConverter型オブジェクトを返す必要があります。

リスト6.12とリスト6.13の命名を見ると、MyParamConverterとMyParamConverterProviderが1対1に見えるかもしれませんが、MyParamConverterProviderは複数のParamConverterオブジェクトに対応できます。

リスト6.12 　ParamConverterクラスの例

```java
import java.lang.reflect.Type;
import java.lang.annotation.Annotation;
import javax.ws.rs.ext.ParamConverter;
import javax.ws.rs.ext.ParamConverterProvider;

class MyParamConverter implements ParamConverter<My> {
    @Override
    public My fromString(String value) {
        My my = new My();
        /* value を使う処理は省略 */
        return my;
    }

    @Override
    public String toString(My my) {
        return my.toString();
    }
}
```

リスト6.13 　ParamConverterProviderクラスの例

```java
@Provider
public class MyParamConverterProvider implements ParamConverterProvider {
    @Override
    public <T> ParamConverter<T> getConverter(Class<T> rawType, Type genericType, Annotation[] annotations) {
        if (rawType == My.class) {
            return (ParamConverter<T>) new MyParamConverter();
        }
        return null;
    }
}
```

実際は一行

Web層

■ UriInfoとHttpHeaders

UriInfoオブジェクトおよびHttpHeadersオブジェクトは、@Contextアノテーションでインジェクトできます。それぞれの代表的なメソッドを**表6.6**と**表6.7**に示します。

UriInfoについては後ほど「**UriInfoインターフェースとUriBuilderクラス**」で詳細を説明します。**表6.6**は一部表記にELのコレクションオブジェクト生成式を使っています。「**7章　ELとJSTL**」の**表7.7**を参照してください。

HttpHeadersオブジェクトを使うと、リクエストヘッダの情報を取得できます。

表6.6　UriInfoの主なメソッド

メソッド	説明
URI getRequestUri()	クエリパラメータ込みでリクエストURLのjava.net.URIオブジェクトを取得
String getBaseUri()	ApplicationサブクラスのアノテーションのベースパスまでのBアノテーションのベースパスまでの文字列を取得。リスト6.11であればhttp://localhost:8080/myjaxrs/rest
String getAbsolutePath()	リクエストURL全体（クエリパラメータ除く）の文字列を取得。リスト6.11であればhttp://localhost:8080/myjaxrs/rest/my/hello/foo/bar;m=baz
String getPath()	リクエストURLのベースパスから後ろのパス文字列を取得。リスト6.11であれば my/hello/foo/bar;m=baz
List<PathSegment> getPathSegments()	リクエストURLのベースパスから後ろのパス文字列をリストで取得。リスト6.11であれば [my, hello, foo, bar]
MultivaluedMap<String,String> getQueryParameters()	リクエストURLのクエリパラメータを取得。リスト6.11であれば {"q":["keyword"],"q2":["keyword2"]}
MultivaluedMap<String,String> getPathParameters()	リクエストURLのURLテンプレートのパスパラメータを取得。リスト6.11であれば {"trailing":["bar"], "id":["foo"]}
URI resolve(URI uri)	引数で与えたURIをベースパスからのURIに変換して取得。リスト6.11で引数に "/my2" のURIを与えると、http://localhost:8080/myjaxrs/rest/my2 のURIを返す

表6.7　HttpHeadersの主なメソッド

メソッド	説明
List<String> getRequestHeader(String name)	リクエストヘッダのヘッダ値を取得
MultivaluedMap<String,String> getRequestHeaders()	リクエストヘッダ全体を取得
Map<String,Cookie> getCookies()	クッキーヘッダ（Cookieヘッダ）を取得
int getLength()	ボディのバイト長を取得。内部的にはContent-Lengthヘッダの値なので取得できない場合もある（「**5章　サーブレット**」参照）。その場合は-1になる

6-3-2 フォーム処理

実アプリでもっとも良く使うリクエスト処理はHTMLフォームの入力項目の処理です。
リスト6.14のような簡易なフォーム生成のHTMLファイルを用意します。このファイルをform.htmlという名前で $WEBAPP/src/main/webapp/form.html に配置します。このように配置すると、http://localhost:8080/myjaxrs/form.html でアクセスできます（Webアプリ名はmyjaxrsという前提です）（**図6.1**）。

リスト6.14　簡易フォーム用のHTML

```html
<html>
<head><title>edit</title></head>
<body>
<form action="rest/my/hello" method="POST">
  <p>タイトル: <input id="title" name="title" size="30" type="text" value="デフォルト値" /></p>
  <p>名前: <input id="name" name="name" size="30" type="text" value="デフォルト値" /></p>
  <p><input id="submit" name="submit" type="submit" value="送信" /></p>
</form>
</body>
</html>
```

図6.1　リスト6.14のHTMLにアクセスした画面

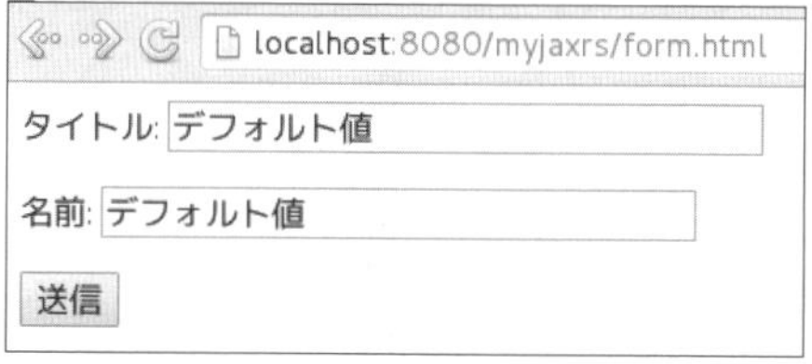

form.htmlの構造を簡単に説明します。formタグのaction属性の値がフォームデータ送信時のURLです。相対パスになるので、**リスト6.14**の場合、フォームのポスト先URLは http://localhost:8080/myjaxrs/rest/my/hello になります。なお、このURLに対応するリソースクラスが**リスト6.15**です。**リスト6.15**の説明は後ほどします。

formタグのmethod属性の値がHTTPメソッドです。フォームの入力内容をPOSTメソッドで送信します[注5]。titleとnameという名前の2つのフィールド値を送信します[注6]。

[注5] 省略もしくは明示的にmethod="GET"にすると、GETメソッドでフォーム入力内容を送信します。GETとPOSTの使い分けの指針は「**5章　サーブレット**」を参照してください。

[注6] input要素のname属性とid属性の違いは紛らわしいですが、name属性が送信データ用の設定、id属性がWebブラウザで動くJavaScriptコードのための設定と考えてください。

193

Web層

　リスト6.15の大きなポイントは@FormParamです。リソースメソッドの引数に@FormParamアノテーションを付与すると、POSTデータのフォーム入力値がインジェクトされます。フォームのフィールド値を@FormParamのvalue要素に指定します。他のリクエスト関連アノテーション同様、@DefaultValueアノテーションの併用も可能です。

　@FormParam以外に今まで説明していないポイントが3つあります。まず@POSTアノテーションです。**リスト6.14**のform要素のmethod属性に対応します。HTTPのPOSTメソッドでリクエストを送信する場合、リソースメソッドに@POSTアノテーションを付与します。

　リソースメソッドに@Consumes(MediaType.APPLICATION_FORM_URLENCODED)アノテーションがあります。これはPOSTデータの内容がフォーム入力である指示です。後ほどフォーム以外のケースも見ていきます。

　リスト6.15のもう1つのポイントはリダイレクトを使うレスポンスです。リソースメソッドの返り値の型をResponseにします。JAX-RSでのリダイレクト処理の詳細は後述します。なお、リダイレクトにする意味はサーブレットでの「**6-4-7　リダイレクト処理**」の説明を参照してください。

リスト6.15　JAX-RSのフォーム処理（@FormParamを利用）

```java
import java.net.URI;
import javax.servlet.http.HttpServletRequest;
import javax.ws.rs.POST;
import javax.ws.rs.Consumes;
import javax.ws.rs.FormParam;
import javax.ws.rs.core.Context;
import javax.ws.rs.core.Response;
import javax.ws.rs.core.UriBuilder;

@Path("my")
public class MyJax {
    @POST
    @Path("hello")
    @Consumes(MediaType.APPLICATION_FORM_URLENCODED)  // この行はなくても動作します
    public Response hello(@FormParam("title") String title, @FormParam("name") String name,
                          @Context HttpServletRequest req) {
        // name と title を使う処理は省略
        // リダイレクト先URL (UriBuilderについては後述)
        URI uri = UriBuilder.fromUri(req.getContextPath()).path("index.jsp").build();
        return Response.seeOther(uri).build(); // リダイレクト処理 (後述)
    }
}
```

6-3-3 フォームビーン

実アプリでは、フォームの入力項目を使う内部オブジェクト生成をしばしば行います。HTMLフォームと対応するオブジェクトをフォームビーン、フォームオブジェクト、バッキングビーンなどと呼びます。単なる慣習なのでどの用語を使っても本質は変わりませんが、本章ではフォームビーンと呼びます(注7)。

リソースメソッドの@FormParam引数から自前でフォームビーンを生成する実装も可能です。ただフォーム上の入力フィールドの数が増えると、@FormParam引数の数が増えていき、かつ、たくさんの引数を渡すオブジェクト生成のコードは面倒です。こういった定型処理はフレームワークに隠蔽すべきです。

JAX-RSを使うとフォームの入力値からフォームビーンを自動で生成できます。いくつかの手法があるので表6.8にまとめます。本書の推奨は@BeanParamを使う手法です。

表6.8　HTMLフォームの送信データからフォームビーンを生成する手段

フォームビーン	サンプルコード
リソースクラス自身	リスト6.16
MultivaluedMap<String,String>	リスト6.17
Form	リスト6.17
自作クラス（@BeanParam）	リスト6.19

1つ目の方法はリソースクラス自身をフォームビーンにする方法です（**リスト6.16**）。フィールドまたはJavaBeansプロパティに@FormParamアノテーションを付与します。リクエストごとにリソースクラスのオブジェクトを生成する必要があるので、リソースクラスをシングルトンオブジェクトにはできません。

リソースクラスのフォームビーン化はもっとも簡易ですが、1つのクラスの役割が多すぎるので本書は推奨しません。

リスト6.16　リソースクラスをフォームビーンのように扱う（本書は推奨しない）

```
@Path("my")
public class MyJax {
    @FormParam("title") private String title;
    @FormParam("name") private String name;

    @POST
    @Path("hello")
    @Consumes(MediaType.APPLICATION_FORM_URLENCODED)
    public Response hello() {
```

(注7) この章ではフォーム送信（POSTデータ）のリクエスト内容からフォームビーンを生成する説明をします。逆方向、つまりフォームビーンから表示フォームや編集フォームのレスポンス内容を生成する処理はレスポンス処理の中で説明します。

Web層

```
    // 以下省略 (リソースメソッドが呼ばれると、フィールドのtitleとnameにフォームの入力値が入ってくる)
    }
}
```

　MultivaluedMapやFormオブジェクトをフォームビーン相当として扱う方法もあります。どちらも同じように使えます。Formオブジェクト利用例を**リスト6.17**に示します。リソースメソッドの引数の数を減らせる効果はありますが、それ以上の利点はあまりありません。

■ リスト6.17　Formオブジェクトをフォームビーンのように扱う（本書は推奨しない）

```java
import javax.ws.rs.core.MultivaluedMap;
import javax.ws.rs.core.Form;

@ApplicationScoped    // リソースクラスは状態を持たないのでシングルトンオブジェクトにしても構わない
@Path("my")
public class MyJax {
    @POST
    @Path("hello")
    @Consumes(MediaType.APPLICATION_FORM_URLENCODED)
    public Response hello(Form form) {
        MultivaluedMap<String, String> formParams = form.asMap();
        String title = formParams.getFirst("title");
        String name = formParams.getFirst("name");
        // 以下省略
    }
}
```

6-3-4　@BeanParam

　本書が推奨する方式は@BeanParamの利用です（**リスト6.19**）。フォームビーン用のクラスを**リスト6.18**のように自分で定義します。フォームビーンクラスのフィールドあるいはJavaBeansプロパティに@FormParamを付与します。そしてリソースメソッドにフォームビーン型の引数を@BeanParam付きで宣言します（**リスト6.19**）。これでフォームビーンオブジェクトを自動生成できます。

■ リスト6.18　リスト6.19で使うフォームビーンクラス

```java
import javax.ws.rs.FormParam;

public class MyDTO {
    public MyDTO() {}    // 引数なしのコンストラクタが必要 (アクセス制御は何でも良い)

    @FormParam("title") private String title;
```

```
    @FormParam("name") private String name;

    public String getTitle() { return title; }
    public String getName() { return name; }
}
```

リスト6.19 @BeanParamでフォームビーンクラス(リスト6.18)を扱うリソースクラス

```
import javax.ws.rs.BeanParam;

@ApplicationScoped   // リソースクラスは状態を持たないのでシングルトンオブジェクトにしても構わない
@Path("my")
public class MyJax {
    @POST
    @Path("hello")
    @Consumes(MediaType.APPLICATION_FORM_URLENCODED)
    public Response hello(@BeanParam MyDTO myDto) {
        // リソースメソッドが呼ばれた時点で、引数のmyDtoオブジェクトがコンテナにより自動生成され、
        // フォーム入力値でtitleおよびnameフィールドに値がセットされる
        String title = myDto.getTitle();
        String name = myDto.getName();
        // 以下省略
    }
}
```

6-3-5 JSON形式でポストされたリクエストの受信処理

　Web APIなどでは、HTMLフォームでのデータ送信の代わりにJSON形式でのデータ送信を使う場合が多々あります。最近ではWebブラウザからのデータ送信であっても、JavaScriptでJSON形式で送信するケースも珍しくありません。

　JSON形式のリクエストを受け取るJAX-RSアプリは**リスト6.20**のように書けます。リソースメソッドに@Consumes(MediaType.APPLICATION_JSON)を付与して、引数に任意のJavaBeansオブジェクトを指定します。

　引数にリクエスト処理用アノテーションは不要です。アノテーションのない引数はエンティティ引数と呼ばれ、1つだけ記述可能です。エンティティ引数にはリクエストボディがインジェクトされます。リクエストボディからエンティティ引数のオブジェクトへの変換処理には、後述するMessageBodyReaderの仕組みを使います。

　JSONデータに対応する内部オブジェクト用のクラス例を**リスト6.21**に示します。このクラスには、引数なしのコンストラクタ、JSONのプロパティに対応するJavaBeansプロパティ(セッター、ゲッター)が必要です。この条件を守れば、他のフィールドやメソッドに特別な制約はありません。

Web層

リスト6.20　JSON形式で送られたリクエストを受け取るリソースクラス（MyDTOはリスト6.21）

```java
@ApplicationScoped   // リソースクラスは状態を持たないのでシングルトンオブジェクトにしても構わない
@Path("my")
public class MyJax {
    @POST
    @Path("hello")
    @Consumes(MediaType.APPLICATION_JSON)
    @Produces(MediaType.TEXT_PLAIN)
    public String hello(MyDTO dto) {
        // 以下省略
    }
}
```

リスト6.21　JSONデータに対応するビーンクラス（リスト6.20などで利用）

```java
public class MyDTO {
    public MyDTO() {}    // 引数なしのコンストラクタが必要（アクセス制御はpublicでなくても良い）

    public MyDTO(String title, String name) { // リスト6.20では不要。後ほど使うので書いておきます
        this.title = title;
        this.name = name;
    }

    private String title;
    private String name;

    public String getTitle() { return title; }
    public void setTitle(String title) { this.title = title; }

    public String getName() { return name; }
    public void setName(String name) { this.name = name; }

    @Override
    public String toString() {
        return "DTO: " + title + ", " + name;
    }
}
```

リスト6.20のJAX-RSアプリのURLをcURLコマンドでアクセスする例を下記に示します。cURLコマンドの説明は割愛します。

```
$ curl -X POST -d '{"title":"foo", "name":"bar"}' -H "Content-Type: application/json" http://
```

```
OK; DTO: foo, bar
```

6-3-6 @Consumesアノテーション

　@Consumesアノテーションのvalue要素でリソースメソッドの受け取るPOSTデータの形式を指定できます。value要素の型はString[] で、複数の形式の指定が可能です。

　value要素の値は文字列なので @Consumes("application/json") のような指定も可能です。ただ直接の文字列記述はミスしやすいため、MediaTypeクラスの定数を使い @Consumes(MediaType.APPLICATION_JSON) のように記述してください。

　内部的な @Consumesアノテーションの意味は、HTTPのContent-Typeリクエストヘッダの値に応じたリソースメソッドの呼び分けです。つまり同じ@Path指定の複数のリソースメソッドでそれぞれ別の@Consumesアノテーションを指定すると、Content-Typeリクエストヘッダに応じて呼び分けできます。逆に言うと、@Consumesアノテーションの動作的な意味はこれだけです。@Consumesアノテーションを指定しなかったり、@Consumes(MediaType.WILDCARD)を指定したリソースメソッドは、どんなContent-Typeヘッダの値であっても受け入れます。内部で適切に判断できればこれでも動作しますが、@Consumesの値でコンテナに呼び分けさせるほうが安全です。

　なお、@Consumesアノテーションはリソースクラスにも付与できます。リソースクラスに付与すると、そのクラスのリソースメソッドのデフォルト値になります。

6-3-7 MessageBodyReader

　受信JSONデータを内部的なJavaBeansオブジェクトに対応づける変換処理は隠蔽されているため気にせずに使えます。ただ場合によっては、この変換処理を自分でカスタマイズしたい場合や、あるいはJSON以外のフォーマットを使いたい場合があります。

　このような場合、MessageBodyReaderという仕組みで開発者が自分で変換処理を記述できます。具体例をリスト6.22に示します。

　自作MessageBodyReaderクラスが呼ばれる条件は下記2点です。

- 自作MessageBodyReaderクラスの基底クラスの型引数（MessageBodyReader<MyDTO>のMyDTOに当たる部分）がリソースメソッドの引数の型と一致
- 自作MessageBodyReaderクラスに付与した@Consumesアノテーションのvalue要素の値とリソースメソッドの@Consumesアノテーションのvalue要素の値が一致（自作MessageBodyReaderの@Consumesアノテーションを省略すると、@Consumes(MediaType.WILDCARD) 相当になるのですべてにマッチします）

　この条件に合うと、リソースメソッド呼び出し時にまず自作MessageBodyReaderクラスのisReadableメソッドを呼び出します。isReadableメソッドが真を返すと、次にreadFromメソッドを呼び出します。readFromメソッドの責務は、HTTPのリクエスト情報を使いMyDTOオブジェ

Web層

クトを生成して返すことです。この返されたオブジェクトがリソースメソッドの引数になります。
リスト6.22はJSONデータを読み取りMyDTOオブジェクトを生成する自作MessageBodyReader
なので、対応するリソースクラスとして**リスト6.21**がそのまま使えます。

リスト6.22　自作MessageBodyReader（リスト6.21と使える）

```java
import javax.ws.rs.ext.MessageBodyReader;
import javax.json.Json;
import javax.json.stream.JsonParser;

@Provider
@Consumes(MediaType.APPLICATION_JSON)
public class MyReader implements MessageBodyReader<MyDTO> {   // MyDTOクラスはリスト6.21
    @Override
    public boolean isReadable(Class<?> type, Type genericType, Annotation[] annotations,
    MediaType mediaType) {
        return type == MyDTO.class;
    }

    @Override
    public MyDTO readFrom(Class<MyDTO> type, Type genericType, Annotation[] annotations,
                    MediaType mediaType,
                    MultivaluedMap<String, String> httpHeaders, InputStream entityStream)
                    throws IOException, WebApplicationException {
        MyDTO obj = new MyDTO();
        try (JsonParser parser = Json.createParser(entityStream)) {
            while (parser.hasNext()) {
                JsonParser.Event event = parser.next();
                if (event == JsonParser.Event.KEY_NAME) {
                    String key = parser.getString();
                    parser.next();
                    String value = parser.getString();
                    switch (key) {
                    case "title":
                        obj.setTitle(value);
                        break;
                    case "name":
                        obj.setName(value);
                        break;
                    }
                }
            }
        }
        return obj;
    }
}
```

6-3-8　リクエストフィルタ

リソースメソッド呼び出しの前に割り込み処理を書けるリクエストフィルタという仕組みがあります。基本的な考え方はサーブレットのフィルタと似ています。

複数のフィルタがある場合、フィルタチェインを形成します。フィルタチェイン上のフィルタは指定した順序で呼ばれます。順序指定の方法は後述します。

リクエストフィルタの具体例を**リスト6.23**に示します。リクエストフィルタクラスはContainerRequestFilterインターフェースを実装継承します。実装すべきメソッドはfilterメソッドです。filterメソッドは、リソースメソッド呼び出し前にコンテナからコールバックされるメソッドです。

filterメソッドの引数にはContainerRequestContextオブジェクトが渡ってきます。ContainerRequestContextオブジェクト経由で各種リクエスト情報を取得できます。具体例は**リスト6.23**のコメントを参照してください。

リスト6.23　リクエストフィルタ

```java
import java.util.Map;
import java.io.InputStream;
import java.io.IOException;
import javax.ws.rs.ext.Provider;
import javax.ws.rs.core.Cookie;
import javax.ws.rs.core.UriInfo;
import javax.ws.rs.core.MultivaluedMap;
import javax.ws.rs.container.ContainerRequestFilter;
import javax.ws.rs.container.ContainerRequestContext;

@Provider
public class MyRequestFilter implements ContainerRequestFilter {
    @Override
    public void filter(ContainerRequestContext requestContext) throws IOException {
        UriInfo uriInfo = requestContext.getUriInfo();   // リクエストURL情報
        // リクエストヘッダ情報（返り値のマップを書き換え可能）
        MultivaluedMap<String,String> headers = requestContext.getHeaders();
        Map<String,Cookie> cookies = requestContext.getCookies(); // クッキー情報
        if (requestContext.hasEntity()) { // リクエストボディ情報
            InputStream bodyStream = requestContext.getEntityStream();
        }
        // 汎用の状態管理（他のフィルタや後述するレスポンスフィルタと共有可能）
        requestContext.setProperty("foo", "bar");
    }
}
```

Web層

リクエストフィルタはリクエスト情報を取得するだけでなく、リクエスト情報の書き換えもできます。たとえば次のような書き換え処理が可能です。

- setMethodメソッドによるHTTPメソッドの書き換え
- getHeadersメソッドの返り値のMultivaluedMapの書き換えによるリクエストヘッダの書き換え
- setEntityStreamメソッドによるリクエストボディの書き換え
- abortWithメソッドによるリソースメソッド呼び出しのスキップ

フィルタオブジェクトはシングルトンです。仮にフィルタオブジェクトが状態（フィールド変数）を持つ場合、同期処理が必要です。同期処理の責務は開発者です。

■ フィルタのバインディング

特別な指定のないフィルタはすべてのリソースメソッド処理に対する割り込み処理になります。特定のリソースメソッドのみにフィルタを有効化する仕組みをフィルタのバインディングと呼びます。

フィルタのバインディングには自作アノテーションを使います。アノテーションには@NameBindingアノテーションを付与します（アノテーションに付与するアノテーション、いわゆるメタアノテーションです）。具体例を**リスト6.24**に示します。アノテーション名は任意の名前をつけられます。アノテーションの中身に意味はないので空にします。

リスト6.24　フィルタのバインディング用アノテーション

```java
import javax.ws.rs.NameBinding;

@NameBinding
@Target({ ElementType.TYPE, ElementType.METHOD })
@Retention(value = RetentionPolicy.RUNTIME)
public @interface MyFilterMark { }
```

定義したバインディング用アノテーションをフィルタクラス自身に付与します。たとえば**リスト6.23**のリクエストフィルタに付与すると次のようになります。

```java
@Provider
@MyFilterMark
public class MyRequestFilter implements ContainerRequestFilter {
```

このようにバインディング用アノテーションを付与した時点で、このフィルタは特定のリソースメソッド以外には効かなくなります。このフィルタを効かせるには、下記のいずれかに同じバインディング用アノテーションを付与します。

- リソースクラス
- リソースメソッド
- Applicationサブクラス（複数のApplicationサブクラスがある場合に有効。Applicationサブクラスが1つの場合、すべてのリソースメソッドにフィルタが効く。デフォルト動作と同じになるのであまり意味はない）

リソースクラス自身に@MyFilterMarkアノテーションを付与すると、このリソースクラスのリソースメソッドすべてにMyRequestFilterフィルタが割り込むようになります。

■ プログラマブルにバインディングする

アノテーションではなくプログラマブルにフィルタをバインディングする方法もあります。

リスト6.25のように@Providerアノテーションを付与したDynamicFeatureインターフェースの実装クラスを自作します。このクラスのconfigureメソッドは、アプリ起動時に、リソースクラスごとにコールバックされます。該当リソースクラスの情報は、引数のResourceInfoオブジェクトから取得できます。もう1つの引数、FeatureContextオブジェクトはリソースクラスごとに存在するオブジェクトです。該当リソースクラスに対して、フィルタ（後述するインタセプタも同様）をバインディングしたければ引数のFeatureContextオブジェクトに対して登録処理を実施します。

リスト6.25　プログラマブルにバインディング

```java
import javax.ws.rs.core.FeatureContext;
import javax.ws.rs.container.DynamicFeature;
import javax.ws.rs.container.ResourceInfo;

@Provider
public class MyInit implements DynamicFeature {
    @Override
    // 個々のリソースクラスごとにコールバックされる
    public void configure(ResourceInfo resourceInfo, FeatureContext context) {
        // MyJaxクラスに対するコールバック処理であれば
        if (MyJax.class.isAssignableFrom(resourceInfo.getResourceClass())) {
            context.register(MyRequestFilter.class); // フィルタを登録する
        }
    }
}
```

Web層

■ フィルタの優先順

フィルタチェイン上に複数のフィルタがある場合、フィルタがコールバックされる順序はフィルタクラス自身に付与する@Priorityアノテーションのvalue要素に指定する数値で決まります。

value要素に指定する数値が小さい順にコールバックされます。任意の数値を書けますが、実際にはPrioritiesクラスの定数(**リスト6.26**)そのもの、もしくは相対値を使います。たとえば次のようなコードになります。

```
import javax.annotation.Priority;
import javax.ws.rs.Priorities;

@Provider
@Priority(Priorities.USER)
public class MyRequestFilter implements ContainerRequestFilter {
```

リスト6.26　javax.ws.rs.Prioritiesクラスの定数定義

```
public static final int    AUTHENTICATION    1000
public static final int    AUTHORIZATION     2000
public static final int    ENTITY_CODER      4000
public static final int    HEADER_DECORATOR  3000
public static final int    USER              5000
```

特別な@PreMatchingアノテーション(javax.ws.rs.container.PreMatching)があります。@PreMatchingを付与したフィルタはリソースメソッド選択の前に呼ばれます。@PreMatchingのフィルタ内でリクエストを書き換えると、リソースメソッドの選択結果を変更可能です(たとえばURLの書き換えなど)。

6-3-9　インタセプタ

フィルタとは別の仕組みで、MessageBodyReaderオブジェクトのreadFromメソッド処理に割り込み処理を書ける仕組みがあります。この仕組みをインタセプタと呼びます。

フィルタはリクエスト処理の前に割り込みましたが、インタセプタはreadFromメソッド処理の前後に割り込みます。AOP(アスペクト指向プログラミング)の用語を使うと、around型の割り込みになります。

フィルタはリソースメソッド呼び出しの割り込みなのでリクエスト処理時に必ず呼ばれます。一方、インタセプタはMessageBodyReaderオブジェクトのreadFromメソッドの割り込みなので、リクエストボディを読み取る処理がなければ使われません。

インタセプタクラスの具体例を**リスト6.27**に示します。インタセプタクラスはReaderInterceptorインターフェースを実装継承します。実装すべきメソッドはaroundReadFromメソッド1つです。

aroundReadFromメソッドは文字どおり、readFromメソッドの呼び出しを囲むように割り込んでコールバックされます。コールバック時、引数にReaderInterceptorContextオブジェクトが渡ってきます。ReaderInterceptorContextオブジェクトから、各種のリクエスト情報を取得できます。同時にリクエスト情報の書き換えも可能です。どんな操作が可能かは**リスト6.27**のコードとコメントを参照してください。

aroundReadFromメソッドはメソッド内でReaderInterceptorContextオブジェクトのproceedメソッドを必ず呼ぶ必要があります。この呼び出しがないと、他のインタセプタの呼び出しが起きないからです。またこの呼び出しで、最終的なreadFromメソッドの呼び出しもします。

proceedメソッドの返り値はreadFromメソッドの返り値のオブジェクトです。既に見たようにreadFromメソッドの返り値はMessageBodyReaderごとに異なります（**リスト6.22**参照）。もしaroundReadFromメソッド内でこの返り値を更新する場合、適切なDTOオブジェクトにキャストする必要があります。

リスト6.27　MessageBodyReaderのインタセプタ

```
import javax.ws.rs.core.MultivaluedMap;
import javax.ws.rs.ext.ReaderInterceptor;

import javax.ws.rs.ext.ReaderInterceptorContext;

@Provider
public class MyReaderInterceptor implements ReaderInterceptor {
    @Override
    public Object aroundReadFrom(ReaderInterceptorContext context)
                throws IOException, WebApplicationException {
        // リクエストヘッダ情報（書き換え可能）
        MultivaluedMap<String,String> headers = context.getHeaders();
        InputStream in = context.getInputStream(); // リクエストボディ情報
        // チェイン上の次のインタセプタの呼び出し。
        // 最後はMessageBodyReaderオブジェクトのreadFromメソッド呼び出し
        Object entity = context.proceed();
        /* entityはreadFromメソッドの返り値。entityの書き換え処理も可能 */
        return entity;
    }
}
```

インタセプタオブジェクトはシングルトンです。仮にオブジェクトが状態（フィールド変数）を持つ場合、同期処理の責務は開発者にあります。インタセプタのバインディングや優先順は、フィルタと同じ方法で指定できます。

6-4 レスポンス処理

6-4-1 レスポンス処理の基本

　HTMLやプレーンテキストの形式のレスポンスを返すには、リソースメソッドの返り値の型をString型にして、メソッドに@Produces(MediaType.TEXT_HTML)や@Produces(MediaType.TEXT_PLAIN)を指定します。

　HTMLやPDFなど一定の複雑な構造を持つレスポンスを返す場合、文字列としてJavaのソースコードに記述するのは煩雑です。これらのレスポンス生成はビュー処理に任せるべきです。JSPなどビュー処理へのフォワード処理については「**12章　MVC**」を参照してください。

　本章ではJSON形式およびXML形式でのレスポンス生成について説明します。それぞれ内部的なJavaオブジェクトから変換します。

6-4-2 @Producesアノテーション

　@Producesアノテーションのvalue要素でレスポンスのContent-Typeヘッダを指定できます。value要素の型はString[]で、複数の形式の指定が可能です。

　直接の文字列記述はミスしやすいので、MediaTypeクラスの定数を使い@Produces(MediaType.APPLICATION_JSON)のように記述してください[注8]。

　value要素に複数の値を記述した場合、リクエストのAcceptヘッダでどの形式で返すかが決まります。Acceptヘッダは、クライアント(Webブラウザなど)がどの形式で受け取りたいかを指定するヘッダです。Acceptヘッダだけで形式が決まらない場合、書いた順で(後述するMessageBodyWriterを使い)変換を試みます。

　@Producesアノテーションはリソースクラスにも付与できます。リソースクラスに付与すると、そのクラスのリソースメソッドのデフォルト値になります。

6-4-3 JSON形式のレスポンス

　Web APIではJSON形式のレスポンスをしばしば使います。**リスト6.28**のようにリソースメソッドに@Produces(MediaType.APPLICATION_JSON)を付与して、返り値の型を任意のJavaBeansクラスにします。JavaBeansクラスには、引数なしのコンストラクタ、ゲッターおよびセッターメソッドが必要です。JavaBeansクラスは**リスト6.21**を再利用したと仮定します。

[注8]　文字列にする利点が1つだけあります。"application/json; qs=0.9"のように優先順位を指定できる点です。

6章 JAX-RS

リスト6.28　JSONデータのレスポンスを返すリソースクラス（MyDTOはリスト6.21）
```
@Path("my")
public class MyJax {
    @GET
    @Path("hello")
    @Produces(MediaType.APPLICATION_JSON)
    public MyDTO hello() {
        return new MyDTO("foo", "bar");
    }
}
```

リスト6.28のJAX-RSアプリにcURLコマンドでアクセスした例を示します。

```
$ curl http://localhost:8080/myjaxrs/rest/my/hello
{"name":"bar","title":"foo"}
```

　内部的には、オブジェクトからJSONへの変換が暗黙に起きています。変換ライブラリはMOXy、Jacksonなど使えます。GlassFish4のデフォルト実装はMOXyです。

6-4-4　XML形式のレスポンス

　XML形式のレスポンスを返すにはリスト6.29のようにリソースメソッドに@Produces(MediaType.APPLICATION_XML)を付与して、返り値の型を任意のJavaBeansクラスにします。便宜上、このクラスをXML用クラスと呼びます。

　XML用クラスには@XmlRootElementアノテーションを付与します（リスト6.30）。@XmlRootElementのname要素で生成XMLのルート要素名を指定します。

　XML用クラスには引数なしコンストラクタとゲッターメソッドが必要です。セッターメソッドは必須ではないのでリスト6.30では省略しています。XML用クラスのフィールドまたはJavaBeansプロパティに@XmlElementを付与します。@XmlElementのname属性で対応するXMLの要素名を指定できます。name属性がない場合、プロパティ名がXMLの要素名になります。

リスト6.29　XMLデータのレスポンスを返すリソースクラス（MyXmlDTOはリスト6.30）
```
@Path("my")
public class MyJax {
    @GET
    @Path("hello")
    @Produces(MediaType.APPLICATION_XML)
    public MyXmlDTO hello() {
        return new MyXmlDTO("foo", "bar");
    }
}
```

Web層

リスト6.30　XMLデータに対応するJavaBeansクラス（XML用クラス）

```java
import javax.xml.bind.annotation.XmlElement;
import javax.xml.bind.annotation.XmlRootElement;

@XmlRootElement(name = "base")
public class MyXmlDTO {
    private MyXmlDTO() {}    // 引数なしのコンストラクタが必要（アクセス制御は何でも良い）

    public MyXmlDTO(String title, String name) {
        this.title = title;
        this.name = name;
    }
    private String title;
    private String name;

    // name属性で、JavaBeansのプロパティ名と異なる名前のXMLの要素名にできる
    @XmlElement(name = "subject")
    public String getTitle() { return title; }

    @XmlElement                          // XMLの要素名はJavaBeansのプロパティ名になる
    public String getName() { return name; }
}
```

リスト6.29のJAX-RSアプリにcURLコマンドでアクセスした例を示します。

```
$ curl http://localhost:8080/myjaxrs/rest/my/hello
<?xml version="1.0" encoding="UTF-8" standalone="yes"?>
<base>
  <name>bar</name>
  <subject>foo</subject>
</base>
```

6-4-5　Responseオブジェクト

Responseオブジェクトはリソースメソッドの返り値に使えるオブジェクトです。オブジェクトの生成過程を細かく制御できるので、結果としてHTTPレスポンスの細かい制御が可能です。

Responseオブジェクトの生成にはResponse.ResponseBuilderオブジェクトを使います。Response.ResponseBuilderオブジェクトの生成には、Responseクラスのstaticメソッドを使います。Response.ResponseBuilderオブジェクトを生成する代表的なResponseクラスのstaticメソッドを表6.9にまとめます。

表6.9 Response.ResponseBuilderオブジェクトを生成する代表的なResponseクラスのstaticメソッド

メソッド	説明
ok	通常のレスポンス時に使う。引数にレスポンスボディを渡せる
status	HTTPレスポンスのステータスコードを引数で渡す。ステータスコードはResponse.Statusのenum定数を使う
noContent	ボディなしのHTTPレスポンスの時に使う
notModified	クライアント側のキャッシュを使って良いレスポンスの時に使う
seeOther	リダイレクトのHTTPレスポンスの時に使う。リダイレクト処理については後述
serverError	サーバエラーのHTTPレスポンスの時に使う

表6.9のメソッドのいずれかで生成したResponse.ResponseBuilderオブジェクトに各種レスポンスヘッダの付与やキャッシュ制御（後述）を設定して、最終的にResponse.ResponseBuilderオブジェクトのbuildメソッドを呼ぶと所望のResponseオブジェクトを得られます。このオブジェクトをリソースメソッドの返り値としてリターンすると、HTTPレスポンスになります。少々まわりくどいですが、具体例を**リスト6.31**に示します。

リスト6.31 Responseオブジェクトを返すリソースメソッド

```java
import javax.ws.rs.core.Response;

@Path("/my")
public class MyJax {
    @GET
    @Path("hello")
    @Produces(MediaType.TEXT_HTML)
    public Response hello() {
        String html = "<html><head><title>hello JAX-RS</title></head>"
                    + "<body><p>hello, JAX-RS response</p></body></html>";
        return Response.ok(html).build();
    }
}
```

リスト6.31はResponseクラスのokメソッドにHTML文字列を渡しています。このokメソッドの返り値がResponse.ResponseBuilderオブジェクトです。buildメソッドの呼び出しの結果がResponseオブジェクトです。このリソースメソッドの動作は**リスト6.1**と等価です。

okメソッドは引数なしでも呼べます。その場合、次のように返り値のResponse.ResponseBuilderオブジェクトに対してentityメソッドで引数を渡せば同じ動作を実現できます。

```java
return Response.ok().entity(html).build();
```

okメソッド（あるいはentityメソッド）の引数には文字列以外にDTOオブジェクトも渡せます（**リスト6.32**）。ただしDTOオブジェクトから適切な形式（**リスト6.32**であれば@Produces

Web層

(MediaType.APPLICATION_JSON)なのでJSON形式)に変換するには、次節で説明するMessage BodyWriterが必要です。

リスト6.32　ResponseオブジェクトでJSON形式のレスポンスを返すリソースメソッド（次節で説明するMessageBodyWriterが必要）

```
@GET
@Path("hello")
@Produces(MediaType.APPLICATION_JSON)
public Response hello() {
    return Response.ok(new MyDTO("foo", "bar")).build(); // MyDTOクラスはリスト6.21
}
```

■ キャッシュ制御

Responseオブジェクトを使う利点の1つはキャッシュ制御をAPIレベルで可能な点です。もっとも簡易に実施するには次のようにexpiresメソッドでレスポンスの寿命を指定します。

```
return Response.ok(html).expires(new Date()).build();
```

より細かいキャッシュ制御にはCacheControlオブジェクトを使います。CacheControlオブジェクトを生成して必要な設定をして、Response.ResponseBuilderオブジェクトのcacheControlメソッドの引数として渡します。CacheControlオブジェクトのsetNoCacheメソッドでキャッシュさせないレスポンスにする例を**リスト6.33**に示します。

リスト6.33　キャッシュ禁止のHTTPレスポンスを返す

```
import javax.ws.rs.core.CacheControl;

@Path("/my")
public class MyJax {
    @GET
    @Path("hello")
    @Produces(MediaType.TEXT_HTML)
    public Response hello() {
        String html = "<html><head><title>hello JAX-RS</title></head>"
                + "<body><p>hello, JAX-RS response</p></body></html>";
        CacheControl cacheCtrl = new CacheControl();
        cacheCtrl.setNoCache(true);
        return Response.ok(html).cacheControl(cacheCtrl).build();
    }
}
```

6-4-6　MessageBodyWriter

自作MessageBodyWriterクラスにより、Javaオブジェクトからレスポンスを生成する処理を詳細に記述可能です。具体例を**リスト6.34**に示します。自作MessageBodyWriterが使われる条件は下記です。

- 自作MessageBodyWriterクラスの基底クラスの型引数（MessageBodyWriter<MyDTO>のMyDTOに当たる部分）が以下のいずれかと一致
  - リソースメソッドの返り値の型と一致
  - 返り値の型がResponse型で、かつResponseオブジェクトのエンティティ（okメソッドやentityメソッドに渡すオブジェクト）の型と一致
  - 返り値の型がGenericEntity型で、かつGenericEntityの型引数と一致
- 自作MessageBodyWriterクラスに付与した@Producesアノテーションのvalue要素の値とリソースメソッドの@Producesアノテーションのvalue要素の値が一致（自作MessageBodyWriterの@Producesアノテーションを省略すると、@Produces(MediaType.WILDCARD)相当になるのですべてにマッチします）

リスト6.34の自作MessageBodyWriterを使う条件にマッチするリソースクラスの例を**リスト6.35**に示します。

リソースメソッドの返り値のオブジェクトからレスポンス生成をする時に自作MessageBodyWriterが使われます。まず自作MessageBodyWriterのisWriteableメソッドがコンテナからコールバックされます。isWritableメソッドが真を返すと、次にwriteToメソッドがコールバックされます。この時に、第1引数にリソースメソッドの返り値のオブジェクトが渡ってきます。writeToメソッドの責務は、このオブジェクトを使って MultivaluedMap<String,Object> httpHeaders でレスポンスヘッダへ、OutputStream entityStream でレスポンスボディへ出力することです。

リスト6.34　自作MessageBodyWriter

```
import javax.ws.rs.ext.MessageBodyWriter;

@Provider
@Produces(MediaType.TEXT_PLAIN)
public class MyWriter implements MessageBodyWriter<MyDTO> {
    @Override
    public boolean isWriteable(Class<?> type, Type genericType, Annotation[] annotations,
    MediaType mediaType) {
        return true;
    }

    @Override
```

```
        public long getSize(MyDTO obj, Class<?> type, Type genericType, Annotation[] annotations,
        MediaType mediaType) {
            return -1; // getSizeメソッドはdeprecated。意味なしを示すために -1 を返すのが流儀
        }

        @Override
        public void writeTo(MyDTO obj, Class<?> type, Type genericType, Annotation[] annotations,
                        MediaType mediaType,
                        MultivaluedMap<String,Object> httpHeaders, OutputStream entityStream)
                        throws IOException, WebApplicationException {
            Writer writer = new OutputStreamWriter(entityStream, StandardCharsets.UTF_8);
            writer.write("MyDTO is ");
            writer.write(obj.toString());
            writer.flush();
        }
}
```

リスト6.35　リスト6.34の自作MessageBodyWriterを使うリソースメソッド（2パターン）

```
@Path("/my")
public class MyJax {
    @GET
    @Path("hello")
    @Produces(MediaType.TEXT_PLAIN)
    public MyDTO hello() {
        return new MyDTO("foo", "bar");
    }

    @GET
    @Path("hello2")
    @Produces(MediaType.TEXT_PLAIN)
    public Response hello2() {
        return Response.ok(new MyDTO("foo", "bar")).build();
    }
}
```

6-4-7　リダイレクト処理

　JAX-RSアプリでリダイレクトする実例は**リスト6.15**で紹介しました。リダイレクトするには、リソースメソッドの返り値の型をResponseクラスにします。

　Responseオブジェクトの使い方の基本は既に説明しました。seeOtherメソッドでResponse.ResponseBuilderオブジェクトを生成後、buildメソッドを呼んでリダイレクト用Responseオブジェクトを生成できます。

　seeOtherメソッドの引数にはリダイレクト先URL（URIオブジェクト）を指定します。**リスト6.15**はサーブレットAPIでURIオブジェクトを生成しましたが、ここではUriInfoオブジェクト

を使う例を示します（**リスト6.36**）。

リスト6.36を簡単に説明します。UriInfoオブジェクトを@Contextアノテーションでインジェクトしています。UriInfoオブジェクトのgetBaseUriBuilderメソッドの返り値がUriBuilderオブジェクトです。UriBuilderの詳細は次節で説明しますが、ここではURIオブジェクト生成に使うオブジェクトだと理解してください。

UriBuilderオブジェクトはパス生成のための状態を持っています。getBaseUriBuilderメソッドで得られるUriBuilderオブジェクトは、Applicationサブクラスの@ApplicationPathアノテーションで指定したベースパスを持ちます。この状態のUriBuilderオブジェクトに対しpathメソッドを呼ぶと、内部的にパス文字列の連結をしたパス状態を持ったUriBuilderオブジェクトを返します。このUriBuilderオブジェクトに対してbuildメソッドを呼ぶと、所望のURIオブジェクトを得られます。

リスト6.36　リダイレクト処理するリソースメソッド

```
public Response hello(@Context UriInfo uriInfo) { // javax.ws.rs.core.UriInfoインターフェース
    URI uri = uriInfo.getBaseUriBuilder().path("/my/hello").build();  // java.net.URIクラス
    return Response.seeOther(uri).build();
}
```

■ UriInfoインターフェースとUriBuilderクラス

seeOtherメソッドの引数に渡すURIオブジェクトの生成にはUriBuilderクラスが便利です。たとえば次の2つのコードは同じ結果を返します。

```
URI uri = UriBuilder.fromUri(req.getContextPath()).path("/index.jsp").build();
URI uri = URI.create(req.getContextPath() + "/index.jsp");
```

前者は"/index.jsp"の1文字目のスラッシュ文字を書き忘れても問題なく動作しますが、後者は不正な値（たとえば"/myjaxrsindex.jsp"）になります。JAX-RSアプリでURLパスの組み立てにはUriBuilderクラスの利用を検討してください。

UriBuilderによるURLパス生成の方法は、UriInfoオブジェクトからUriBuilderオブジェクトを取得するか、UriBuilderクラス自身のstaticメソッドを使うかのいずれかが主です。

前者のUriInfoオブジェクトからUriBuilderオブジェクトを取得する主なメソッドは、getBaseUriBuilderとgetRequestUriBuilderです。どちらも引数なしで返り値がUriBuilderオブジェクトです。getBaseUriBuilderメソッドの利用例は**リスト6.36**で見ました。@ApplicationPath("/rest")のようにJAX-RSのベースパスを"/"以外にした場合は特に、UriInfoのgetBaseUriBuilderメソッドが有用です。

getRequestUriBuilderメソッドも同じように利用できますが、返り値のUriBuilderオブジェクトが実リクエストURLのパスを持ったUriBuilderオブジェクトになります。リソースメソッド

Web層

の中で使うとその時のリクエストURLのパスのURLになります。リクエストURLのパスから相対的にリダイレクト先URLが決まる時は有用です。

一方、JAX-RSのベースパスの外側（たとえば@ApplicationPath("/rest")の場合に /rest 以外から始まるパスのURL）へのリダイレクト処理をしたい場合、リダイレクト先パスの生成にはサーブレットAPI（HttpServletRequestオブジェクト）を利用します。HttpServletRequestオブジェクトは@Contextアノテーションでインジェクト可能です。

UriBuilderクラス自身のUriBuilderオブジェクト生成に使える主なstaticメソッドを**表6.10**にまとめます。

表6.10　UriBuilderオブジェクト生成のためのUriBuilderクラスのstaticメソッド

メソッド	説明
fromUri(URI uri)	引数のURIオブジェクトからUriBuilderオブジェクトを生成
fromPath(String path)	引数のパス文字列を持つUriBuilderオブジェクトを生成
fromResource(Class<?> resource)	リソースクラスのクラスオブジェクトを引数に与えると、リソースクラスに付与した@Pathアノテーションのvalue要素のパス状態を持つUriBuilderオブジェクトを生成
fromMethod(Class<?> resource, String method)	上記に加えてメソッド名を文字列で与えると、リソースメソッドに付与した@Pathアノテーションのvalue要素のパス状態を持つUriBuilderオブジェクトを生成

生成したUriBuilderオブジェクトに対して各種の更新メソッドがあります（**表6.11**）。

表6.11　UriBuilderオブジェクトの主な更新メソッド

メソッド	説明
path(String path)	引数のパス文字列を連結
scheme(String scheme)	URLのscheme（http://のhttpの部分）を更新
host(String host)	URLのホスト部分を更新
port(int port)	URLのポート番号部分を更新
queryParam(String name, Object... values)	クエリパラメータを追加
replaceQueryParam(String name, Object... values)	クエリパラメータを置換もしくは（なければ）追加
fragment(String fragment)	フラグメント文字列（URLの最後に#文字以降の追加文字列）を追加
resolveTemplate(String name, Object value)	URLテンプレートを解決
resolveTemplates(Map<String,Object> templateValues)	URLテンプレートを解決
path(Class resource)	URLのパスを引数で指定したリソースクラスの@Pathアノテーションのvalue要素で置換
path(Class resource, String method)	URLのパスを引数で指定したリソースメソッドの@Pathアノテーションのvalue要素で置換

UriBuilderオブジェクトからURIオブジェクトを生成するにはbuildメソッドを使います。次節のURLテンプレート機能を使っていなければ引数なしでbuildメソッドを呼べばURIオブジェクトを得られます。

■ UriBuilderのURLテンプレート機能

表6.10のfromPathメソッドの引数のパス文字列にはURLテンプレート機能を使えます。fromResourceやfromMethodの場合も、該当の@Pathアノテーションのvalue要素にURLテンプレート機能を使っていれば、同様にURLテンプレート状態のUriBuilderオブジェクトを生成します。URLテンプレートとはパス文字列の一部を{}で囲った表記です。たとえば "user/{id}" などです。

URLテンプレート状態のUriBuilderオブジェクトは不完全な状態のURLなので、このままではURIオブジェクトを生成できません。テンプレートを解決しないままURIオブジェクトを生成しようとすると、実行時例外のIllegalArgumentExceptionが発生します。

{}で囲った部分を具体的な値で埋めるには、buildメソッドの可変長引数でテンプレートを埋める値を渡すか、buildFromMapメソッドで名前と値を渡します。

```
URI build(Object... values)
URI buildFromMap(Map<String,?> values)
```

6-4-8 レスポンスフィルタ

リソースメソッドの返り値は変換されてHTTPレスポンスになりますが、レスポンス生成時に割り込み処理を書けるレスポンスフィルタという仕組みがあります。割り込み位置は、リソースメソッドがリターンした後、変換のためにMessageBodyWriterのwriteToメソッドを呼ぶ前です。

複数のフィルタがある場合、フィルタチェインを形成します。フィルタチェイン上のフィルタは指定した順序で呼ばれます。順序指定の方法は後述します。

レスポンスフィルタの具体例をリスト6.37に示します。レスポンスフィルタクラスはContainerResponseFilterインターフェースを実装継承します。実装すべきメソッドはfilterメソッドです。filterメソッドは、リソースメソッド呼び出し後にコンテナからコールバックされるメソッドです。

filterメソッドの引数にはContainerRequestContextオブジェクトとContainerResponseContextオブジェクトが渡ってきます。ContainerRequestContextオブジェクトはリクエストフィルタで説明したオブジェクトです。このオブジェクトからリクエスト情報を取得できます。リクエストフィルタと異なり、リクエスト情報の書き換えをこのタイミングでしても意味がありません。
ContainerResponseContextオブジェクト経由で各種レスポンス情報を取得および更新ができます。具体例はリスト6.37のコメントを参照してください。

ContainerResponseContextオブジェクトのgetEntityメソッドの返り値はリソースメソッドの返り値のオブジェクトです。たとえばリスト6.28のリソースメソッドに対するフィルタであれば、MyDTOオブジェクトを得られます。レスポンスフィルタ内でオブジェクトの更新も可能です。ただし、型がリソースメソッドごとに異なるので、レスポンスフィルタ内でこの返り値を更新する場合、開発者の責任で適切なDTOオブジェクトにキャストする必要があります。

Web層

リスト6.37　レスポンスフィルタ

```java
import javax.ws.rs.container.ContainerResponseFilter;
import javax.ws.rs.container.ContainerResponseContext;

@Provider
public class MyResponseFilter implements ContainerResponseFilter {
    @Override
    public void filter(ContainerRequestContext requestContext,
                       ContainerResponseContext responseContext) throws IOException {
        // 汎用の状態管理（リスト6.23の"bar"を取得可能）
        String val = (String)requestContext.getProperty("foo");
        int status = responseContext.getStatus(); // レスポンスステータス(setStatus()で変更可能)
        // レスポンスヘッダ情報（返り値のマップを書き換え可能）
        MultivaluedMap<String,Object> headers = responseContext.getHeaders();
        Map<String,NewCookie> cookies = responseContext.getCookies(); // クッキー情報(読み取り専用)
        Object entity = responseContext.getEntity(); // レスポンスボディ
        /* entityはリソースメソッドの返り値。entityの書き換え処理も可能 */
    }
}
```

フィルタオブジェクトはシングルトンです。仮にフィルタオブジェクトが状態（フィールド変数）を持つ場合、同期処理の責務は開発者にあります。

フィルタのバインディングおよびフィルタの優先順の指定方法は、リクエストフィルタの場合と同じです。優先順の指定の注意点は、リクエストフィルタと逆に、@Priorityアノテーションのvalue要素の数値が大きい順に呼ばれる点です。

6-4-9　インタセプタ

MessageBodyWriterオブジェクトのwriteToメソッド処理に割り込み処理を書けるインタセプタがあります。基本的な考え方はリクエストのインタセプタと同じです。インタセプタはwriteToメソッド処理の前後に割り込みます。

インタセプタクラスの具体例を**リスト6.38**に示します。インタセプタクラスはWriterInterceptorインターフェースを実装継承します。実装すべきメソッドはaroundWriteToメソッド1つです。

aroundWriteToメソッドは文字どおり、writeToメソッドの呼び出しを囲むように割り込んでコールバックされる処理です。コールバック時、引数にWriterInterceptorContextオブジェクトが渡ってきます。WriterInterceptorContextオブジェクトから各種のレスポンス情報を取得できます。同時にレスポンス情報の書き換えも可能です。どんな操作が可能かは**リスト6.38**のコードとコメントを参照してください。

aroundWriteToメソッドはメソッド内でWriterInterceptorContextオブジェクトのproceedメソッドを必ず呼ぶ必要があります。この呼び出しがないと、他のインタセプタの呼び出しが起きないからです。また最終的なwriteToメソッドの呼び出しも起きなくなります。

リスト6.38　MessageBodyWriterのインタセプタ

```java
import javax.ws.rs.ext.WriterInterceptor;
import javax.ws.rs.ext.WriterInterceptorContext;

@Provider
public class MyWriterInterceptor implements WriterInterceptor {
    @Override
    public void aroundWriteTo(WriterInterceptorContext context)
            throws IOException, WebApplicationException {
        // レスポンスヘッダ情報（書き換え可能）
        MultivaluedMap<String,Object> headers = context.getHeaders();
        Object entity = context.getEntity();
        /* entityはリソースメソッドの返り値。entityの書き換え処理も可能 */
        // チェイン上の次のインタセプタの呼び出し。
        // 最後はMessageBodyWriterオブジェクトのreadFromメソッド呼び出し
        context.proceed();
    }
}
```

　インタセプタオブジェクトはシングルトンです。仮にオブジェクトが状態（フィールド変数）を持つ場合、同期処理の責務は開発者にあります。インタセプタのバインディングや優先順は、フィルタと同じ方法で指定できます。

6-5　非同期処理

　サーブレットと同じようにJAX-RSでも非同期処理が可能です。非同期処理が必要とされる背景や概念は「5-8　非同期処理」を参照してください。

6-5-1　JAX-RSの非同期処理の準備（Concurrency Utilities for Java EE）

　JAX-RSの非同期処理APIはサーブレットと少々異なり、JAX-RS自身に別スレッド管理の仕組みがありません。代わりに、なんらかのスレッド管理の仕組みと併用する必要があります。

　併用する代表的なスレッド管理機構は、Concurrency Utilities for Java EEもしくはEJBです。本書では前者のConcurrency Utilities for Java EEを使います。

　Concurrency Utilities for Java EEを使うための準備がいくつかあります。まずpom.xmlを書き換える必要があります。pom.xmlの<dependency>に記述してあるjavaee-web-apiの部分をjavaee-apiに書き換えます。この書き換えで、Java EEのWebプロファイルではなく、Fullプロファイル使用の指定になります。この書き換えを忘れると、コンパイル時にjavax.enterprise.concurrent.ManagedExecutorServiceの解決ができずにコンパイルエラーになります。

Web層

　Concurrency Utilities for Java EEを使う基本的な考え方は、他のJava EEの規格同様、コンテナに難しいことを任せる、という発想です。コンテナがスレッド管理をするので、アプリ開発者はコンテナからインジェクトされたスレッド管理用オブジェクトを使う立場になります。
　コンテナであるGlassFishはデフォルトで、Concurrency Utilities for Java EEが有効になっています。図6.2のManaged Executor Servicesがそれに当たります。

図6.2　GlassFishのManaged Executor Services管理画面

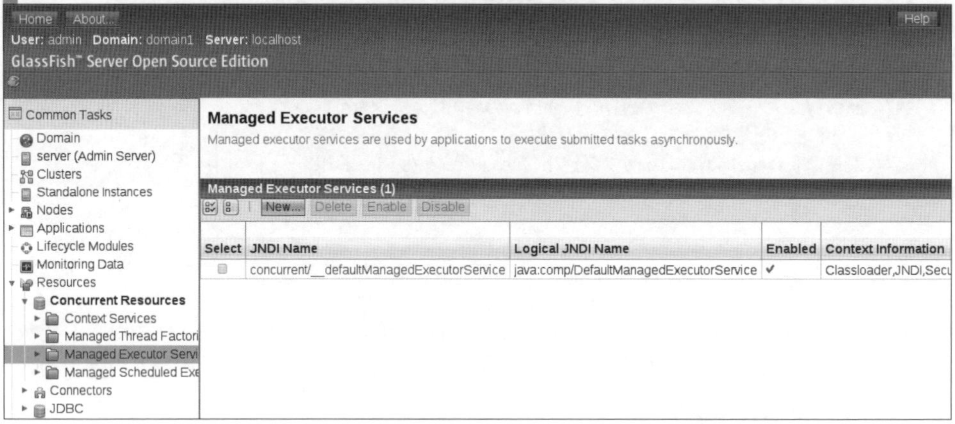

　JAX-RSのリソースクラスにコンテナ管理のManaged Executor Servicesオブジェクトをインジェクトするには@Resourceアノテーションを使います。@Resourceは、JNDIでコンテナからオブジェクトを探し出してインジェクトする役割のアノテーションと考えてください。
　具体例を**リスト6.39**に示します。@Resourceアノテーションでオブジェクトをインジェクトするには、リソースクラスをシングルトンにする必要があります。このため**リスト6.39**のリソースクラスには@ApplicationScopedアノテーションが必要です（シングルトンにするアノテーションであれば、他のアノテーションでもかまいません）。

リスト6.39　ManagedExecutorServiceオブジェクトのリソースクラスへのインジェクト

```
import javax.annotation.Resource;
import javax.enterprise.context.ApplicationScoped;
import javax.enterprise.concurrent.ManagedExecutorService; // pom.xmlにjavaee-apiが必要

@ApplicationScoped   // @Resourceアノテーションでオブジェクトをインジェクトするにはシングルトンにする
@Path("/my")
public class MyJax {
    @Resource
    ManagedExecutorService myExecutor;
    // 以下省略
}
```

@Resourceアノテーションを使う場合、通常は属性でJNDI名を指定します。ただし**図6.2**のようにコンテナに選択肢が1つしかなければ、**リスト6.39**のように省略も可能です。明示的にJNDI名を指定する場合は次のように書きます。

```java
// "concurrent/defaultManagedExecutorService"でも良い
@Resource(name="concurrent/__defaultManagedExecutorService")
ManagedExecutorService myExecutor;
```

6-5-2　JAX-RSの非同期処理

準備が長くなりましたが、ここからがJAX-RSの非同期処理の本番です。前節に書いたようにJAX-RSの非同期処理はそれ自身にスレッド管理の仕組みを持ちません。JAX-RSの非同期処理は、処理状態を他のスレッドに引き渡せるものだと考えてください。処理を引き渡すために使うのがAsyncResponseオブジェクトです。このオブジェクトはリソースメソッドの引数で受け取れます。特別なオブジェクトなので特別なアノテーションを引数に付与する必要があります。@Suspendedアノテーションです。

リスト6.40　JAX-RSの非同期処理の例

```java
import javax.ws.rs.container.Suspended;
import javax.ws.rs.container.AsyncResponse;

@ApplicationScoped
@Path("/my")
public class MyJax {
    @Resource
    ManagedExecutorService myExecutor;

    @GET
    @Path("hello")
    @Produces(MediaType.TEXT_HTML)
    // 引数でAsyncResponseオブジェクトを受け取る。返り値の型はvoidにする必要がある
    public void hello(@Suspended AsyncResponse ar) {
        myExecutor.submit(() -> { // myExecutorオブジェクトのsubmitメソッドに渡した処理は別スレッドで実行
            // ここに時間のかかる処理があると仮定
            String html = "<html><head><title>hello JAX-RS</title></head>"
                    + "<body><p>hello, JAX-RS</p></body></html>";
            ar.resume(html); // AsyncResponseオブジェクトのresumeメソッドの引数にHTTPレスポンスを渡す
        });
        // リソースメソッドはレスポンス生成前に終わる
    }
}
```

ここまでの道具立てを使った簡単なコード例を**リスト6.40**に示します。**リスト6.40**の詳細はコメントを参照してください。まだ説明していないポイントをまとめます。

前節で説明したManagedExecutorServiceオブジェクトがスレッド管理の本体です。このオブジェクトのsubmitメソッドにRunnableオブジェクトを渡すと、Runnableオブジェクトのrunメソッドがリソースメソッドとは別のスレッドで実行されます。**リスト6.40**ではRunnableオブジェクトをラムダ式で記述しています。

非同期処理にする理由は通常内部処理に時間がかかるケースです。**リスト6.40**でもsubmitメソッドに渡すRunnableオブジェクト処理(=ラムダ式の処理)は時間がかかると仮定しています。この処理は別スレッドに渡されるので、渡した側のリソースメソッドは先に終了します。こうしてリソースメソッドを処理する側のスレッドに空きが生じて、次のリクエスト処理をする余裕ができます。

別スレッドに渡された処理がHTTPレスポンスを返す場合、AsyncResponseオブジェクトのresumeメソッドを呼ぶ必要があります。resumeメソッドの引数にレスポンスオブジェクトを渡します。たとえばDTOオブジェクトを渡してJSON形式のレスポンスにする場合、**リスト6.40**のリソースメソッドを**リスト6.41**に書き換えます。ここで使うMyDTOクラスは**リスト6.21**のクラスを再利用しています。

リスト6.41 リスト6.40のHTTPレスポンスをJSON形式にする場合の書き換え

```
@GET
@Path("hello")
@Produces(MediaType.APPLICATION_JSON)
public void hello(@Suspended AsyncResponse ar) {
    myExecutor.submit(() -> {
        // ここに時間のかかる処理があると仮定
        ar.resume(new MyDTO("foo", "bar"));
    });
}
```

■ タイムアウト処理

別スレッドに渡した内部処理が一定時間で終わらない場合、指定したタイムアウトで処理を打ち切れます。タイムアウトの設定にはAsyncResponseオブジェクトのsetTimeoutメソッドを使います。時間指定にはTimeUnitクラスの定数を使います。

タイムアウトが発生すると自動でエラーレスポンスになりますが、タイムアウトイベントを拾う自前のイベントハンドラクラスを作ることもできます。このためにはAsyncResponseオブジェクトのsetTimeoutHandlerメソッドを使います。setTimeoutHandlerメソッドは、TimeoutHandlerオブジェクトを引数に取ります。つまり開発者は自前でTimeoutHandlerインターフェースを実装したクラスを作り、setTimeoutHandlerメソッドに渡す必要があります。

TimeoutHandlerインターフェースは次のhandleTimeoutメソッドを1つだけ持つインターフェースです。メソッドが1つなのでオブジェクトをラムダ式で記述可能です。

```
void handleTimeout(AsyncResponse asyncResponse)
```

ここまでの仕組みを使ったタイムアウト処理のコード例を**リスト6.42**に示します。

リスト6.42　非同期処理のタイムアウト処理

```java
import java.util.concurrent.TimeUnit;
import static javax.ws.rs.core.Response.Status.*; // SERVICE_UNAVAILABLE

@ApplicationScoped
@Path("/my")
public class MyJax {
    @Resource
    ManagedExecutorService myExecutor;

    @GET
    @Path("hello")
    public void hello(@Suspended AsyncResponse ar) {
        ar.setTimeoutHandler(_ar -> { // タイムアウト時にコールバックされるイベントハンドラ
            _ar.resume(Response.status(SERVICE_UNAVAILABLE).entity("TimeOut").build());
            //↑ エラーレスポンスを生成
        });
        ar.setTimeout(1, TimeUnit.SECONDS);
        myExecutor.submit(() -> {
            // ここに時間のかかる処理があると仮定
            try {
                TimeUnit.SECONDS.sleep(2);
            } catch (InterruptedException ex) {}
            ar.resume("res");
        });
    }
}
```

リスト6.42はタイムアウト時に明示的にレスポンスを生成しましたが、代わりに次のようにAsyncResponseオブジェクトのcancelメソッドで非同期処理の打ち切りも可能です。

```java
ar.setTimeoutHandler(_ar -> {
    _ar.cancel();
});
```

Web層

7章　ELとJSTL

EL（Expression Language; 式言語）はJavaScriptに似た記述でJSPやFacelets内に式を書ける仕組みです。Javaのビュー処理の標準式言語です。JSTL（JSP Standard TagLibrary）はJava EEが提供するJSPのための標準タグライブラリです。

7-1　EL

7-1-1　ELの概要

詳しい説明に入る前にELの構文を簡単に説明します。ELは ${...} という形式で記述し、その評価結果は必ず1つの値を返します[注1]。

JSPの式はほぼ完全にELで置き換え可能です。たとえば式を使用した次のJSPがあるとします。

```
// JSPの式:
<c:if test="<%= request.getParameter("a") != null && request.getParameter("b") != null %>">
  <%= request.getParameter("a") %> + <%= request.getParameter("b") %> = <%= Integer.valueOf(request.getParameter("a")) + Integer.valueOf(request.getParameter("b")) %>
</c:if>
```
実際は一行

このJSPの式は、リクエストパラメータaとbの値の加算結果を表示するJSPです。式の代わりにELを使用すると次のようになります。

```
// EL:
<c:if test="${!empty param.a and !empty param.b}">
  ${param.a} + ${param.b} = ${param.a + param.b}
</c:if>
```

この例は多少大袈裟かもしれませんが、ELの優位性は十分に理解できるでしょう。

[注1] JSF（JavaServer Faces）とELを組み合わせた場合は #{...} という形式も使います。JSFについては「10章　JSF」を参照してください。

7-2 ELの文法

7-2-1 リテラル

ELには**表7.1**のリテラルがあります。

表7.1 ELのリテラル

名前	例
文字列リテラル	"foo"、'foo'
整数リテラル	123
浮動小数点数リテラル	123.4
真偽値リテラル	true、false
nullリテラル	null

■ 文字列リテラル

文字列リテラルは"foo"や'foo'のように文字列定数を表わす構文です。文字列リテラルで記述した文字列定数は、内部的にはStringのオブジェクトとして扱われます。

シングルクォート(')、ダブルクォート(")どちらで囲っても文字列リテラルとみなされます。開発者がどちらを使用するかは自由ですが、JSPの属性内にELを書く場合を考えるとシングルクォートのほうが自然でしょう。

文字列リテラル内でクォート文字を使用する場合は、バックスラッシュ文字($\backslash$)でエスケープします。ただし、違うクォート文字を使用している場合はエスケープする必要はありません。この規則はJavaの文字列と同じです。

Javaの文字列リテラルではエスケープシーケンスを使って改行($\backslash$r$\backslash$n)やタブ($\backslash$t)を表現できましたが、ELではできません。ELで改行やタブを扱う場合はそのまま入力する必要があります(**リスト7.1**)。

リスト7.1 ELの文字列リテラルの改行やタブ

```
<c:out value="
${'if (...) {
    ...
}'}
"/>
```

```
// 結果:
if (...) {
    ...
}
```

Web層

■ 数値リテラル

ELは数値リテラルとして整数値リテラル、浮動小数点数リテラルに対応しています。内部的に、整数値リテラルはLong型の数値オブジェクトとして扱われ、浮動小数点数リテラルはDouble型の数値オブジェクトとして扱われます（**リスト7.2**）。数値リテラルはJavaの数値リテラルと同様なので詳しい説明は省略します。

リスト7.2　ELの数値リテラルの例

```
${123}
${-123}
${123.4}
${123e10}       //=> 1.23E12になる
${123e1000}     //=> Infinityになる
```

■ 真偽値リテラル

ELは真偽値としてtrueとfalseに対応しています。動作はJavaのtrue/falseと同等です（**リスト7.3**）。

リスト7.3　ELの真偽値リテラルの例

```
${true}
${false}
```

■ null（リテラル）

nullはJavaのnullと同等です（**リスト7.4**）。ただし、期待される型が文字列の場合はnullは空文字列("")に自動変換されるので注意してください。詳しくは、後述する「**7-2-11　型変換**」を参照してください。

リスト7.4　ELのnullリテラルの例

```
"${null}"
<c:set var="nullval" value="${null}"/>
<%
  out.write(String.valueOf(pageContext.getAttribute("nullval")));
%>

// 結果:
""
null
```

7-2-2 エスケープ

${...}をELとして評価したくない場合は、$の前にバックスラッシュ文字（\）を記述します。

```
\${escape}
```

```
// 結果：
${escape}
```

7-2-3 演算子

ELの演算子を、評価の優先順序表7.2に並べます。?:（3項演算子）と=（代入演算子）と->（ラムダ式演算子）の3つは右結合です。それ以外の演算子は左結合です。

表7.2　EL3.0の演算子の一覧（仕様書から抜粋）

[ ] .
（param）
- not ! empty
* / div % mod
+ -
+=
< > >= <= lt gt le ge
== != eq ne
&& and
|| or
?:
->
=
;

■ 算術演算子

ELは算術演算子として表7.3に示す演算子をサポートしています。Javaの算術演算子とほぼ同等になっています。

表7.3　ELがサポートする算術演算子

演算子	演算	例	結果
+	加算	${2 + 3}	5
-	減算	${5 - 2}	3
*	乗算	${3 * 4}	12
/ または div	割算	${6 / 2}	3
% または mod	剰余	${5 % 3}	2

Web層

演算子の優先順位も自然な順位で定義されており、${2 + 3 * 4}が20になるようなことはありません。演算順序を明示的に変更したい場合は括弧を使います。

■ 浮動小数点数での注意点

浮動小数点数の演算も整数値同様、Javaとほぼ同等であると考えて問題ありません。しかし1つだけ気をつける点があります。

Javaの割算は整数値同士の場合、演算結果も整数値になります。これは以下のJSPの式で確かめられます（JSPは内部的にJavaコードになるからです）。

```
<%= 5 / 2 %>    //=> 2
```

浮動小数点数の結果が必要であれば、どちらかの値をfloat型あるいはdouble型にキャストしてから演算します。

```
<%= (double) 5 / 2 %>    //=> 2.5
<%= 5 / (double) 2 %>    //=> 2.5
<%= (double) (5 / 2) %>  //=> 2.0
```

一方、ELでは整数値同士の場合でも除算結果は浮動小数点数になります。

```
${5 / 2}  //=> 2.5
```

型の概念が曖昧なELではこちらのほうが自然な演算結果だと思いますが、Javaの演算と差異がある点に気をつけてください。

それに加えて、算術演算子はその名のとおり数値に対して演算を行う演算子で、文字列には適用できない点を覚えておいてください。

```
<%-- "Hello world"を期待したいが… --%>
${'Hello ' + 'world'}
```

このELを含むJSPを実行すると「String型をLong型に変換できません」というエラーが発生します。

回避策として、次のように記述する方法が考えられます。しかし、関数呼び出しの引数としてこのスタイルの文字列結合はできないので、どちらにしても注意が必要です。

```
<%-- 文字列として結合する --%>
${'Hello '}${'world'}
```

■ 文字列結合演算子

+演算子は文字列結合に使えませんが、+=演算子は文字列結合になります。

```
<%
  pageContext.setAttribute("var", 12);
%>
${var += 3}
```

```
// 結果:
123
```

■ 比較演算子

ELがサポートしている比較演算子は表7.4のようになります。empty以外の比較演算子は数値・文字列どちらにも対応しています。すべての比較演算子は真偽値（boolean型）を返します。

表7.4 比較演算子

演算子	説明
== または eq	AとBが等しい
!= または ne	AとBが等しくない
< または lt	AがB未満
<= または le	AがB以下
> または gt	AがBより大きい
>= または ge	AがB以上
empty	Aはnull

empty以外は、記号と単語の2パターンの演算子があります。どちらも機能は同じです。おそらく、演算子としてHTMLの特殊文字の記号を使うと、Webオーサリングツールで問題が発生したり、単純に可読性の低下を懸念しての仕様でしょう。どちらを使用してもほとんどの場合は問題ありません。本書のコード例は記号を使用します。

■ 数値の比較

数値の比較演算に特記事項はありませんが、1つだけ注意する点があります。JavaScriptではnullを数値と比較する際、nullを0として扱いますが、ELではnullとの比較はすべてfalseを返す点です[注2]。

```
${null < 10}      //=> false
${null == ''}     //=> false
${null == null}   //=> true
```

[注2] JavaScriptでは null < 10 がtrueになります。

Web層

■ 文字列の比較

文字列の大小は文字コードで比較します。

```
${'A' < 'B'}      //=> true
${'ABC' < 'ACC'}  //=> true
${'ABC' < 'AAC'}  //=> false
```

■ empty演算

empty演算子は、値が「空」であるかを確認します。「空」は以下を意味します。

- null
- 空文字列
- 空の配列
- 空のコレクション

これ以外の値はすべて「空」ではない、つまりfalseを返します。**リスト7.5**に具体例を示します。

リスト7.5　empty演算の例

```
${empty null}      //=> true
${empty ''}        //=> true
${empty 0}         //=> false
${empty true}      //=> false
${empty false}     //=> false
<%
  pageContext.setAttribute("emptyArray", new String[]{});
  pageContext.setAttribute("nonEmptyArray", new String[]{""});
  pageContext.setAttribute("emptyList", java.util.Collections.emptyList());
  pageContext.setAttribute("nonEmptyList", java.util.Arrays.asList(1));
%>
${empty emptyArray}     //=> true
${empty nonEmptyArray}  //=> false
${empty emptyList}      //=> true
${empty nonEmptyList}   //=> false
```

注意点は、数値の0が「空」にならない点です。「空」もしくは数値の0を判定するには以下のように記述します。

```
${empty val or val == 0}
```

■ 論理演算子と3項演算子

論理演算子と3項演算子があります(**表7.5**)。Javaと同じなので説明は割愛します。

表7.5 論理演算子と3項演算子

演算子	説明
&& または and	AとBが真の場合に真
|| または or	AあるいはBが真の場合に真
! または not	Aが真の場合に偽、偽の場合に真
A ? B : C	Aが真ならB、偽ならC

7-2-4 プロパティと配列

ドット演算子(.)とブラケット演算子([])を使用してオブジェクトのプロパティや配列にアクセスできます。これらを使うと構造化されたデータを簡単に扱えます。

■ プロパティ

プロパティアクセスの例を示します。

```
${person.name}
```

これはpersonというオブジェクトからnameというプロパティを取得するELです。ELインタプリタはpersonという識別子から該当するオブジェクトを取り出して、そのオブジェクトのnameプロパティを取得します[注3]。

ELインタプリタはプロパティを取得する際、オブジェクトがMapのオブジェクトであるか調べます。Mapのオブジェクトであれば、プロパティ名をMapのキーと見なしてgetメソッドを呼びます。実際に動作するJSPを示します(**リスト7.6**)。

リスト7.6 Mapオブジェクトのプロパティ取得

```
<%
  Map<String, String> person = new HashMap<>();
  person.put("name", "Bob");
  pageContext.setAttribute("person", person);
%>
${person.name}   //=> "Bob"
```

(注3) 取り出し方の詳細は後述の「**7-2-6　スコープ**」で説明します。

Web層

オブジェクトがMapのオブジェクトでなければ、JavaBeans形式のオブジェクトであると想定します。ELインタプリタは、JavaBeanのゲッターメソッドを利用してプロパティを取得します。personオブジェクトからnameプロパティの取得を正しく動作させるためには、personオブジェクトのクラスがgetNameという名前のメソッドを定義する必要があります。実際に動作するJSPを示します（**リスト7.7**）。

リスト7.7　JavaBeansオブジェクトのプロパティ取得

```
<%!
  public static class Person {
      public String getName() {
          return "Alice";
      }
  }
%>
<%
  pageContext.setAttribute("person", new Person());
%>
${person.name}　//=> "Alice"
```

なお、オブジェクトのクラスに「is+プロパティ名」という名前のメソッドが存在する場合、ELインタプリタはisメソッドを呼び出そうとします。isメソッドの返り値の型がbooleanではない場合はエラーになります[注4]。

■ ドット演算子の連結

ドット演算子はいくつでも連結できます。

```
${person.address.zipcode}
```

personオブジェクトからaddressプロパティを取得し、そのaddressプロパティから更にzipcodeプロパティを取得する、という意味です。

このようにドット演算子を連結すると、複雑に構造化されたデータを簡単に扱えます。ただし、ある特定の規則に従い構造化したデータに限ります。つまり、データを構成するオブジェクトが、前述した規則、MapのオブジェクトもしくはJavaBeans形式のオブジェクトという規則に従う必要があるからです。それ以外のオブジェクトでは、ELインタプリタがそのオブジェクトの扱い方を知らないので、正しく値を返せません。

[注4]　これはELの規則と言うより、JavaBeansの規則です。

■ 配列

配列にアクセスするためにはブラケット演算子（[]）を使用します。「配列」と言いましたが、厳密には次のものがブラケット演算子に対応しています。

- 配列
- java.util.List

例を示します。

```
<%
  pageContext.setAttribute("array", new String[] {"Bob", "Alice"});
  pageContext.setAttribute("list", java.util.Arrays.asList("Bob", "Alice"));
%>

${array[0]}  //=> Bob
${array[1]}  //=> Alice
${list[0]}   //=> Bob
${list[1]}   //=> Alice
```

添字にはELの式を使用できます。

```
${array[2-1]} //=> Alice
```

■ ブラケット演算子

ブラケット演算子は配列にアクセスする機能に加えて、一般化されたドット演算子の機能も持ちます。たとえば次の場合を考えてみてください。

```
<%
  Map<String, String> map = new HashMap<>();
  map.put("foo-bar", "123");
  pageContext.setAttribute("map", map);
%>
${map.foo-bar}
```

このJSPを実行しても「123」とは表示されません。なぜなら${map.foo-bar}はmapオブジェクトのfoo-barプロパティを取得する意味ではなく、mapオブジェクトのfooプロパティからbarオブジェクトを減算する意味になるからです。

このような場合はブラケット演算子を使用して解決します。

Web層

```
${map['foo-bar']}    //=> 123
```

添字を文字列にしたブラケット演算子はドット演算子の一般形で、ドット演算子と同様、MapのオブジェクトとJavaBeans形式のオブジェクトを扱えます。ドット演算子との違いは以下のようになります。

- プロパティ名として任意の文字列を指定できる
- プロパティ名に式を指定できる

ブラケット演算子によるプロパティ取得は冗長なコードになりやすいので、必要な時だけブラケット演算子を使用するようにしてください。

7-2-5 例外

ELの利点は多数ありますが、その中の1つに例外の扱いが簡単になる点があります。

ELの基本的な演算では、ほとんど例外が発生しません。特に強調すべきなのは、NullPointerExceptionの心配をしなくて良い点です。

次のJSPを実行してみましょう。

```
<%
  pageContext.setAttribute("foo", new HashMap<>());
%>
${foo.bar[1].hoge}
```

fooオブジェクトのbarプロパティはnullなので、nullから添字1の要素を取得してNullPointerExceptionが発生しそうです。しかし、ELインタプリタはnullを見つけた時点で評価を完了しそのままnullを返します。この仕組みにより、ELではNullPointerExceptionを心配せずにコードを書けます。これはELの記述量の減少に大きな貢献をします。

ただ、ELでも例外発生がゼロではありません。次のように算術演算の引数に数値以外のオブジェクトを渡すと例外が発生します。

```
${'x' - 3}    //=> java.lang.NumberFormatException
```

引き算の引数に渡した文字列'x'が数値形式でないために発生した例外です。データの型を理解しないで算術演算を適用すると簡単に例外が発生するので気をつけてください。

7-2-6 スコープ

以下のELを含むJSPを見てください。

```
<%-- fooの値を出力 --%>
${foo}
```

ELインタプリタはfooをどのように解決するのでしょうか。これを理解する鍵がスコープです。JSP同様、ELにもスコープの概念が存在します。

ELインタプリタはfooやbarといった識別子を見つけると、その名前の属性をスコープから取り出そうとします。上記JSPは次のJSPと同等になります。

```
<%= pageContext.findAttribute("foo") %>
```

findAttributeメソッドは以下の順序でスコープを探索し、指定した属性が存在する場合にその属性値を返します。

① ページスコープ
② リクエストスコープ
③ セッションスコープ
④ アプリケーションスコープ

これを踏まえて次のJSPの謎を解いてみましょう。

```
<c:set var="foo" value="123" />
foo は ${foo}    //=> "foo は 123" と表示
```

上記の<c:set>は次のコードと同等です。

```
<% pageContext.setAttribute("foo", "123"); %>
```

<c:set>はvar属性で指定した変数にvalue属性で指定した値を設定します。「変数」と表現しましたが、多くのアクションがそうであるように、<c:set>もスコープを利用して変数を実現しています。つまり、<c:set>はvar属性で指定した名前を使用して任意のスコープに値を設定しています。

どのスコープに設定するかはscope属性で指定でき、省略した場合はページスコープを使用します。

ELインタプリタが${foo}を評価した時点で、ページスコープにfooという属性が設定されています。ELインタプリタはページスコープから属性名fooの値123を取り出します。

7-2-7　暗黙オブジェクト

JSPと同様に、ELにも宣言なしに使用できる暗黙オブジェクトが存在します（**表7.6**）。以降で、よく使用する暗黙オブジェクトを説明します。

表7.6　使用できる暗黙オブジェクト

オブジェクト	説明
pageContext	javax.servlet.jsp.PageContextのオブジェクト
pageScope	ページスコープにアクセスするためのオブジェクト
requestScope	リクエストスコープにアクセスするためのオブジェクト
sessionScope	セッションスコープにアクセスするためのオブジェクト
applicationScope	アプリケーションスコープにアクセスするためのオブジェクト
param	リクエストパラメータにアクセスするためのオブジェクト
paramValues	リクエストパラメータにアクセスするためのオブジェクト
header	リクエストヘッダにアクセスするためのオブジェクト
headerValues	リクエストヘッダにアクセスするためのオブジェクト
cookie	クッキーにアクセスするためのオブジェクト
initParam	アプリケーションの初期化パラメータにアクセスするためのオブジェクト

■ pageScope、requestScope、sessionScope、applicationScope

pageScope、requestScope、sessionScope、applicationScopeは変数を取得する時、どのスコープから取得するかを限定したいときに使用します。これらを使用して変数の取得元のスコープを明示的に指定すると、複数のスコープに同名の変数が入っている時に上位のスコープから変数を取得できます。

```
<%
  pageContext.setAttribute("var", 1);
  request.setAttribute("var", 2);
%>
${pageScope.var}       <%-- pageスコープから1を取得 --%>
${requestScope.var}    <%-- requestスコープから2を取得 --%>
```

これにより変数名の重複によるバグを未然に防止できます。

■ param、paramValues

paramはHTTPのリクエストパラメータにアクセスするための暗黙オブジェクトです。取得するパラメータ値は単一の文字列になります。複数の値を持つパラメータを処理する時はparamValuesを使用します。取得するパラメータ値は文字列の配列になります。

```
// sample.jsp?myparam=Hello&myparam=World のURLでアクセス:
${paramValues.myparam[0]}    //=> "Hello"
${paramValues.myparam[1]}    //=> "World"
```

7-2-8　コレクション処理

表7.7の式でコレクションオブジェクトを生成可能です。

表7.7　コレクションオブジェクト生成式

文法	型	例
[要素,要素,...]	java.util.List	["Java", "Scala", "Groovy", "Clojure"]
{要素,要素,...}	java.util.Set	{"Java", "Scala", "Groovy", "Clojure"}
{キー要素:値要素,キー要素:値要素,...}	java.util.Map	{"Java":8, "Scala":2, "Groovy":2, "Clojure":1}

7-2-9　ラムダ式とストリーム処理

EL3.0でラムダ式とストリーム処理が使えます。Optional型も使えます。基本的な文法はJavaと同じなので詳細を省略します。

ストリーム処理で使う関数（**表7.8**、**表7.9**）と利用例（**リスト7.8**）を載せます。

表7.8　ストリーム処理で使う関数の型

名称	関数の型
predicate	S -> boolean
mapper	S -> R
comparator	(S, S) -> int
consumer	S -> void
binaryOperator	(S, S) -> S

表7.9　Stream<S>のメソッド

メソッド型	補足説明
Stream<S> filter((S->boolean) predicate)	predicate判定が真（trueもしくはBoolean.TRUE）の要素のみを選別
Stream<R> map((S->R) mapper)	1対1の変換処理
Stream<R> flatMap((S->Stream<R>) mapper)	1対多の変換処理
Stream<S> distinct()	重複した要素を排除
Stream<S> sorted(((p,q)->int) comparator)	ソート処理。引数は省略可能
Stream<S> peek(((S)->void)consumer)	要素に対してconsumer処理を実施
Stream<S> limit(Number count)	指定数以上の要素を排除
Stream<S> substream(Number start, Number end)	引数のendは省略可能
Object stream<S>.forEach(((S)->void)consumer)	要素に対してconsumer処理を実施する終端処理。返り値は常にnull
Iterator<S> iterator()	イテレータに変換する終端処理

S[] toArray()	配列に変換する終端処理
List toList()	リストに変換する終端処理
Optional<S> reduce(((S,S)->S) binaryOperator)	reduce処理
S reduce(S seed, ((S,S)->S) binaryOperator))	reduce処理
Optional<S> max(((p,q)->int) comparator)	最大値を取得。引数は省略可能
Optional<S> min(((p,q)->int) comparator)	最小値を取得。引数は省略可能
Optional<S> average()	平均値を取得
Number sum()	合計値を取得
Long count()	要素数を取得
Optional<boolean> anyMatch((S->boolean) predicate)	predicate判定が真になる要素を検出して打ち切り
Optional<boolean> allMatch((S->boolean) predicate)	predicate判定が全要素で真になるかを判定
Optional<boolean> noneMatch((S->boolean) predicate)	predicate判定が真になる要素がないことを判定
Optional<S> findFirst()	最初の要素を返して打ち切る

リスト7.8　ラムダ式とストリーム処理の例

```
${(n -> n * 10)(2)}  //=> 20
${{"Java", "Scala", "Groovy", "Clojure"}.stream().filter(s -> s.startsWith("J")).toList()}
//=> [Java]
${{"Java", "Scala", "Groovy", "Clojure"}.stream().findFirst().get()}   //=> Java
${{"Java", "Scala", "Groovy", "Clojure"}.stream().map(s -> s.length()).reduce(0, (l, r) -> l + r)}
//=> 22（文字列長の合計）
```

7-2-10　関数

次の形式で任意の関数を呼び出せます。

接頭辞:関数名(実引数,...)

　関数はタグライブラリの一部として提供されます。ELの仕様自体にはプリミティブな関数は1つも定義されておらず、通常は後述するJSTLの関数タグライブラリを使用します。
　taglibディレクティブでタグライブラリ使用を宣言して、EL内でタグライブラリに含まれる関数を呼び出せます。JSTLの関数タグライブラリについては「**7-3-4　関数タグライブラリ**」を参照してください。

7-2-11 暗黙の型変換

ELインタプリタは、オブジェクトを評価する時、期待される型に暗黙的に変換します。どれも自然な挙動になっているので特に気をつける必要はないでしょう。

■ オートボクシング

期待される型にオブジェクトをオートボクシング、オートアンボクシングできる場合、ELインタプリタはオブジェクトを変換します。

■ 文字列

期待される型が文字列の場合、ELインタプリタは次の規則でオブジェクトを文字列に変換します（**リスト7.9**）。

- オブジェクトがStringの場合はそのまま
- オブジェクトがnullの場合は空文字列("")
- オブジェクトがEnumの場合はname()の返り値
- オブジェクトのtoString()の返り値

リスト7.9　文字列への型変換

```
<%!
  public enum Fruit { APPLE, BANANA };
%>
<%
  pageContext.setAttribute("fruit", Fruit.APPLE);
  pageContext.setAttribute("list", java.util.Arrays.asList("A", "B", "C"));
%>
"<c:out value="${null}"/>"   //=> ""
"<c:out value="${1}"/>"      //=> "1"
"<c:out value="${fruit}"/>"  //=> "APPLE"
"<c:out value="${list}"/>"   //=> "[A, B, C]"
%>
```

■ 数値

期待される型が数値の場合、ELインタプリタは次の規則でオブジェクトを数値に変換します（**リスト7.10**）。

- オブジェクトが数値の場合
  - そのまま適切な数値型に変換
  - 期待される型がBigIntegerあるいはBigDecimalの場合はその型に変換

Web層

- オブジェクトが空文字列（nullも含める）の場合は0
- オブジェクトが文字列の場合
  - 期待される型にvalueOf()で変換
  - 期待される型がBigIntegerあるいはBigDecimalの場合はその型に変換

リスト7.10　数値への型変換

```
<%
  pageContext.setAttribute("int", 10);
  pageContext.setAttribute("string", "123");
  pageContext.setAttribute("bigInt", new java.math.BigInteger("12345678910111213 1415"));
%>
${null + 1}      //=> 1
${int + 1}       //=> 11
${string + 1}    //=> 124
${bigInt + 1}    //=> 123456789101112131416
```

■ 真偽値

期待される型が真偽値の場合、ELインタプリタは次の規則でオブジェクトを真偽値に変換します（**リスト7.11**）。

- オブジェクトが空文字列（nullも含める）はfalse
- オブジェクトが真偽値の場合はそのまま
- オブジェクトが文字列の場合はBoolean.valueOf()で変換

リスト7.11　真偽値への型変換

```
"<c:if test="${!null}">null -> false</c:if>"              //=> "null -> false"
"<c:if test="${true and !false}">Boolean</c:if>"          //=> "Boolean"
"<c:if test="${'true' and !'false'}">String -> Boolean</c:if>"   //=> "String -> Boolean"
```

7-3 JSTL

7-3-1 JSTLとは

制御構文、書式フォーマット、XML処理などの一般的な機能を定義したJSTL（JSP Standard TagLibrary）という標準タグライブラリが存在します（**表7.10**）。

本書では、コアタグ、書式タグ、関数タグの3つを説明します。

表7.10 JSTLの分類

機能	接頭辞	URI	説明
コア	c	http://java.sun.com/jsp/jstl/core	制御構文などの基本的な機能
書式	fmt	http://java.sun.com/jsp/jstl/fmt	日付や数値の書式化機能
SQL	sql	http://java.sun.com/jsp/jstl/sql	SQLの実行機能
XML	x	http://java.sun.com/jsp/jstl/xml	XMLの操作機能
関数	fn	http://java.sun.com/jsp/jstl/functions	関数ライブラリ

表7.10のタグライブラリを使うにはJSPファイルの先頭に、次のようなディレクティブを記述します。**表7.10**の機能に応じてprefixとuriを読み替えてください。

```
<%@ taglib prefix="c" uri="http://java.sun.com/jsp/jstl/core" %>
```

これらのタグライブラリに加えて、JSTLはELから使用できる関数ライブラリも定義しています。関数ライブラリについては後述します。

7-3-2 コアタグライブラリ

コアタグライブラリはJSTLの中でもっともよく使用するタグライブラリです。

■ <c:out>

<c:out>は値を出力するアクションです（**リスト7.12**）。

escapeXml属性にtrueを指定すると（デフォルトはtrue）、value属性の値をエスケープして出力します[注5]。

default属性あるいはボディを指定すると、value属性がnullの時、代わりにその値を出力します。

(注5) ELの式の結果を単に表示するだけであればJSP内にELを直接記述するだけで充分です。しかしエスケープ処理が必要であればc:outが必要です。多少宗教論争な部分もありますが、エスケープ処理の責務はMVCのうちビュー処理にあると考えるのが一般的です。

Web層

リスト7.12 `<c:out>`の利用例

```
// JSPファイルの記述:
<c:out value="Hello" />
<%
  pageContext.setAttribute("var", "World");
%>
<c:out value="${var}" />

Escape: <c:out value="<<Bob>>" escapeXml="true" />
Default: <c:out value="${os}" default="Android" />
```

```
// 結果:
Hello
World
Escape: &lt;&lt;Bob&gt;%gt;
Default: Android
```

■ `<c:set>`

`<c:set>`は変数の値を設定するアクションです。内部的には、スコープに属性を設定して変数のようなものを実現しています。

変数名はvar属性で指定します。値はvalue属性あるいはボディで指定します。

```
<c:set var="var1" value="Hello" />
<c:set var="var2">World</c:set>
${var1} ${var2}
```

```
// 結果:
Hello World
```

scope属性で変数をどのスコープに格納するかを指定できます。指定できるスコープはpage、request、session、applicationの4つです。デフォルトはページスコープです。JSP内で広いスコープの変数に値をセットするのは良い習慣ではありません。`<c:set>`を使う場合、ページスコープのみに限定すべきです。

target属性にMapオブジェクトあるいはJavaBeans形式のオブジェクトを指定すると、そのオブジェクトの状態を変更できます。しかし、MVCアーキテクチャの観点では、ビューの役割をするJSPでデータを更新すべきではありません。

```
<%
  pageContext.setAttribute("person", new HashMap<>());
%>
<c:set target="${person}" property="name" value="Bob" />
${person.name}
```

```
// 結果:
Bob
```

■ \<c:remove\>

\<c:remove\>はスコープから変数（属性）を消去するアクションです。消去する変数名をvar属性で指定し、どのスコープから消去するかをscope属性で指定します。デフォルトではページスコープから消去します。

■ \<c:if\>

\<c:if\>は条件分岐を記述するアクションです。test属性の真偽によって条件分岐を行います。test属性の値がtrueであればボディを評価し、falseであればボディを評価しません。

```
<c:set var="age" value="${16}"/>
<c:if test="${age < 20}">
You are under 20 years old.
</c:if>
```

```
// 結果:
You are under 20 years old.
```

Javaではelse ifやelseで複数の条件分岐を連続して記述できますが、\<c:if\>では単一の条件分岐しか記述できません。複数の条件分岐を記述するには次の\<c:choose\>を使う必要があります。

■ \<c:choose\>

\<c:choose\>は複数の条件分岐を記述するためのアクションです。\<c:choose\>の中に記述できる有効なアクションは\<c:when\>と\<c:otherwise\>です。\<c:when\>はJavaのifやelse ifに対応しており、\<c:otherwise\>はJavaのelseに対応しています。

\<c:when\>は\<c:if\>と同等の機能を持っており、\<c:choose\>の中に記述できる点だけが異なります。\<c:otherwise\>は\<c:choose\>の中に1つだけ記述できるアクションで、どの条件にも該当しない場合に評価されます。具体例**リスト7.13**に示します。

Web層

リスト7.13　<c:choose>を使う条件分岐

```
<c:set var="age" value="${18}"/>
<c:choose>
  <c:when test="${age < 15}">
     You are under 15 years old.
  </c:when>
  <c:when test="${age < 20}">
     You are under 20 years old.
  </c:when>
  <c:otherwise>
     You are upper 20 years old.
  </c:otherwise>
</c:choose>
```

■ <c:forEach>

<c:forEach>はコレクションあるいは特定の範囲の値に対して処理を繰り返すためのアクションです。<c:forEach>には大きく分けて3つの使い方があります。

- コレクションの全要素をなめる処理
- 特定の範囲の値に対して繰り返す処理（1から10など）
- コレクションの特定の範囲の要素をなめる処理（2番目の要素から8番目の要素など）

よく使われるのがコレクションの全要素をなめる処理です。対象コレクションをitems属性で指定し、ループ内で要素を参照する変数をvar属性で指定します（**リスト7.14**）。

items属性に渡せるオブジェクトは、配列、java.util.Collection（ListやSetなど）、java.util.Iterator、java.util.Enumeration、java.util.Map、String（カンマ区切りの文字列としてイテレーション）のいずれかです。

リスト7.14　<c:forEach>によるイテレーション処理

```
<%
  List<String> list = Arrays.asList("Apple", "Banana", "Grape");
  pageContext.setAttribute("list", list);
%>
<c:forEach var="item" items="${list}">
  Item: ${item}
</c:forEach>
```

```
// 結果:
Item: Apple
Item: Banana
Item: Grape
```

■ Mapのイテレーション

java.util.Mapを渡した場合、要素変数の型はjava.util.Map.Entryになります（**リスト7.15**）。

リスト7.15　Mapのイテレーション処理

```
<c:forEach var="entry" items="${map}">
  キーが${entry.key}、値が${entry.value}
</c:forEach>
```

■ 範囲指定

特定の範囲の値に対して繰り返す場合は、begin属性に開始値、end属性に終了値、step属性に繰り返しの増加量を指定できます。列挙中の値はvar属性で指定した変数に格納されます（**リスト7.16**）。

beginを指定したらendの指定は省略できません。stepはいつでも省略可能です。<c:forEach>のbegin属性、end属性、step属性はすべて0以上の数値である必要があります。更にend属性はbegin属性以上である必要があります。

リスト7.16　範囲指定のカウント処理

```
<c:forEach var="val" begin="1" end="5" step="2">
  ${val}
</c:forEach>
```

```
// 結果:
1
3
5
```

<c:forEach>で降順の繰り返しは記述できません。降順の繰り返しを模倣する場合、昇順で繰り返しを記述して減算で目的の値を算出します。

```
<c:forEach var="val" begin="0" end="4">
  <c:set var="val" value="${5 - val}"/>
  ${val}
</c:forEach>
```

items属性にコレクションを指定して、特定の範囲の要素に対して繰り返す場合にも、begin属性とend属性を使用できます。

■ 繰り返し中のステータス

　<c:forEach>の現在の繰り返しのステータスを取得できます。ステータスを取得するにはvarStatus属性にステータスを格納する変数を指定します。ステータスに**表7.11**に示すプロパティが存在します。

表7.11　繰り返し中のステータス

プロパティ	説明
current	現在の要素（var属性と同じ）
index	現在のインデックス
count	繰り返し回数
first	繰り返しが初回の場合はtrue
last	繰り返しが最終回の場合はtrue
begin	繰り返しの開始インデックス（begin属性と同じ）
end	繰り返しの終了インデックス（end属性と同じ）

リスト7.17に簡単な例を示します。

リスト7.17　繰り返し中のステータスの利用

```
<%
  List<String> list = Arrays.asList("Apple", "Banana", "Grape");
  pageContext.setAttribute("list", list);
%>
<c:forEach var="elem" items="${list}" varStatus="status">
  <c:if test="${status.first}">
    開始
  </c:if>
  値: ${elem}, インデックス: ${status.index}
  <c:if test="${status.last}">
    終了
  </c:if>
</c:forEach>
```

```
// 結果:
開始
値: Apple, インデックス: 0
値: Banana, インデックス: 1
値: Grape, インデックス: 2
終了
```

■ <c:forTokens>

　<c:forTokens>は文字列中のトークンに対して処理を繰り返すアクションです。<c:forEach>のitems属性にカンマ区切りの文字列を渡しても同様の結果を得られますが、<c:forTokens>の

ほうが区切り文字を任意に指定できるので高機能です。

<c:forTokens>の使い方は<c:forEach>とほとんど同じです。<c:forTokens>のitems属性には必ず文字列を指定します。またdelims属性にトークンを抽出するためのデリミタ（区切り文字）を指定する必要があります。

delims属性には複数の文字を指定できます。その場合、指定したデリミタ文字のいずれかに一致した時にトークンを分割します。<c:forEach>と同じように、begin属性とend属性で特定の範囲のトークンに対してのみ繰り返し可能です。利用例**リスト7.18**に示します。

リスト7.18　<c:forTokens>の利用

```
<c:forTokens var="d" items="2015-08-25 23:39:33" delims="-: " begin="3" end="6">
  ${d}
</c:forTokens>
```

```
// 結果:
23
39
33
```

■ <c:catch>

<c:catch>は例外を捕捉するためのアクションです。ボディ評価時に発生した例外をすべて捕捉し処理を続行します。

```
<%-- ゼロ除算でもJSPエラーにならない --%>
1 / 0 = <c:catch><%= 1 / 0 %></c:catch>
```

捕捉した例外をvar属性で指定した変数に格納できます。

```
<c:catch var="ex">
  <%= ((String) null).toString() %>
</c:catch>
<c:out value="${ex}"/>
```

```
// 結果:
java.lang.NullPointerException
```

<c:catch>は実行時例外（java.lang.RuntimeException）やエラー例外（java.lang.Error）も捕捉してしまいます。バグを隠すために<c:catch>を使わないように注意してください。

7-3-3　書式タグライブラリ

書式タグライブラリは国際化に対応したフォーマット機能を提供します。リソースバンドルからメッセージを取得したり、日付を任意の形式にフォーマットしたりできます[注6]。主な書式タグライブラリ表7.12にまとめます。

表7.12　書式タグライブラリ一覧

タグ	説明	例
`<fmt:setLocale>`	フォーマットに使用するロケールを設定。通常はページの先頭で設定	`<fmt:setLocale value="ja_JP"/>`
`<fmt:setTimeZone>`	フォーマットに使用するタイムゾーンを設定	`<fmt:setTimeZone value="Asia/Tokyo"/>`
`<fmt:setBundle>`	フォーマットに使用するリソースバンドルを設定。	`<fmt:setBundle bundle="perfectjava.bundles.perfectjava"/>`
`<fmt:message>`	現在のリソースバンドルからメッセージを取得して出力。var属性を指定しない場合は取得結果をそのまま出力。var属性を指定した場合は結果をその変数に格納	`<fmt:message key="greeting"/> //=>`出力例：こんにちは `<fmt:message var="msg" key="greeting"/>`
`<fmt:formatNumber>`	数値をフォーマット。	`<fmt:formatNumber value="12345"/> //=>`出力例：12,345
`<fmt:parseNumber>`	文字列を数値に変換。value属性に数値として扱えない文字列を指定すると例外発生。	`<fmt:parseNumber value="3.14"/> //=>`出力例：3.14
`<fmt:formatDate>`	日付オブジェクト(java.util.Date)をフォーマット。	`<jsp:useBean id="today" class="java.util.Date"/>` `<fmt:formatDate value="${today}"/> //=>`出力例：2015-08-25 23:39:33
`<fmt:parseDate>`	文字列を日付オブジェクト(java.util.Date)に変換。value属性に日付として扱えない文字列を指定すると例外発生。	`<fmt:parseDate var="date" value="2015/08/25"/>`

7-3-4　関数タグライブラリ

関数タグライブラリはELで使用できる基本的な関数を提供します。関数タグライブラリを使用するには、ページの先頭に以下のディレクティブを記述します。

```
<%@ taglib prefix="fn" uri="http://java.sun.com/jsp/jstl/functions" %>
```

主な関数タグライブラリ表7.13にまとめます。

[注6] リソースバンドルは本書で特に説明していません。国際化のための仕組みの1つで、簡単に言うと、あるキーから各国語のメッセージ文字列を引ける仕組みと考えてください。

表7.13 主な関数タグライブラリ一覧

関数	説明	例

fn:contains	文字列に部分文字列が含まれているか調べる。部分文字列が含まれているとtrue、含まれていなければfalseを返す	${fn:contains('Hello', 'ell')} //=>true
		${fn:contains('Hello', '')} //=>true
		${fn:contains('Hello', null)} //=>true
		${fn:contains(null, null)} //=>true

fn:containsIgnoreCase	文字列に部分文字列が含まれているか調べる。ただし部分文字列の大文字小文字を無視	${fn:containsIgnoreCase('Hello', 'hello')} //=>true

fn:endsWith	文字列の終端が部分文字列であるか調べる。終端が部分文字列である場合はtrue、そうでない場合はfalseを返す	${fn:endsWith('Perfect Java', 'Java')} //=>true
		${fn:endsWith('Perfect Java', '')} //=>true
		${fn:endsWith('Perfect Java', null)} //=>true

fn:escapeXml	XMLの特殊文字をエスケープ。関数呼び出しの引数、カスタムタグ呼び出しの属性でのみ使用すること。特殊文字をエスケープして出力する場合は<c:out>を使うこと	${fn:escapeXml('Java™')} //=>Java&trade;

fn:indexOf	文字列の部分文字列のインデックス（0以上の整数）を取得。見つからなかった場合は-1を返す	${fn:indexOf('abracadabra', 'ra')} //=>2
		${fn:indexOf('abracadabra', '')} //=>0
		${fn:indexOf('abracadabra', null)} //=>0

fn:join	文字列配列をセパレータ（区切り文字列）で結合。空文字列やnullもそのまま結合します。コレクションは渡せません	<% pageContext.setAttribute("array", new String[] {"foo", "", null, "bar", "", "", "."}); %> ${fn:join(array, '-')} //=> foo--null-bar---.
fn:length	コレクションや配列、文字列の長さを取得	${fn:length('Hello')} //=>5
fn:replace	文字列の部分文字列を置換	${fn:replace('2015-08-25', '-', '/')} //=>2015/08/25
fn:split	文字列をデリミタ（区切り文字列）で分割。	${fn:join(fn:split('2015-08-25 23:39:33', '-: '), ',')} //=>2015,08,25,23,39,33
fn:startsWith	文字列の先頭が部分文字列であるか調べる。先頭が部分文字列である場合はtrue、そうでない場合はfalseを返す。	${fn:startsWith('Perfect Java', 'Perfect')} //=>true ${fn:startsWith('Perfect Java', '')} //=>true

fn:substring	部分文字列を取得。引数には開始インデックスと終了インデックスを指定する。負値は文字列の最後のインデックスを意味する。	${fn:substring('Hello', 1, 3)} //=>el
		${fn:substring('Hello', 1, 0)} //=>''
		${fn:substring('Hello', 2, -1)} //=>llo

fn:substringAfter	部分文字列の後の文字列を取得。	${fn:substringAfter('abracadabra', 'abra')} //=>cadabra
fn:substringBefore	部分文字列の前の文字列を取得。	${fn:substringBefore('abracadabra', 'adab')} //=>abrac

8章　WebSocket

WebSocketはHTTPと異なる利用を想定して設計された通信プロトコルです。双方向通信とリアルタイム通信が特徴です。本章はJava EE 7のWebSocket APIを使い、WebSocketサーバアプリの開発方法を説明します。

8-1　WebSocketとは

WebSocketはRFC6455で規定されている通信プロトコルです。本書は通信プロトコルを細かく説明する書籍ではありませんが、簡単にプロトコルの仕組みを説明します。

HTTPはクライアントからリクエストを投げてサーバがレスポンスを返す通信プロトコルです。通信は必ずクライアントから始まり、サーバがレスポンスを返すとそれで終わります。キープアライブという仕組みで接続を維持したまま次のリクエストを投げられますが、サーバがリクエストと無関係にレスポンスを返す動きは存在しません。

通信の開始がクライアントから始まるのはWebSocketも同じです[注1]。ただし、WebSocketの場合、接続確立後、通信の両端（便宜上、クライアントとサーバと呼びます）が相互にいつでもデータを投げ合えます。慣例として送受信データをメッセージと呼びます。個々のメッセージは完全に独立しているので、リクエストやレスポンスという概念はありません。また明示的に接続を切らない限り、一度確立した接続はずっと維持され続けます。

この性質により、HTTPにできない芸当として、クライアントからのメッセージと無関係に、サーバからメッセージを送れます。従来のHTTPではハック的に実現していたサーバプッシュが、特別な工夫なく実現できます（コラム参照）。

通信の双方向性（対称性）がWebSocketとHTTPの最大の違いです。その他にバイナリヘッダによる軽量化も特徴です。アプリ開発者の視点ではヘッダを意識する場面はほとんどありません。

[注1]　その後の通信の対称性から言えば、通信を開始した側、ということ以外、クライアントとサーバを区別する必然性はありません。しかし、わかりやすさのため、Webブラウザ側をクライアント、アプリケーションサーバをサーバと呼びます。

8-1-1　WebSocketとURL

　WebSocket通信の開始はクライアントから始まると書きました。より正確には、WebSocketの通信はHTTP互換プロトコルで始まります。WebSocket通信を始める前のHTTP互換のやりとりをハンドシェイクと呼びます。通信プロトコルとしては奇妙な性質ですが、HTTPというデファクトの通信プロトコルが存在するWebの新プロトコルとしては妥当な性質です。ハンドシェイクの仕組みはアプリ開発者にとって本質ではないので説明を省略します。興味があればネットワークの書籍をご覧ください。

　アプリ開発者が意識すべきWebSocketの性質は、接続先を示すのがURLだという点です。ここもHTTPと共通する性質です。ただしURLの先頭の通信プロトコルを示すスキーマ部分が異なります。WebSocketのURLは ws:// または wss:// で始まります。後者はSSL/TLS版のWebSocket通信です。https:// 相当と考えれば理解できるでしょう。

　一般的なWebブラウザのアドレス欄に ws:// で始まるURLを直接入力しても何も起きません。WebブラウザからサーバにWebSocketで接続するには、JavaScriptでコードを書いて実現します。つまり ws:// で始まるURLは、Webブラウザのアドレス欄やリンク先に現れるのではなく、JavaScriptのコード内に現れます。この辺りの詳細は後ほど具体例で説明します。

COLUMN

HTTPでのサーバプッシュ通信

　HTTPを使い、サーバからのデータ送信を実現する手法が編み出されてきました。サーバ主導のデータ送信を目的とするのでサーバプッシュ通信と呼びます。技術的にはRFC6202で次の2つの手法に分類されています。

- HTTP long polling：サーバはリクエスト受信に対しすぐにレスポンスを返さずに待機。送信データが準備できたらレスポンスで返す
- HTTP streaming：サーバはレスポンスをだらだら送り続ける（HTTP1/1の場合、Chunked Transferという仕組みを使う）

下記のような固有名詞の技法もあります。

- W3C Server-Sent Events：HTTP streamingを使う
- Comet：HTTP long pollingを使う

HTTP自身はサーバから通信を開始できないプロトコルなので、どれも苦し紛れの手法になります。WebSocketが使える環境であればこれらは時代遅れの手法になります。

8-1-2　WebSocketとHTTP

一般に、WebSocketはサーブレットアプリと連携して動作します。理屈で言えば、リクエストとレスポンスという縛りがある分、HTTPのほうが制約の強いプロトコルです。より制約の弱いWebSocketに飛びつきたくなる人もいるかもしれません。しかし、WebSocketへの過剰な依存はお勧めしません。HTTPの持つ制約が多少不自由に見えても、多くの場合、妥当な制約だからです。

本書の推奨は、HTTPでできる範囲はHTTPでやる、です。HTTPが不得意な部分、特に双方向のリアルタイム通信のみにWebSocketを使う方針とします。

より現実的な話をすると、接続状態が長く維持する性質から、WebSocketのプログラミングはHTTPより難しくなります。作りにもよりますが、一般的にメモリ使用量が増加するリスクもあります。WebSocketはHTTPを代替するプロトコルではなく補完するものと考えてください。

8-2　簡単なWebSocketアプリ

本書では、WebSocket APIを使うWebアプリをWebSocketアプリと呼ぶことにします。簡単なWebSocketアプリのコードを紹介します。アプリ名は myws とします。**リスト8.1**にサーバ側のコード例を示します（ファイル配置は**図8.1**を参照）。

図8.1　ファイルの配置場所

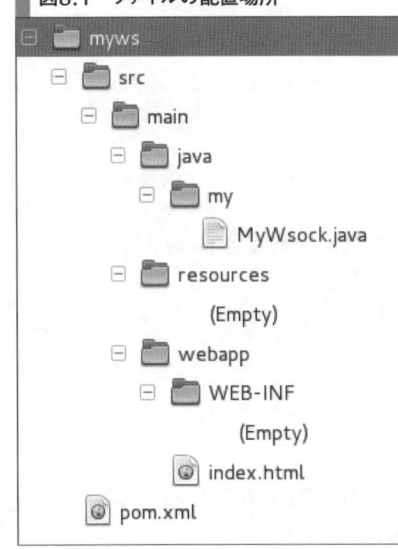

リスト8.1　WebSocketアプリの例

```java
package my; // パッケージ名は任意（後述のコードではpackage文を省略します）

// 紙幅の節約のため、後述のコードから類似のimport文の記述を省略していきます
import java.io.IOException;
import java.io.UncheckedIOException;
import javax.websocket.Session;
import javax.websocket.EndpointConfig;
import javax.websocket.server.ServerEndpoint;
import javax.websocket.OnMessage;
import javax.websocket.OnOpen;
import javax.websocket.OnClose;
import javax.websocket.OnError;
import javax.websocket.CloseReason;

@ServerEndpoint("/my") // 必須アノテーション
public class MyWsock { // クラス名は任意
    @OnMessage
    public void onMessage(Session session, String msg) {
        try {
            session.getBasicRemote().sendText(msg);
        } catch (IOException ex) {
            throw new UncheckedIOException(ex);
        }
    }

    @OnOpen
    public void onOpen(Session session, EndpointConfig conf) { }

    @OnClose
    public void onClose(Session session, CloseReason reason) { }

    @OnError
    public void onError(Session session, Throwable error) { }
}
```

　ビルドとデプロイの方法はサーブレットアプリと同じです。

　サーブレットアプリであれば、デプロイ後にWebブラウザでURLにアクセスすれば動作確認可能です。一方、WebSocketアプリの場合、Webブラウザで単にアクセスするだけではWebSocket通信は始まりません。代わりに、最初にHTTPでアクセスするページを用意し、そのページにWebSocket通信を始めるJavaScriptコードを記述する必要があります。

　通信プロトコルの視点で見ると、**リスト8.1**のようなWebSocketアプリがWebSocketのサーバに当たり、JavaScriptのコードがWebSocketクライアントに当たります。

8-2-1　JavaScriptコード

JavaScriptで書いたWebSocketクライアントコードを含むHTMLファイルの例を示します（**リスト8.2**）。本書はJavaScriptの書籍ではないので、クライアント側のコードは必要最小限にしています。

index.htmlのファイル名でソースツリーのwebappディレクトリの直下に配置してください。こうすればhttp://localhost/myws/ のURLでWebブラウザからアクセスできます。

Webブラウザでこのページにアクセスすると、JavaScriptコードの実行が始まり、そのままWebSocket通信を開始します。

リスト8.2　WebSocketのJavaScriptコードの例（index.htmlファイル）

```
<html>
<head>
<script type="text/javascript">
    var url = 'ws://' + location.host + location.pathname + 'my';
    //↑ 'my'はリスト8.1の @ServerEndpoint("/my") と対応
    var webSocket;

    function onInit() { // 画面表示の初期コールバック
        document.getElementById('message').addEventListener('keypress', onPress);
        open();
    }

    function open() {
        webSocket = new WebSocket(url);
        webSocket.onopen = onOpen;
        webSocket.onmessage = onMessage;
        webSocket.onclose = onClose;
        webSocket.onerror = onError;
    }

    function onOpen(event) { // WebSocket通信開始のコールバック
        show('connected');
    }

    function onMessage(event) { // WebSocketメッセージ受信のコールバック
        if (event && event.data) {
            show(event.data);
        }
    }

    function onError(event) { // WebSocketエラーのコールバック
        alert('error: ' + event);
    }
```

```
    function onClose(event) { // WebSocket通信終了のコールバック
        alert('disconnected. (' + event.code + ')');
    }

    function onPress(event) { // テキスト入力欄へのキータイプイベントのコールバック
        if (event && event.which == 13) { //Enterキーの判定
            var message = document.getElementById('message').value;
            if (message && webSocket) {
                webSocket.send('' + message);
                document.getElementById('message').value = '';
            }
        }
    }

    function show(message) {
        document.getElementById('echo').value += '\n' + message;
    }
</script>
</head>
<body onload="onInit()">
<h1>websocket echo</h1>
  <input type="text" id="message" size="100" /><hr/>
  <textarea id="echo"></textarea>
</body>
</html>
```

8-2-2　WebSocketコードの読解

■ サーバサイド（リスト8.1）

　自作クラスに@ServerEndpointアノテーションを付与すると、そのクラスがWebSocketのサーバ処理のエントリポイントになります。WebSocketの世界ではこのようなクラスをEndPointクラスと呼びます。言うまでもありませんが、EndPointクラスをWebSocketコンテナ（GlassFishなどのアプリケーションサーバ）にデプロイした場合に限ります。

　@ServerEndpointアノテーションのvalue要素で、WebSocketのアクセスURLのパスを指定します。value要素の指定は必須です。

　アクセスURLは、サーブレットアプリと同じルールで決まります。つまりコンテナ自身のホスト名、WebSocketアプリのアプリ名、そして@ServerEndpointアノテーションの要素値で決まります。たとえば、**リスト8.1**のWebSocketアプリ名は myws なので、WebSocketのアクセス先URLは ws://localhost/myws/my になります。

　EndPointクラスはイベントに対するコールバックメソッドを持ちます。メソッドにWebSocket APIの規格で決まったアノテーションを付与すると、それらはコールバックメソッ

Web層

ドになります。@OnOpenや@OnMessageなどのアノテーションです。メソッド名は開発者が自由に付けられます。**リスト8.1**はonというプレフィックスで始まるメソッド名に統一していますが、プレフィックスは必須ではありません。

付与したアノテーションごとにイベントが決まっています。@OnOpenであればWebSocket通信の開始イベント、@OnMessageであればメッセージ受信時のイベントです。それぞれのイベント発生時にコンテナがこれらのコールバックメソッドを呼びます。開発者の視点で見れば、コールバックメソッドに必要な処理を記述すればWebSocketアプリとしての動作を実装できます。

もっとも大事なコールバックメソッドが@OnMessageを付与したメソッドです。@OnMessageを付与したメソッドは、2番目の引数msgで受信メッセージを受けとります。

session.getBasicRemote().sendText(msg)は送信処理です。sessionオブジェクトのgetBasicRemoteメソッドで、通信相手を表現するオブジェクトが手に入ると考えてください。受信イベントのコールバックメソッド内なので、これはWebSocketメッセージを送ってきたWebブラウザへの通信口と考えてください。この通信口に対してsendTextメソッドを呼ぶとメッセージを送信できます。**リスト8.1**は受信メッセージをそのまま返すので、Webブラウザから見ると、サーバへ向けて送ったメッセージがそのまま同内容で返ってきます。

■ クライアントサイド（リスト8.2）

bodyタグのonload属性で指定したonInit関数が画面を開いた最初に呼ばれます。WebSocketのクライアント側に必要な処理はonInit関数からすべて始まります。

JavaScriptのコードを見る前にHTMLの構成要素を先に見ておきます。inputタグとtextareaタグがあります。inputタグ要素はテキスト入力欄です。利用者がこのテキスト入力欄に任意の文字列を入力してEnterキーを押すと、入力文字列をWebSocketでサーバに送る仕様です。

textareaタグ要素は、WebSocketサーバから送られてくる文字列を表示する領域です。

JavaSctiptコードを見てみます。コードは、WebSocket関連のコードと画面操作まわり（テキスト入力欄のEnterキー押下のイベントを拾ったり、サーバからの受信文字列をtextareaに表示する処理です）の2つに大別されます。

WebSocket関連のコードはonInit関数から呼ばれるopen関数に集約しています。new WebSocket(url)でWebSocketオブジェクトを生成します。JavaScriptの世界にWebSocketというクラスがあると考えてください。オブジェクト生成時にWebSocketサーバのURLを引数で渡します。

JavaScript世界のWebSocketクラスにも、Java側と似たコールバック関数があります[注2]。JavaScriptの場合、アノテーションではなく名前で役割が決まります。onopenやonmessageなどです。なお、サーバ側のJavaのコールバックメソッドと対称なのは偶然ではなく、WebSocket

---

（注2）　Javaは慣習的にメソッド、JavaScriptでは関数と呼びます。本書の文脈ではどちらの用語を使っても大差ありませんが、慣習でJavaScriptの説明文では関数という用語を使います。

通信の対称性を反映した結果です。

リスト8.2は、onOpenやonMessageなどのコールバック関数を定義して、onopenやonmessageプロパティにセットします。onOpenやonMessageなどの関数名は開発者が自由に付けられます。

onMessage関数以外はたいした処理を書いていないので説明を省略します。onMessage関数はWebSocketメッセージを受信した時に呼ばれるコールバック関数です。引数のeventオブジェクトのdataプロパティで受信メッセージを取得できます。

画面操作まわりのJavaScriptコードを簡単に説明します。onPress関数は、テキスト入力欄に利用者が文字をキータイプした時に呼ばれるコールバック関数です。タイプしたのがEnterキーであれば、WebSocketオブジェクトのsend関数を呼びます。send関数を呼ぶと引数のメッセージをサーバに送信します。使うWebSocketオブジェクトはopen関数内で作成したオブジェクトと同一です。**リスト8.2**では少々手抜きをしてグローバル変数で参照を渡しています。

8-3 WebSocket API

WebSocket APIはアノテーションAPIとプログラマブルAPIの2種類あります。APIの説明の前に用語を**表8.1**にまとめます。

表8.1 重要なWebSocket API用語

用語	説明
EndPoint	WebSocket通信の両端。Javaのコード上は、自分側（ローカル）の端点を示すEndPointと相手側（リモート）の端点を示すEndPointの2つ存在する
Session	WebSocketの接続状態。1つのSessionにはローカルとリモートの2つのEndPoint（端点）が必ず存在する

表8.1の用語とWebSocketアプリのコードの対応を直感的に説明すると次のようになります。

本書定義のWebSocketアプリは、WebSocket通信のサーバに当たります。開発者はサーバ側のEndPoint用クラスを定義します。WebSocket通信が開始すると、コンテナがこのクラスのオブジェクトを生成します。同時にコンテナはSessionオブジェクトも生成します。SessionインターフェースはWebSocket APIで定義されたインターフェースで、実装クラスの具象定義もコンテナが提供するものです（開発者が独自に実装するものではありません）。

SessionオブジェクトのgetBasicRemoteメソッドなどの呼び出しでリモート側のEndPointオブジェクトを取得できます。このEndPointオブジェクトに送信処理を行うと、クライアントに当たるWebブラウザに向けて送信処理を行えます。

Web層

8-3-1 アノテーションAPIの使い方

アノテーションAPIを使うコード例は**リスト8.1**で見ました。自作のクラスに@ServerEndpointアノテーションを付与すると、そのクラスがEndPointクラスになります。本書では、EndPointクラスのインスタンスをEndPointオブジェクトと呼びます。

@ServerEndpointアノテーションのvalue要素でURLを指定します。value要素は必須です。他の要素については必要に応じて説明していきます。

EndPointオブジェクトはいわばWebSocketサーバのエントリポイントです。役割はサーブレットオブジェクトとほぼ同じです。

サーブレットクラスと違い、EndPointクラスに特定の基底クラスはありません。代わりに、メソッドにアノテーションを付与してメソッドの役割を指定します。**表8.2**の4つのアノテーションが利用可能です。これらのアノテーションを付与したメソッドは、WebSocket通信の特定のタイミングでコンテナから呼ばれるコールバックメソッドになります。コンテナから見える必要があるのでpublicメソッドにします。本書ではこれらのメソッドを便宜上、イベントハンドラメソッドと呼びます(注3)。

個々のEndPointクラス単位で見ると、イベントハンドラメソッドの実体数は種類ごとに1つもしくは存在しない、のいずれかです。イベントハンドラメソッドのメソッド名は任意です。開発者が自由に名前を付けられます。

表8.2 EndPointクラスのメソッドに使えるアノテーション

アノテーション	説明	メソッドの引数の制約（表8.3以外の共通制約以外）
OnOpen	WebSocket接続開始時	1つのEndpointConfig型オブジェクト（なくても良い）。
OnClose	WebSocketの接続終了時	1つのCloseReason型オブジェクト（なくても良い）
OnMessage	WebSocketのメッセージ受信時	表8.8のテキスト型、または表8.9のバイナリ型、またはjavax.websocket.PongMessage型オブジェクト
OnError	WebSocketのエラー発生時	1つのThrowable型オブジェクト（必須）

典型的なEndPointクラスは、@OnOpenアノテーションを付与したメソッドで初期処理をし、@OnMessageアノテーションを付与したメソッドで個々の通信メッセージに対する受信処理をします。

@OnMessageアノテーションを付与したメソッドは、引数で受信メッセージを受け取れます。引数の型を適切に決めたり、後述するデコード処理を使うことで、WebSocket受信メッセージを様々なオブジェクトとして受信可能です。

多くのWebSocketアプリは、何からのメッセージに反応して何かを返信する形になるため、通常、@OnMessageアノテーションを付与したメソッドが受信処理後の送信処理も行います。

EndPointクラスがどんなメソッドを持つかは開発者の自由ですが、一般的に、@OnMessage

(注3) WebSocket APIのマニュアルではlifecycleメソッドという呼び名を使っています。わかりやすい名前に思えないので、本書ではイベントハンドラメソッドと呼びます。

のメソッドは必要になります。受信メッセージに反応しないWebSocketアプリは一般的ではないからです。

あえて例外的に存在するとすれば、サーバから一方的にプッシュのみを行うWebSocketアプリです。この場合、@OnOpenのメソッドで必要な準備をし、なんらかの内部的なイベント処理（タイマー処理など）でプッシュ送信する構成のコードになります。

■ イベントハンドラメソッドの型

イベントハンドラメソッドの引数には、一定の制約の範囲で自由度があります。共通する制約を**表8.3**に、個々のメソッドごとの制約を**表8.2**の最後のカラムで示します。これらの制約の範囲であれば、引数の数や型や並びの順序は開発者が自由に定義できます。なお、@PathParamアノテーションについては後述します。

@OnMessageアノテーション以外のイベントハンドラメソッドに返り値はありません。@OnMessageアノテーションのメソッドの場合、返り値のあるメソッド定義とないメソッド定義の両方が可能です。メソッドに返り値があると、返り値がWebSocketメッセージとしてクライアントに送信されます。返り値に使える型は、後述する「**8-4-4　送信処理**」で説明します。

表8.3　イベントハンドラメソッドの引数の共通制約

引数の制約	説明
1つのSession型オブジェクト	なくても良い
@PathParamアノテーションを付与した引数	String型、基本型、数値ラッパー型のいずれか。複数可能。なくても良い

8-3-2　プログラマブルAPIの使い方

プログラマブルAPIを使うEndPointクラスはEndpoint抽象基底クラスを拡張継承して作ります（**リスト8.3**）。

Endpointクラスは3つのメソッドを持ちます。onOpen、onClose、onErrorの3つです。このうちonOpenメソッドのみが抽象メソッドなので、オーバーライドが必須です。それぞれのメソッドの型（各引数および返り値の型）は**リスト8.3**を参照してください。

3つのメソッドはそれぞれ、WebSocketの通信開始、通信終了、エラー発生のタイミングでコンテナからコールバックされます。

アノテーションAPIと対比すると、EndPointクラスにonMessageメソッドがあっても良さそうに思えますが、存在しません。代わりにMessageHandler.WholeインターフェースあるいはMessageHandler.PartialインターフェースにonMessageメソッドがあります。開発者はどちらかのインターフェースを実装したクラスを自作します。そしてこのクラスのオブジェクトをSessionオブジェクトに登録します。登録するにはSessionオブジェクトのaddMessageHandlerメソッドを使います。こうすると、このオブジェクトのonMessageメソッドがメッセージ受信イベントのコールバックメソッドになります。

Web層

　onMessageメソッドの引数には、WebSocketの受信メッセージが渡ってきます。MessageHandler.Wholeはジェネリック型のインターフェースで、型変数でonMessageメソッドの引数の型が決まります。

リスト8.3　プログラマブルAPIを使うEndPointクラス

```java
import java.io.IOException;
import java.io.UncheckedIOException;
import javax.websocket.Endpoint;
import javax.websocket.Session;
import javax.websocket.EndpointConfig;
import javax.websocket.MessageHandler;
import javax.websocket.CloseReason;

public class MyWsock extends Endpoint {    // クラス名は任意
    @Override    // onOpenメソッドのオーバーライドは必須
    public void onOpen(final Session session, EndpointConfig config) {
        session.addMessageHandler(new MessageHandler.Whole<String>() {
            @Override
            public void onMessage(String msg) {
                try {
                    session.getBasicRemote().sendText(msg);
                } catch (IOException ex) {
                    throw new UncheckedIOException(ex);
                }
            }
        });
    }

    // onCloseメソッドとonErrorメソッドのオーバーライドは任意
    @Override
    public void onClose(Session session, CloseReason closeReason) {}

    @Override
    public void onError(Session session, Throwable thr) {}
}
```

　アノテーションAPIを使った場合、@ServerEndpointアノテーションを付与しただけで、起動時にコンテナが自動的にクラスを検出します。そして、クラスを@ServerEndpointアノテーションのvalue要素のURLと関連づけてくれます。

　一方、プログラマブルAPIを使う場合、**リスト8.3**を見てわかるように、これだけではまだURLと関連づけられていません。別途、関連付けの処理を書く必要があります。この処理はなんらかの初期化処理で実施する必要があります。通常、サーブレットAPIの初期化処理の中で実施します。例を**リスト8.4**に示します。

WebSocket対応のコンテナの場合、アプリケーションスコープの属性として、ServerContainerオブジェクトを取得できます。属性名はWebSocketの規格で、"javax.websocket.server.ServerContainer"と決まっています。

　取得したServerContainerオブジェクトにServerEndpointConfigオブジェクトを登録します。ServerEndpointConfigオブジェクトは、EndPointオブジェクトとURLを関連づけるオブジェクトです。生成方法は**リスト8.4**を参考にしてください。

リスト8.4　リスト8.3のEndPointクラスの登録

```java
import javax.servlet.annotation.WebListener;
import javax.servlet.ServletContextListener;
import javax.servlet.ServletContext;
import javax.servlet.ServletContextEvent;
import javax.websocket.server.ServerEndpointConfig;
import javax.websocket.server.ServerContainer;
import javax.websocket.DeploymentException;

@WebListener
public class InitListener implements ServletContextListener {
    @Override
    public void contextInitialized(ServletContextEvent sce) {
        ServletContext ctx = sce.getServletContext();
        ServerContainer serverContainer =
            (ServerContainer)ctx.getAttribute("javax.websocket.server.ServerContainer");
        ServerEndpointConfig config =
            ServerEndpointConfig.Builder.create(MyWsock.class, "/my").build();
        try {
            serverContainer.addEndpoint(config);
        } catch (DeploymentException ex) {
        }
    }

    @Override
    public void contextDestroyed(ServletContextEvent sce) { }
}
```

8-3-3　EndPointクラスのオブジェクト生成

　EndPointクラスのオブジェクト生成はコンテナの役割です。この構造はサーブレットクラスと同じです。アノテーションAPIであろうとプログラマブルAPIであろうと事情は同じです。

　EndPointオブジェクトは個々のセッションごとに生成されます。同じセッションという用語で、かつ概念も類似していますが、HTTPの世界、つまりサーブレットの世界のセッションとは別物なので注意してください。WebSocketの世界のセッションは、TCPレベルの接続状態に対

Web層

応する状態です。直感的には、1つのクライアント（Webブラウザ側のJavaScriptコード）ごとに1つのEndPointオブジェクトと考えてください。

　複数セッションに対してはサーバが複数スレッドで並行処理しますが、特定のセッションの通信は1つのスレッドだけが処理します。このためEndPointオブジェクトの同期処理は考慮不要です。

8-3-4　URLマッピング

　開発者は、EndPointクラスを特定の1つのURLと関連づける必要があります。この関連付けをURLマッピングと呼びます。この辺りの構造はサーブレットと同じです。

　アノテーションAPIを使う場合、URLマッピングは@ServerEndpointアノテーションのvalue要素の文字列で指定します。プログラマブルAPIを使う場合、**リスト8.4**のようにURL文字列とEndPointクラスを関連づけます。

　指定URL文字列は、スラッシュ文字から始まる必要があります。末尾のスラッシュ文字は無視されます。

　URLマッチは、文字列の完全一致もしくは次のURLテンプレート機能による部分一致です。URLテンプレート機能を使わない限り完全一致のみで、前方一致やデフォルトマッチの機能はありません。

■ URLテンプレート

　URLテンプレートは部分マッチでURLマッピングできる機能です[注4]。アノテーションAPIを使う場合に使える機能です。

　URLマッピングの文字列指定の中に{ }という中カッコで囲った文字列を使うとURLテンプレート機能を使えます。たとえば次のように使います。

```
@ServerEndpoint("/my/{id}")
```

　このように指定したURLテンプレートには、/my/1 や /my/123 や /my/foo などの具体的な実URLがマッチします。中カッコの部分がワイルドカードマッチになると考えると理解しやすいでしょう。

　中カッコは複数指定可能なので、@ServerEndpoint("/my/{id}/{id2}")のような指定や、@ServerEndpoint("/my/{id}/foo/{id2}")のような指定も可能です。

　URLテンプレート指定のURLマッピングが存在すると、特定の実URLが複数のEndPointク

[注4] JAX-RSのURLテンプレートと類似の機能ですが、WebSocket APIのURLテンプレートのほうが表現力の低いURLテンプレートです。たとえば{ }内で正規表現は使えません。

ラスにマッチする可能性があります。たとえば /my/foo/bar という実URLは "/my/foo/{id}" と "/my/{id}/bar" の両方にマッチします。

マッチは下記の優先順により一意に決定するようになっています。

① 完全一致が最優先
② URLテンプレートを使うパス要素ごとに左から右に見て、完全一致マッチが多いほうを優先

上記の優先順を使うと、/my/foo/bar という実URLは、"/my/{id}/bar" ではなく "/my/foo/{id}" にマッチして、このURLテンプレートに関連づいたEndPointクラスを使います。

■ URLテンプレートのマッチ部分文字列の取得

URLテンプレートを指定したEndPointクラスの場合、イベントハンドラメソッドの引数でURLパスのマッチ部分文字列を取得可能です。

マッチ部分文字列を引数で受け取るには、引数に@PathParamアノテーションを付与します(**リスト8.5**)。@PathParamアノテーションを付与した引数の順序に制約はないので、どの順序でもかまいません。

@PathParamアノテーションのvalue要素は必須で、URLテンプレート内の変数名を指定します。変数とは{}内のワードで、たとえば"/my/{id}"であれば"id"です。

リスト8.5のEndPointクラスは、リクエストURLが /my/ で始まり、任意の文字列(スラッシュ文字以外)が続く場合のエントリポイントとなります。onMessageイベントハンドラメソッドの引数のidValueにURLの{}にマッチする部分文字列が渡ってきます。

@PathParamアノテーションを付与できる引数の型は、String型、基本型、数値ラッパー型です。引数の型が基本型もしくは数値ラッパー型で、マッチ部分文字列から数値への変換ができない場合、該当する引数を持つイベントハンドラメソッドが呼ばれないので注意してください。この時、onErrorイベントハンドラメソッドが呼ばれます。onErrorメソッドの引数にjavax.websocket.DecodeExceptionオブジェクトが渡ってきます。これで型変換のエラーを検出可能です[注5]。

リスト8.5 @PathParamアノテーションでURLテンプレートのマッチ部分文字列を取得

```
import javax.websocket.server.PathParam;

@ServerEndpoint("/my/{id}")
public class MyWsock {
    @OnMessage
    public void onMessage(Session session, @PathParam("id") String idValue, String msg) {
        try {
```

(注5) onErrorイベントハンドラメソッドにも@PathParamアノテーションを付与した引数を指定可能です。この引数で型変換が失敗すると捕捉されないDecodeException例外が発生するので使用は避けてください。

```
            session.getBasicRemote().sendText(idValue + ">" + msg);
        } catch (IOException ex) {
            throw new UncheckedIOException(ex);
        }
    }
}
```

8-3-5　Sessionオブジェクト

　SessionオブジェクトはWebSocket接続状態ごとに1つのインスタンスが存在します。サーバ側の視点で見ると、クライアントと1対1に対応するオブジェクトです。

　開発者が実装するEndPointオブジェクトは、Sessionオブジェクトから各種情報を取得したり実行を指示したりします。

　Sessionのオブジェクト生成はコンテナが行います。アプリ側は、コールバックメソッドの引数としてオブジェクトを受け取ります。アノテーションAPIを使う場合、コールバックメソッドにSession型の引数を指定すると、オブジェクト参照を受け取れます。

　プログラマブルAPIを使う場合、Endpoint基底クラスのonOpenメソッドやonCloseメソッドなどの引数で参照を受け取れます。ただ、MessageHandler.WholeインターフェースのonMessageメソッドの引数ではSessionオブジェクトを受け取れません。必要であればMessageHandler.Wholeオブジェクトに参照を引き渡す必要があります。たとえば**リスト8.3**の場合、MessageHandler.Wholeインターフェースの実装クラスが匿名クラスなので、外側のスコープのSessionオブジェクトをそのまま共有しています。

■ Sessionオブジェクトの利用方法

　Sessionオブジェクトの機能は多いので分類して説明します。まずURL情報取得に関係するメソッドを**表8.4**にまとめます。クエリパラメータの意味を忘れた人は、「サーブレット」の章を復習してください。

　HTTPの場合、URLのクエリパラメータが文字どおり、問い合わせのパラメータ（引数）になる場面が多いですが、WebSocketの場合、URLは通信の識別子以上の情報はあまり持ちません。このため**表8.4**のメソッドの活用場面は多くありません。

表8.4　SessionインターフェースのURL関連メソッド

メソッド	説明
URI getRequestURI()	クエリパラメータも含めたリクエストURL全体をURIオブジェクトで取得
String getQueryString()	クエリパラメータも含めたリクエストURL全体を文字列で取得
Map<String,List<String>> getRequestParameterMap()	クエリパラメータおよびURLテンプレートの部分文字列を、名前と値のマップで返す
Map<String,String> getPathParameters()	クエリパラメータおよびURLテンプレートの部分文字列を、名前と値のマップで返す。URLが多値のクエリ値であっても1つの値のみ

プログラマブルAPIを使う場合、メッセージハンドラオブジェクトを指定するためにSessionオブジェクトを使います。具体例は**リスト8.3**で見ました。Sessionインターフェースの関連メソッドを**表8.5**に示します。

メッセージハンドラオブジェクトはMessageHandlerインターフェースを実装継承するオブジェクトです。少々複雑ですが、MessageHandlerインターフェースを直接継承するのではなく、サブインターフェースを実装継承します。MessageHandlerのサブインターフェースとして、MessageHandler.Whole<T>とMessageHandler.Partial<T>が存在します。開発者がどちらかのインターフェースの実装クラスを定義して、そのオブジェクトを**表8.5**のメソッドでSessionオブジェクトにセットする必要があります。

表8.5　Sessionインターフェースのメッセージハンドラ関連メソッド

メソッド	説明
void addMessageHandler(MessageHandler handler)	メッセージハンドラの追加
Set<MessageHandler> getMessageHandlers()	メッセージハンドラ一覧の取得
void removeMessageHandler(MessageHandler handler)	メッセージハンドラの削除

SessionインターフェースのWebSocket通信関連メソッドを**表8.6**に示します。通信の各種情報を設定および取得可能です。初期値のデフォルト値は、（後述する）WebSocketContainerオブジェクトで設定、取得できます。

表8.6　SessionインターフェースのWebSocket通信関連メソッド

メソッド	説明
long getMaxIdleTimeout()	WebSocket通信のタイムアウト値（ミリ秒）の取得。0もしくは負数はタイムアウトなし。タイムアウト期間中に送受信メッセージがなければコンテナが通信をクローズする。
void setMaxIdleTimeout(long milliseconds)	WebSocket通信のタイムアウト値（ミリ秒）の設定
int getMaxTextMessageBufferSize()	受信可能なテキストの最大サイズを取得。単位はバイト(byte)
void setMaxTextMessageBufferSize(int length)	受信可能なテキストの最大サイズを設定。単位はバイト(byte)
int getMaxBinaryMessageBufferSize()	受信可能なバイナリの最大サイズを取得。単位はバイト(byte)
void setMaxBinaryMessageBufferSize(int length)	受信可能なバイナリの最大サイズを設定。単位はバイト(byte)

その他の有用なメソッドを**表8.7**にまとめます。それぞれ別の節で説明します。

Web層

表8.7 Sessionの他の節で説明するメソッド

メソッド	説明する節
Map<String,Object> getUserProperties()	「8-4-9 状態管理」で説明
Set<Session> getOpenSessions()	「8-4-8 ブロードキャスト送信」で説明
boolean isOpen()	「8-4-8 ブロードキャスト送信」で説明
void close()	「クローズ処理」で説明
void close(CloseReason closeReason)	「クローズ処理」で説明
WebSocketContainer getContainer()	「**WebSocketContainerオブジェクト**」で説明
RemoteEndpoint.Basic getBasicRemote()	「8-4-4 送信処理」で説明
RemoteEndpoint.Async getAsyncRemote()	「8-4-4 送信処理」で説明

■ クローズ処理

多くの場合、WebSocket通信の終了(クローズ)は、リモート主導です。つまり利用者がWebブラウザのタブや画面を閉じたり、他のサイトへ移るなどして通信が終了します。アプリ側はonCloseイベントハンドラメソッドでクローズを検出可能です。接続クローズの要因は他にも途中のネットワークやプロキシなど様々あります。

onCloseイベントハンドラメソッドの引数に、CloseReasonオブジェクトが渡ってきます。CloseReasonオブジェクトのgetCloseCodeメソッドでenum型のCloseReason.CloseCode定数を取得可能です。WebSocketプロトコルの規格に合わせて定義された、クローズ理由の定数です。

サーバからWebSocket接続を明示的にクローズしたい場合もあります。この場合、Sessionオブジェクトのcloseメソッドを呼びます。

closeメソッドは、引数なしメソッドと引数ありメソッドがあります。引数ありの場合の引数は1つで、CloseReason.CloseCodesです。引数なしのcloseメソッドを使う場合、CloseReason.CloseCodes.NORMAL_CLOSUREになります。この定数以外は、たいていがエラー値になります。必要に応じて適切なエラーコードを使ってください。

■ WebSocketContainerオブジェクト

表8.6で見たようにSessionごとにバッファサイズの上限やタイムアウト値を設定できますが、WebSocketContainerオブジェクトを使うと、Sessionに共通する初期値のデフォルト値を設定できます。

SessionオブジェクトのgetContainerメソッドを使うとWebSocketContainerオブジェクトを取得できます。WebSocketContainerオブジェクトはWebSocketContainerインターフェースの実装オブジェクトです。シングルトンオブジェクトであり、生成はコンテナが行います。

■ Sessionオブジェクトと複数スレッド

WebSocketコンテナは接続(セッション)1つごとにスレッドを割り当てます。この観点だけで見ると、1つのSessionオブジェクトを使うのは1つのスレッドのみです。

しかし、あるWebSocket通信の処理中に他のWebSocket接続のクライアントへ送信する処理

は存在します。具体例は後ほどブロードキャスト送信で紹介します。この結果、複数スレッドが1つのSessionオブジェクトを参照し利用する場合が存在します。

この場合でも開発者はSessionオブジェクトの同期処理は考慮不要です。Sessionオブジェクト自身が内部で同期処理をするからです。

8-4 受信処理と送信処理

8-4-1 受信処理

onMessageイベントハンドラメソッドの引数で、受信メッセージを受けとります。これがWebSocketアプリの受信処理の基本です。

WebSocketを通信プロトコルの観点で見ると、受信メッセージは単なるバイト列（テキストもしくはバイナリ）です。単なるバイト列のまま受信も可能ですが、アプリケーションを開発する上では、バイト列を適切に解釈してJavaのオブジェクトとして受信できるほうが便利です。

アノテーションAPIの場合、@OnMessageアノテーションを付与したメソッドの引数の型次第で、コンテナが自動的にバイト列から必要な型に変換してくれます。プログラマブルAPIの場合、MessageHandler.Whole<T>がジェネリック型なので、型変数として与えた型に応じて、コンテナが同様に型変換をしてくれます。

コンテナが自動的に型変換できる型を**表8.8**と**表8.9**にまとめます。コンテナが自動的に型変換できない型の場合、型変換処理をデコーダとして実装すれば、受信できるようになります。デコーダについては「**8-4-3 カスタムペイロード**」で説明します。

表8.8 コンテナが自動的に型変換できる文字列型

型
String
基本型
数値ラッパー型
java.io.Reader

表8.9 コンテナが自動的に型変換できるバイナリ型

型
byte[]
java.nio.ByteBuffer
java.io.InputStream

基本型もしくは数値ラッパー型の場合、自動的に型変換できない文字列がありえます。その場合、onErrorイベントハンドラメソッドが呼ばれます。メソッドにはDecodeExceptionオブジェクトが引数で渡ってきます。

8-4-2　分割受信

受信メッセージのサイズが大きい場合、メッセージを一度にメモリに展開するとメモリ使用量が瞬間的に跳ね上がります。同時に複数のクライアントからの受信処理をする時に望ましい動作ではありません。また、すべてのメッセージが揃うまで処理できないため、応答性能の劣化につながる可能性もあります。

これを防ぐもっとも簡易な手法は、I/Oストリーム型を使う方法です。**表8.8**のReader型や**表8.9**のInputStream型の使用です。

別の手法として複数回に分割したコールバック呼び出しがあります。プログラマブルAPIを使う場合、MessageHandler.Partialオブジェクトを使います。MessageHandler.PartialオブジェクトのonMessageメソッドにはboolean型のlast引数があります。この引数はフラグ変数で、分割呼び出しの最後の呼び出し時のみ値が真になります。

アノテーションAPIを使う場合、受信メッセージの引数型がStringもしくはbyte[]の場合、boolean型のlast引数を指定可能です。last引数の意味はMessageHandler.Partialの場合と同じです。

8-4-3　カスタムペイロード

WebSocketの受信メッセージのそのものは、単なるテキストもしくはバイナリの列です。この列に構造化した意味を持たせるのは、WebSocketアプリ開発者の責任です。通信プロトコルの視点で見ると、WebSocketの上位の通信プロトコルの設計に相当します。

自前で設計せず、なんらかの標準プロトコル（コラム参照）を使うのは1つの考えです。標準プロトコルは一般的な解法ゆえのいくつかの制約を持つのが普通だからです。

自前設計の簡易な手法は、JSONもしくはXMLなどの構造化テキストで意味を持たせる手法です。Webブラウザ上で動くクライアント側のコードは一般にJavaScriptで記述するので、JSONのほうが好まれます。

たとえJSONでやりとりすると決めても、メッセージをString型オブジェクトのまま取り回すのは面倒です。JSON文字列から内部的なJavaオブジェクトに変換するほうが小回りが利くからです。本書ではこのような役割のJavaオブジェクトをDTOオブジェクトと呼びます。DTOはData Transfer Objectの略称で、データを運ぶ役割に特化したオブジェクトをこう呼ぶ慣習があります。

文字列もしくはバイナリ列からDTOオブジェクトへの変換処理をデコーダとしてWebSocketコンテナに登録できます。こうすると、コンテナが自動的に変換してくれます。

■ デコーダクラス

具体例で説明します。まず自作のDTOクラスであるMyMssageクラスを定義します(**リスト8.6**)。

リスト8.6　簡単なDTOクラス

```java
public class MyMessage {
    private String value;

    public MyMessage(String value) {
        this.value = value;
    }

    @Override
    public String toString() {
        return "myMsg: " + value;
    }
}
```

受信文字列からMyMessageオブジェクトを生成する処理をデコーダクラスとして記述します(**リスト8.7**)。デコーダはDecoder.Text<T>インターフェースもしくはDecoder.TextStream<T>インターフェースを実装継承して作成します。バイナリ列のデコーダであれば、Decoder.Binary<T>インターフェースもしくはDecoder.BinaryStream<T>インターフェースを実装します。

COLUMN

WebSocket上のメッセージングプロトコル

本文に書いたようにWebSocketそのものは通信プロトコルとして見ると低レイヤで、非構造化したメッセージしか送れません。構造化した意味を持たせるのはアプリ開発者の責任ですが、いくつか標準的なプロトコルおよび人気のある実装があります。

下記の比較ページはWebSocketを下位プロトコルとして利用するものしないものが混在していますが、一例です。

http://wamp.ws/compared/

上位プロトコルとしてはSTOMP、実装としてはsocket.ioが良く知られていますが、この分野はまだ流動的なためデファクトと言えるものはありません。

Web層

これらの継承元インターフェースはジェネリック型です。自作デコーダの継承元の型引数には、変換先のDTOクラスを指定します。今回の例であればDecoder.Text<MyMessage>になります。

デコーダクラスのオブジェクト生成はコンテナが行います。セッションごとにオブジェクトを生成し、かつ他のセッションと共有する必要がないので、1つのオブジェクトは複数スレッドから使われません。このため同期処理の考慮は不要です。

デコーダクラスで実装すべきメソッドは、init、destroy、decode、willDecodeの4つのメソッドです。initとdestroyはオブジェクト生成時と破棄時に呼ばれるコールバックメソッドです。

メッセージを受信すると、コンテナがデコードの必要性を判断します。必要性は、onMessageイベントハンドラメソッドの引数の型で判断します。MyMessage型オブジェクトを受け取るonMessageメソッドであれば、コンテナは**リスト8.7**のwillDecodeメソッドを呼び出します。

デコーダクラスの作者は、willDocodeメソッドでデコードの可否を判断する必要があります。willDecodeメソッド引数の文字列として受信メッセージが渡ってくるので、デコード可能な文字列であれば真を返し、不可能であれば偽を返します。偽を返した場合、コンテナは次の候補のデコーダクラスを探します。

真を返した場合、コンテナはデコーダオブジェクトのdecodeメソッドを呼びます。引数には同じく受信文字列が渡ってきます。decodeメソッドの返り値はDTOオブジェクトです。この返り値のオブジェクトがonMessageイベントハンドラメソッドに渡ります。

リスト8.7のwillDocodeメソッドは、受信文字列がJSON文字列であると期待しています。JSON APIで文字列をパースして、"val"という名前のメンバーの存在をチェックします。valというメンバーが存在すれば、その値を使ってDTOクラスであるMyMessageオブジェクトを生成します。

decodeメソッドで同じ処理を書いてもいいのですが、無駄なのでwillDecodeで生成したDTOオブジェクトを使いまわします。複数スレッドから呼ばれないため、この方法で問題ありません。

リスト8.7　自作デコーダクラス

```java
import java.io.StringReader;
import javax.json.Json;
import javax.json.stream.JsonParser;
import javax.websocket.EndpointConfig;
import javax.websocket.DecodeException;
import javax.websocket.Decoder;

public class MyMessageDecoder implements Decoder.Text<MyMessage> {
    private MyMessage msg;
    private Exception internalException;

    @Override
    public void init(EndpointConfig ec) { }
```

```java
    @Override
    public void destroy() { }

    @Override
    public MyMessage decode(String string) throws DecodeException {
        if (willDecode(string)) {
            return msg;
        } else {
            throw new DecodeException(string, "cannot decode", internalException);
        }
    }

    @Override
    public boolean willDecode(String string) {
        boolean result = false;
        try (JsonParser parser = Json.createParser(new StringReader(string))) {
            while (parser.hasNext()) {
                JsonParser.Event event = parser.next();
                if (event == JsonParser.Event.KEY_NAME) {
                    String key = parser.getString();
                    if (key.equals("val")) {
                        parser.next();
                        String value = parser.getString();
                        msg = new MyMessage(value);
                    }
                }
            }
            return true;
        } catch (Exception ex) {
            internalException = ex;
            return false;
        }
    }
}
```

デコーダクラスをコンテナに登録するには、**リスト8.8**のように@ServerEndpointアノテーションのdecoders要素を使います。decoders要素にクラスを指定して設定します。

コンテナはこの指定およびonMessageイベントハンドラメソッドの引数の型を見て、デコーダクラスを使うべきかを判断します。

1つのEndPointクラスに複数のデコーダクラスを登録可能です。複数設定した場合、記述した順にデコードを試み、デコードに成功したら残りのデコーダクラスを無視します。

Web層

リスト8.8　アノテーションAPIによるデコーダクラスの登録

```java
@ServerEndpoint(value = "/my", decoders = {MyMessageDecoder.class})
public class MyWsock {
    @OnMessage
    public void onMessage(Session session, MyMessage msg) {
        try {
            session.getBasicRemote().sendText(msg.toString());
        } catch (IOException ex) {
            throw new UncheckedIOException(ex);
        }
    }
}
```

　プログラマブルAPIの場合、ServerEndpointConfig.Builderクラスのdecodersメソッドでデコーダクラスを設定できます。ServerEndpointConfig.BuilderオブジェクトはServerEndpointConfig.Builderのcreateクラスメソッドで取得できます。取得の具体例は**リスト8.4**を参照してください。decodersメソッドの呼び出しのコード例は省略します。

　リスト8.7のデコーダクラスに対応するJSONメッセージを送信するクライアント側のJavaScriptコードを**リスト8.9**に示します。**リスト8.2**からの変更点です。

リスト8.9　JSONを送信するJavaScriptのコード（リスト8.2からの変更点）

```javascript
function onPress(event) {
    if (event && event.which == 13) { //Enterキーの判定
        var message = document.getElementById('message').value;
        if (message && webSocket) {
            webSocket.send(JSON.stringify({val: message})); // 変更点
            document.getElementById('message').value = '';
        }
    }
}
```

8-4-4　送信処理

送信処理には次の2つの手段があります。

- アノテーションAPI利用時、onMessageイベントハンドラメソッドの返り値で送信メッセージを返す
- RemoteEndpointオブジェクトのsendメソッドなどを呼び出して送信する

　前者は受信処理を契機とした送信処理にしか使えない制限がありますが、簡易な動作確認には便利です。返り値に使える型は、String、ByteBuffer、byte[]、基本型、数値ラッパー型、およ

び後述するエンコーダ処理を明示した型です。

後者は一般的に使える送信処理の手法です。以降、本書ではこちらを説明します。
RemoteEndPointオブジェクトはRemoteEndPointインターフェースを実装したクラスのオブジェクトです。サブインターフェースである、RemoteEndpoint.BasicまたはRemoteEndpoint.Asyncインターフェースのいずれかを実装します。前者は同期I/O、後者は非同期I/Oで送信処理をします。コンテナがクラスおよびオブジェクトを提供するので、開発者はオブジェクトを取得して使えば良いだけです。

RemoteEndPointオブジェクトは、SessionオブジェクトのgetBasicRemoteメソッドもしくはgetAsyncRemoteメソッドで取得できます。RemoteEndPointオブジェクトのオブジェクト生成はコンテナの責務です。

8-4-5 同期送信処理

RemoteEndpoint.Basicインターフェースの代表的なメソッドを**表8.10**に示します。
sendTextメソッドの利用は**リスト8.2**、setObjectメソッドの利用は後述する「**8-4-7 カスタムペイロード**」で説明します。

表8.10 RemoteEndpoint.Basicインターフェースの代表的なメソッド

メソッド	説明
void sendText(String text)	文字列の送信
void sendText(String partialMessage, boolean isLast)	文字列の分割送信。 isLast引数が真であれば分割の終端
void sendBinary(ByteBuffer data)	バイナリ列の送信
void sendBinary(ByteBuffer partialByte, boolean isLast)	バイナリ列の分割送信。 isLast引数が真であれば分割の終端
Writer getSendWriter()	文字I/Oストリームの取得。 I/Oストリームへ書き込むと送信処理になる
OutputStream getSendStream()	バイトI/Oストリームの取得。 I/Oストリームへ書き込むと送信処理になる
void sendObject(Object data)	オブジェクトの送信。 指定エンコーダクラス（後述）があればオブジェクトから文字列への変換に利用。なければtoStringメソッドで文字列へ変換して送信

8-4-6 非同期送信処理

RemoteEndpoint.Asyncインターフェースの代表的なメソッドを**表8.11**に示します。

表8.11 RemoteEndpoint.Asyncインターフェースの代表的なメソッド

メソッド	説明
void sendText(String text, SendHandler handler)	文字列の送信。 送信結果はコールバックで受け取る
Future<Void> sendText(String text)	文字列の送信。 送信結果はFutureオブジェクトから取得する
void sendBinary(ByteBuffer data, SendHandler handler)	バイナリ列の送信。 送信結果はコールバックで受け取る
Future<Void> sendBinary(ByteBuffer data)	バイナリ列の送信。 送信結果はFutureオブジェクトから取得する
void sendObject(Object data, SendHandler handler)	オブジェクトの送信。 送信結果はコールバックで受け取る
Future<Void> sendObject(Object data)	オブジェクトの送信。 送信結果はFutureオブジェクトから取得する

これらは非同期送信処理なので、メソッド呼び出しはすぐにリターンします。リターンの段階では実際の送信処理はまだ完了していません。裏で送信処理が継続します。送信の成功もしくはエラーはメソッドの返り値以外の手段で判定します。

この判定はSendHandler型のコールバックもしくはFutureオブジェクトで行います。SendHandlerインターフェースは次のようにonResultメソッド1つだけのインターフェースです。

```java
public interface SendHandler {
    void onResult(SendResult result)
}
```

onResultメソッドはコールバックメソッドで、送信処理の完了時にコールバックされます。成功かエラーかの判定には、コールバックの引数に渡ってくるSendResultオブジェクトを利用します。SendResultオブジェクトのisOKメソッドの返り値の真偽で判定できます。

開発者は必要なコールバックメソッドを実装したSendHandlerオブジェクトを生成し、**表8.11**のメソッドを呼び出します。SendHandlerオブジェクトはメソッドが1つなのでラムダ式で記述可能です。ラムダ式でSendHandlerオブジェクトを記述した例を**リスト8.10**に示します。

リスト8.10 非同期送信処理（SendHandlerをラムダ式で記述）

```java
@ServerEndpoint("/my")
public class MyWsock {
    @OnMessage
    public void onMessage(Session session, String msg) {
```

```
            session.getAsyncRemote().sendText("foo", result -> {});
        }
    }
```

　Futureオブジェクトが返り値のメソッドを使う場合、FutureオブジェクトのisDoneメソッドの呼び出しで送信完了を判定可能です。Futureオブジェクトを使うコード例は省略します。

　送信結果に関心がない場合、単にsendTextメソッドなどを呼び出し、返り値のFutureを無視すれば充分です。

　現実で言うと、WebSocketの送信失敗の原因はたいてい通信切断などのネットワーク要因です。この場合、送信失敗の検出後にリトライしても成功する見込みはあまりありません。送信保証を適切に実装したいのであれば、無理に自力でリトライ処理を書くのではなく、上位のメッセージングプロトコルの導入を検討してください（「**コラム　WebSocket上のメッセージングプロトコル**」参照）。

8-4-7　カスタムペイロード

　WebSocketの送信メッセージそのものは、単なるテキストもしくはバイナリの列です。受信メッセージ同様、自作エンコーダクラスを用意するとJavaオブジェクトから構造化メッセージに自動的に変換して送信が可能になります。

　受信処理と同様、内部JavaオブジェクトをDTOオブジェクトと呼び、構造化メッセージのフォーマットとしてJSONを使います。

　エンコーダクラスをコンテナに登録しておき、**表8.10**および**表8.11**のsendObjectメソッドの引数にDTOオブジェクトを渡して呼び出すと、コンテナがエンコーダクラスを使いJSON文字列にして送信処理をしてくれます。

■ エンコーダクラス

　DTOクラスは**リスト8.6**のMyMessageクラスを使いまわします。MyMessageオブジェクトからJSON文字列を生成するエンコーダクラスを**リスト8.11**に示します。

　文字列用のエンコーダはEncoder.Text<T>インターフェースもしくはEncoder.TextStream<T>インターフェースを実装継承して作成します。バイナリ列のエンコーダであれば、Encoder.Binary<T>インターフェースもしくはEncoder.BinaryStream<T>インターフェースを実装します。

　継承元インターフェースはジェネリック型です。自作エンコーダの継承元の型引数には、変換元のDTOクラスを指定します。今回であればEncoder.Text<MyMessage>になります。

　エンコーダクラスで実装すべきメソッドは、init、destroy、encodeの3つのメソッドです。initとdestroyはオブジェクト生成時と破棄時に呼ばれるコールバックメソッドです。

Web層

　sendObjectメソッドの呼び出し時に、引数の型に応じて、コンテナが必要なエンコーダの encodeメソッドを呼び出します。

　エンコーダクラスのオブジェクト生成はコンテナが行います。セッションごとにオブジェクトを生成し、かつ他のセッションと共有する必要がないので、1つのオブジェクトは複数スレッドから使われません。このため同期処理の考慮は不要です。

リスト8.11　自作エンコーダクラス

```java
import java.io.StringWriter;
import javax.json.Json;
import javax.json.JsonObject;
import javax.json.stream.JsonGenerator;
import javax.websocket.EncodeException;
import javax.websocket.Encoder;
import javax.websocket.EndpointConfig;

public class MyMessageEncoder implements Encoder.Text<MyMessage> {

    @Override
    public void init(EndpointConfig ec) { }

    @Override
    public void destroy() { }

    @Override
    public String encode(MyMessage msg) throws EncodeException {
        StringWriter sw = new StringWriter();
        try (JsonGenerator jsonGen = Json.createGenerator(sw)) {
            jsonGen.writeStartObject()
                .write("val", msg.toString())
                .writeEnd();
        }
        return sw.toString();
    }
}
```

　エンコーダクラスをコンテナに登録するには、**リスト8.12**のように@ServerEndpointアノテーションのencoders要素にクラスを指定して設定します。1つのEndPointクラスに複数のエンコーダクラスを登録可能です。

リスト8.12 自作エンコーダクラスをEndPointクラスに登録

```java
@ServerEndpoint(value = "/my", encoders = MyMessageEncoder.class)
public class MyWsock {
    @OnMessage
    public void onMessage(Session session, String s) {
        try {
            MyMessage msg = new MyMessage(s);
            // 内部でエンコーダクラスを使いMyMessageオブジェクトからJSON文字列を生成
            session.getBasicRemote().sendObject(msg);
        } catch (IOException|EncodeException ex) {
            throw new RuntimeException(ex);
        }
    }
}
```

JSON文字列を受信する側のJavaScriptコードを**リスト8.13**に示します。

リスト8.13 JSONを受信するJavaScriptのコード（リスト8.2からの変更点）

```javascript
function onMessage(event) {
    if (event && event.data) {
        show(JSON.parse(event.data).val);
    }
}
```

8-4-8　ブロードキャスト送信

　WebSocket通信のサーバからクライアントへのプッシュ通信を生かす典型的な処理が、多数のクライアントへのブロードキャスト送信です。特定のクライアントからサーバにメッセージが届くと、サーバは他の接続クライアントに向けてメッセージを送信します。チャットアプリを想像すると動作は理解しやすいでしょう。

　ブロードキャスト送信を実現するには、サーバ側で接続クライアント一覧取得が必要です。一覧情報はSessionオブジェクトのgetOpenSessionsメソッドで得られます。getOpenSessionsメソッドはレシーバオブジェクト（メソッドを呼び出すオブジェクト）を含めて、コンテナが管理するすべてのSessionオブジェクト群を返します。

　Sessionオブジェクト個々に対して送信処理を実行すれば、結果としてブロードキャスト送信になります。コード例を**リスト8.14**に示します。タイミングによってはWebSocket通信のクローズ処理中のSessionオブジェクトが含まれるので、isOpenメソッドで通信可能かをチェックしてから送信します。

Web層

リスト8.14　ブロードキャスト処理

```java
@ServerEndpoint("/my")
public class MyWsock {
    @OnMessage
    public void onMessage(Session session, String msg) {
        try {
            for (Session sess : session.getOpenSessions()) {
                if (sess.isOpen()) {
                    sess.getBasicRemote().sendText(msg);
                }
            }
        } catch (IOException ex) { /* 省略 */ }
    }
}
```

8-4-9　状態管理

サーブレットアプリの章で状態管理の説明をしました。スコープを上手く活用してオブジェクトの可視性と寿命を制御できる話です。

WebSocketアプリはスコープという用語を使いませんが、**表8.12**の範囲で類似の制御が可能です。

表8.12　状態管理の範囲

範囲	説明	利用オブジェクト
Session	セッション単位。事実上はクライアント単位	Sessionオブジェクト
EndPoint	アクセスURL単位	EndpointConfigオブジェクト

一番小さいスコープがセッション単位の状態管理です。セッションという用語がサーブレットアプリの用語と混乱しますが、異なる概念を指しているので注意してください。ただし、結果としてWebSocketのセッションはクライアントのWebブラウザと1対1に対応するので、サーブレットアプリのセッションと似たような関係になります。

セッションごとの状態管理のために使うメソッドはSessionインターフェースのgetUserPropertiesメソッドです。次のようにマップを返すメソッドです。

```
Map<String,Object> getUserProperties()
```

次のようにキーバリューのペアをこのマップにセットおよびゲットできます。

```
session.getUserProperties().put("foo", "bar"); // キーが"foo"で値が"bar"
String val = (String)session.getUserProperties().get("foo"); // キー"foo"で値を引く
```

同一のURLにアクセスする複数のセッションの間で共有できる状態管理があります。EndpointConfigオブジェクトを使います。EndpointConfigオブジェクトのgetUserPropertiesメソッドがMap<String,Object>を返します（**リスト8.15**）。

EndpointConfigオブジェクトの取得は、OnOpenコールバックメソッドの引数で渡ってくるのでそれを使います。

複数セッションで共有するので複数スレッドからのアクセスを考慮した同期処理が必要です。適切な同期処理は開発者の責務です。

リスト8.4でServerEndpointConfigオブジェクトを使いましたが、ServerEndpointConfigクラスはEndpointConfigクラスを継承しているので同じように利用できます。

リスト8.15　EndpointConfigオブジェクトを使う状態管理

```
@ServerEndpoint("/my")
public class MyWsock {
    @OnOpen
    public void onOpen(Session session, EndpointConfig conf) {
        conf.getUserProperties().put("foo", "bar");
    }
}
```

8-4-10　サーブレットアプリと共存

WebSocketアプリとサーブレットアプリは共存可能です。将来的にWebSocketしかサポートしないアプリケーションサーバが登場するかもしれませんが、本書執筆時点で、ほとんどのWebSocketコンテナはサーブレットコンテナも兼ねているので、同一サーバで両方をサポートできます。

HTTPとWebSocketはどちらもURLでアクセスポイントを識別しますが、通信プロトコルが異なるので、URLのパスの衝突を心配する必要はありません。

■ ログインユーザ情報の共有

WebSocketアプリとサーブレットアプリは相互に独立してコードを書けます。同一コンテナ上で動いていれば、裏側で同じオブジェクトを共有したり同じデータソースにアクセス可能です。

ログインが必要なWebアプリの場合、サーブレットアプリとWebSocketアプリでログインユーザ情報の共有が必要になります。通常、サーブレットアプリでログイン（認証）を行うので、別の言い方をすると、サーブレット側でのログインユーザの情報をWebSocketアプリでいかにアクセスするか、という話になります。

サーブレットアプリの多くはログインユーザの状態をサーブレットセッションで管理します。その前提で、WebSocketアプリからサーブレットセッションにアクセスする方法を説明します。

Web層

サーブレットアプリ側で**リスト8.16**のようにログイン処理したとします。Webブラウザから /login のパスのURLにアクセスするとこの処理が走ります。認証処理は省略して、単にHttpSessionの属性としてログイン成功の状態をセットします。その後、/index.html のパスのURLにフォワードします。このHTMLファイルの中身は**リスト8.2**を想定してください。つまりレスポンスであるHTML内のJavaScriptでWebSocket通信が始まります。

リスト8.16　ログイン処理の模倣（サーブレットアプリ）

```
@WebServlet("/login")
public class MyServlet extends HttpServlet {
    @Override
    protected void doGet(HttpServletRequest req, HttpServletResponse resp)
        throws ServletException, IOException {
        HttpSession sess = req.getSession(true); // サーブレットセッションオブジェクト生成
        sess.setAttribute("auth", Boolean.TRUE);
        //↑ サーブレットのセッションスコープにログイン済みフラグをセット
        req.getRequestDispatcher("/index.html").forward(req, resp);
    }
}
```

サーブレットアプリと共存するEndPointクラスが**リスト8.17**です。ポイントは@ServerEndpointアノテーションのconfigurator要素です。configurator要素の値のMyConfigクラスを先に見てみます。

MyConfigクラスは**リスト8.18**です。ServerEndpointConfig.Configuratorクラスを拡張継承して開発者が自作するクラスです。@ServerEndpointアノテーションのconfigurator要素で指定されると、コンテナがEndPointオブジェクトごとにMyConfigオブジェクトを生成し、かつWebSocket通信開始時、OnOpenコールバック関数呼び出しの前にmodifyHandshakeメソッドをコールバックします。つまり開発者がmodifyHandshakeメソッドをオーバーライドすると、OnOpenコールバックメソッドへの割り込み処理を記述できます。

modifyHandshakeメソッドに渡ってくる引数の1つがHandshakeRequestオブジェクトです。このオブジェクトのgetHttpSessionメソッドを呼ぶと、サーブレットのHttpSessionオブジェクトを取得できます。EndPointクラスにこのオブジェクトを渡すため、ServerEndpointConfigオブジェクトの属性としてHttpSessionオブジェクトをセットします。

リスト8.17に話を戻します。OnOpenコールバックメソッドの中で、引数で渡ってくるEndpointConfigオブジェクトの属性からHttpSessionオブジェクトを取得します。EndpointConfigクラスはServerEndpointConfigクラスの基底クラスで、引数のEndpointConfigオブジェクトは**リスト8.18**のServerEndpointConfigオブジェクトと同一だからです。

HttpSessionオブジェクトを取得できれば、後はサーブレットアプリの流儀で処理できます。**リスト8.16**と対応させるなら、セッションスコープの中の"auth"属性が真であればログイン済みと見なせます。

リスト8.17　サーブレットセッションを使うEndPointクラス

```java
@ServerEndpoint(value = "/my", configurator = MyConfig.class)
public class MyWsock {
    @OnMessage
    public void onMessage(Session session, String msg) {
        try {
            session.getBasicRemote().sendText(msg);
        } catch (IOException ex) { /* 省略 */ }
    }

    @OnOpen
    public void onOpen(Session session, EndpointConfig conf) {
        HttpSession httpSession =
            (HttpSession) conf.getUserProperties().get(HttpSession.class.getName());
        if (httpSession != null && httpSession.getAttribute("auth") != null) {
            System.out.println("authenticated");
        } else {
            System.out.println("not authenticated");
            try {
                session.close();
            } catch (IOException ex) { /* 省略 */ }
        }
    }
}
```

リスト8.18　modifyHandshakeメソッドでOnOpenコールバックメソッドへ割り込む

```java
import javax.websocket.HandshakeResponse;
import javax.websocket.server.HandshakeRequest;

public class MyConfig extends ServerEndpointConfig.Configurator {
    @Override
    public void modifyHandshake(ServerEndpointConfig sec, HandshakeRequest request,
                                HandshakeResponse response) {         // 実際は一行
        super.modifyHandshake(sec, request, response);
        HttpSession httpSession = (HttpSession)request.getHttpSession();
        if (httpSession != null) {
            sec.getUserProperties().put(HttpSession.class.getName(), httpSession);
        }
    }
}
```

Web層

9章 JSF（基礎編）

Java EEでWebアプリケーションを開発をするとき、Web画面を構築する選択肢の1つにJSF（JavaServer Faces）があります。基礎編では、JSFの仕組みや、特徴の1つであるコンポーネントを中心とした定義方法について解説していきます。

9-1 JSFとは

　JSF（JavaServer Faces）は、UIコンポーネントを中心にWebアプリケーションのビューを構築する技術です。コンポーネント（component）とは、一般的に「構成要素」や「部品」を意味します。

　JSFでは、テキストやボタンなど、Webユーザインターフェースを構成する要素をコンポーネントとみなします。コンポーネントを中心に考えて、UI操作によるイベントドリブンな処理やUIコンポーネントの再利用性を意識した仕様となっています。

　JSFの歴史は表9.1のようになっています。Java EE 5において初めてJSF 1.2が採用されました。当初のJSF 1.X系では機能的に足りない面や定義に手間がかかるなど、使い勝手があまり良くないものでした。

　その後、Java EE 6ではEoD（Ease of Development）を目指し、JSF 2.0において、多くの改善や機能追加が行われました。Java EE 7ではJSF 2.2となり、継続的に機能拡張が行われています。

　本書の執筆時点で、次のJSF 2.3にあたるJSR 372のEarly Draft Reviewが完了しています。なお、JSFの参照実装（Reference Implementation）はMojarra[注1]です。その他の実装としてApache MyFaces[注2]があります。

表9.1　JSFの歴史

バージョン	対応するJSR	リリース年
JSF 1.0	JSR 127	2004年3月（Final Release）
JSF 1.1	JSR 127	2004年5月（Final Release 2）
JSF 1.2	JSR 252	2006年5月（Final Release）
JSF 2.0	JSR 314	2009年7月（Final Release）
JSF 2.1	JSR 314	2010年11月（Maintenance Release 2）
JSF 2.2	JSR 344	2013年5月（Final Release）

[注1] https://javaserverfaces.java.net/
[注2] https://myfaces.apache.org/

JSFのアーキテクチャはMVC（Model-View-Controller）構成に基づいています。Modelが管理Bean、ViewがFacelets、ControllerがFacesServletに該当し、**図9.1**のような構成となります。

図9.1　JSFのMVC構成

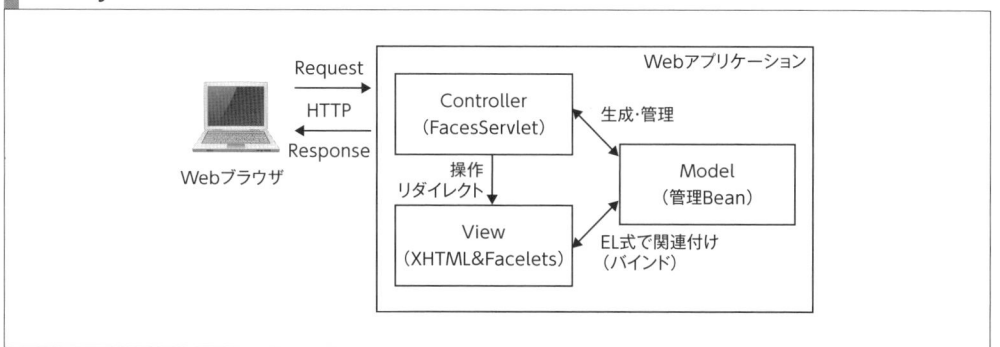

ブラウザからWebアプリケーションへアクセスすると、サーバサイドではまず初めにControllerであるFacesServletがHTTPリクエストを受け付けます。

FacesServletは「**9-5　ライフサイクル**」で後述するJSFのライフサイクルに基づいて、Modelである管理Beanの生成や破棄を行い、Viewとなるページを構築します。最後にサーバサイドで生成したHTMLをレスポンスとしてWebブラウザへ返します。

ControllerであるFacesServletはJSFによって提供されます。そのため、開発者はあまり意識する必要はありません。開発者はViewとなるFaceletsとModelとなる管理Beanを作成します。

ViewではFaceletsと呼ばれるテンプレートエンジンを利用して、通常XHTMLにて定義します。Modelである管理Beanは、主にViewのコンポーネントと関連する値や処理を定義します。ViewとModelの対応付けはEL式を利用します。

9-1-1　JSFアプリケーションの作成

MVC構成やJSFの機能を確認するため、簡単なTodo登録のWebアプリケーションをJSFで作成します。本節では次の開発環境を想定します。IDEはJava EEの開発を始めやすいNetBeansを選択しています。

- NetBeans 8.0.2
- JDK 8 u60
- GlassFish 4.1

NetBeansを起動して「ファイル」メニューの「新規プロジェクト」を選択します（**図9.2**）。カテゴリ「Maven」、プロジェクト「Webアプリケーション」を選択し「次へ」で進みます（**図9.3**）。

Part 3 Web層

図9.2　新規プロジェクトの作成

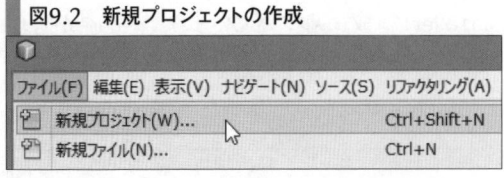

図9.3　MavenのWebアプリケーション選択

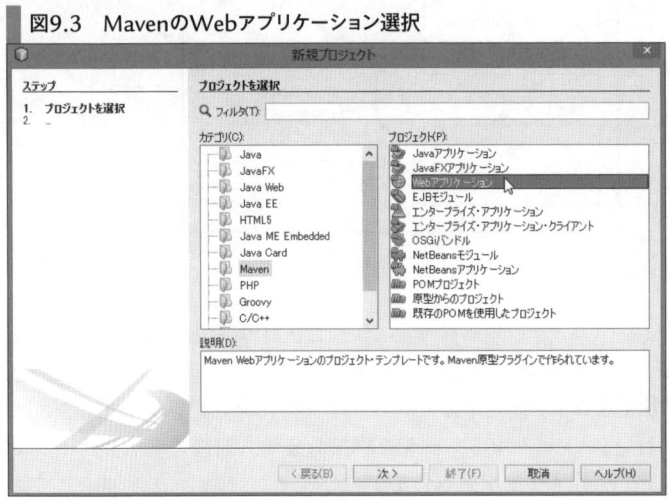

　プロジェクト名やグループID、バージョンなどは自由です。ここではプロジェクト名をTodoApp、グループIDをperfect.javaee、バージョン1.0とします（**図9.4**）。

図9.4　プロジェクト情報登録

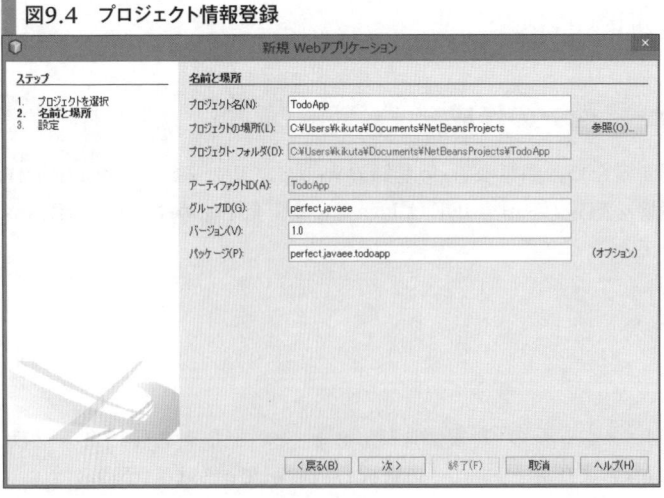

サーバでGlassFish Server 4.1が選択されていることを確認します。また、Java EEバージョンはJava EE 7 Webで進み（**図9.5**）、プロジェクトが作成されたら完了です（**図9.6**）。

図9.5　アプリケーションサーバとJava EEバージョンの選択

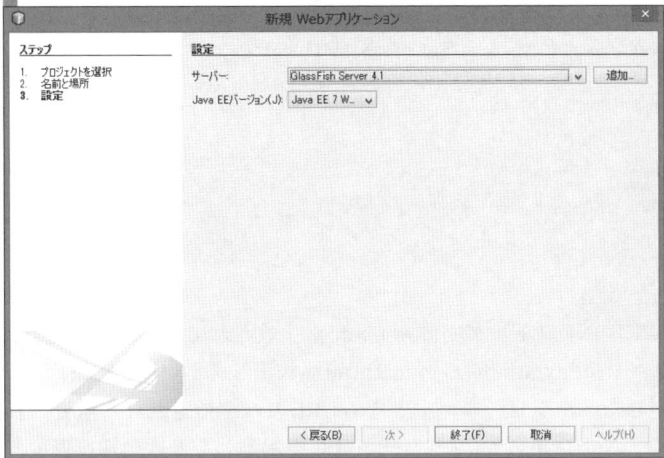

図9.6　作成されたTodoアプリケーションのプロジェクト

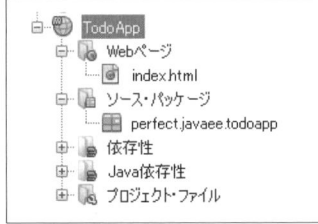

自動作成されたindex.htmlは一旦削除します。Webページのフォルダを右クリックして「新規」、「その他」を選びます。カテゴリ「JavaServer Faces」、ファイル・タイプ「JSFページ」を選択してファイル名に「todo」と入力します。これでtodo.xhtmlが作成されます。

todo.xhtmlを開いて、**リスト9.1**の定義を行います。

リスト9.1　todo.xhtmlの定義

```
<?xml version='1.0' encoding='UTF-8' ?>
<!DOCTYPE html>
<html xmlns="http://www.w3.org/1999/xhtml"
      xmlns:h="http://xmlns.jcp.org/jsf/html">
    <h:head>
        <title>Todoリスト</title>
```

Web層

```
    </h:head>
    <h:body>
        <h:form id="frm">
            <h:outputLabel value="Todoを入力してください" />
            <h:inputText value="#{todoBean.todo}" />
            <h:commandButton value="追加" action="#{todoBean.add()}" />
            <h:dataTable id="dtList" var="t" value="#{todoBean.listTodo}">
                <h:column>
                    <h:outputText value="#{t}" />
                </h:column>
            </h:dataTable>
        </h:form>
    </h:body>
</html>
```

　todo.xhtmlを作成した時点でWEB-INFフォルダ内にweb.xmlが生成されています。web.xmlを開いて、<welcome-file-list>タグをindex.htmlからtodo.xhtmlへ修正します（**リスト9.2**）。
　<welcome-file-list>タグで指定したページは、ルートとなるURLのみを指定された場合に表示されるページとなります。また、NetBeansでアプリケーションを起動したとき最初に表示されるページも同じです。

リスト9.2　web.xmlのwelcome-file-listの指定

```xml
<welcome-file-list>
    <welcome-file>faces/todo.xhtml</welcome-file>
</welcome-file-list>
```

　次に管理BeanとしてTodoBean.javaを追加します。ソース・パッケージに作成されているperfect.javaee.todoappパッケージを右クリックして「新規」、「その他」を選びます。
　カテゴリ「JavaServer Faces」、ファイル・タイプ「JSF管理対象Bean」を選択します。クラス名に「TodoBean」と入力して、スコープは「View」を選択します（**図9.7**）。
　ここでNetBeansによって追加されるのはjavax.faces.view.ViewScopedです。これはCDI管理Beanのスコープとなります。JSFまたはCDIによる管理Beanの扱い方については、後述する「9-3　**管理Bean**」で解説します。

図9.7　Todo管理Bean (TodoBean.java) の作成

作成されたTodoBean.javaにて**リスト9.3**の定義を行います。

リスト9.3　TodoBean.javaの定義

```java
package perfect.javaee.todoapp;

import java.io.Serializable;
import java.util.ArrayList;
import java.util.List;
import javax.annotation.PostConstruct;
import javax.inject.Named;
import javax.faces.view.ViewScoped;

@Named(value = "todoBean")
@ViewScoped
public class TodoBean implements Serializable {

    private String todo;

    private List<String> listTodo;

    @PostConstruct
    public void init() {
        listTodo = new ArrayList<>();
    }

    public void add() {
        listTodo.add(todo);
    }
```

```
    //getter,setter省略
}
```

　GlassFishではデフォルトの文字コードがISO-8859-1となっているため、ページで表示される日本語が文字化けしてしまいます。ファイル追加でカテゴリ「GlassFish」、ファイル・タイプ「GlassFishディスクリプタ」を選択してください（**図9.8**）。デフォルトではsun-web.xmlファイルが生成されますが、名前をglassfish-web.xmlに変更して中身を**リスト9.4**のように定義します。

図9.8　GlassFishディスクリプタの作成

リスト9.4　glassfish-web.xml

```xml
<?xml version="1.0" encoding="UTF-8"?>
<!DOCTYPE glassfish-web-app PUBLIC "-//GlassFish.org//DTD GlassFish Application Server 3.1
Servlet 3.0//EN" "http://glassfish.org/dtds/glassfish-web-app_3_0-1.dtd">
<glassfish-web-app error-url="">
    <!-- 日本語文字化け解消のため、デフォルトのISO-8859-1 から UTF-8 へ -->
    <parameter-encoding default-charset="UTF-8"/>
</glassfish-web-app>
```
実際は一行

　実行すると**図9.9**のような画面が表示されます。

図9.9　Todoアプリケーションの画面

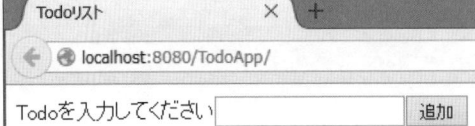

Todo内容を入力して追加ボタンを押すと、Todoがリスト形式に表示されます。

todo.xhtmlがViewであるFacelets、TodoBean.javaがModelである管理Beanとなります。「**9-1 JSFとは**」のMVC構成で触れたように、ControllerにあたるFacesServletはコードとしては特に意識していません。Faceletsではラベルやテキスト、ボタン、テーブルなどのコンポーネントをページ内に定義します。Faceletsで利用できる基本的なコンポーネントやタグについては「**9-2 Facelets**」で説明します。

登録したTodoのデータは管理Beanで保持されています。保持する期間は選択したスコープによって変わります。このサンプルでは@ViewScopedを選んだので、ページが変わらない間はデータが保持されるものとなっています。

スコープについては「**9-3 管理Bean**」で詳しく説明していきます。

9-2 Facelets

FaceletsはJSF 2.0から標準仕様として採用されたビューを構築するための技術です。Faceletsを利用することで、テンプレート機能や複合コンポーネントのような再利用性の高い仕組みを使用できます。

Faceletsでは**表9.2**にあるタグライブラリを利用してXHTML形式で記述します。

表9.2 タグライブラリ一覧

タグライブラリ	名前空間	プレフィックス	説明
HTML	http://xmlns.jcp.org/jsf/html	h:	HTMLを構成する基本要素（headやbodyなど）やコンポーネント（テキストやボタンなど）が定義されています
Core	http://xmlns.jcp.org/jsf/core	f:	HTMLタグライブラリと合わせて利用します。Ajax、コンバータやバリデータ、選択項目など、画面系コンポーネント以外のタグが定義されています
Facelets	http://xmlns.jcp.org/jsf/facelets	ui:	主にテンプレート機能で利用するタグが定義されています。その他、要素の繰り返し処理（repeat）や補助的なタグ（debug,remove）を含んでいます
Composite Component	http://xmlns.jcp.org/jsf/composite	cc:	複合コンポーネントで利用するタグが定義されています
Pass-through Elements	http://xmlns.jcp.org/jsf	jsf:	HTMLで記述したタグをFaceletsとして利用できます。デザイナの方との協業でFaceletsではなく通常のHTMLを書く場合やHTML5で新たに追加となった要素を利用する場合に有用です
Pass-through Attributes	http://xmlns.jcp.org/jsf/passthrough	p:	コンポーネントに定義されていない属性であっても、HTMLの属性を付与できます。HTML5で新たに追加となった属性をFaceletsから利用する場合に有用です
JSTL Core	http://xmlns.jcp.org/jsp/jstl/core	c:	JSPで利用されるコアタグライブラリの一部[※1]をFaceletsから利用できます

| JSTL Functions | http://xmlns.jcp.org/jsp/jstl/functions | fn: | JSTL Coreと同じように、JSPで利用される関数ライブラリをFaceletsから利用できます |

※1 JSR 344 (JSF 2.2) のVDLDocs (VDLはView Declaration Languageの略で、JSFタグライブラリの仕様が記述されたドキュメント)では、<c:catch>、<c:choose>、<c:if>、<c:forEach>、<c:otherwise>、<c:set>、<c:when>が対象となっています。

　利用するタグライブラリは**リスト9.5**のように、名前空間をXHTMLの先頭で宣言します。hやfの部分に該当するプレフィックスは自由に決められますが、本書では**表9.2**にある代表的なプレフィックスを利用します。

リスト9.5　名前空間の宣言

```
<html xmlns="http://www.w3.org/1999/xhtml"
      xmlns:h="http://xmlns.jcp.org/jsf/html"
      xmlns:f="http://xmlns.jcp.org/jsf/core">
```

9-2-1　HTMLタグライブラリ

　はじめに、HTMLのタグライブラリをみていきます。**表9.3**はJSFで利用可能なHTMLタグをまとめたものです。

表9.3　JSF HTMLタグ

タグ	説明	レンダリング結果
h:head	HTMLのheadに相当し、文書のヘッダ情報を示します	`<head>`
h:body	HTMLのbodyに相当し、文書の内容を示します	`<body>`
h:form	入力・送信フォームを表し、タグ内に入力系や選択系のコンポーネントを配置します	`<form>`
h:outputStylesheet	スタイルシート (CSS) の読み込みを行います	`<link href="" rel="stylesheet" type="text/css">`
h:outputScript	JavaScriptファイルの読み込みを行います	`<script src="" type="text/javascript">`
h:inputText	1行入力のテキストを表示します	`<input type="text">`
h:inputTextarea	複数行入力のテキストエリアを表示します	`<textarea>`
h:inputSecret	主にパスワードなど、入力内容をマスクするテキストを表示します	`<input type="password">`
h:inputHidden	Webページ上は表示されない非表示のフィールドを配置します	`<input type="hidden">`
h:inputFile	ファイルの送信を行います	`<input type="file">`
h:outputLabel	ラベルを表示します	`<label>`
h:outputLink	Webへのリンク (ハイパーリンク) を表示します	`<a href>`

タグ	説明	レンダリング結果
h:outputText	テキストを表示します	属性を指定しない場合はHTMLタグなし、テキストのみ。属性を指定した場合は<span>
h:outputFormat	outputTextと同じですが、パラメータを渡すことができます	HTMLタグなし、テキストのみ
h:commandButton	formのデータを送信するボタン（type="submit"）、またはリセットボタン（type="reset"）、汎用ボタン（type="button"）を表示します	<input type="指定したタイプ">
h:commandLink	formのデータを送信するリンクを表示します	<a href>
h:button	HTTPのGETを発行するボタンを表示します	<input type="button">
h:link	HTTPのGETを発行するリンクを表示します	<a href>
h:message	メッセージを1つだけ表示します	HTMLタグなし、テキストのみ
h:messages	メッセージをすべてリスト形式に表示します	<ul><li>
h:graphicImage	画像を表示します	<img src="xxx.jpg">
h:selectOneListbox	1つだけ選択可能なリストボックスを表示します	<select><option>
h:selectOneMenu	1つだけ選択可能なプルダウン（コンボボックス）を表示します	<select><option>
h:selectOneRadio	1つだけ選択可能なラジオボタンを表示します	<input type="radio">
h:selectBooleanCheckbox	チェックボックスを表示します	<input type="checkbox">
h:selectManyCheckbox	複数選択可能なチェックボックスを表示します	<input type="checkbox">
h:selectManyListBox	複数選択可能なリストボックスを表示します	<select multiple="multiple"><option>
h:selectManyMenu	複数選択可能な選択コンポーネントを表示します	<select multiple="multiple"><option>
h:panelGrid	表形式のレイアウトを作成します	<table><tbody><tr><td>（f:facetでheaderやfooterを指定すると<thead><tfoot>がレンダリングされる）
h:dataTable	データの一覧表を作成する	<table><tbody><tr><td>（f:facetでheaderやfooterを指定すると<thead><tfoot>がレンダリングされる）
h:column	h:dataTableの列カラムを表示する	<td>

Web層

■ 基本コンポーネント

Faceletsでは、フォームやテキスト・ボタンなど、基本的なコンポーネントを**リスト9.6**のようにタグで定義します。

リスト9.6　HTMLタグによるコンポーネントの定義

```html
<h:body>
    <h:form id="frm">
        <h:inputText id="txt" value="#{htmlBean.val}" />
        <h:commandButton id="cmdBtn" value="ボタン" action="move.xhtml" />
    </h:form>
</h:body>
```

コンポーネントの種類によってはCoreタグライブラリと合わせて利用します。たとえば、**リスト9.7**では<f:param>タグを利用して、<h:outputFormat>にパラメータを渡しています。

リスト9.7　<h:outputFormat>の利用例

```html
<h:outputFormat value="The title of this book is {0} {1}.">
    <f:param value="Perfect" />
    <f:param value="Java EE" />
</h:outputFormat>
```

リスト9.8はリストボックスに表示する選択項目を<f:selectItem>で指定しています。itemLabel属性はページ上に表示される文言です。itemValue属性は選択した項目のキーとなる値で、この値が<h:selectOneListbox>のvalue属性に格納されます。

リスト9.8　<h:selectOneListbox>と<f:selectItem>の利用例

```html
<h:selectOneListbox value="#{htmlBean.selected}">
    <f:selectItem itemLabel="項目1" itemValue="val1" />
    <f:selectItem itemLabel="項目2" itemValue="val2" />
    <f:selectItem itemLabel="項目3" itemValue="val3" />
</h:selectOneListbox>
```

一方、**リスト9.9**では<f:selectItems>を利用して、プルダウンに表示する選択項目を一括で指定しています。この例では、選択項目を表現するItemクラスを**リスト9.10**のように定義しています。

<f:selectItems>のvalue属性では、プルダウンの表示対象となるリスト（List<Item>など）を指定します。var属性には、リストに格納されている値1つ1つを表す変数名を指定します。ここでは変数名をitmとしています。

itemLabel属性、itemValue属性の意味は**リスト9.8**の<f:selectItem>と同じです。var属性で

指定したitmにはItem型のオブジェクトが入るので、itemLabel、itemValueの属性と対応させます。#{itm.label}、#{itm.value}のようにEL式で表現できます。

■ リスト9.9 　<h:selectOneMenu>と<f:selectItems>の利用例

```
<h:selectOneMenu>
    <f:selectItems value="#{htmlBean.listItems}" var="itm" itemLabel="#{itm.label}"
        itemValue="#{itm.value}" />
</h:selectOneMenu>
```
実際は一行

■ リスト9.10 　選択項目を表すItemクラス

```
public class Item {
    private String label;
    private String value;

    //コンストラクタ,getter,setter省略
}
```

■ テーブルコンポーネント

　<h:dataTable>コンポーネントはデータをテーブル形式に表示します。テーブルへ表示するデータの指定は、value属性で行います。value属性には配列やリスト、マップなどを指定できます。

　具体的な例をみていきます。**リスト9.11**の<h:dataTable>は従業員のリストデータを表示するものです。value属性で指定しているのは**リスト9.12**の管理Beanで定義されたEmployeeクラスのリストです。Employeeクラスは**リスト9.13**の定義となっています。

　<h:dataTable>のvar属性に指定したemp変数には、リストで指定した従業員オブジェクトの1つ1つが渡ってきます。

　テーブルのカラムは<h:column>で表現します。**リスト9.11**では、1カラム目が従業員のID、2カラム目が従業員の名前を示すテーブルとなっています。カラム内では、テーブルに表示するコンポーネントとして<h:outputText>を定義しています。値はEL式でemp変数に対して#{emp.id}や#{emp.name}のように表現します。

　また、テーブルにヘッダやフッタを指定する際には<f:facet>を利用して、name属性でheaderやfooterを指定します。

■ リスト9.11 　<h:dataTable>の利用例

```
<h:dataTable var="emp" value="#{employeeBean.listEmp}" border="1">
    <f:facet name="header">
        <h:outputText value="header" />
    </f:facet>

    <h:column>
```

```
            <h:outputText value="#{emp.id}" />
        </h:column>
        <h:column>
            <h:outputText value="#{emp.name}" />
        </h:column>

        <f:facet name="footer">
            <h:outputText value="footer" />
        </f:facet>
</h:dataTable>
```

リスト9.12　リスト9.11で利用している管理Bean

```java
@Named(value = "employeeBean")
@ViewScoped //javax.faces.view.ViewScopedを利用
public class EmployeeBean implements Serializable {

    //従業員のリスト
    private List<Employee> listEmp;

    @PostConstruct
    public void init() {
        listEmp = Arrays.asList(
                new Employee(1, "山田太郎"),
                new Employee(2, "山田花子")
        );
    }

    //getter,setter省略
}
```

リスト9.13　従業員クラス

```java
public class Employee {
    private int id;
    private String name;

    public Employee(int id, String name) {
        this.id = id;
        this.name = name;
    }

    //getter,setter省略
}
```

■ ファイルアップロード

　JSF 2.0まではファイルのアップロードに関する仕様が含まれていませんでした。そのため、ファイルアップロードを実現するには、サードパーティのライブラリや自前の実装が必要でした。JSF 2.2ではファイルアップロードに対応し、<h:inputFile>タグを使用します。

　ファイルアップロードではformのenctypeとしてmultipart/form-dataを指定します（**リスト9.14**）。アップロードしたデータは、**リスト9.15**のようにjavax.servlet.http.Partクラスのオブジェクトへ格納されます。

リスト9.14　ファイルのアップロード

```
<h:form enctype="multipart/form-data">
    <h:inputFile value="#{uploadBean.part}" />
    <h:commandButton value="Upload" actionListener="#{uploadBean.upload()}" />
</h:form>
```

リスト9.15　ファイルアップロードの管理Bean

```
@Named(value = "uploadBean")
@RequestScoped
public class UploadBean {

    //アップロードされたファイルデータを格納
    private Part part;

    //アップロードデータをファイルへ保存
    public void upload() {
        try (InputStream is = part.getInputStream()) {
            Files.copy(is, FileSystems.getDefault().getPath(part.getSubmittedFileName()));
        } catch (IOException ex) {
            //例外処理
        }
    }
    //getter,setter省略
}
```

■ レイアウト

　コンポーネントは定義した順番に、横並びでWebページに配置されます。通常、Webページのレイアウトを整えるにはCSSを利用しますが、簡単な表形式のレイアウトであれば<h:panelGrid>を利用できます。

　リスト9.16ではカラムが2つの表を定義しています。**図9.10**のようにID用のラベルとテキストが並んで表示された後、折り返してPassword用のラベルとテキストが表示されます。

Web層

リスト9.16 <h:panelGrid>の利用例

```
<h:panelGrid columns="2">
    <h:outputText value="Login ID" />
    <h:inputText value="#{loginBean.id}" />

    <h:outputText value="Password" />
    <h:inputSecret value="#{loginBean.pswd}" />
</h:panelGrid>
```

図9.10 <h:panelGrid>を利用した配置（リスト9.16の実行結果）

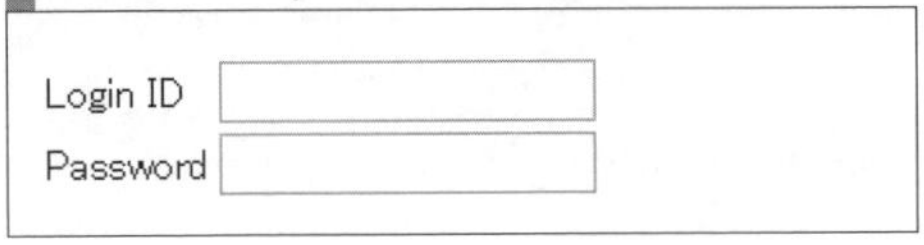

```
Login ID  [        ]
Password  [        ]
```

リスト9.17のように<h:panelGroup>を利用することで、<h:panelGrid>内でコンポーネントをグルーピングすることもできます。

リスト9.17 <h:panelGroup>の利用例

```
<h:panelGrid id="pg" columns="1">
    <h:panelGroup>
        <h:inputText value="テキスト1" />
        <h:inputText value="テキスト2" />
    </h:panelGroup>

    <h:button value="ボタン" />
</h:panelGrid>
```

<h:panelGrid>やCSSの他、JSFでは後述するテンプレート機能で複数のWebページにおける共通的なレイアウトを定義可能です。さらに、JSFのサードパーティー製ライブラリが持つレイアウトコンポーネントを利用することで、複雑なレイアウトを手軽に構築することもできます。

9-2-2 UIComponentクラス

ここまでHTMLタグを利用してビューを定義する方法をみてきました。タグを部品のように配置してビューを構成することから、JSFは「コンポーネントベース」とも呼ばれます[注3]。

（注3）　コンポーネントベースに対して、Strutsなどに代表されるアクションベースがあります。Java EE 7ではアクションベースの仕様はありませんが、Java EE 8では12章で解説しているMVC 1.0が入る予定です。

コンポーネントという観点では、JSFにはもう1つ大きな特徴があります。それはJavaのコードからもコンポーネントを扱えることです。

JSFでは、すべてのコンポーネントの基底となるjavax.faces.component.UIComponentクラスが存在します。そして派生クラスとして、HTMLタグライブラリなど、各コンポーネントに対応するクラスが存在します。

たとえば、<h:inputText>はjavax.faces.component.html.HtmlInputText、<h:commandButton>はjavax.faces.component.html.HtmlCommandButtonと対応しています。

なぜビューのタグに対応したコンポーネントのクラスがあるのでしょうか？その理由は、JSFがコンポーネントツリーという形でビューの構造を保持しているためです。

ビューで定義した各コンポーネントは、**図9.11**のようなイメージでツリー形式に保持されます。このツリーをコンポーネントツリーと呼び、各ノードがコンポーネントに該当します。

コンポーネントツリーはjavax.faces.component.UIViewRootで表現されます。

図9.11　JSFのコンポーネントツリー

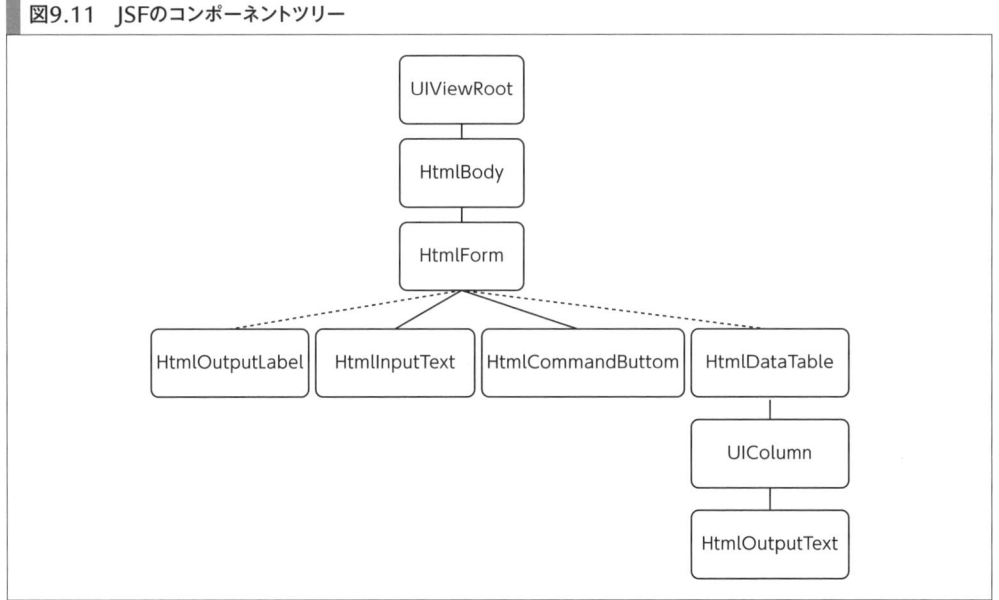

図9.11のコンポーネントツリーは、**リスト9.1**のtodo.xhtmlの構造を表しています。実際にコードで確認してみます。**リスト9.3**のTodoBean.javaのコードを利用して、**リスト9.18**のようにコンポーネントツリーの取得と表示を行う処理を追加します。

Web層

リスト9.18　コンポーネントツリーを表示する

```java
@PostConstruct
public void init() {
    listTodo = new ArrayList<>();

    //リスト9.3に以下のコードとviewTreeメソッドを追加

    //コンポーネントツリーを取得してクラス名を表示
    UIViewRoot root = FacesContext.getCurrentInstance().getViewRoot();
    System.out.println(root.getClass().getName());

    //コンポーネントツリー配下を再帰的に表示する
    viewTree(root.getChildren(), 1);
}

private void viewTree(List<UIComponent> children, int depth) {
    children.stream().forEach(c -> {
        //ツリーの深さに合わせて「-」を加えて、コンポーネントのクラス名を表示する
        System.out.println(Stream.generate(() -> "-").limit(depth)
                .collect(Collectors.joining()) + c.getClass().getName());

        if (c.getChildCount() > 0) {
            //配下にコンポーネントがあればviewTreeを再帰呼出し
            viewTree(c.getChildren(), depth + 1);
        }
    });
}
```

実際は一行

　FacesContextは、JSFに関する様々な情報や状態を持ったオブジェクトです。FacesContext.getCurrentInstance()で取得します。コンポーネントツリーであるUIViewRootはFacesContextから取得できます。UIViewRoot配下のコンポーネントをgetChildrenメソッドで取得し、**リスト9.18**では再帰的に取得しています。**リスト9.18**の実行結果は**リスト9.19**のようになります。**図9.11**と**リスト9.19**のツリー階層が同じであることが確認できます。

リスト9.19　リスト9.18の実行結果
　　　　　（HtmlBody配下のみ、かつ、javax.faces.componentパッケージに属するクラスのみ抜粋）

```
javax.faces.component.UIViewRoot
-javax.faces.component.html.HtmlBody
--javax.faces.component.html.HtmlForm
---javax.faces.component.html.HtmlOutputLabel
---javax.faces.component.html.HtmlInputText
---javax.faces.component.html.HtmlCommandButton
---javax.faces.component.html.HtmlDataTable
----javax.faces.component.UIColumn
```

```
-----javax.faces.component.html.HtmlOutputText
```

　コードからコンポーネントを扱う場合、binding属性を利用するか、idを利用してコンポーネントのオブジェクトを取得します。これらの方法については次節で説明します。
　このように、JSFではコードからもコンポーネントを操作できる柔軟性を持っています。
　たとえば、UIViewRootにコード側でコンポーネントを動的に追加・削除することで、ビューにタグの定義がない状態でもWebページの構築が可能です。
　しかし、こうした定義では、どういうビューができるのか？コードを読まないと把握できず、メンテナンス性に欠けてしまうこともあるので、注意が必要です。通常は、Faceletsでコンポーネントのタグを定義し、次に紹介する属性を通じて、コンポーネントの制御を行う形が基本となります。

9-2-3　コンポーネントの属性

　JSFでは、コンポーネントごとにいろいろな属性が定義されています。属性とは、コンポーネントの状態や制御に関連する付属情報です。すべてのコンポーネントで共通となる基本属性は**表9.4**に示す3つです。

表9.4　コンポーネントに共通する属性

属性	説明
id	コンポーネントのidを示します
binding	管理Beanで定義したコンポーネントの変数とバインドします
rendered	コンポーネントをレンダリングするかどうかを示します

■id属性

　id属性で指定したidは、JSFのレスポンスとして出力されるHTML要素のidとなります。たとえば、**リスト9.20**のようにFaceletsの<h:outputLabel>でidを「lbl」と指定します。出力されるHTMLでは**リスト9.21**のように、そのまま同じidが付きます。

リスト9.20　Faceletsでコンポーネントのid属性を指定

```
<h:body>
    <h:outputLabel id="lbl" value="Perfect Java EE" />
</h:body>
```

リスト9.21　リスト9.20から出力されたHTML

```
<body>
    <label id="lbl">Perfect Java EE</label>
</body>
```

id属性を指定する目的は、主に次の3つです。

① Facelets内でコンポーネントを指定する
② Javaのコードでコンポーネントを扱う
③ Faceletsから出力されるHTMLをJavaScriptで扱う

① Facelets内でコンポーネントを指定する

特定のコンポーネントを指定するためにid属性を利用します。たとえば、<h:outputLabel>にはfor属性があり、どのコンポーネントに対するラベルなのか表します。

リスト9.22では<h:outputLabel>のfor属性で「txt」というidを指定し、テキストに対するラベルであることを明示しています。

リスト9.22　id属性によるコンポーネントの指定

```
<h:outputLabel id="lbl" value="Perfect Java EE" for="txt" />
<h:inputText id="txt" />
```

このような属性を使った指定のほか、実践編で紹介するAjaxでは部分更新する対象のコンポーネントを指定するためにidを利用するケースなどがあります。

② Javaのコードでコンポーネントを扱う

前節のUIComponentクラスの説明で、Javaのコードからコンポーネントを操作できることについて触れました。コンポーネントツリーをあらわすUIViewRootクラスには、findComponentメソッドが定義されていて、idをキーとしてコンポーネントのオブジェクトを取得できます。

リスト9.23は、findComponentメソッドを使ったコード例です。**リスト9.22**でidが「lbl」と定義された<h:outputLabel>タグのオブジェクトを取得しています。

そして、getValueメソッドでvalue属性で指定された「Perfect Java EE」という値を取得しています。

9章 JSF（基礎編）

リスト9.23　idを利用したコンポーネントのオブジェクト取得

```
UIComponent lbl = FacesContext.getCurrentInstance().getViewRoot().findComponent("lbl");
if (lbl != null && lbl instanceof HtmlOutputLabel) {
    System.out.println(((HtmlOutputLabel)lbl).getValue()); //Perfect Java EEと表示される
}
```

③ Faceletsから出力されるHTMLをJavaScriptで扱う

　Faceletsから出力されたHTMLに対して、JavaScriptを使ったクライアントサイドの処理を行うことがあります[注4]。**リスト9.24**ではgetElementByIdメソッドを利用して要素の情報を取得しています。

リスト9.24　JavaScriptによるidの利用

```
<h:outputLabel id="lbl" value="Perfect Java EE" />
<h:button value="JavaScript実行" onclick="viewLabel();" />

<script type="text/javascript">
    function viewLabel() {
        var lblElement = document.getElementById("lbl");
        alert(element.innerHTML);
    }
</script>
```

　id属性を明示的に指定しない場合、<h:form>など一部のコンポーネントではJSFが自動的にidを生成します。**リスト9.25**のように<h:form>タグでid属性を定義しない場合、出力されるHTMLのformには「j_idt5」のような自動生成されたidがふられます。

　また、form内のコンポーネントidは「formのid:コンポーネントのid」とコロンで連結されます。たとえば、**リスト9.25**でレンダリングされるテキストはidが「j_idt5:txt」、ボタンのidは「j_idt5:btn」となります。

　しかし、自動生成されたformのidを含んでいるとform内のコンポーネントをidで指定するのが難しくなります。したがって、formのid属性を明示的に「frm」など定義して、form内のコンポーネントidが「frm:txt」や「frm:btn」となるようにします。

　他の方法として、formのprependId属性でidの連結を行わない方法もあります。prependId属性はデフォルトがtrueで、値をfalseにするとidを連結しません。form内のコンポーネントであっても「txt」や「btn」のみが生成されるようになります。

　ただし、formの外側に定義されたタグのidと重複が起きやすくなるため、注意が必要です。

（注4）　昨今JavaScriptによるクライアントサイドの開発技術が進歩し、いろいろなJavaScriptフレームワークが登場しています。ここではこうしたクライアントサイドのフレームワークは想定していません。JSFはあくまでもサーバサイドからHTMLを出力する技術であり、クライアントサイドで補助的に使う簡単なJavaScriptを想定しています。

Web層

リスト9.25 id属性を定義していないform

```
<h:form>
    <h:inputText id="txt" />
    <h:commandButton id="btn" value="move" action="move.xhtml" />
</h:form>
```

　JSFのデフォルト設定では、生成されるidの区切り文字はコロンとなっています。先ほどの「frm:txt」のような形です。jQueryなどを利用する場合、コロンはエスケープ対象のため不便なときもあります。この場合、web.xmlで**リスト9.26**のような設定をすることで、区切り文字を変更できます。

リスト9.26 idの区切り文字変更（web.xml）

```
<context-param>
    <param-name>javax.faces.SEPARATOR_CHAR</param-name>
    <param-value>-</param-value>
</context-param>
```

■ binding属性

　binding属性はFaceletsに定義したコンポーネントと管理Beanのフィールドに定義したコンポーネントを結びつけます（**リスト9.27**）。これによって管理Bean側でコンポーネントのオブジェクトを取得・操作できるようになります（**リスト9.28**）。

リスト9.27 binding属性

```
<h:inputText binding="#{bindingBean.inputTextComp}" />
```

リスト9.28 binding属性で指定されるコンポーネントの定義

```
private HtmlInputText inputTextComp;
//getter,setter省略
```

■ rendered属性

　rendered属性はコンポーネントの表示をするかどうかの設定です。たとえば、**リスト9.29**の例ではテキストもボタンもページには表示されません。

リスト9.29 rendered属性

```
<h:inputText rendered="false" />
<h:commandButton rendered="false" />
```

rendered属性を利用する場合、通常は何らかの条件によって表示・非表示を切り替えるケースです。**リスト9.30**のように、EL式で条件を記述することができます。

リスト9.30　rendered属性に条件を指定する

```
<h:inputText rendered="#{viewBean.flg}" />
<h:commandButton rendered="#{viewBean.flg}" />
```

共通属性以外は各コンポーネントごとに異なります。その他、代表的な属性については**表9.5**にまとめます。

表9.5　その他の属性

属性名	説明
title属性	ツールチップに表示する文字列を指定します
disable属性	コンポーネントの有効・無効を切り替えます
immediate属性	commandButtonやcommandLinkが持つ属性で、キャンセルボタンのようにバリデーションのエラー状態でもイベントを実行したいコンポーネントに指定します

9-2-4　HTML5への対応

　JSF 2.2ではHTML5 Friendly Markupと呼ばれる対応が行われました。この対応によって、HTML5で新たに追加された属性や要素をJSFで扱うことができるようになりました。仕組みとしては、Pass-throughと呼ばれる方法を使って、宣言した定義をそのまま利用する方式をとっています。Pass-throughには2種類あります。属性に対するPass-through Attributeと要素に対するPass-through Elementの2種類です。

　Pass-through AttributeではFaceletsで定義した属性をそのままHTMLへ出力します。Pass-through Elementでは、HTML5の要素をそのまま管理Beanと紐付けます。

　JSFが定義するコンポーネント（UIComponentクラス）固有のタグとして定義しないためHTML5の今後の変更などに対しても柔軟な対応ができるようになっています。

　Pass-through Attributeの定義は次の3種類の方法があります。

① Pass-through Attributesのコアライブラリを利用する
② <f:passThroughAttribute>タグを利用する
③ <f:passThroughAttributes>タグを利用する

Web層

① Pass-through Attributesのコアライブラリを利用する

表9.2のタグライブラリ一覧にあるPass-through Attributesを利用します。名前空間は**リスト9.31**のように宣言します[注5]。

リスト9.31　Pass-through Attributesの名前空間を宣言

```
<html xmlns="http://www.w3.org/1999/xhtml"
      xmlns:h="http://xmlns.jcp.org/jsf/html"
      xmlns:p="http://xmlns.jcp.org/jsf/passthrough">
```

HTML5では入力テキストのtypeにURLやメール形式などを指定できます。たとえばメール形式の指定は**リスト9.32**のようになります。

リスト9.32　メール形式のテキストボックス

```
<h:inputText p:type="email" value="#{html5Bean.email}" />
```

入力された値がメール形式に該当しない場合、HTML5により検証が行われ、**図9.12**のようなエラーとなります。

図9.12　メール形式のテキストボックス表示（リスト9.32の実行結果）

② <f:passThroughAttribute>タグを利用する

<f:passThroughAttribute>タグを利用して**リスト9.33**のような定義も可能です。Pass-throughの属性が複数ある場合には、タグを複数定義します。

リスト9.33　色の選択を行うテキストボックス

```
<h:inputText value="#{html5Bean.color}">
    <f:passThroughAttribute name="type" value="color" />
</h:inputText>
```

リスト9.33の表示結果は**図9.13**となります。

[注5]　pのプレフィックスは実践編で紹介するPrimeFacesでもよく利用されます。Pass-throughと併用する場合はどちらかのプレフィックスを変更してください。

図9.13 色の選択を行うテキストボックス表示（リスト9.33の実行結果）

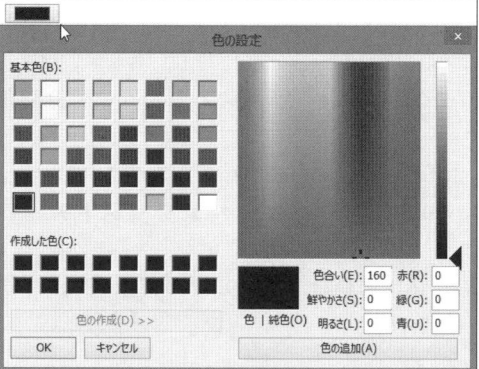

③ <f:passThroughAttributes>タグを利用する

<f:passThroughAttributes>タグは複数の属性をまとめてつけることができます。**リスト9.34**のようにvalue属性でMap型の変数を指定します。変数は**リスト9.35**のような形で、ここではtypeとmin、maxの3つの属性を指定しています。

リスト9.34　<f:passThroughAttributes>タグの利用

```
<h:inputText value="#{html5Bean.val}">
    <f:passThroughAttributes value="#{html5Bean.valMap}" />
</h:inputText>
```

リスト9.35　リスト9.34のvalue属性で指定するMap

```
private Map<String, String> valMap;

@PostConstruct
public void init() {
    valMap = new HashMap<>();
    valMap.put("type", "number");
    valMap.put("min", "10");
    valMap.put("max", "99");
}
```

表示は**図9.14**のようになります。

図9.14　数値入力用のテキストボックス表示（リスト9.34の実行結果）

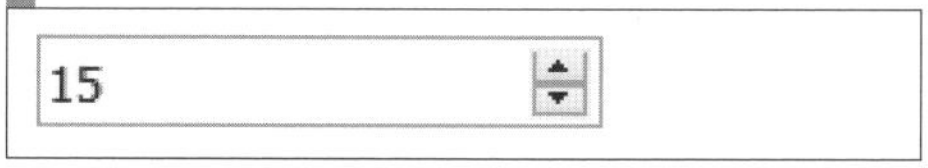

Web層

HTML5で新たに追加された要素、たとえば<meter>や<progress>などはFaceletsのタグとして追加されません。こうした要素に対しては、Pass-through Elementsによって管理Beanとの紐付けを可能とし、JSFで扱えるようにしています。

Pass-through Elementsを利用する際、**表9.2**のタグライブラリ一覧にあるように名前空間「xmlns:jsf="http://xmlns.jcp.org/jsf"」を宣言します。

そして、通常のHTMLタグの属性に1つでも「jsf:JSFの属性名」を含んだものがあればPass-through Elementsの利用とみなします。**リスト9.36**では<meter>の値を**リスト9.37**のMeterBeanのvalで紐付けています。

<meter>の定義自体は通常のHTMLですが、value属性の値は**リスト9.37**のMeterBeanで初期化した50という値が入った結果表示となります(**図9.15**)。

リスト9.36　Pass-through Elementsで<meter>を利用する例

```
<!DOCTYPE html>
<html xmlns="http://www.w3.org/1999/xhtml"
      xmlns:jsf="http://xmlns.jcp.org/jsf">
    <body>
        <meter jsf:id="meter" min="0" max="100" value="#{meterBean.val}" />
    </body>
</html>
```

リスト9.37　リスト9.36に対する管理Bean

```
@Named(value = "meterBean")
@ViewScoped   //javax.faces.view.ViewScopedを利用
public class MeterBean implements Serializable {

    private int val;

    @PostConstruct
    public void init() {
        val = 50;
    }

    //getter,setter省略
}
```

図9.15　meterの表示(リスト9.36の実行結果)

9-2-5 リソース

Webページで利用するCSSやJavaScript、画像ファイルはリソースと呼ばれ、resourcesフォルダに配置します。

■ CSS,JavaScript,画像ファイルの利用方法

resourcesフォルダの構成は図9.16のように、CSSやJavaScriptなどの単位でフォルダを区切ります。

図9.16　resourcesフォルダの構成

CSSを利用する場合は<h:outputStylesheet>タグを利用して**リスト9.38**のように定義します。

リスト9.38　CSSの利用

```
<h:outputStylesheet library="css" name="common.css" />
```

JavaScriptを利用する場合は<h:outputScript>タグを利用して**リスト9.39**のように定義します。

リスト9.39　JavaScriptの利用

```
<h:outputScript library="js" name="common.js" />
```

画像ファイルでは<h:graphicImage>タグを利用します（**リスト9.40**）。

リスト9.40　画像ファイルの利用

```
<h:graphicImage library="image" name="PerfectJavaEE.jpg" />
```

Web層

■ リソースのバージョン管理

リソースはバージョン管理できます。resourcesフォルダの配下で次の正規表現に基づく名称のバージョン構成で管理します。

```
- [0-9]+(_[0-9]+)*
```

バージョン管理したリソースは、JSFによって自動的に最新バージョンが適用されます。図9.17のような構成とした場合、CSS・JavaScriptともに2_0フォルダ配下が適用されます。Facelets側の定義を変える必要はありません。

なお、実際の開発では、こうしたバージョン管理はSubversionやGitなどのソースコード管理にまかせるケースもあります。

図9.17　リソースのバージョン管理

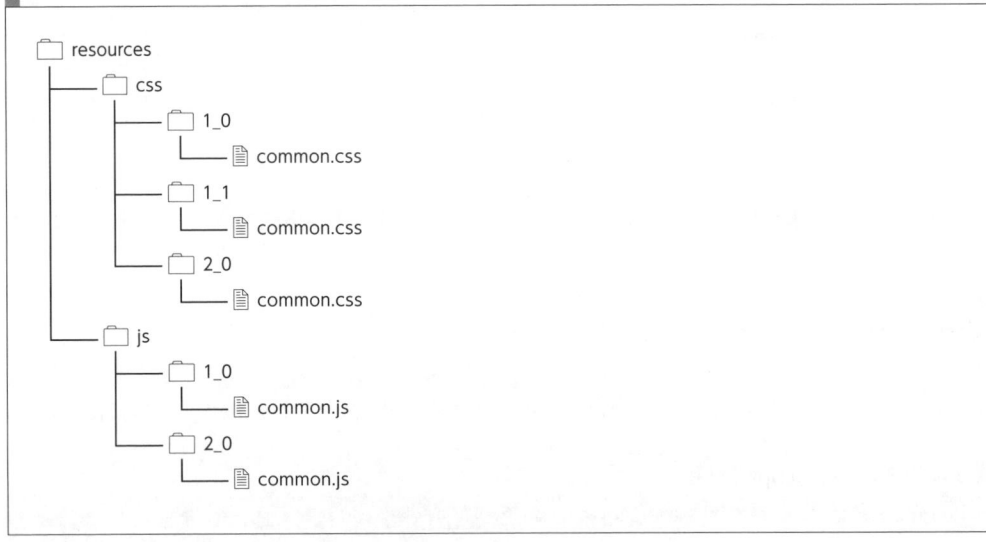

■ Resource Library Contract

Resource Library ContractはJSF 2.2で新たに入った機能です。複数のリソース（CSS、JavaScript、画像ファイル、複合コンポーネント、テンプレート）を1つのライブラリとして扱い、表示するページや条件によってライブラリを自由に切り替えられる仕組みです。

resoucesフォルダと同じ階層にcontractsフォルダを用意します。そしてcontractsフォルダの中にリソースをまとめるフォルダをライブラリ単位に作成します。図9.18ではtheme1とtheme2の2つのライブラリを作成しています。

図9.18 contractsフォルダの構成

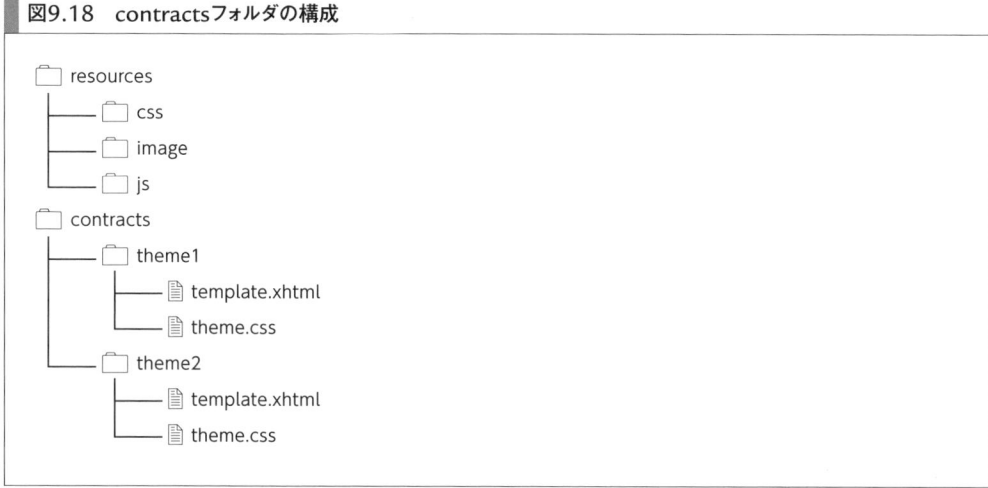

リソースのライブラリを準備したら、次にどのライブラリを適用するか決めます。適用方法は次の2種類あります。

- URLによるマッピング
- <f:view>タグによる切替

はじめに、URLによるマッピング方法をみていきます。マッピングはfaces-config.xmlで定義します。faces-config.xmlはJSFの設定に関するファイルで、web.xmlと同じWEB-INF配下に配置します。URLのパターンでリソースのライブラリを適用できます。

たとえば、/user/admin配下の管理者向けページはtheme1のライブラリを利用し、/user/user配下のユーザ向けページはtheme2のライブラリを利用する場合は**リスト9.41**のように定義します。

リスト9.41　faces-config.xmlにおけるresource-library-contracts定義

```xml
<application>
    <resource-library-contracts>
        <contract-mapping>
            <url-pattern>/user/admin/*</url-pattern>
            <contracts>theme1</contracts>
        </contract-mapping>

        <contract-mapping>
            <url-pattern>/user/user/*</url-pattern>
            <contracts>theme2</contracts>
        </contract-mapping>
    </resource-library-contracts>
</application>
```

Web層

もう1つの<f:view>タグを利用する方法は、条件で動的にテーマを変えたい場合に有効です。ページ側の定義では**リスト9.42**のように、<f:view>タグのcontracts属性を利用してライブラリ名と紐づけます。

管理Bean側では**リスト9.43**のように条件分岐に従って、ライブラリの名を切り替えるようにします。

リスト9.42　<f:view>タグのcontracts属性

```
<f:view contracts="#{resourceLibraryContractBean.contract}">
    <ui:composition template="/template.xhtml">
        //定義
    </ui:composition>
</f:view>
```

リスト9.43　リスト9.42に対する管理Bean

```java
@Named(value = "resourceLibraryContractBean")
@SessionScoped
public class ResourceLibraryContractBean implements Serializable {

    private String contract;

    @PostConstruct
    public void init() {
        //条件によって contract = "theme1"; または contract = "theme2"; のように指定
    }

    //getter,setter省略
}
```

9-3　管理Bean

　管理Beanはビューに関連するデータや処理を管理するためのクラスです。管理Beanクラスのメンバでは、ビューで入出力する値やコンポーネントを定義し、Facelets内の属性と関連付けます。

　コンポーネントの操作に対する処理は管理Beanのメソッドと関連付けます。こうしたメンバやメソッドとの関連付けはバインディングと呼ばれ、EL式を利用します。

　Java EE 7では現在、管理BeanにJSF管理BeanとCDI管理Beanの2種類があります。それぞれアノテーションが@ManagedBean(javax.faces.bean.ManagedBean)、@Named(javax.inject.Named)と異なるため、利用の際は注意が必要です。

　Java EE 7では、@Namedアノテーションが付くCDI管理Beanの利用が推奨されています。基本的にはCDI管理Beanを利用するようにしましょう。CDIに関する詳細は2〜4章を参照して

ください。

管理Beanを利用するときに重要なのはスコープの概念です。JSFで利用可能なCDI管理Beanのスコープは**表9.6**のとおりです。

表9.6　CDI管理Beanのスコープ

スコープを表すアノテーション	名前空間	管理Beanの生存期間
@RequestScoped	javax.enterprise.context.RequestScoped	1回のHTTPリクエスト／レスポンスの間だけ、つまり、ビューを1度表示する間のみ有効です
@ViewScoped	javax.faces.view.ViewScoped	ビューが同じである間は有効です
@SessionScoped	javax.enterprise.context.SessionScoped	セッションが生きている間は有効です
@ConversationScoped	javax.enterprise.context.ConversationScoped	生存期間の開始と終了を指定でき、その指定期間の間は有効です
@FlowScoped	javax.faces.flow.FlowScoped	フローをあらかじめ定義して、そのフローの開始から終了の間は有効です
@ApplicationScoped	javax.enterprise.context.ApplicationScoped	アプリケーションが起動している間は有効です
@Dependent	javax.enterprise.context.Dependent	インジェクトされた注入先のスコープに依存します

以降、「**3章　CDI（基礎編）**」で詳しく触れられている@ConversationScoped、@Dependent以外について説明します。

9-3-1　@RequestScoped

@RequestScopedはもっとも短いスコープで、HTTPのリクエストからレスポンスの間だけ管理Beanが有効となります。例として**リスト9.44**のビューと**リスト9.45**のRequestCounterというCDI管理Beanを定義します。

リスト9.45にある@PostConstructと@PreDestroyは、管理Beanのライフサイクルと関連したアノテーションです。@PostConstructの付いたメソッドは管理Beanが初期化される際、@PreDestroyの付いたメソッドは管理Beanが破棄される際に呼び出されます。

このWebページでは、ボタンを何度押してカウントアップしても常に1のままです。ボタンを押したリクエストに対して管理Beanが生成され、初期化の後、カウントアップが行われます。その結果としてレスポンスを返しますが、その後、管理Beanは破棄されます。

次にボタンを押すと、最初と同じように新たな管理Beanが生成されます。このように1度のリクエスト・レスポンスの間だけ管理Beanが有効となるのが@RequestScopedです。

リスト9.44　@RequestScopedによるカウンタのビュー定義

```
<h:form>
    <h:commandButton value="Count Up" actionListener="#{requestCounter.increment()}" />
    <h:outputText value="#{requestCounter.count}" />
</h:form>
```

Web層

リスト9.45　@RequestScopedによるカウンタの管理Bean

```java
@Named(value = "requestCounter")
@RequestScoped
public class RequestCounter {

    private int count;

    @PostConstruct
    private void init() {
        System.out.println("CDI管理Beanの初期化");
        count = 0;
    }

    @PreDestroy
    private void fin() {
        System.out.println("CDI管理Beanの破棄");
    }

    public void increment() {
        count++;
    }

    public int getCount() {
        return count;
    }
}
```

9-3-2　@ViewScoped、@SessionScoped、@ApplicationScoped

　@ViewScoped、@SessionScoped、@ApplicationScopedは@RequestScopedに比べて長いスコープです。@ViewScopedはページが同一である間、@SessionScopdはセッションが同一である間、有効なスコープとなります。

　@ApplicationScopedはデプロイしたWebアプリケーション内で管理Beanがシングルトンとなるスコープで、もっとも長いスコープとなります。

　リスト9.46は@ViewScopedによるカウンタの例です。このとき、必ずSerializableインターフェースを実装してください。@RequestScopedと異なり、サーバサイドで管理Beanを保持するためです。これは@SessionScoped,@ApplicationScopedを利用する場合も同様です。

リスト9.46　@ViewScopedによるカウンタの管理Bean

```java
@Named(value = "viewCounter")
@ViewScoped //@SessionScoped,@ApplicationScopedへ変更可能
public class ViewCounter implements Serializable {
```

```
//リスト9.45と同じ

//@ViewScopedを確認するためにページ遷移するメソッドを定義
public String move() {
    return "next.xhtml";
}
}
```

　@ViewScoped、@SessionScoped、@ApplicationScopedのいずれの場合でも、ボタンを押すごとに数値がカウントアップされます。@ViewScopedの場合はページ遷移を行うとViewCounterが破棄されます。

　@SessionScopedでは、ページ遷移してもセッションが同じである間は有効です。セッションタイムアウト(**リスト9.47**)やセッションの破棄(**リスト9.48**)が実行されたタイミングで管理Beanが破棄されます。@SessionScopedは同一のセッションであれば管理Beanが共有されるため、たとえばブラウザで別タブを開いた場合でも同じカウントが表示されます。

　@ApplicationScopedはWebアプリケーション内で共有されるため、画面遷移やセッションに関わらず数値がカウントされます。

リスト9.47　web.xmlにおけるセッションタイムアウト(分)の定義

```xml
<session-config>
    <session-timeout>
        30
    </session-timeout>
</session-config>
```

リスト9.48　セッション破棄

```
((HttpSession) FacesContext.getCurrentInstance()
    .getExternalContext().getSession(false)).invalidate();
```
実際は一行

　@SessionScopedや@ApplicationScopedは便利な反面、スコープが長いので利用には注意が必要です。コンポーネントが非常に多いページや管理Beanの保持するデータ量が大きい場合には、性能面への影響を考える必要があります。

　基本的には@ViewScopedの利用を中心として、複数のページをまたいで必要となるデータはパラメータで渡すなどの工夫が必要です。パラメータを渡す方法については後述する「**9-7 パラメータの渡し方**」を参照してください。

9-3-3 @FlowScoped

JSF 2.2では新たなスコープとして@FlowScopedが導入されました。Spring FrameworkのSpring Web FlowやOracle ADFのADF Task Flowsから影響を受けた機能で、Faces Flowsと呼ばれます。定義した特定フローの間だけ管理Beanが有効となるスコープです。

JSF 2.2のJSR 344では、有向グラフのノードとエッジという言葉を使ってFaces Flowsについて説明しています。

ノードはWebページ、エッジはページ遷移に該当します。スコープの始点となるノードと、途中で経由するノード、そして終点となるノードを決めて、一連の流れを1つのフローとして定義します。

Faces Flowsにおけるフローの定義方法は2種類あります。

- **コードでフローを定義する**(javax.faces.flow.builder.FlowBuilderクラス)
- **XML形式でフローを定義する**(faces-config.xml内)

ここでは例として図9.19のようなフローを考え、各ページにて数字をカウントする機能を設けます。

図9.19　Faces Flowsのイメージ

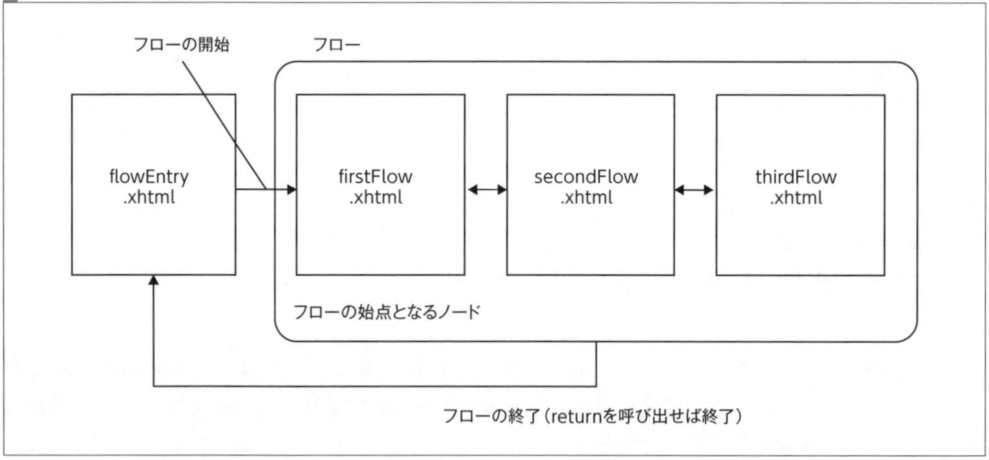

```
フローの開始         フロー
    ┌─────────┐  ┌─────────┐  ┌─────────┐  ┌─────────┐
    │flowEntry│→ │firstFlow│↔ │secondFlow│↔ │thirdFlow│
    │ .xhtml  │  │ .xhtml  │  │ .xhtml   │  │ .xhtml  │
    └─────────┘  └─────────┘  └─────────┘  └─────────┘
                   フローの始点となるノード
         
         フローの終了(returnを呼び出せば終了)
```

フローの定義をコードで行う場合、**リスト9.49**のように記述します。@FlowDefinitionアノテーションをフロー定義するメソッドに付けます。フローの定義はFlowBuilderで行います。

スタートとなるノードは明示的にmarkAsStartNodeメソッドで指定します。また、フローの生成時と破棄時に処理を呼び出す場合はinitializer()、finalizer()を利用します。

リスト9.49　コードによるフローの定義

```java
@Named
@Dependent
public class FlowCounterDefinition {

    private static final String flowId = "counterFlow";

    @Produces
    @FlowDefinition
    public Flow defineFlow(@FlowBuilderParameter FlowBuilder flowBuilder) {
        flowBuilder.id("", flowId);

        //フローに入って最初に呼び出される処理を指定
        flowBuilder.initializer("#{flowCounter.init()}");

        //フローの最初のノードを設定
        flowBuilder.viewNode(flowId, "/flow/firstFlow.xhtml").markAsStartNode();

        //その他のノードを設定
        flowBuilder.viewNode("second", "/flow/secondFlow.xhtml");
        flowBuilder.viewNode("third", "/flow/thirdFlow.xhtml");

        //フローを終了するノードを設定
        flowBuilder.returnNode("return").fromOutcome("/flow/flowEntry.xhtml");

        //フローが終了するときに呼び出される処理を指定
        flowBuilder.finalizer("#{flowCounter.fin()}");
        return flowBuilder.getFlow();
    }
}
```

　管理Beanでは、@FlowScopedアノテーションをつけてflowのidを一致させます。この例のidはcounterFlowです。**リスト9.50**のFlowCounter管理Beanは、定義したすべてのフローノードで共有されます。

リスト9.50　FlowScopedなCDI管理Bean

```java
@Named(value = "flowCounter")
@FlowScoped("counterFlow")
public class FlowCounter implements Serializable {

    private int count;

    public void init() {
        count = 0;
        System.out.println("FlowScopeの管理Bean初期化");
```

Web層

```java
    }

    public void fin() {
        System.out.println("FlowScopeの管理Bean破棄");
    }

    public void increment() {
        count++;
    }

    public int getCount() {
        return count;
    }
}
```

リスト9.51はフローの先頭ノードであるfirstFlow.xhtmlのFaceletsです。その他のページでも同様の定義を行い、カウント値の表示テキストとカウントアップのボタンを置きます。

リスト9.51　firstFlow.xhtml

```xml
<h:head>
    <title>First</title>
</h:head>
<h:body>
    <h:form>
        <h:outputText value="#{flowCounter.count}" />
        <h:commandButton value="Count Up" actionListener="#{flowCounter.increment()}" />
        <h:commandButton value="Second" action="second" />
    </h:form>
</h:body>
```

実行後、各ページでカウントアップを行うと、3つのページすべてでカウント結果が共有されます。

フローをコードではなくXMLのファイル形式で定義する場合、**リスト9.52**のようになります。faces-config.xmlにて<flow-definition>タグによる定義を行います。コードかXML形式かの差だけで、フローとしての定義は**リスト9.52**も**リスト9.50**と同じです。

リスト9.52　faces-config.xmlによるフローの定義

```xml
<flow-definition id="counterFlow">
    <initializer>#{flowCounter.init()}</initializer>
    <start-node>first</start-node>
    <view id="first">
        <vdl-document>/flow/firstFlow.xhtml</vdl-document>
```

```
    </view>
    <view id="second">
        <vdl-document>/flow/secondFlow.xhtml</vdl-document>
    </view>
    <view id="third">
        <vdl-document>/flow/thirdFlow.xhtml</vdl-document>
    </view>
    <flow-return id="return">
        <from-outcome>/flow/flowEntry.xhtml</from-outcome>
    </flow-return>
    <finalizer>#{flowCounter.fin()}</finalizer>
</flow-definition>
```

フローの途中で分岐して、別のフローへ移ることもできます。たとえば、別のフローをanotherFlowというIDにします。コード(**リスト9.53**)またはXML形式(**リスト9.54**)でcounterFlow同様にanotherFlowを定義します。

リスト9.53　anotherFlowのコード定義

```
flowBuilder.flowCallNode("another")
        .flowReference("", "anotherFlow");
```

リスト9.54　anotherFlowのXML定義

```
<flow-call id="another">
    <flow-reference>
        <flow-id>anotherFlow</flow-id>
    </flow-reference>
</flow-call>
```

　Flowの定義は1つのjarファイルにまとめることもできるため、アプリケーションが異なる場合でもルールさえ決めておけば、フローそのものを共有できます。

9-4　EL式

　EL式に関しては、「**7章　ELとJSTL**」で記述されている内容をJSFでも同じように利用可能です。JSPにおけるEL式では$を利用した形式が中心となりますが、JSFでは#を用いた遅延評価(Deferred evaluation)が中心となります。

Web層

9-5 ライフサイクル

JSFではHTTPリクエストを受け取ってからレスポンスを返すまでの間に、次の6つのフェーズが存在します。

- Restore View
- Apply Request Values
- Process Validations
- Update Model Values
- Invoke Application
- Render Response

フェーズは図9.20のように流れます。

図9.20 JSFのライフサイクル

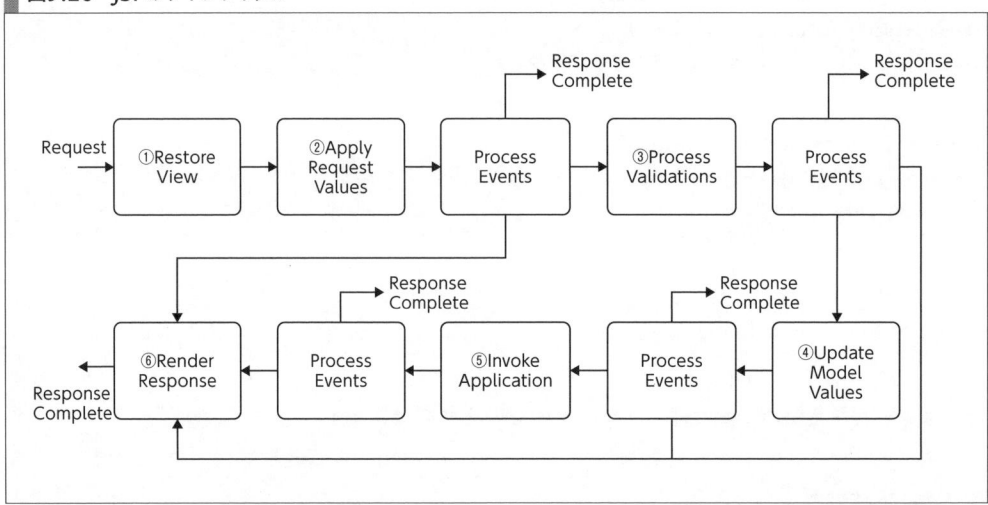

通常の開発において、ライフサイクルの個々のフェーズを細かく意識する必要はありません。ただし、上手く動かない場合や問題があった場合に、ライフサイクルと状態の関係を確認することは重要です。

ライフサイクルを理解する際には、簡単なサンプルを作って、実際に動かしながら各フェーズをチェックするのが効率的です。まずは、フェーズの確認方法について記述します。

各フェーズを確認するには、リスト9.55のようにjavax.faces.event.PhaseListenerを継承したクラスを定義します。

リスト9.55　PhaseListenerクラスの継承

```java
import javax.faces.event.PhaseEvent;
import javax.faces.event.PhaseId;
import javax.faces.event.PhaseListener;

public class CheckPhaseListener implements PhaseListener {

    @Override
    public void beforePhase(PhaseEvent event) {
        //フェーズの前に呼び出されます
        System.out.println("before:" + event.getPhaseId());
    }

    @Override
    public void afterPhase(PhaseEvent event) {
        //フェーズの後に呼び出されます
        System.out.println("after:" + event.getPhaseId());
    }

    @Override
    public PhaseId getPhaseId() {
        return PhaseId.ANY_PHASE;
    }
}
```

さらに、**リスト9.56**のようにfaces-config.xmlにてCheckPhaseListenerの登録を行います。

リスト9.56　継承したPhaseListenerクラスの登録

```xml
<?xml version='1.0' encoding='UTF-8'?>
<faces-config version="2.2"
              xmlns="http://xmlns.jcp.org/xml/ns/javaee"
              xmlns:xsi="http://www.w3.org/2001/XMLSchema-instance"
              xsi:schemaLocation="http://xmlns.jcp.org/xml/ns/javaee
                  http://xmlns.jcp.org/xml/ns/javaee/web-facesconfig_2_2.xsd">
    <lifecycle>
        <phase-listener>perfect.javaee.phase.CheckPhaseListener</phase-listener>
    </lifecycle>
</faces-config>
```

※実際は一行

これで各フェーズ前後の状態が確認できます。それでは各フェーズの処理内容について説明していきます。

9-5-1 Restore View

HTTPリクエストによるページの要求を受け付けると、まず最初にRestore Viewのフェーズに入ります。

リクエストが初めての場合、空のコンポーネントツリー（javax.faces.component.UIViewRoot）を生成して、FacesContextに格納します。その後は直接Render Responseフェーズへ移り、ページ情報を元にコンポーネントツリーを生成します（**リスト9.57**）。

再度同じページへリクエストがあった場合は、FacesContextからコンポーネントツリーの復元を行います。この同じページへの再リクエストはポストバックと呼ばれます。

リスト9.57　リクエストが初めての場合（Render Responseフェーズへの移動）

```
情報:    before:RESTORE_VIEW 1
情報:    after:RESTORE_VIEW 1
情報:    before:RENDER_RESPONSE 6
情報:    after:RENDER_RESPONSE 6
```

9-5-2 Apply Request Values

Apply Request Valuesフェーズでは、ビューからサブミットされた情報をリクエストから取り出し、その値を各コンポーネントに割り当てます。

実際に値を確認するには、対象とするページに配置したテキストのidなどを利用して**リスト9.58**のようなコードを**リスト9.55**に加えます。afterPhaseメソッドで呼びだすと、Apply Request Valuesフェーズの後で実際にコンポーネントに割り当てられた値を確認できます。

リスト9.58　サブミットされた値の確認

```java
private void checkSubmitValue(PhaseEvent event) {
    FacesContext faces = event.getFacesContext();
    UIViewRoot viewRoot = faces.getViewRoot();
    if (viewRoot != null) {
        UIComponent comp = viewRoot.findComponent("frm:txt");
        if (comp != null && comp instanceof UIInput) {
            Object value = ((UIInput)comp).getSubmittedValue();
            if (value != null) {
                System.out.println(value);
            }
        }
    }
}
```

9-5-3　Process Validations

Process Validationフェーズでは、コンバータによる変換処理とバリデーションによる検証処理が順次行われます。最初にHTTPリクエストから取得した値をJavaの型へコンバータで変換します。

次に、変換した値を対象にバリデーションによる検証が行われます。コンバータやバリデーションによるエラーがあった場合にはRender Responseフェーズへ移ります。

なお、immediate属性がtrueに指定されている場合には、**リスト9.59**のように本フェーズはスキップされてRender Responseフェーズまで移ります。

リスト9.59　immediate=trueのcommandButtonを押下した場合

```
情報:    before:RESTORE_VIEW 1
情報:    after:RESTORE_VIEW 1
情報:    before:APPLY_REQUEST_VALUES 2
情報:    after:APPLY_REQUEST_VALUES 2
情報:    before:RENDER_RESPONSE 6
情報:    after:RENDER_RESPONSE 6
```

9-5-4　Update Model Values

Update Model Valuesフェーズでは、Modelである管理Beanでバインドしている変数へ値を反映します。CheckPhaseListenerから管理Beanの変数へ値が反映されるタイミングを確認するには、たとえば**リスト9.60**のコードを**リスト9.55**に加えます。

リスト9.60　管理Beanの変数を確認する

```
String value = FacesContext.getCurrentInstance().getApplication().evaluateExpressionGet
    (FacesContext.getCurrentInstance(), "#{checkTargetBean.value}", String.class);
```
※実際は一行

9-5-5　Invoke Application

Invoke Applicationフェーズでは、actionListenerやactionによって呼び出された処理が実行されます。順序としては**リスト9.61**のようにactionListenerが先に呼ばれ、次にactionが呼び出されます。

リスト9.61　actionListenerとactionの順番

```
情報:    before:INVOKE_APPLICATION 5
情報:    actionListener
情報:    action
情報:    after:INVOKE_APPLICATION 5
```

9-5-6 Render Response

Render Responseフェーズでは、ビューのレスポンスをブラウザへ返します。Restore Viewフェーズでも触れたように、リクエストが初めての場合はコンポーネントツリーを生成します。

9-6 ナビゲーション

ナビゲーションとは、表示しているWebページを他のWebページへ切り替えることを指します。ページ遷移、画面遷移とも呼ばれます。

JSF 1.X系では、HTTPのPOSTによるナビゲーションが中心でした。その後、JSF 2.0からはGETによるナビゲーションにも対応し、ブックマーク可能なページを作成可能です[注6]。

9-6-1 POSTによるナビゲーション

POSTによるナビゲーションは、リスト9.62のように<h:commandButton>または<h:commandLink>を利用します。

リスト9.62　next.xhtmlへのページ遷移

```
<h:commandButton value="nextページを開く" action="next.xhtml" />
<h:commandLink value="nextページを開く" action="next.xhtml" />
```

action属性で遷移する先のページを指定します。ここではnext.xhtmlを直接、記述しています。

リスト9.63のように、action属性ではEL式を利用して管理Beanのメソッドと関連づけることができます。メソッドの中ではリスト9.64のように条件判定を行って遷移先のページを切り替えることができます。

リスト9.63　next.xhtmlへのページ遷移（EL式利用）

```
<h:commandButton value="nextページを開く" action="#{myBean.move()}" />
<h:commandLink value="nextページを開く" action="#{myBean.move()}" />
```

[注6] 本書では記述を省略していますが、JSF 1.X系と同じようにfaces-config.xmlのnavigation-ruleタグを利用したナビゲーション定義はJSF 2.0以降でも利用可能です。

リスト9.64 ページ遷移先の切り替え
```
public String move() {
    if (val < 1000) {
        return "next.xhtml";
    }
    return "another.xhtml";
}
```

　POSTによるナビゲーションでは、ページ遷移後もURLは変わりません。URLをページ遷移先に切り替える場合には、リダイレクトを利用します。リダイレクトを利用すると、POSTで送信した後にGETが呼び出されて、URLが変わります。
　JSFでリダイレクトを利用するには、**リスト9.65**のように「?faces-redirect=true」を付与します。

リスト9.65 リダイレクトの指定
```
<h:commandButton value="nextページを開く" action="next.xhtml?faces-redirect=true" />
<h:commandLink value="nextページを開く" action="next.xhtml?faces-redirect=true" />
```

9-6-2　GETによるナビゲーション

　GETによるナビゲーションでは、<h:button>または<h:link>を利用します。**リスト9.66**のように、outcome属性で遷移先のページを指定します。

リスト9.66 next.xhtmlのページ遷移
```
<h:button value="ボタン遷移" outcome="next.xhtml" />
<h:link value="リンク遷移" outcome="next.xhtml" />
```

9-7　パラメータの渡し方

　ナビゲーションの際、遷移元のページから遷移先のページへ何らかのデータを受け渡したいことがあります。JSFではこうしたデータをパラメータとして渡す手段が幾つかあります。

9-7-1　クエリ文字列の利用

　一般的なWebアプリケーションにおけるページ間のデータ受け渡し方法として、クエリ文字列を利用する方法があります。URLを利用する方法で、URLパラメータと呼ばれることもあります。

Web層

具体的には、遷移先ページのURLの末尾に「?」を付けて「キー=値」を指定します。パラメータが複数ある場合は「&」で連結します。たとえば**リスト9.67**では2つのキーとしてparam1とparam2があり、それぞれperfectとjavaの値をクエリ文字列として渡しています。

リスト9.67　クエリ文字列の例

```
http://localhost:8080/PerfectJavaEeSample/faces/bookmarkable/bookmarkable.xhtml?param1=perfect&param2=java
```
実際は一行

URLパラメータの値を受け取る側では、<f:metadata>タグ内で<f:viewParam>タグを利用します。<f:viewParam>ではクエリ文字列のパラメータ値をコードのフィールドとマッピングできます。
リスト9.68のようにname属性にはクエリ文字列のキーとなる文字列を指定し、value属性には値の格納先を指定します。ここでは管理Beanのフィールドを指定しています。

リスト9.68　クエリ文字列を処理する<f:metadata>と<f:viewParam>の例

```xml
<f:metadata>
    <f:viewParam name="param1" value="#{bookmarkableBean.param1}" />
    <f:viewParam name="param2" value="#{bookmarkableBean.param2}" />
</f:metadata>
```

クエリ文字列の値を管理Beanに渡しつつ、同時に何らかの処理を実行したい場合は<f:viewAction>タグを利用します。**リスト9.69**のように管理Beanのメソッドを呼び出すことができます。

リスト9.69　<f:viewAction>による処理の呼び出し例

```xml
<f:metadata>
    <f:viewParam name="param1" value="#{bookmarkableBean.param1}" />
    <f:viewParam name="param2" value="#{bookmarkableBean.param2}" />

    <!-- 処理の実行 -->
    <f:viewAction action="#{bookmarkableBean.exec()}" />
</f:metadata>
```

9-7-2　Flashオブジェクトの利用

JSF 2.0からFlashスコープの概念が導入されました。Flashスコープは1回のページ遷移の間だけ有効となる特別なスコープです。データの受け渡しにMap型のFlashオブジェクトを利用します。Flashオブジェクトは**リスト9.70**、**リスト9.71**のようにEL式から直接渡したり、参照できます。

リスト9.70　EL式によるFlashオブジェクトへの値適用
```
<h:inputText value="#{flash.val}" />
```

リスト9.71　EL式によるFlashオブジェクトの値参照
```
<h:outputText value="#{flash.val}" />
```

　また、Flashオブジェクトはコードからも利用できます。具体的には、FacesContextからFlashオブジェクトを操作可能です。Flashオブジェクトへ値を格納するには**リスト9.72**のように書き、値を取得する場合は**リスト9.73**のように書きます。

リスト9.72　FacesContextによるFlashオブジェクトへの値適用
```
FacesContext.getCurrentInstance().getExternalContext().getFlash().put("val", value);
```

リスト9.73　FacesContextによるFlashオブジェクトの値参照
```
FacesContext.getCurrentInstance().getExternalContext().getFlash().get("val");
```

9-7-3　@SessionScopedな管理Beanの利用

　パラメータの保持期間がFlashスコープでは短い場合、SessionScopedの管理Beanをインジェクトします。ビューに対応する管理Beanは@RequestScopedや@ViewScopedを利用し、複数のビューをまたいで利用するパラメータのみを@SessionScopedとして定義します（**リスト9.74**）。

　パラメータを利用する側では、**リスト9.75**のようにParameterクラスをインジェクトします。

リスト9.74　パラメータを管理Beanとして定義
```
@Named
@SessionScoped
public class Parameter implements Serializable {
    //複数の画面で利用するデータなど
}
```

リスト9.75　パラメータを利用する側でInject
```
@Inject
Parameter param;
```

10章 JSF（実践編）

基礎編ではJSFを構成する基本的な要素を中心に紹介してきました。実践編ではJSFを利用した開発で必要となる技術について説明していきます。

10-1 Ajax (Asynchronous JavaScript + XML)

HTTPによる通信では、リクエストが送信されてレスポンスが戻るまでの間、ブラウザでのページ操作はできません。通信が同期処理で行われ、ページ全体のHTMLをレスポンス情報として読み込むためです。

これに対してAjaxでは、ページの部分的な情報を非同期通信でやりとりします。この非同期通信はJavaScriptを介して、XMLやJSON形式のデータを送受信します。Ajaxを利用することで、ユーザの操作性や応答性の向上が期待できます。

JSFでAjaxを利用するには、Coreタグライブラリで定義されている<f:ajax>タグを使います。**リスト10.1**はテキストに文字を入力すると、並行して隣のラベルへ文字を表示するサンプルです。キーイベントを契機にAjax処理を行っています。

リスト10.1　テキストへ入力した文字を並行してラベルへ表示

```
<h:inputText id="txt" value="#{ajaxBean.str}">
    <f:ajax event="keyup" render="out" />
</h:inputText>
<h:outputText id="out" value="#{ajaxBean.str}" />
```

<f:ajax>タグの属性を**表10.1**にまとめます。

表10.1　f:ajaxタグの属性

属性	説明
delay	JSF 2.2で追加された属性です。指定したミリ秒単位で実行を遅延させることができます。noneを指定した場合は遅延なしとなります
disabled	条件を指定することでAjaxの有効・無効を指定できます
event	Ajaxの処理を実行するトリガーとなるイベントを指定します。イベント名はJavaScriptのイベント名からonを除いたものとなります
execute	Ajaxのリクエストでサーバサイドへ送るコンポーネントのIDを指定します。複数ある場合はスペース区切りでIDを並べます。また、表10.2のようなキーワードによる指定も可能です
immediate	JSFのライフサイクルの中で、Ajaxの処理が実行されるタイミングを変更します。デフォルト値であるfalseの場合はInvoke Applicationフェーズ、trueの場合はApply Request Valuesフェーズで実行されます。バリデーションの回避などで利用します
listener	EL式による管理Beanのメソッド呼び出しを行います
onevent	Ajaxの処理が成功した際にJavaScriptの関数を呼び出すことができます
onerror	Ajaxの処理が失敗した際にJavaScriptの関数を呼び出すことができます
render	Ajaxのレスポンスを受けて更新するコンポーネントのIDを指定します。IDやキーワードの指定方法はexecute属性と同じです
resetValues	JSF 2.2で追加された属性です。バリデーションでエラーとなった値をリセットします

　execute属性やrender属性では**表10.2**のようなキーワードを利用して、複数のコンポーネントをまとめて指定できます。

表10.2　execute属性とrender属性で利用できるキーワード

キーワード	説明
@all	すべてのコンポーネントを対象とする
@form	フォーム内のコンポーネントを対象とする
@none	対象なし
@this	自身のコンポーネント

　<f:ajax>タグで複数のコンポーネントを囲うことで、まとめてAjax処理をすることもできます。**リスト10.2**は2つのテキストボックス両方に対して、keyupイベントで処理を呼び出しています。

リスト10.2　<f:ajax>タグでコンポーネントを挟む例

```
<f:ajax event="keyup" execute="txt1 txt2" render="ret" listener="#{ajaxGroupBean.concat()}" >
    <h:inputText id="txt1" value="#{ajaxGroupBean.val1}" />
    <h:inputText id="txt2" value="#{ajaxGroupBean.val2}" />
</f:ajax>
<h:outputText id="ret" value="#{ajaxGroupBean.ret}" />
```

　onevent属性ではAjax処理に対し、3種類のステータスに応じてクライアントサイドの処理が行えます。その3種類のステータスはbegin、complete、successです。

　リスト10.3はステータスを判断してJavaScript処理を実行している例です。

Web層

リスト10.3　oneventから呼び出されるmonitoring関数

```
function monitoring(data) {
    switch (data.status) {
        case "begin":
            window.alert('begin');
            break;
        case "complete":
            window.alert('complete');
            break;
        case "success":
            window.alert('success');
            break;
    }
}
```

　onevent属性から呼び出したJavaScriptの関数に対して、dataオブジェクトが渡されます。このdataオブジェクトには、ステータスの他にレスポンス情報などが格納されます。
　これを利用して、**リスト10.4**のようにdataオブジェクトの情報をモニタリングしてみます。ビューは**リスト10.5**のような定義です。

リスト10.4　onevent属性からdataオブジェクトの情報を表示

```
function monitoring(data) {
    window.alert('status :' + data.status + '\n' +
        'type :' + data.type + '\n' +
        'source :' + data.source + '\n' +
        'responseXML :' + data.resuponseXML + '\n' +
        'responseText :' + data.responseText + '\n' +
        'responseCode :' + data.responseCode + '\n');
}
```

リスト10.5　テキストへ入力した文字を並行してラベルへ表示

```
<h:outputScript library="js" name="monitoring.js" />
<h:inputText id="txt" value="#{ajaxBean.str}">
    <f:ajax event="keyup" render="out" onevent="monitoring" />
</h:inputText>
<h:outputText id="out" value="#{ajaxBean.str}" />
```

　文字入力するとアラートのダイアログが起動します（**図10.1**）。はじめはステータスがbeginとなります。その後、管理Beanのメソッドが呼び出され、complete（**図10.2**）、success（**図10.3**）と続きます。各ステータスごとにレスポンス情報が表示されます。

図10.1 ステータスがbeginの場合

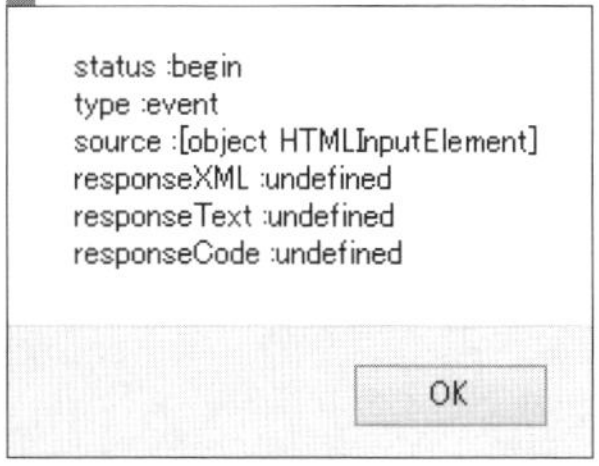

```
status :begin
type :event
source :[object HTMLInputElement]
responseXML :undefined
responseText :undefined
responseCode :undefined

                                    OK
```

図10.2 ステータスがcompleteの場合

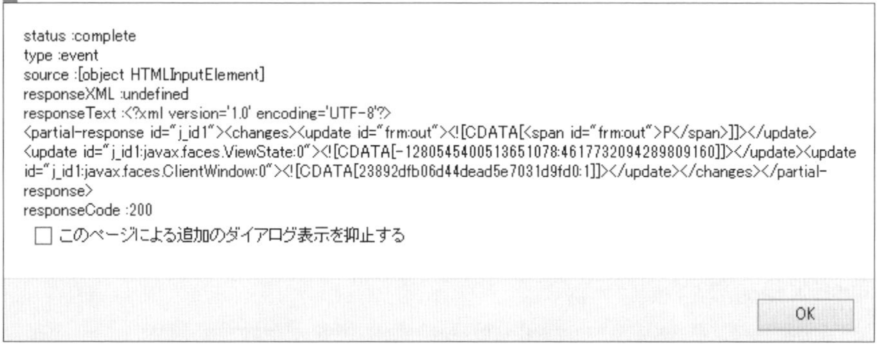

```
status :complete
type :event
source :[object HTMLInputElement]
responseXML :undefined
responseText :<?xml version='1.0' encoding='UTF-8'?>
<partial-response id="j_id1"><changes><update id="frm:out"><![CDATA[<span id="frm:out">P</span>]]></update>
<update id="j_id1:javax.faces.ViewState:0"><![CDATA[-1280545400513651078:4617732094289809160]]></update><update
id="j_id1:javax.faces.ClientWindow:0"><![CDATA[23892dfb06d44dead5e7031d9fd0:1]]></update></changes></partial-
response>
responseCode :200
    □ このページによる追加のダイアログ表示を抑止する

                                                                        OK
```

図10.3 ステータスがsuccessの場合

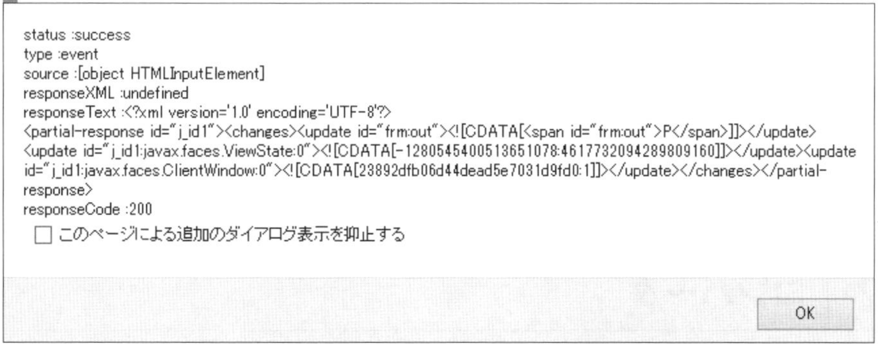

```
status :success
type :event
source :[object HTMLInputElement]
responseXML :undefined
responseText :<?xml version='1.0' encoding='UTF-8'?>
<partial-response id="j_id1"><changes><update id="frm:out"><![CDATA[<span id="frm:out">P</span>]]></update>
<update id="j_id1:javax.faces.ViewState:0"><![CDATA[-1280545400513651078:4617732094289809160]]></update><update
id="j_id1:javax.faces.ClientWindow:0"><![CDATA[23892dfb06d44dead5e7031d9fd0:1]]></update></changes></partial-
response>
responseCode :200
    □ このページによる追加のダイアログ表示を抑止する

                                                                        OK
```

onevent属性に対して、onerror属性ではエラー情報を含めた表示が可能です。**リスト10.6**のように、例外に関連する情報やHTTPエラーを表示できます（**図10.4**）。

リスト10.6　onerror属性からdataオブジェクトの情報を表示

```
function monitoring_error(data) {
    window.alert('status :' + data.status + '\n' +
            'type :' + data.type + '\n' +
            'source :' + data.source + '\n' +
            'responseXML :' + data.resuponseXML + '\n' +
            'responseText :' + data.responseText + '\n' +
            'responseCode :' + data.responseCode + '\n' +
            'description :' + data.description + '\n' +
            'errorName :' + data.status.errorName + '\n' +
            'errorMessage :' + data.errorMessage + '\n' +
            'emptyResponse :' + data.emptyReponse + '\n'+
            'httpError :' + data.httpError + '\n' +
            'malformedXML :' + data.malformedXML + '\n' +
            'serverError :' + data.serverError + '\n');
}
```

図10.4　onerror属性でステータスがエラーの場合

```
status :serverError
type :error
source :[object HTMLInputElement]
responseXML :undefined
responseText :<partial-response id="j_id1"><error><error-name>class java.lang.ArithmeticException</error-name><error-
message><![CDATA[/ by zero]]></error-message></error></partial-response>
responseCode :200
description :/ by zero
errorName :undefined
errorMessage :/ by zero
emptyResponse :undefined
httpError :undefined
malformedXML :undefined
serverError :undefined
```

OK

10-2　コンバータ

　コンバータはビューから入力された値とモデルである管理Beanの間でデータを変換する役割を持ちます。具体的には、HTTPのリクエストからサーバサイドへ渡る文字列をJavaのコードで定義された型および変数へ変換します。

　JSFのコンバータには、標準機能として用意されている標準コンバータと自分で処理を定義するカスタムコンバータの2種類があります。

10-2-1 標準コンバータ

変換先の型がintやdoubleなどのプリミティブ型、Integer、Doubleなどのラッパークラスである場合は、JSFが自動的にコンバート処理を行います（**リスト10.7**、**リスト10.8**）。

リスト10.7　JSFによるコンバート

```
<h:inputText value="#{converterBean.intVal}" />
<h:inputText value="#{cnverterBean.integerVal}" />
```

リスト10.8　リスト10.7の管理Bean

```java
@Named(value = "converterBean")
@ViewScoped
public class ConverterBean implements Serializable {

    private int intVal;
    private Integer integerVal;

    //getter,setter省略
}
```

標準コンバータとしてタグを持っているのはConvertNumberとConvertDateTimeの2つです（**リスト10.9**）。

ConvertNumberではtype属性でnumber（数値）、percent（パーセント）、currency（通貨）を指定可能です。デフォルトではnumberが設定されます。currencyを指定した場合には、currencySymbol属性で通貨記号を、currencyCodeで通貨コード（ISO 4217）を指定できます。

ConvertDateではpattern属性で日付フォーマット形式、timezone属性でタイムゾーンの指定が可能です。

リスト10.9　ConvertNumberとConvertDateTimeの利用例

```
<h:inputText value="#{converterBean.intVal}">
    <f:convertNumber pattern="#0,000" />
</h:inputText>
<h:inputText value="#{converterBean.percent}">
    <f:convertNumber type="percent" />
</h:inputText>
<h:inputText value="#{converterBean.yen}">
    <f:convertNumber type="currency" currencySymbol="¥" />
</h:inputText>
<h:inputText value="#{converterBean.date}">
    <f:convertDateTime pattern="yyyy/MM/dd" timeZone="Asia/Tokyo" />
</h:inputText>
```

10-2-2　カスタムコンバータ

カスタムコンバータを作成することで、コンバート処理を自由に定義できます。カスタムコンバータは次の手順で作成します。

① javax.faces.converter.Converterインターフェースを実装したカスタムコンバータクラスを定義する
② @FacesConverterのアノテーションを付けて、コンバータの名称となるvalue属性を定義する
③ getAsObjectメソッドでビューのリクエストから送られた文字列をコンバート先のオブジェクトへ変換する処理、getAsStringメソッドでオブジェクトをビューへ表示する文字列へ変換する処理を定義する

リスト10.10のカスタムコンバータでは、入力された文字列を元にEmployeeオブジェクトへ変換しています。また、表示の際はEmployeeオブジェクトの持つ名前を表示しています。

リスト10.10　カスタムコンバータの定義

```
@FacesConverter(value = "customConverter")
public class CustomConverter implements Converter {
    @Override
    public Object getAsObject(FacesContext context, UIComponent component, String value) {
        return new Employee(value);
    }

    @Override
    public String getAsString(FacesContext context, UIComponent component, Object value) {
        if (value != null && value instanceof Employee) {
            return ((Employee)value).getName();
        }
        return "";
    }
}
```

@FacesConverterのvalue属性で指定した値はコンバータのIDとなります。作成したカスタムコンバータはリスト10.11のようにIDを指定して利用します。

<f:converter>タグを利用するか、コンポーネントによってはconverter属性で指定可能です。

リスト10.11　カスタムコンバータの利用

```
<h:inputText value="#{employeeBean.emp}">
    <f:converter converterId="customConverter" />
</h:inputText>
```

または

```
<h:inputText value="#{employeeBean.emp}" converter="customConverter" />
```

10-3　バリデータ

　バリデータとは、ビューから入力された値が正しい条件を満たすかどうか検証する仕組みです。バリデータを利用することで、不正な値がビューからモデルへ渡ることを防ぎます。

　ここではJSFの標準バリデータとカスタムバリデータについて説明します。なお、Java EEにはBean ValidationというJSFに限定されないバリデーションの仕組みもあります。Bean Validationについては、次章で説明します。

10-3-1　標準バリデータ

　JSFでは標準的なバリデータが用意されています。たとえば、HTML標準タグの<h:inputText>や<h:inputTextarea>では**リスト10.12**のようにrequired属性で必須入力の設定を行うことができます。

リスト10.12　required属性によるバリデーション

```
<h:form>
    <h:messages />
    <h:inputText value="#{validationBean.txtInput}" required="true"
        requiredMessage="入力必須のテキストです" />
    <h:inputTextarea value="#{validationBean.txtAreaInput}" required="true"
        requiredMessage="入力必須のテキストエリアです" />
</h:form>
```

　標準のバリデータはCoreタグライブラリで定義されていて、<f:validateRequired>タグで**リスト10.13**のような記述もできます。

Web層

リスト10.13 <f:validateRequired>タグによるバリデーション

```
<h:form>
    <h:messages />
    <h:inputText value="#{validationBean.txtInput2}" requiredMessage="入力必須のテキストです">
        <f:validateRequired />
    </h:inputText>
    <h:inputTextarea value="#{validationBean.txtAreaInput}"
        requiredMessage="入力必須のテキストエリアです">
        <f:validateRequired />
    </h:inputTextarea>
</h:form>
```

Coreタグライブラリで標準バリデータとして用意されているのは**表10.3**のとおりです。

表10.3　標準バリデータ

タグ	説明
f:validateBean	Bean Validationで利用します
f:validateDoubleRange	doubleやfloatの小数値の範囲を検証します
f:validateLongRange	intやlongの整数値の範囲を検証します
f:validateLength	文字列の長さを検証します
f:validateRegex	正規表現で指定した条件を満たすか検証します
f:validateRequired	必須入力を検証します

テキストに対する文字列の入力制約を正規表現で指定する場合、**リスト10.14**のように<f:validateRegex>を利用します。

リスト10.14　<f:validateRegex>タグによる正規表現を利用したバリデーション

```
<h:inputText value="#{validationBean.id}" validatorMessage="3文字以上のアルファベットを入力してください">
    <f:validateRegex pattern="[a-zA-Z]{3,}" />
</h:inputText>
```

リスト10.15のようにvalidatorMessage属性を指定しない場合、通常エラーメッセージは英語で表示されます。

リスト10.15　入力された文字列の長さをバリデーションでチェックする

```
<h:inputText value="#{validationBean.length}">
    <f:validateLength  minimum="5" maximum="10" />
</h:inputText>
```

JSFの標準バリデータでは、エラーメッセージはJavaにおける国際化対応の仕組みであるResourceBundleに基づいています。これはコンバータでも同様です。

バリデータやコンバータでのメッセージのキーはあらかじめJSRにて決まっています。たとえば、**リスト10.15**の場合は、

- javax.faces.validator.LengthValidator.MINIMUM
- javax.faces.validator.LengthValidator.MAXIMUM

となります。
　日本語のメッセージを表示するには、プロパティファイルを用意します。ここではmessage.propertiesという**リスト10.16**のようなファイルを用います。

リスト10.16　message.propertiesファイルの中身
```
javax.faces.validator.LengthValidator.MAXIMUM=入力された文字列が長いです
javax.faces.validator.LengthValidator.MINIMUM=入力された文字列が短いです
```

　英語用はmessage_en_us.propertiesのようにファイル名の末尾にロケールをつけます。ロケールの設定とメッセージ用のプロパティファイルはfaces-config.xmlにて**リスト10.17**のように指定します。

リスト10.17　faces-config.xmlにおけるロケールとメッセージバンドルの設定
```
<application>
    <locale-config>
        <default-locale>jp</default-locale>
        <supported-locale>en_us</supported-locale>
    </locale-config>
    <message-bundle>messages.message</message-bundle>
</application>
```

10-3-2　カスタムバリデータ

　JSFの標準バリデータは基本的な機能しかありません。標準のバリデータでは満たすことができない検証を行うには、カスタムバリデータを作成します。カスタムバリデータの作成は次の手順となります（**リスト10.18**）。

① javax.faces.validator.Validatorインターフェースを実装したカスタムバリデーションクラスを定義する
② @FacesValidatorのアノテーションを付けて、バリデータの名称となるvalue属性を定義する
③ validateメソッドにバリデーション条件を定義する

リスト10.18　カスタムバリデータの定義

```java
@FacesValidator(value = "customValidator")
public class CustomValidator implements Validator {
    @Override
    public void validate(FacesContext context, UIComponent component, Object value)
        throws ValidatorException {
    //バリデーションの条件を定義
    //バリデーションエラーの場合には
    //throw new ValidatorException(new FacesMessage("エラーメッセージ"));
    }
}
```

@FacesValidatorのvalue属性で指定した値はバリデータのIDとなります。作成したカスタムバリデータは**リスト10.19**のようにIDを指定して利用します。

<f:validator>タグを利用するか、コンポーネントによってはvalidator属性で指定可能です。

リスト10.19　カスタムバリデータの利用

```xml
<h:inputText>
    <f:validator validatorId="customValidator" />
</h:inputText>
```

または

```xml
<h:inputText validator="customValidator" />
```

10-4　テンプレート

　複数のWebページで共通となるレイアウトやコンポーネントは、テンプレートを利用することで定義を1カ所にまとめることができます。

　図10.5は簡単なテンプレートの例で、定義は**リスト10.20**です。<ui:insert>タグでheader、content、footerの3つのエリアを宣言しています。

　headerとfooterはすべてのWebページで共通であることを想定して、テンプレートの中で<h:outputText>のコンポーネントを配置します。contentは各ページごとに定義するため中身を記述していません。

図10.5　テンプレートを利用した表示（リスト10.20とリスト10.21の結果）

```
header
テンプレートのcontent部分を定義
footer
```

リスト10.20　テンプレートの定義（template.xhtml）

```
<h:body>
    <ui:insert name="header">
        <h:outputText value="header" />
    </ui:insert>

    <ui:insert name="content" />

    <ui:insert name="footer">
        <h:outputText value="footer" />
    </ui:insert>
</h:body>
```

リスト10.21はテンプレートを利用する側の定義です。<ui:composition>タグのtemplate属性で、利用するテンプレートファイル名を指定します。さらに<ui:define>タグにて、テンプレートで指定したcontentエリアへコンポーネントを配置します。

リスト10.21　<ui:composition>によるテンプレートの利用

```
<ui:composition template="template.xhtml">
    <ui:define name="content">
        <h:outputText value="テンプレートのcontent部分を定義" />
    </ui:define>
</ui:composition>
```

<ui:composition>タグでテンプレートを利用した場合、タグの外側にコンポーネントを配置しても表示されません。テンプレートを利用しながらも外側でコンポーネントを配置したい場合には<ui:decorate>を利用します（**リスト10.22**）。

リスト10.22　<ui:decorate>によるテンプレートの利用

```
<h:outputText value="テンプレートだと表示されないがデコレートだと表示される" />
<ui:decorate template="template.xhtml">
    <ui:define name="content">
        <h:outputText value="デコレートのcontent部分を定義" />
    </ui:define>
</ui:decorate>
<h:outputText value="テンプレートだと表示されないがデコレートだと表示される" />
```

Web層

Faceletsでは他のページを挿入可能です。<ui:include>タグで挿入するページを指定します（**リスト10.23**）。

リスト10.23　別ページの挿入
```
<ui:include src="include.xhtml">
```

<ui:composition>や<ui:decorate>、<ui:include>に対してパラメータを渡す場合には<ui:param>を利用します（**リスト10.24**）。

リスト10.24　テンプレートを利用する側からパラメータ渡し
```
<ui:composition template="template.xhtml">
    <ui:param name="login" value="山田太郎" />
    //略
</ui:composition>
```

テンプレート側ではEL式で**リスト10.25**のように利用できます。

リスト10.25　リスト10.20のテンプレート定義でヘッダにパラメータ表示
```
<h:body>
    <ui:insert name="header">
        #{login}さんが利用しています
    </ui:insert>
    //略
</h:body>
```

このように、テンプレート機能を上手く利用することで、各ページで共通するレイアウトやコンポーネントの定義を集約し、重複した定義を避けることができます。

10-5　複合コンポーネント

複合コンポーネント（Composite Component）を使うと、複数のコンポーネントを束ねて1つのUIコンポーネントとして再定義できます。テンプレートと同様に、コンポーネントの重複した定義を避けて、再利用可能なコンポーネントを作れます。

たとえば、**図10.6**のように、3つのコンポーネントの組合せで1つの機能となる構成があるとします。1つ目のテキストで社員コードを入力してボタンを押すと、該当する社員の名前を3つ目のテキストへ表示する機能を持った構成です。

図10.6 複合コンポーネントに置き換える対象

| 1 | 名称取得 | 山田太郎 |

ビューの定義では**リスト10.26**のように3つのコンポーネントを配置します。

リスト10.26　図10.6のビュー定義

```
<h:panelGrid columns="3">
    <h:inputText id="txtCode" value="#{employeeBean.code}" />
    <h:commandButton id="btnCodeToName" value="名称取得"
                    actionLisetener="employeeBean.codeToName()" />
    <h:inputText id="txtName" readonly="true" value="#{employeeBean.name}" />
</h:panelGrid>
```

管理Beanは**リスト10.27**のようにボタンを押した処理で社員コードから名前を引き当てます。

リスト10.27　EmployeeBean

```
@Named(value = "employeeBean")
@ViewScoped
public class EmployeeBean implements Serializable {

    private List<Employee> listEmp;
    private int code; //社員コード
    private String name; //社員名

    @PostConstruct
    public void init() {
        listEmp = Arrays.asList(
                new Employee(1, "山田太郎"),
                new Employee(2, "山田花子")
        );
    }

    public void codeToName() {
        name = listEmp.stream()
                .filter(e -> e.getCode() == code)
                .findFirst()
                .orElse(new Employee(0, "該当なし"))
                .getName();
    }

    //getter,setter省略
}
```

こうした構成のコンポーネント配置が1箇所だけであれば、**リスト10.26**の定義をそのまま利用するのが簡単です。しかし、社員以外のデータでも同じようにコードから名前を引き当てるようなデータがあったとします。

複数のページ、複数の場所に**リスト10.26**の定義を埋め込むのは手間がかかります。また、レイアウトの変更などがあった場合には、個々の定義を修正しなければなりません。そこで、複合コンポーネントを適用して定義を1つに括り、**リスト10.28**のようなcodeToName.xhtmlを定義します。複合コンポーネントのタグ名は、ファイル名で付けたcodeToNameとなります[注1]。

codeToName.xhtmlはresources配下に置きます。resources配下はJavaScriptやCSSなども配置されることがあるため、複合コンポーネント用のフォルダを作成します。このフォルダ名は複合コンポーネントの名前空間にも含まれます。

図10.7はresources配下にcompフォルダを作成してcodeToName.xhtmlを配置した例です。この場合、複合コンポーネントの名前空間はhttp://xmlns.jcp.org/jsf/composite/compとなります。

リスト10.28　複合コンポーネントの定義（codeToName.xhtml）

```
<html xmlns="http://www.w3.org/1999/xhtml"
      xmlns:h="http://xmlns.jcp.org/jsf/html"
      xmlns:composite="http://java.sun.com/jsf/composite">

    <composite:interface>
        <composite:attribute name="code" />
        <composite:attribute name="codeToNameAction" method-signature="java.lang.String action()" />
        <composite:attribute name="name" />
    </composite:interface>

    <composite:implementation>
        <h:panelGrid columns="3">
            <h:inputText value="#{cc.attrs.code}" />
            <h:commandButton id="btnIdToName" value="名称取得"
                             actionListener="#{cc.attrs.idToNameAction}" />
            <h:inputText id="txtName" readonly="true" value="#{cc.attrs.name}" />
        </h:panelGrid>
    </composite:implementation>
</html>
```

図10.7　複合コンポーネントの配置

[注1]　taglibファイルを定義することでファイル名に依存しないタグ名の定義も可能ですが、本書では定義の詳細に関しては省略します。

<composite:interface>タグは複合コンポーネントが持つインターフェースを表します。インターフェースとして指定できるタグは**表10.4**となっています。

表10.4　<composite:interface>タグ内で利用可能なタグ

タグ	説明
attribute	複合コンポーネントに対して属性を与えます
valueHolder	複合コンポーネントに対してconverterやvalidatorを指定できるようにします
editableValueHolder	valueHolderと似ていますが、さらにValueChangeListenerなどを指定可能です
actionSource	ボタンやリンクに対してActionEventを紐付けます
facet	<composite:implementation>タグ内の<composite:insertFacet>や<composite:renderFacet>と連動し、facetを定義します

<composite:implementation>タグでは実際に複合コンポーネントを構成するコンポーネントを配置します。<composite:interface>で定義した属性はEL式を利用して、#{cc.attrs.属性でつけたname}のように記述して紐づけます。

また、**表10.5**のタグが利用できます。

表10.5　<composite:implementation>タグ内で利用できるタグ

タグ	説明
insertChildren	複合コンポーネント内でネストして定義したコンポーネントを挿入します
renderFacet	Facetを挿入します
insertFacet	renderFacet同様にFacetを挿入しますが、コンポーネントに対して挿入します

リスト10.28の複合コンポーネントを利用する側の定義は**リスト10.29**のようになります。

リスト10.29　複合コンポーネントの利用

```
<html xmlns="http://www.w3.org/1999/xhtml"
    xmlns:h="http://xmlns.jcp.org/jsf/html"
    xmlns:comp="http://xmlns.jcp.org/jsf/composite/comp">

  <h:head>
      <title>複合コンポーネントの利用</title>
  </h:head>
  <h:body>
      <h:form>
          <!-- 複合コンポーネント利用 -->
          <comp:codeToName val="#{employeeBean.code}" codeToNameAction="#{employeeBean.
              codeToName()}" name="#{employeeBean.name}" />
      </h:form>
  </h:body>
</html>
```

Web層

たとえば、**リスト10.28**の複合コンポーネントでボタンをリンクにしたいケースがあったとします。その場合、複合コンポーネントの中でボタンとリンクの両方を定義しておき、rendered属性を外から指定して切り替える方法などが考えられます。

もう少し柔軟性を持たせるには**リスト10.30**のように<composite:insertChildren>タグを使います。

リスト10.30　<composite:insertChildren>タグの利用

```
<composite:interface>
    <composite:attribute name="code" />
    <composite:attribute name="name" />
</composite:interface>

<composite:implementation>
    <h:panelGrid columns="3">
        <h:inputText value="#{cc.attrs.code}" />
        <composite:insertChildren id="btnToName" />
        <h:inputText id="txtName" readonly="true" value="#{cc.attrs.name}" />
    </h:panelGrid>
</composite:implementation>
```

複合コンポーネントを利用する側では**リスト10.31**のようにボタンで宣言したり、**リスト10.32**のようにリンクで宣言するなど使い分けることができます。

リスト10.31　commandButtonを利用する場合

```
<comp:codeToName code="#{employeeBean.code}" name="#{employeeBean.name}">
    <h:commandButton value="名称取得" action="#{employeeBean.codeToName()}" />
</comp:codeToName>
```

リスト10.32　commandLinkを利用する場合

```
<comp:codeToName code="#{employeeBean.code}" name="#{employeeBean.name}">
    <h:commandLink value="名称取得" action="#{employeeBean.codeToName()}" />
</comp:codeToName>
```

複合コンポーネントに対してconverterやvaidatorを利用する場合にはeditableValueHolder（またはvalueHolder）で**リスト10.33**のように宣言します。

リスト10.33　editableValueHolderの利用

```
<composite:interface>
    <composite:attribute name="code" />
    <composite:attribute name="name" />
    <composite:editableValueHolder name="code" />
</composite:interface>
```

リスト10.34のように記述できます。

リスト10.34 複合コンポーネントに対するバリデータ定義

```
<comp:codeToName code="#{employeeBean.code}" codeToNameAction="#{employeeBean.codeToName()}"
                 name="#{employeeBean.name}">
    <f:validateLength for="code" maximum="5" />
</comp:codeToName>
```

このように、複合コンポーネントを利用することで、重複した定義を避けながら拡張性の高いコンポーネントを作ることができます。

10-6 カスタムコンポーネント

カスタムコンポーネントを定義することで、新しいUIコンポーネントを作成できます。JSF 2.0まではXMLファイルの定義が必要で少し手間がかかりました。JSF 2.2からは@FacesComponentアノテーションに属性が増え、クラス定義のみで簡単に作れるようになりました。

@FacesComponentの属性は**表10.6**のようになっています。

表10.6 @FacesComponentの属性

属性	説明
createTag	コンポーネントのタグを作成するかどうか指定します
tagName	createTagをtrueとした場合に、タグ名を指定します
namespace	名前空間を指定します。指定しない場合のデフォルトはhttp://xmlns.jcp.org/jsf/componentとなります
value	コンポーネントタイプを指定します。コンポーネントタイプはApplicationクラスのcreateComponentメソッドでコンポーネントを生成するときなどに利用します

具体的には**リスト10.35**のように定義します。

リスト10.35 カスタムコンポーネントの定義

```
@FacesComponent(tagName = "cstComp", createTag = true, namespace = "http://perfectjava/component")
public class CustomComponent extends UIComponentBase {

    @Override
    public String getFamily() {
        return "custom.component";
    }

    @Override
    public void encodeBegin(FacesContext context) throws IOException {
```

```
        String value = (String)getAttributes().get("value");
        if (value != null) {
            ResponseWriter writer = context.getResponseWriter();
            writer.write(value + "自作コンポーネント");
        }
    }
}
```

　作成したカスタムコンポーネントは**リスト10.36**のように利用できます。タグライブラリの名前空間ではnamespace属性で指定したURLを宣言します。そしてタグの名称はtagName属性の値となります。

リスト10.36　カスタムコンポーネントの利用

```
<html xmlns="http://www.w3.org/1999/xhtml"
      xmlns:h="http://xmlns.jcp.org/jsf/html"
      xmlns:my="http://perfectjava/component">
    <h:head>
        <title>カスタムコンポーネント</title>
    </h:head>
    <h:body>
        <my:cstComp value="カスタムコンポーネント" />
    </h:body>
</html>
```

10-7　リッチコンポーネントライブラリ

　JSFのコンポーネントベースな設計を活かして、いろいろな種類のUIコンポーネントを集めたサードパーティ製ライブラリが存在します。こうしたライブラリを上手く利用することで、JavaScriptやCSSはライブラリが標準的に提供するものをベースに、リッチなUIを効率良く構築できます。

　オープンソースのリッチコンポーネントライブラリとして代表的なものとしては、RichFaces、IceFaces、PrimeFacesなどがあります（**表10.7**）。

表10.7　主なコンポーネントライブラリ

ライブラリ名	提供	ライセンス	サイト
RichFaces	JBoss GNU LESSER GENERAL	PUBLIC LICENSE	http://richfaces.jboss.org/
IceFaces	ICEsoft Technologies	Apache License 2.0	http://www.icesoft.org/java/home.jsf
PrimeFaces	PrimeTek	Apache License 2.0	http://primefaces.org/

この中でもっとも人気が高く、バージョンアップが活発に行われているPrimeFacesについて紹介します。PrimeFacesはトルコのPrime Technology[注2]という企業が主体に開発しているJSFのリッチコンポーネントライブラリです。

なお、開発リーダーのCagatay Civici氏はJSFのExpert Groupに所属しています。PrimeFacesには基本となるコンポーネントセットの他、表10.8のようなサブセットのライブラリも揃っており、目的に応じて使い分けることができます。

表10.8 PrimeFacesの主なコンポーネントライブラリ

コンポーネントライブラリの種類	説明
PrimeFaces	PrimeFacesの基本コンポーネントセット
PrimeFaces Extension	PrimeFacesの拡張コンポーネントセット
PrimeFaces Push(PFP)	プッシュ通知などの双方向通信のためのコンポーネントセットでWebSocket／CometフレームワークのAtmosphereを基盤としている
PrimeFaces Mobile(PFM)	モバイル端末（スマートフォン・タブレット）向けのコンポーネントセット
PrimeUI	PrimeFacesのJavaScriptクライアント専用のコンポーネントライブラリ

PrimeFacesの主な特徴として次のようなものがあります。

- 100種類以上の豊富なリッチコンポーネント群（PrimeFaces、PrimeFaces Extension併せて）
- 統一感のあるモダンなデザイン、テーマが30種類以上
- モバイル向けのコンポーネント群（PrimeFaces Mobile）
- WebSocketに対応したコンポーネント群（PrimeFaces Push）
- 商用サポートオプションも選択可能
- 依存するライブラリが少ない
- ダイアログの作成を容易にするDialog Frameworkを梱包

最近ではレスポンシブ対応したデザイン、テーマも出ており、JSFでもモダンなUIを構築しやすくなっています。これらのデザイン、テーマは現在有償ですが、将来バージョンでは、無償ライブラリにもレスポンシブ対応のコンポーネントが出る予定となっています。

実際にPrimeFacesを利用してみます。Mavenのpom.xmlにてリスト10.37のように依存性を定義します。versionはLATESTを指定していますが、執筆時点での最新は5.3です。

リスト10.37　pom.xmlにおけるPrimeFacesの依存性定義

```
<dependency>
    <groupId>org.primefaces</groupId>
    <artifactId>primefaces</artifactId>
    <version>LATEST</version>
</dependency>
```

[注2] http://www.prime.com.tr/index.html

Web層

Faceletsでの名前空間の宣言は**リスト10.38**のように「http://primefaces.org/ui」となります。

リスト10.38　PrimeFacesの名前空間の宣言

```
<!DOCTYPE html>
<html xmlns="http://www.w3.org/1999/xhtml"
xmlns:h="http://java.sun.com/jsf/html"
xmlns:p="http://primefaces.org/ui">
```

PrimeFacesには、テキスト（p:inputText）やボタン（p:commandButton）など標準のHTMLコンポーネントをリッチにしたものから、**表10.9**にあるような便利なコンポーネントが豊富に揃っています。

表10.9　PrimeFacesの主なコンポーネント

コンポーネントの種類	コンポーネント名称
入力系	AutoComplete,Calendar,Spinner,Switch,Keyboard,ColorPicker,CheckboxMenu,Editor InputMask,Slider,Password,Rating,Inplace
データ系	Carousel,DataList,DataTable,PickList,GMap,Mindmap,Schedule,Tree HorizontalTree,DataGrid,DataScroller,Diagram,OrderList,DataExporter,Ring,TagCloud TreeTable
パネル系	Accordion,Fieldset,Layout,PanelGrid,ScrollPanel,Toolbar,Dashboard,GridCSS NotificationBar,Panel,Ribbon,TabView,Wizard
オーバーレイ	ConfirmDialog,Dialog,LightBox,Tooltip,OverlayPanel
メニュー	Breadcrumb,Dock,ContextMenu,Menu,MegaMenu,MenuButton,PanelMenu,TabMenu SlideMenu,TieredMenu,Stack,Steps
チャート	Area,Bar,Bubble,Donut,Line,Pie,MeterGauge,OHLC Animate,Export,Interactive,Live,Static,Zoom,Combined,MultiAxis
メッセージ	Messages,Growl
マルチメディア	Barcode,Compare,ContentFlow,Cropper,Galleria,GraphicImage,Media,PhotoCam,Switch
ファイル	Upload,Download
その他	Drag & Drop,Dialog Framework,BlockUI,Captcha,Clock,FeedReader,Focus,HotKey IdleMonitor,Printer,ProgressBar,RequestContext,ResetInput,Separator,Spacer,Sticky Terminal,ThemeSwitcher,Watermark

コンポーネントの利用方法はJSFのタグと基本的に同じです。**リスト10.39**ではキーボードコンポーネントと時計コンポーネントを配置しています（**図10.8**）。

リスト10.39　PrimeFacesコンポーネントの利用例

```
<p:keyboard />
<p:clock pattern="yyyy/MM/dd hh:mm:ss" />
```

図10.8　PrimeFacesのキーボードコンポーネント

PrimeFacesでは個々のコンポーネントに様々な機能が含まれています。ここでは1つの例としてDataTableを使って、どのようなことができるのか紹介します。

DataTableコンポーネントの利用方法は基礎編にあった<h:dataTable>と同じです。**リスト10.40**のように定義できます。DataTableが<p:dataTable>となり、カラムも<h:column>から<p:column>を利用します。**図10.9**のような表示となります。

リスト10.40　<p:dataTable>の利用

```
<p:dataTable var="emp" value="#{employeeBean.listEmp}">
    <f:facet name="header">
        <h:outputText value="header" />
    </f:facet>

    <p:column headerText="社員ID">
        <h:outputText value="#{emp.id}" />
    </p:column>
    <p:column headerText="社員名">
        <h:outputText value="#{emp.name}" />
    </p:column>

    <f:facet name="footer">
        <h:outputText value="footer" />
    </f:facet>
</p:dataTable>
```

Web層

図10.9　PrimeFacesのDataTable

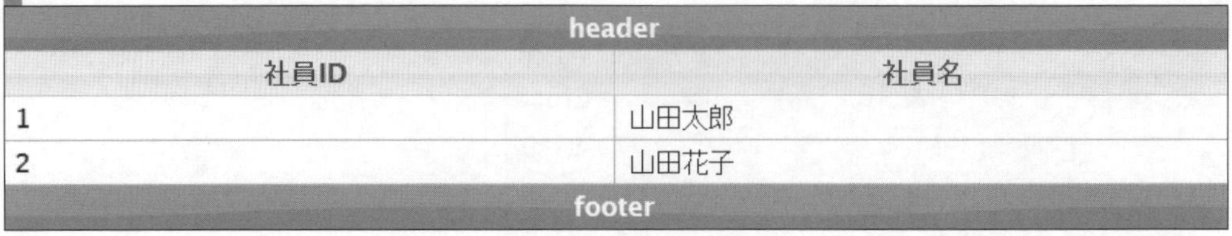

header	
社員ID	社員名
1	山田太郎
2	山田花子
footer	

　カラムにソート機能を付ける場合、<p:column>のsortBy属性を利用します（**リスト10.41**）。

リスト10.41　idカラムにソート機能をつける

```
<p:column headerText="社員ID" sortBy="#{emp.id}">
    <h:outputText value="#{emp.id}" />
</p:column>
```

　カラムにフィルタ検索を設けるには**リスト10.42**のようにfilterBy属性で検索対象の項目を指定します。表示は**図10.10**のようになります。filterMatchMode属性では前方一致（startsWith）や後方一致（endsWith）、部分一致（contains）などを指定できます。

リスト10.42　社員名カラムにフィルタ機能をつける

```
<p:column headerText="社員名" filterBy="#{emp.name}" filterMatchMode="contains">
    <h:outputText value="#{emp.name}" />
</p:column>
```

図10.10　DataTableのカラムフィルタ機能

　ページング機能はpaginator属性をtrueにするだけで、ページングする行数はrows属性で指定します（**リスト10.43**）。**図10.11**のように表示されます。

リスト10.43　テーブルにページング機能を付けて5行ごとにページを区切る

```
<p:dataTable var="emp" value="#{employeeBean.listEmp}" paginator="true" rows="5">
```

図10.11　DataTableのページング機能

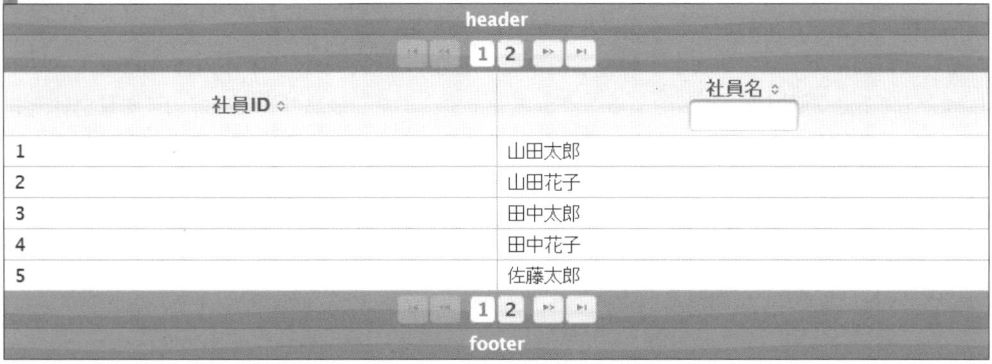

社員ID	社員名
1	山田太郎
2	山田花子
3	田中太郎
4	田中花子
5	佐藤太郎

このように、属性を利用するだけ様々な機能を実現できます。<p:dataTable>では、その他にも次のような機能を持っています。

- ネストしたテーブルを作るSubTable
- 小計を表示するようなSummary Row
- 行固定するFrozen Rowや列固定するFrozen Column
- 行の単一選択、複数選択
- カラムの動的構築
- 行が伸びるExpandable Rows
- テーブル内でのスクロール

PrimeFacesでは、コンポーネントだけでなく、様々なデザインのテーマが標準で用意されています。テーマを利用するには**リスト10.44**の依存性を追加します。その中から、利用するテーマはweb.xmlにて**リスト10.45**のように指定します。

リスト10.44　PrimeFacesテーマの依存性

```
<dependency>
    <groupId>org.primefaces.extensions</groupId>
    <artifactId>all-themes</artifactId>
    <version>LATEST</version>
</dependency>
```

リスト10.45　利用するテーマの宣言

```
<context-param>
    <param-name>primefaces.THEME</param-name>
    <param-value>redmond</param-value>
</context-param>
```

Web層

　PrimeFacesのようなサードパーティ製のコンポーネントを利用することで、リッチな画面構築を効率的に行うことができるメリットがあります。

　便利な反面、コンポーネントが想定した挙動をしない場合、ライブラリ内部のJavaコードやJavaScriptを追う原因調査に苦労することもあります。また、最悪の場合は解決策が見つけられないといったリスク、デメリットも実際の開発ではありえます。ある程度、実現したいことを検証した上で、こうしたサードパーティ製ライブラリを取り込んでいくのが望ましいです。

　また、JSFでは、このようなリッチコンポーネントの他にも、JSFの開発で役に立つユーティリティ的なライブラリ「OmniFaces[注3]」や、JSFでもURLを意識した構成を補助する「PrettyFaces[注4]」などの補助ライブラリもあります。

10-8　例外ハンドリング

10-8-1　エラーページ

　サーバサイドの処理でエラーが起きた場合、通常はアプリケーションサーバによるエラーページが表示されます（図10.12）。

図10.12　GlassFishにおける404エラーの表示

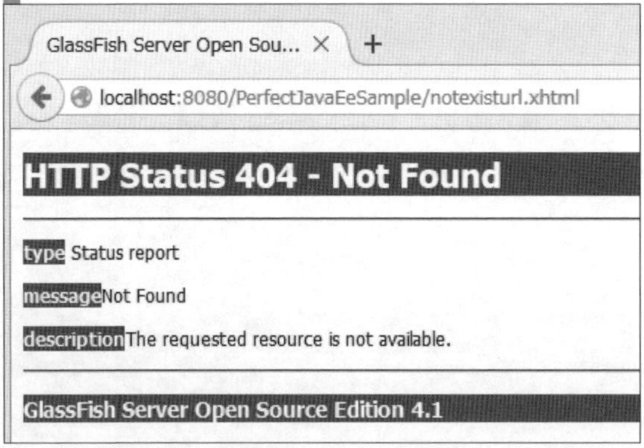

　エラーの情報やどんなアプリケーションサーバを利用しているかがユーザへ公開されてしまうのはセキュリティ的には問題があります。

[注3]　http://omnifaces.org/
[注4]　http://www.ocpsoft.org/prettyfaces/

JSFではリスト10.46のように、web.xmlにてHTTPのエラーコードや例外の種類に合わせて自作のエラーページ表示を行うことができます（図10.13）。

<error-code>タグで指定できるのは、HTTPのエラーコードとJavaの例外クラスです。

リスト10.46　web.xmlによるエラーページの設定

```xml
<error-page>
    <error-code>404</error-code>
    <location>/error/error404.xhtml</location>
</error-page>
<error-page>
    <exception-type>java.lang.Exception</exception-type>
    <location>/error/errorException.xhtml</location>
</error-page>
```

図10.13　自作したエラーページの表示

10-8-2　ExceptionHandler

JSF 2.0から導入されたExceptionHandlerを利用することで、JSFのライフサイクル内で起きた例外を処理できます。

- ExceptionHandlerWrapperクラスを継承してカスタムのExceptionHandlerクラスを作成
- ExceptionHandlerFactoryクラスを継承してカスタムのファクトリクラスを作成
- faces-config.xmlへ作成したファクトリクラスを定義

例外処理の中心となるのはリスト10.47のCustomExceptionHandlerクラスがオーバーライドしているhandleメソッドです。この中では、継承元のクラスで定義されたgetUnhandledExceptionQueuedEventsメソッドを利用して、キューに蓄積されたExceptionQueuedEventクラスのオブジェクトを取得します。

その後、ExceptionQueuedEventContextから例外を取得して、例外処理を実装します。

リスト10.47　CustomExceptionHandlerの定義

```java
public class CustomExceptionHandler extends ExceptionHandlerWrapper {

    private final ExceptionHandler wrapped;

    public CustomExceptionHandler(ExceptionHandler wrapped) {
        this.wrapped = wrapped;
    }

    @Override
    public void handle() throws FacesException {
        Iterator i = getUnhandledExceptionQueuedEvents().iterator();
        while (i.hasNext()) {
            ExceptionQueuedEvent event = (ExceptionQueuedEvent) i.next();
            ExceptionQueuedEventContext context =
                (ExceptionQueuedEventContext) event.getSource();         // 実際は一行

            //例外を取得
            Throwable t = context.getException();
            FacesContext fc = FacesContext.getCurrentInstance();

            try {
                NavigationHandler navHandler = fc.getApplication().getNavigationHandler();
                //取得した例外を識別して出力するログ内容を変えたり、画面遷移先を振り分けたり
                navHandler.handleNavigation(fc, null,
                    "/error/errorException.xhtml?faces=redirect=true");  // 実際は一行
                fc.renderResponse();
            } finally {
                i.remove();
            }

            getWrapped().handle();
        }
    }

    @Override
    public ExceptionHandler getWrapped() {
        return wrapped;
    }
}
```

　ファクトリクラスは**リスト10.48**のように定義し、**リスト10.49**のようにfaces-config.xmlへ登録します。

リスト10.48 CustomExceptionHandlerFactoryの定義

```
public class CustomExceptionHandlerFactory extends ExceptionHandlerFactory {

    private final ExceptionHandlerFactory parent;

    public CustomExceptionHandlerFactory(ExceptionHandlerFactory parent) {
        this.parent = parent;
    }

    @Override
    public ExceptionHandler getExceptionHandler() {
        return new CustomExceptionHandler(parent.getExceptionHandler());
    }
}
```

リスト10.49 CustomExceptionHandlerFactoryの登録

```
<factory>
    <exception-handler-factory>
        perfect.javaee.exception.CustomExceptionHandlerFactory
    </exception-handler-factory>
</factory>
```

10-9 その他

10-9-1 セキュリティ

　Webアプリケーションにおいて、セキュリティ対策は非常に重要な要素です。ここでは主にJSFの標準的なセキュリティ機能に関して紹介します。

■ HTMLエスケープ

　Webページのテキストでユーザから入力された文字列を表示する際、入力値をそのまま表示するのは問題があります。たとえば、悪意のあるユーザがテキストにHTMLやJavaScriptのコードを入力した場合、そのままHTMLに出力されて実行されてしまう危険性があるためです。

　これを防ぐためには、表示されるテキスト情報に含まれる特殊な記号をエスケープする必要があり、HTMLエスケープ、またはサニタイジングと呼ばれています。

　JSFの出力系コンポーネントにはescape属性があり、**表10.10**のように特定の文字をエスケープします。escape属性はデフォルト値がtrueです。

Web層

表10.10 エスケープ文字

文字	エスケープ後
<	&lt;
>	&gt;
&	&amp;

■ CSRF

　JSF 2.2にてCSRF（Cross-Site Request Forgeries／クロスサイト・リクエスト・フォージェリ）への対策が標準仕様として入りました。CSRFは、攻撃者が用意した悪意のあるWebページをユーザがアクセスすることから始まります。アクセスした際、攻撃対象のシステムへリクエストが送信され、ユーザが意図しない処理が実行されてしまいます。

　CSRFを防ぐには送信されたリクエストが正しい呼出し元のページから送られたものか確認する必要があります。JSFではトークンを発行してこの確認を行います（**図10.14**）。具体的な設定としては、faces-config.xmlに**リスト10.50**のような指定をします。

リスト10.50　JSFによるCSRF対策

```
<protected-views>
    <url-pattern>/security/result.xhtml</url-pattern>
</protected-views>
```

図10.14　JSFによりURLへトークンが付与されている様子

```
curity/result.xhtml?javax.faces.Token=144186438212
```

■ セッションIDの変更

　JSFでは自動的にランダムなセッションIDが付与されるため、セッションIDの推測はされにくいものとなっています。その上で、システムのログイン前後で同じセッションIDを使いまわさないようにすることが望ましいです。

　セッションIDを変更する際は**リスト10.51**のように行います。

リスト10.51　セッションIDの変更

```
HttpSession session = (HttpSession) FacesContext.getCurrentInstance().getExternalContext().getSession(false);
if (session!=null) {
    session.invalidate();
}
FacesContext.getCurrentInstance().getExternalContext().getSessionId(true);
```

実際は一行

■ SQLインジェクト

SQLインジェクトに関しては、JSFによる対策の範疇ではなく、JPAによって対策します。JPQLのクエリでプレースホルダを利用するなどの対策が必要となります。

10-9-2 パフォーマンス

JSFにおいてパフォーマンスに影響する設定などについて紹介します。

■ Project Stage

開発時は通常Project StageでDevelopmentを指定します。これによりアプリケーション実行時にデバッグレベルの詳細情報が出力されます。しかし、本番環境などでは**リスト10.52**のようにProductionを設定し、不要な出力情報を抑えることが望ましいです。

リスト10.52　Project Stageの設定

```
<context-param>
    <param-name>javax.faces.PROJECT_STAGE</param-name>
    <param-value>Production</param-value>
</context-param>
```

■ Skip Comments

FaceletsのページにHTMLコメントを記述している場合、レンダリングされたHTMLにそのまま出力されます。性能的な差にはあまり影響しませんが、データ量は少ないほうが良いです。また、セキュリティ観点も含めてコメント出力は防ぐほうが良く、**リスト10.53**のように設定します。

リスト10.53　コメント出力を行わない設定

```
<context-param>
    <param-name>javax.faces.FACELETS_SKIP_COMMENTS</param-name>
    <param-value>true</param-value>
</context-param>
```

■ Refresh Period

JSFでは、ページの変更をコンパイラが検知するためのチェックが定期的に行われています。このチェックは開発時は必要ですが、運用環境でFaceletsの内容を書き換えることは通常ないため不要です。

この間隔はjavax.faces.FACELETS_REFRESH_PERIODで設定されており、-1とすることでコンパイラによるチェックを外すことができます（**リスト10.54**）。

リスト10.54　コンパイラによるページ変更チェックを行わない設定

```
<context-param>
    <param-name>javax.faces.FACELETS_REFRESH_PERIOD</param-name>
    <param-value>-1</param-value>
</context-param>
```

■ Stateless View

　Stateless ViewはJSF 2.2から導入された仕組みです。JSF特有の状態保存や復元処理がなく、コンポーネントツリー情報をセッションへ保持しない分、速度やメモリ消費面でのパフォーマンス向上を狙いとしています。

　Stateless Viewを利用するには、**リスト10.55**のように<f:view>タグのtransient属性をtrueにします。

リスト10.55　Stateless Viewの利用

```
<f:view transient="true">
    //通常の定義
</f:view>
```

　メリットがある一方、デメリットもあります。Stateless Viewは状態を維持しない仕組みとなるため、@ViewScopedや@SessionScopedな管理Beanに対しては使えません。

　また、PrimeFacesなどのサードパーティ製ライブラリの中には状態保持を前提としたコンポーネントも存在するため、利用の際には事前に検証するなどが必要となります。基本的には@RequestScopedに対する適用となります。

■ その他

　開発では、他にも次のような点に注意が必要です。

- JSFではコンポーネントツリーの概念が存在するため、1ページ内で大量のコンポーネントを置くようなレイアウトはなるべく避けるようにします。コンポーネントツリーのサイズが大きくなってしまうためです。設計の段階で意識しておく必要があります。
- 管理Beanのスコープは、@SessionScopedなどの長いスコープを多用せず、必要最小限の利用とします。なるべく@ViewScopedのような短めのスコープを利用するようにします。
- Ajaxを利用する場合、render属性で@formなどを安易に指定しないようにします。せっかくAjaxを利用しても範囲の大きい再描画を行ってしまう可能性があるためです。なるべく個々の適切なコンポーネントIDを指定するようにします。
- バインドしている管理BeanのGetterなどで重い処理を不用意に入れないようにします。

11章 Bean Validation

Bean ValidationはJava EEの幅広い仕様で横断的に使えるバリデーション機能です。アノテーションを利用した汎用性の高い仕組みで、Java SEで利用することもできます。

11-1 Bean Validationとは

バリデーション（validation）とは、入力された値に対する妥当性の検証を意味します。システムに対して、制約条件を満たさない値の入力を防ぐための重要な機能です。Bean Validationはバリデーションのために策定された仕様です。制約条件をアノテーションで表現する宣言的なバリデーションとなっています。JavaBeansに対する検証の枠組みであるため、Java SE、Java EEのどちらでも利用できます。

執筆時点の最新仕様はBean Validation 1.1で、JSR 349にて定義されています（**表11.1**）。

本書では既に、「**10章　JSF（実践編）**」でJSFのバリデータ（validator）について触れました。

JSFのバリデータは、あくまでもJSFのビューレイヤのみで利用可能な仕組みでした。そのため、ビジネスロジックなど、他のレイヤでは別の仕組みを使う必要があります。

その結果、各レイヤによるバリデーション実装の違いなどが出て、統一感に欠けてしまうことがあります。これに対して、Bean Validationでは**図11.1**のように、レイヤに関わらず統一したバリデーションを提供します。

なお、Bean Valivationの参照実装はHibernate Validator[注1]です。その他の実装としてApache BVal[注2]があります。

表11.1　Bean Validationの歴史

バージョン	対応するJSR	リリース年
Bean Validation 1.0	JSR 303	2009年12月（Final Release）
Bean Validation 1.1	JSR 349	2013年5月（Final Release）

[注1] http://hibernate.org/validator/
[注2] http://bval.apache.org/

Web層

図11.1　Bean Validationの適用イメージ

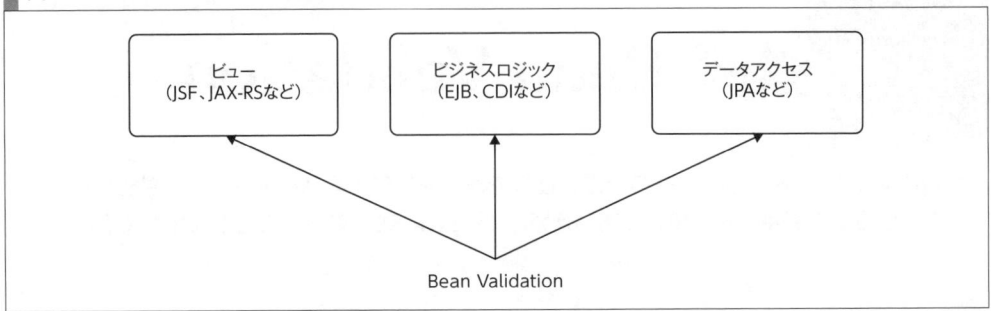

11-1-1　Bean Validationの利用方法

　Bean Validationでは**リスト11.1**のように、バリデーションの制約条件（constraint）をアノテーションで表現します。**リスト11.1**のEmployeeクラスでは、numberは1より大きい、nameはnullではない、といった制約条件を持ちます。

リスト11.1　Bean Validationの使い方

```java
import javax.validation.constraints.Min;
import javax.validation.constraints.NotNull;

public class Employee {

    @Min(1)
    private int number;

    @NotNull
    private String name;

    //getter,setter省略
}
```

　Bean Validationは、GlassFishやWildFlyなどのアプリケーションサーバを介したJava EE環境で利用できます。また、冒頭で触れたようにJava SE環境でも利用可能です。
　本章では動作確認の手軽さを優先して、Java SE環境を利用します。また、実装はBean Validationの参照実装であるHibernate Validatorを使います。
　Hibernate Validatorを利用するmavenの依存性は**リスト11.2**のとおりです[注3]。

（注3）　Hibernate ValidatorではEL式への参照が必要です。Java EEコンテナを介さないJava SEで実行する際には明示的にEL式を利用する依存性が必要となります。詳細はHibernate ValidatorのGetting Startedページを参照してください。
　　　　http://hibernate.org/validator/documentation/getting-started/

11章 Bean Validation

リスト11.2　Hibernate Validatorの依存性（mavenのpom.xml）

```xml
<dependencies>
    <dependency>
        <groupId>org.hibernate</groupId>
        <artifactId>hibernate-validator</artifactId>
        <version>5.2.2.Final</version>
    </dependency>
    <dependency>
        <groupId>javax.el</groupId>
        <artifactId>javax.el-api</artifactId>
        <version>2.2.4</version>
    </dependency>
    <dependency>
        <groupId>org.glassfish.web</groupId>
        <artifactId>javax.el</artifactId>
        <version>2.2.4</version>
    </dependency>
</dependencies>
```

　MainクラスやJUnitなどを利用してBean Validationの確認を行います。Bean Validationの検証を実行するには、主にjavax.validation.Validatorクラスのvalidateメソッドを利用します。

　リスト11.3では**リスト11.1**のEmployeeクラスから生成した社員データの検証を行っています。numberに0、nameにnull、とバリデーションエラーになる値を社員データに設定しています。

　検証の結果はConstraintViolationのSetとして返されます。**リスト11.4**のような検証結果メッセージなどを取得できます。

リスト11.3　リスト11.1のEmployeeクラスに対する検証

```java
//Validatorインスタンス取得
ValidatorFactory vf = Validation.buildDefaultValidatorFactory();
Validator validator = vf.getValidator();

//リスト11.1の社員インスタンスを生成
Employee employee = new Employee();

//社員番号に0をセット
employee.setNumber(0);

//社員名にnullをセット
employee.setName(null);

//Bean Validationによる検証の実行と結果取得
Set<ConstraintViolation<Employee>> vRet = validator.validate(employee);
```

```
//検証結果の表示
vRet.stream().forEach(e -> {
    System.out.println(e.getMessage());
});
```

リスト11.4　リスト11.3の実行結果

```
must be greater than or equal to 1
may not be null
```

　Bean Validationのアノテーションはフィールド以外にも宣言できます。コンストラクタやメソッドへ宣言した場合、検証はjavax.validation.executable.ExecutableValidatorクラスを利用します。
　コンストラクタやメソッドにおける宣言や検証の詳細については「**11-2-3　Bean Validationの宣言方法**」にて後述します。

11-2　Bean Validationの定義

11-2-1　Built-in constraints

　Bean Validationには標準で定義された制約条件があります。これらの制約条件はBuilt-in constraintsと呼ばれ、具体的には**表11.2**のようなアノテーションが定義されています。

表11.2　Built-in constraints

アノテーション	説明
@Null	値がnullであることを検証します
@NotNull	値がnullでないことを検証します
@AssertFalse	値がfalseであることを検証します
@AssertTrue	値がtrueであることを検証します
@Size	検証の対象がStringの場合は文字数を検証します。CollectionやMap、配列などの場合は要素数を検証します
@Min	指定の最小値以上であることを検証します
@Max	指定の最大値以下であることを検証します
@DecimalMin	指定の最小値との比較検証をします。境界値を含む・含まないの選択が可能です
@DecimalMax	指定の最大値との比較検証をします。境界値を含む・含まないの選択が可能です
@Digits	数値の整数部の桁数、小数部の桁数を検証します
@Past	日時が過去であることを検証します
@Future	日付が未来であることを検証します
@Pattern	指定された正規表現を満たす文字列であることを検証します

　それぞれのアノテーションについて、簡単に説明していきます。

■ @Null／@NotNull

値がnullであること、nullでないことを検証します。検証の対象となる型はnullを許容する型であれば、すべて対象となります（**リスト11.5**）。

> リスト11.5　@Null、@NotNullの利用例

```
@Null
private String str; //strはnullであること

@NotNull
private Integer age; //ageはnullでないこと
```

■ @AssertFalse／@AssertTrue

booleanおよびBooleanの型に適用可能で、値がfalseであることやtrueであることを検証します（**リスト11.6**）。

> リスト11.6　@AssertFalse、@AssertTrueの利用例

```
@AssertTrue //メソッドの返り値がfalseの場合はエラー
public boolean turnOnStateActivated() {
    //returnする値がtrueであること
}
```

■ @Size

@Sizeは対象とする型によって検証の内容が少し異なります。Stringの変数に対しては、文字列長の検証となります。CollectionやMap、配列などの型に対しては要素数の検証を行います（**リスト11.7**）。

> リスト11.7　@Sizeの利用例

```
@Size(min = 8, max = 16)
private String str;           //strが8文字以上、16文字以下であること

@Size(min = 3)
private List<String> listStr; //listStr.size()が3以上であること

@Size(min = 3)
private String[] arrStr;      //arrStr.lengthが3以上であること
```

■ @Min／@Max

@Min、@Maxは整数の値に対する検証で、対象となる型はshort, int, long, byte, BigInteger, BigDecimalです（**リスト11.8**）。

@Minは最小値、@Maxは最大値を検証するもので、境界値を含むことが前提となっています。なお、浮動小数点数を扱うfloatとdoubleでは誤差がありえるため、対象外となっています。

リスト11.8　@Min、@Maxの利用例

```
@Min(10)
private int intVal;          //intValが10以上であること

@Max(100)
private BigDecimal bdVal;    //bdValが100以下であること
```

■ @DecimalMin／@DecimalMax

@DecimalMin、@DecimalMaxは実数値の検証となる制約条件です（**リスト11.9**）。対象となる型は@Min、@Maxと同じくshort、int、long、byte、BigInteger、BigDecimalで、さらにStringを含みます。

また、境界値の扱いについても@Min、@Maxと異なります。アノテーション要素であるinclusiveを利用して、境界値を含む・含まないの指定が可能です。@Min、@Max同様、floatとdoubleは対象外です。

リスト11.9　@DecimalMin、@DecimalMaxの利用例

```
@DecimalMin(value = "5", inclusive = false)
private int intVal;          //intValが5より大きいこと

@DecimalMax(value = "42.195", inclusive = false)
private BigDecimal bdVal;    //bdValが42.195未満であること
```

■ @Digits

アノテーション要素であるintegerによって整数部の桁数、fractionによって小数部の桁数を検証します（**リスト11.10**）。対象となる型はshort、int、long、byte、BigInteger、BigDecimalです。

リスト11.10　@Digitsの利用例

```
@Digits(integer = 3, fraction = 2)
private BigDecimal checkDigits; //整数部が3桁、小数部が2桁であること
```

■ @Past／@Future

日付に対して、@Pastは過去であること、@Futureは未来であることを検証します（**リスト11.11**）。対象となる型はjava.util.Date、java.util.Calendarです。

リスト11.11　@Pastと@Futureの利用例

```
@Past
private Date birthDate;     //過去であること

@Future
private Date deliveryDate; //未来であること
```

　Hibernate Validator 5.2以降では、Java SE 8で導入されたDate and Time APIにも対応しています。java.time.chrono.ChronoZonedDateTime（インターフェースであり、クラスとしては**リスト11.12**のようにjava.time.ZonedDateTimeを利用）、java.time.Instant、java.time.OffsetDateTimeの型が検証可能です。

リスト11.12　Date and Time APIの利用

```
@Future
private ZonedDateTime deliveryDate; //未来であること
```

■ @Pattern

　正規表現で文字列の検証を行います（**リスト11.13**）。正規表現はアノテーション要素のregexpで指定します。

リスト11.13　@Pattern

```
@Pattern(regexp = "[a-zA-Z]")
private String str; //大文字小文字の英字であること
```

　以上がBean ValidationのBuilt-in constraintsです。また、実装ライブラリによっては独自に標準機能として提供している制約条件もあります。
　たとえば、Hibernate Validatorでは、メールアドレスの形式を検証する@EmailやURLの形式を検証する@URLなどがあります。自作のCustom Constraintsを作成する前に、実装ライブラリが提供する制約条件を確認しておくことを勧めます。

11-2-2　Bean Validationのアノテーション定義

　Bean Validationのアノテーションはどのような定義となっているのでしょうか？ここでは、Built-in constraintsである@NotNullを例に確認してみます。@NotNullのコードは**リスト11.14**のようなものとなっています。

Web層

リスト11.14 @NotNullの定義

```java
package javax.validation.constraints;

import java.lang.annotation.Documented;
import java.lang.annotation.Retention;
import java.lang.annotation.Target;
import javax.validation.Constraint;
import javax.validation.Payload;

import static java.lang.annotation.ElementType.ANNOTATION_TYPE;
import static java.lang.annotation.ElementType.CONSTRUCTOR;
import static java.lang.annotation.ElementType.FIELD;
import static java.lang.annotation.ElementType.METHOD;
import static java.lang.annotation.ElementType.PARAMETER;
import static java.lang.annotation.RetentionPolicy.RUNTIME;

@Target({ METHOD, FIELD, ANNOTATION_TYPE, CONSTRUCTOR, PARAMETER })
@Retention(RUNTIME)
@Documented
@Constraint(validatedBy = { })
public @interface NotNull {

    String message() default "{javax.validation.constraints.NotNull.message}";

    Class<?>[] groups() default { };

    Class<? extends Payload>[] payload() default { };

    @Target({ METHOD, FIELD, ANNOTATION_TYPE, CONSTRUCTOR, PARAMETER })
    @Retention(RUNTIME)
    @Documented
    @interface List {
        NotNull[] value();
    }
}
```

本書では@interfaceやメタアノテーション（@Target、@Retension、@Documentedなど）といったアノテーション自体の定義に関連する説明は省略します。

Bean Validationのアノテーションでは、次の要素が必要です。

- @ConstraintはBean Validationの制約条件を示すアノテーションであることを意味します。アノテーション要素であるvalidatedByでは、バリデーションのクラスを指定できます（コラム参照）
- messageはバリデーションエラーのメッセージを表します。文字列を直接定義できますが、通常はメッセージのキーを指定します。宣言は必須です

- groupsはグループを指定するときに利用します。グループについては「11-3-4　Grouping constraints」にて説明します。宣言は必須です
- payloadはアノテーションにメタな付与情報を持たせる場合に利用します。宣言は必須です
- valueは制約条件に対して値を指定する場合に利用します。指定の宣言は任意です。リスト11.14ではvalueがListの中で定義されていますが、この利用イメージについては「11-3-6 Multi-valued constraint」で触れます

制約条件のアノテーションを新しく定義する場合も上記の要素が必要です。

11-2-3　Bean Validationの宣言方法

制約条件のアノテーションを宣言できる場所は以下のとおりです。

- フィールド
- プロパティ
- クラス
- コンストラクタ、メソッド

■ フィールド

クラスのフィールドに対してBean Validatonのアノテーションを宣言します（**リスト11.15**）。Bean Validationの基本となる利用方法です。

COLUMN

validatedByの指定が空となっている理由

リスト11.14の@NotNullではvalidatedByの指定が空となっています。これは@NotNullなどのBuilt-in constraintsが利用するバリデーションクラスに関しては、実装ライブラリがコード内で別途指定しているためです。

たとえばHibernate Validatorでは、実際にnullチェックを行う処理はorg.hibernate.validator.internal.constraintvalidators.bv.NotNullValidatorクラスにて実装されています。

そして、@NotNullがNotNullValidatorクラスを利用することについて、org.hibernate.validator.internal.metadata.core.ConstraintHelperクラスにて定義されています。@NotNull以外のBuilt-in constraintsも同様です。

Web層

なお、フィールドのアクセス修飾子はprivate、package private、protected、public、いずれの場合でも検証可能です。ただし、staticなフィールドの検証はできません。

リスト11.15　フィールドに対する宣言
```
@NotNull
private String name;
```

■ プロパティ

変数のプロパティにBean Validationのアノテーションを宣言します（**リスト11.16**）。ただしgetterに対してのみ宣言可能で、setterには宣言できません。

リスト11.16　プロパティに対する宣言
```
private Date joinDate;

@Past
public Date getJoinDate() {
    return joinDate;
}

public void setJoinDate(Date joinDate) {
    this.joinDate = joinDate;
}
```

■ クラス

クラスに対して制約条件のアノテーションを宣言します（**リスト11.17**）。後述するCustom Constraintsなどで利用します。

クラスに対して宣言するアノテーションには@Targetにてjava.lang.annotation.ElementType.TYPEが含まれている必要があります。

リスト11.17　クラスに対する宣言
```
@CheckEmployeeRank
public class Employee {
    private int rank;
}
```

■ コンストラクタ／メソッド

コンストラクタやメソッドの引数に対して検証を行うことができます（**リスト11.18**）。また、メソッドの場合、**リスト11.19**のように返り値に対する検証も可能です。

リスト11.18 コンストラクタの引数に対する宣言

```java
public Employee(@Min(1) int number,@NotNull String name) {
    this.number = number;
    this.name = name;
}
```

リスト11.19 メソッドの引数と返り値に対する宣言

```java
public @NotNull BigDecimal calcSalary(@Min(1) @Max(5) int rank) {
    BigDecimal salary = null;
    //rankに合わせた給与計算実行
    return salary;
}
```

複数の引数がある場合には、引数間の関係性を検証できます。Cross-Parameter Constraintsと呼ばれます。「**11-3-7 Cross-Parameter Constraints**」にて後述します。

なお、コンストラクタやメソッドの検証ではjavax.validation.executable.ExecutableValidatorクラスを用います。**リスト11.20**のように、コンストラクタの引数、メソッドの引数、メソッドの返り値でそれぞれ呼び出すメソッドが異なります。

リスト11.20 コンストラクタやメソッドの検証

```java
//Validatorインスタンス取得
ValidatorFactory vf = Validation.buildDefaultValidatorFactory();
Validator validator = vf.getValidator();

ExecutableValidator eValidator = validator.forExecutables();

//コンストラクタの引数を検証
Set<ConstraintViolation<Employee>> cValConstRet = eValidator.validateConstructorParameters(
    Employee.class.getConstructor(int.class, String.class), new Object[]{0, null} );   実際は一行

//メソッドの引数を検証
Set<ConstraintViolation<Employee>> cValRet = eValidator.validateParameters(
    emp, Employee.class.getMethod("calcSalary", int.class), new Object[]{6});   実際は一行

//メソッドの返り値を検証
Set<ConstraintViolation<Employee>> cValRetRet = eValidator.validateReturnValue(
    emp, Employee.class.getMethod("calcSalary", int.class), null);   実際は一行
```

11-2-4　Bean Validationのメッセージ

　Bean Validationのメッセージは、アノテーション要素であるmessageによって制御されます。デフォルトで設定された文字列やメッセージのキーがあれば、そのメッセージが表示されます。

　たとえば、Built-in constraintsである@DecimalMaxでは、バリデーションエラーで**リスト11.21**のようなメッセージが表示されます。inclusiveの値によって異なるメッセージが表示されるようになっています。

リスト11.21　@DecimalMaxのデフォルトメッセージ

```
@DecimalMax(value = "65", inclusive = true)
private int age;

//inclusive=trueの場合、次のメッセージが表示される
//must be less than or equal to 65

DecimalMax(value = "65", inclusive = false)
private int age;

//inclusive=falseの場合、次のメッセージが表示される
//must be less than 65
```

　メッセージの切り替えをどのように実現しているのか、@DecimalMaxのアノテーション要素であるmessageを確認します。実装は**リスト11.22**のような定義となっていて、メッセージのキーは1つだけが定義されています。

リスト11.22　@DecimalMaxにおけるmessage()定義

```
String message() default "{javax.validation.constraints.DecimalMax.message}";
```

　Hibernate Validatorの場合、キーに対するメッセージはValidationMessages.properties[注4]のプロパティファイルに定義されています。プロパティファイルでは**リスト11.23**のように定義されています。

リスト11.23　ValidationMessages.propertiesにおける@DecimalMaxのメッセージ定義

```
javax.validation.constraints.DecimalMax.message
= must be less than ${inclusive == true ? 'or equal to ' : ''}{value}
```
実際は一行

[注4]　Hibernate Validatorのソースコードからプロパティファイルを確認できます (engine¥src¥main¥resources¥org¥hibernate¥validator¥ValidationMessages.properties)。

inclusiveの値によってメッセージが変わる仕組みは、EL式を利用して実現しています。$ {} の部分です。また、メッセージにはvalueで指定した値（**リスト11.21**では65）が表示されています。これは**リスト11.23**の{value}という記述によるものです。{}でアノテーション要素の名称を記述すると、その値が入ります。

デフォルトのキーによる値を書き換えたい場合は、プロパティファイルをresources配下に用意します。ここでは多言語対応の仕組みであるリソースバンドルについての詳細は省略します。日本語のメッセージを定義するには**リスト11.24**のようにValidationMessages_ja.propertiesという名前のファイルを用意します。

リスト11.24　ValidationMessages_ja.propertiesを作成して@DecimalMaxの日本語メッセージを定義

```
javax.validation.constraints.DecimalMax.message
= {value}${inclusive == true ? '以下' : '未満'}の値である必要があります。
```
実際は一行

11-3　Bean Validationの機能

Bean Validationにはバリデーションを柔軟に行うための様々な仕組み・機能が用意されています。

11-3-1　Custom Constraints

標準のBuilt-in constraintsが提供する制約条件は、とてもシンプルな検証内容です。しかし、システム開発においては特殊な制約条件の検証が必要不可欠です。

Bean Validationでは独自のアノテーションを作成して、検証の内容を定義できます。カスタムバリデーション、Custom Constraintsなどと呼ばれます。複雑なロジックの検証や複数のフィールドの関係性を考慮した検証など、柔軟な対応が可能です。

ここでは例として、**リスト11.25**のような社員クラスを用いて説明します。この社員クラスには@CheckEmployeeRankというアノテーションが付いています。これはCustom Constraintsで作成した制約条件で、社員のランクとロールの関係を検証するものです。ロールは列挙型で**リスト11.26**のような内容とします。

リスト11.25　ロールとランクを持つ社員クラス

```
@CheckEmployeeRank
public class Employee {
    private Role role;
    private int rank;

    //getter,setter省略
}
```

Web層

リスト11.26　ロールの定義

```
public enum Role {
    SALES,
    ENGINEER,
    NONE
}
```

@CheckEmployeeRankの定義は**リスト11.27**のとおりです。ここではクラスに対してアノテーションを宣言するため、TargetにTYPEを指定しています。

@ConstraintのvalidatedByで指定しているEmployeeRoleRankValidationクラスは、検証する内容を定義したクラスです。具体的な実装は**リスト11.28**となります。

リスト11.27　@CheckEmployeeRankの定義

```
@Target(TYPE)
@Retention(RUNTIME)
@Constraint(validatedBy = { EmployeeRoleRankValidation.class })
@Documented
public @interface CheckEmployeeRank {
    String message() default "ランクが高い人は必ず役割を持つ必要があります。";
    Class<?>[] groups() default { };
    Class<? extends Payload>[] payload() default { };
}
```

Custom Constraintsで独自の検証を行う場合、**リスト11.28**のようにConstraintValidatorインターフェースを実装します。検証内容の実装はisValidメソッドにて行います。isValidの返り値はbooleanとなっており、検証に問題がある場合、falseを返します。**リスト11.28**では社員クラスのランクが5で、ロールがない場合にfalseを返しています。

リスト11.28　EmployeeRoleRankValidationクラスの実装

```
public class EmployeeRoleRankValidation implements ConstraintValidator<CheckEmployeeRank,
Employee> {                                                                    実際は一行

    @Override
    public void initialize(CheckEmployeeRank c) {
    }

    @Override
    public boolean isValid(Employee e, ConstraintValidatorContext cvc) {
        //ランク5の社員はロールを持つことを検証
        return !((e.getRank() == 5) && (e.getRole().equals(Role.NONE)));
    }
}
```

検証の実行は**リスト11.29**のように実行します。

リスト11.29　@CheckEmployeeRankの検証実行

```
Employee emp = new Employee();
emp.setRank(5);
emp.setRole(Role.NONE);
Set<ConstraintViolation<Employee>> retVal = validator.validate(emp);
retVal.stream().forEach(r -> {
    System.out.println(r.getMessage());
});

//実行の結果、以下メッセージが表示されます。
//ランクが高い人は必ず役割を持つ必要があります。
```

　Custom Constraintsで定義したアノテーションでvalueを定義している場合には、初期化の処理を行うinitializeメソッドでvalueの値を取得可能です。これを利用して、isValidメソッドの検証で利用する値などを渡すことができます。たとえば、**リスト11.30**ではCheckModeという列挙型(**リスト11.31**)を利用して、検証の条件を分岐させています。**リスト11.32**のように@CheckEmployeeRankにアノテーション属性valueを追加し、宣言の際にCheckModeを指定しています(**リスト11.33**)。

リスト11.30　EmployeeRoleRankValidationクラスの実装

```
public class EmployeeRoleRankValidation implements ConstraintValidator<CheckEmployeeRank, Employee> {     ←実際は一行

    private CheckMode mode;

    @Override
    public void initialize(CheckEmployeeRank c) {
        //@CheckEmployeeRankのvalueで指定された列挙型の値を取得
        this.mode = c.value();
    }

    @Override
    public boolean isValid(Employee e, ConstraintValidatorContext cvc) {
        //指定されたチェックモードで検証のロジックを分岐
        switch(this.mode) {
            case HARD :
                return !((e.getRank() == 3) && (e.getRole().equals(Role.NONE)));
            case SOFT :
                return true;
            default :
                return !((e.getRank() == 5) && (e.getRole().equals(Role.NONE)));
```

Web層

```
        }
    }
}
```

リスト11.31 チェックモードの定義

```java
public enum CheckMode {
    HARD,
    SOFT,
    DEFAULT
}
```

リスト11.32 リスト11.27の@CheckEmployeeRank定義にvalueを追加

```java
public @interface CheckEmployeeRank {

    //リスト11.27 @CheckEmployeeRankの定義と同じ

    //CheckModeを指定できるようにする
    CheckMode value();
}
```

リスト11.33 アノテーションでCheckModeを指定

```java
@CheckEmployeeRank(value = HARD)
public class Employee {
    //リスト11.25のEmployeeと定義は同じ
}
```

　リスト11.27ではメッセージ内容を直接指定していましたが、キーを指定してValidation Messages_ja.propertiesに定義可能です（**リスト11.34**）。Custom Constraintsではキーを自由に設定可能ですが、パッケージ名などを含めてキーの重複を避けるようにします。

リスト11.34 メッセージの定義

```java
//@CheckEmployeeRankのmessageにてキーを指定
//String message() default "ランクが高い人は必ず役割を持つ必要があります。";
String message() default "{perfect.javaee.checkEmployeeRank}";

//ValidationMessages_ja.propertiesファイルにて
perfect.javaee.checkEmployeeRank = "ランクが高い人は必ず役割を持つ必要があります。"
```

11-3-2 Object graph validation

Bean Validationでは、オブジェクトの参照先まで含めた検証が可能です。Object graph validationと呼ばれ、検証の対象に含める参照関係に対して@Validを付けます。

具体的な例を挙げます。たとえば、**リスト11.35**のようなChildクラスを用意します。フィールドのvalは最大で10、という制約条件が付いています。次に**リスト11.36**のようなParentクラスを定義します。ParentクラスではChildクラスのリストchildrenを持ちます。さらに、createChildrenメソッドを定義し、valが30のChildのインスタンスをリストへ追加する処理を実装します。リストchildrenには@Validを付与します。

リスト11.35　参照先オブジェクトのChildクラス
```
public class Child {
    @Max(10)
    private int val;
}
```

リスト11.36　参照元オブジェクトのParentクラス
```
public class Parent {
    @Valid //@Validを宣言しない場合はバリデーションエラーとならない
    private List<Child> children;

    public Parent() {
        children = new ArrayList<>();
    }

    public void createChildren() {
        children.add(new Child(30));
    }
}
```

リスト11.37のようにParentオブジェクトを生成し、createChildrenメソッドを呼び出します。すると、Childオブジェクトのvalが30で制約条件の@Max(10)を満たしていないため、バリデーションエラーとなります。@Validを宣言しない場合には、バリデーションエラーにはなりません。このように、@Validを利用して、オブジェクト間の参照を含めた検証が可能です。

リスト11.37　Parentオブジェクトの検証
```
Parent p = new Parent();
p.createChildren();
Set<ConstraintViolation<Parent>> retVal = validator.validate(p);
retVal.stream().forEach(r -> {
    System.out.println(r.getMessage());
});
```

11-3-3 Constraint Composition

検証対象の項目に対して、複数の異なる制約条件が必要となることがあります。たとえば、**リスト11.38**のpasswordには異なる制約条件があり、アノテーションが3つ積み重なっています。こうした定義では、アノテーションの数が多い場合にコードの可読性を落としてしまう可能性があります。さらに、他のクラスでも同じ制約条件を利用する場合、各箇所で同じように複数のアノテーションを定義するのは手間です。変更が加わった場合に、修正が漏れる可能性もあります。

リスト11.38 複数のアノテーションがある場合

```java
public class User {
    @NotNull
    @Size(min = 8, max = 16)
    @Pattern(regexp = ".*[!-/]+.*")
    private String password;

    //getter,setterなど省略
}
```

Bean Validationでは、複数の制約条件を1つにまとめて再定義できます。Constraint Compositionと呼ばれます。実際に**リスト11.38**の制約条件を再定義してみましょう。はじめに、**リスト11.39**のような@CheckPasswordというアノテーションを新しく定義します。

この@CheckPasswordに対して、**リスト11.38**で宣言していた3つの制約条件を付けます。

リスト11.39 複数のアノテーションをまとめたアノテーションを定義

```java
@NotNull
@Size(min = 8, max = 16)
@Pattern(regexp = ".*[!-/]+.*")
@Target({FIELD})
@Retention(RUNTIME)
@Constraint(validatedBy = {})
@Documented
public @interface CheckPassword {
    //message(),groups(),payload()省略
}
```

定義した@CheckPasswordを利用して、**リスト11.40**のようにpasswordへ適用します。アノテーションが1つに集約され、他のクラスでの利用も簡単になりました。また、アノテーションの名前を上手くつけることで、どういう制約条件か判断しやすくなるメリットもあります。

リスト11.40　Constraint Compositionを適用した場合

```
public class User {
    @CheckPassword
    private String password;

    //getter,setterなど省略
}
```

11-3-4　Grouping constraints

　ある条件を満たした場合のみ、バリデーションによる検証を行いたいことがあります。Bean Validationでは、Grouping constraintsを利用して、検証する条件をグルーピングできます。

　たとえば、**リスト11.41**のように、社員クラスが姓・名の他にミドルネームのフィールドを持っていたとします。この場合、ミドルネームが付かない日本人に対しても設定できてしまいます。しかし、単純に@NotNullを付けてしまうと、今度は日本人以外でミドルネームを持った社員の設定ができなくなってしまいます。

リスト11.41　groupsを利用していない定義

```
public class Employee {
    @NotNull
    private String firstName;

    private String middleName;

    @NotNull
    private String lastName;
}
```

　Grouping constraintsを適用すると、**リスト11.42**のようになります。groups属性でJapanese.classを指定しています。Japanese.classは日本人であることを意味しており、グループの条件を満たす場合のみ検証が実施されます。

　指定するグループはインターフェースである必要があります。インターフェースの中身は定義がなくてもかまいません（**リスト11.43**）。

リスト11.42　リスト11.41に対してgroupsを指定した場合

```
public class Employee {
    @NotNull
    private String firstName;

    @Null(groups = Japanese.class, message = "日本人にミドルネームはつきません。")
```

```
    private String middleName;

    @NotNull
    private String lastName;
}
```

リスト11.43　groupsで指定する日本人を表すインターフェース

```
public interface Japanese {
}
```

なお、グループは**リスト11.44**のように検証の際に指定します。

リスト11.44　検証におけるグループの指定

```
validator.validate(emp, Japanese.class);
```

11-3-5　GroupSequence

　Bean Validationでは、制約条件が複数ある場合でも、検証の順序に決まりはありません。たとえば、**リスト11.45**の検証を行った結果は**リスト11.46**のようになります。

リスト11.45　複数の制約条件を定義

```
@Null
@Size(max = 20)
@Pattern(regexp = "[a-zA-Z]")
private String firstName;
```

リスト11.46　検証結果の順序

```
must match "[a-zA-Z]"            //@Patternの結果
must be null                     //@Nullの結果
size must be between 0 and 3     //@Sizeの結果
```

　検証する順序の指定には、@GroupSequenceを利用します。まずはじめに、Grouping constraintsと同様にgroupsで指定可能なインターフェースを**リスト11.47**のように定義します。

リスト11.47　順序に利用するインターフェースの定義

```
public interface Group1 {
}
//Group2,Group3も同様に定義する
```

次に、**リスト11.48**のように@GroupSequenceを付けて順序を指定したインターフェースを定義します。

リスト11.48　@GroupSequenceによる実行順序の指定

```
@GroupSequence({Group3.class, Group2.class, Group1.class})
public interface GroupOrder {

}
```

それぞれ検証したい順序に合わせて**リスト11.49**のようにgroupsを指定します。

リスト11.49　検証順序グループの指定

```
@Null(groups = Group1.class)               //1,2番目の検証が問題なかった場合、最後に検証される
@Size(max = 3, groups = Group2.class)      //1番目の検証が問題なかった場合、2番目に検証される
@Pattern(regexp = "[a-zA-Z]", groups = Group3.class) //1番初めに検証される
private String name;
```

@GroupSequenceを付けた場合、バリデーションエラーとなった時点で検証が止まります。従って、重い処理などは順序を後ろにするなどして、検証を効率よく行うことができます。

11-3-6　Multi-valued constraint

同じ制約条件であっても、状態によって適用する制約条件を変更したいことがあります。「**11-2-2　Bean Validationのアノテーション定義**」で@NotNullのコードを紹介しました。そこではListというアノテーションがネストして定義されていました。

このListは、すべてのBuilt-in constraintsで定義されており、同様にCustom Constraintsでも定義可能です。

Multi-valued constraintと呼ばれ、具体的には**リスト11.50**のように利用します。groupsによって@Minの検証条件を変更しています。

リスト11.50　Multi-valued constraint

```
public class Employee {
    @Min.List( {
        @Min(value = 1, groups = Admin.class,
             message = "管理者になるには勤務経験1年以上が必要です。"),    実際は一行
        @Min(value = 0, groups = User.class)
    })
    private int period;
}
```

11-3-7　Cross-Parameter Constraints

コンストラクタやメソッドでは、複数の引数の関係性を検証できます。Cross-Parameter Constraintsと呼ばれます。**リスト11.51**はメソッドの引数に開始日と終了日の2つの日付データをとります。

開始日が終了日よりも前であることを検証するために、@DateParametersというCustom Constraintsを定義しています。

Custom Constraintsで定義した独自のバリデーション実装が**リスト11.52**です。クラスに対して@SupportedValidationTarget(ValidationTarget.PARAMETERS)を宣言し、引数への適用を可能とします。

isValidメソッドでは、単純に日付の比較を行っています。

リスト11.51　メソッドの引数で指定した2つの日付の関係を検証する

```
@DateParameters
public void joinCompany(Date orientationStart, Date orientationEnd) {
    //処理
}
```

リスト11.52　DateParametersValidatorクラスの実装

```
@SupportedValidationTarget(ValidationTarget.PARAMETERS)
public class DateParametersValidator implements ConstraintValidator<DateParameters, Object[]> {

    @Override
    public void initialize(DateParameters a) {

    }

    @Override
    public boolean isValid(Object[] params, ConstraintValidatorContext cvc) {
        if (params.length != 2) {
            throw new IllegalStateException("検証が想定する引数の数に一致しません。");
        }
        if (params[0] == null || params[1] == null) return true;
        return ((Date)params[0]).before((Date)params[1]);
    }
}
```

11-4　Java EEとBean Validation

　本章の冒頭で触れたように、Bean ValidationはJavaBeansに対する検証の枠組みです。JSF、CDI、JAX-RS、EJB、JPAなどJava EEのさまざまな仕様で利用できます。

　Java EEの各仕様におけるクラスの多くはJavaBeansであるため、定義方法はJava SEの場合と変わりません。検証のタイミングやバリデーションエラー時の動作（例外が投げられるなど）の細かい違いはあります。

　リスト11.53はCDI管理BeanでBean Validationを利用する例です。JSFのビューを**リスト11.54**のように定義した場合、送信ボタンを押したタイミングで、inputの値がCDI管理Beanのバリデーションで検証されます。JSFの<f:validateBean>タグが持つvalidationGroups属性でビューからGrouping constraintsのグループ指定も可能です。

リスト11.53　CDI管理BeanにおけるBean Validationの利用例

```java
@Named(value = "validationBean")
@ViewScoped
public class ValidationBean implements Serializable {

    @Size(max = 5)
    private String input;

    //getter,setter省略

    public void submit() {
        //バリデーションエラーにより、メソッドは呼び出されない
    }
}
```

リスト11.54　リスト11.53のCDI管理Beanを利用するJSFのビュー定義

```xml
<h:body>
    <h:form>
        <h:messages/>
        <h:inputText value="#{validationBean.input}" />
        <h:commandButton value="送信" actionListener="#{validationBean.submit()}" />
    </h:form>
</h:body>
```

　ボタンを押すと**図11.2**のようにバリデーションエラーとなります。

Web層

図11.2 JSFとCDI管理BeanによるBean Validationの実行例

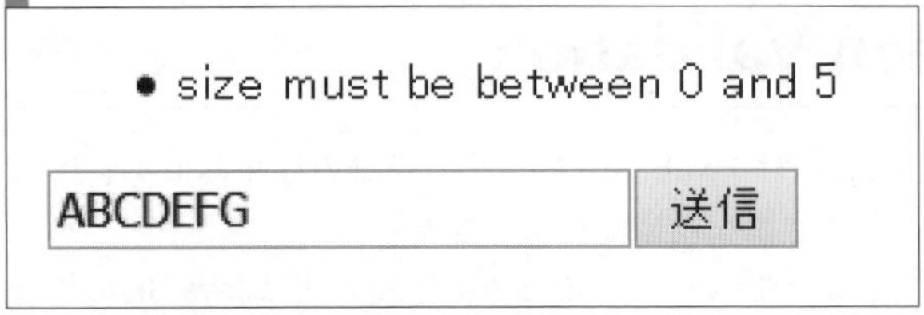

- size must be between 0 and 5

```
ABCDEFG  [送信]
```

JAX-RSやEJBでも**リスト11.55**や**リスト11.57**のようにBean Validationを適用できます。JAX-RSとBean Validationの関係については、JAX-RSのJSRにて記述されています。

バリデーションエラーとなった際は、HTTPレスポンスのステータスコードとして500(Internal Server Error)、または400(Bad Request)を返します。

リスト11.55 JAX-RSにおけるBean Validationの利用例

```java
@Path("/validation/{input}")
public class ValidationResource {
    //inputのサイズが5より大きい場合、HTTP ステータス400(Bad Request)が返る
    @GET
    public String input(@Size(max = 5) @PathParam("input") String input) {
        System.out.println(input);
        return input;
    }
}
```

JAX-RSでバリデーションエラーをハンドリングする場合には、**リスト11.56**のようなException Mapperを定義します。

リスト11.56 JAX-RSでバリデーションエラーをハンドリング

```java
@Provider
public class ValidationExceptionMapper implements ExceptionMapper<ValidationException> {

    @Override
    public Response toResponse(ValidationException exception) {
        //エラー処理などを記述
        return Response.status(Response.Status.INTERNAL_SERVER_ERROR).build();
    }
}
```

EJBの場合は、バリデーションの例外がjavax.ejb.EJBExceptionにラップされて送出されます(**リスト11.57**)。

11章 Bean Validation

リスト11.57　EJBにおけるBean Validationの利用例

```
@Stateless
public class EjbBean {
    //javax.validation.ConstraintViolationExceptionがjavax.ejb.EJBExceptionにラップされて送出
    public String returnInput(@Size(max = 5) String input) {
        return input;
    }
}
```

　JPAではエンティティクラスに対して、データベースのスキーマにおける制約条件をBean Validationで表現します（**リスト11.58**）。JPAとBean Validationの関係については、JPAのJSRにて記述されています。EntityManagerのpersistメソッドが実行される前のPrePersistと、データベースへエンティティの更新が行われる前のPreUpdateで検証が行われます。

リスト11.58　JPAにおけるBean Validationの利用例

```
@Entity
@Table(name = "InputTable")
@XmlRootElement
public class InputEntity implements Serializable {
    //inputに指定された値がnull、またはサイズが1から5以外の場合、PrePersist・PreUpdateで
    //javax.validation.ConstraintViolationExceptionとなる
    @Id
    @Basic(optional = false)
    @NotNull
    @Size(min = 1, max = 5)
    @Column(name = "input")
    private String input;

    //その他、略
}
```

Web層

12章　MVC

本書はJava EE 7の本ですが、本章では先取りして次のJava EE 8で導入される標準アクションベースMVCフレームワークの仕様であるMVC 1.0（JSR-371）についても解説します。

12-1　MVC1.0登場の背景

Java EEにはすでにMVCフレームワークとしてJavaServer Faces（JSF）が存在しますが、JSFとは別にMVCフレームワークが必要かどうかというコミュニティ向けのサーベイ[1]で60.8%の支持を得て、Java EE 8に向けてMVC 1.0の仕様の策定が始まりました(注1)。

JSFがコンポーネント指向のMVCフレームワークであるのに対し、MVC 1.0はアクション指向のMVCフレームワークです。HTTPのリクエストとアクションと呼ばれる操作が一対一になっているのが特徴です。

同種のフレームワークとしてはSpring MVCやStruts、Play Frameworkが挙げられます。他言語ではRuby on Railsもアクション指向MVCフレームワークです。また、JAX-RSもアクション指向のフレームワークに位置づけられます。

MVC 1.0は**表12.1**のスケジュールでリリース予定になっています。

表12.1　MVC 1.0の開発スケジュール

時期	マイルストーン
2015 Q4	Early Draft2（執筆段階）
2016 Q1	Public Review
2016 Q3	Proposed Final Draft
2017 H1	Final Release

本記事ではEarly Draft Review 2（EDR2）の段階で決められている内容について説明します。今後大きく変わる可能性もありますが、ご了承ください。

MVC 1.0の参照実装はOzark(注2)です。本書の内容はOzark 1.0.0-m02で確認しています。

（注1）　https://java.net/downloads/javaee-spec/JavaEE8_Community_Survey_Results.pdf
（注2）　https://ozark.java.net

12-2 MVC 1.0（JSR-371）の基本

　MVC 1.0はJAX-RS上に作られています。ServletベースにするかJAX-RSベースにするか投票が行われましたが、結果的にJAX-RSベースになりました。MVCのうちのControllerの役割をJAX-RSのリソースクラスが担うことになります。

　これまでのJAX-RSの解説ではJSON形式やXML形式でレスポンスを返却していましたが、MVC 1.0では代わりにHTMLをレンダリングします。画面の遷移先をJAX-RSのリソースクラスのメソッドの返り値として記述する形式になります。

　そのため、ほとんどのJAX-RS用アノテーションや設定方法が流用されます。@QueryParamや@FormParamといったリクエストパラメータをJavaオブジェクトにバインディングするアノテーションや@Path、@GET、@PUTといったリクエストをメソッドにマッピングするするためのアノテーションはMVC 1.0でも利用します。

　その他、ModelとしてCDIを、ViewにはJSPやFaceletsを、入力チェックにはBean Validationというように既存のJava EEテクノロジーを組み合わせた形で検討されています。

　MVC 1.0では、サーバーサイドMVCの一般的なアーキテクチャである"Front Controllerパターン"が採用されています。Front Controllerパターンを図12.1の図に示します。

図12.1　Front Controllerパターン

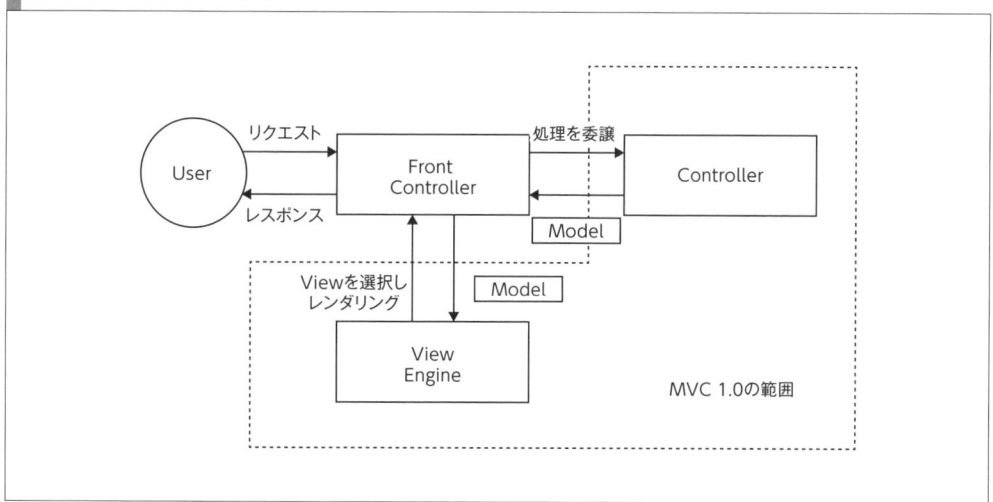

　ユーザからのリクエストを一律でFront Controllerが受け付けて、リクエスト内容（パス、HTTPメソッド、パラメータ、ヘッダーなど）に応じて実際に処理を行うControllerを選択します。そしてFront ControllerはControllerに処理を委譲します。

Web層

　Controllerは一般的には業務ロジック（ここではCDIやEJBの処理）を呼び出し、結果をModelに格納します。ControllerはこのModelとレンダリングするViewの情報（論理名またはパス、クラス名など）をFront Controllerに返します。

　Front ControllerはControllerから受け取ったViewの情報（拡張子など）を元にViewEngineを選択し、ViewEngineにViewの情報とModelを渡します。

　ViewEngineはView（一般的にはHTMLテンプレート）を取得し、Modelの情報を埋め込み、レンダリングします。レンダリング結果がレスポンスとしてユーザに返ります。

　この過程のうち、MVC 1.0の仕様でAPIや挙動が定義されている箇所が図中の点線内部です。Front Controllerに相当する部分は通常Java EEサーバが提供し、実装依存になります。

　参照実装のOzarkではJAX-RSの機能そのものに加えてContainerRequestFilterとMessageBodyWriter[注3]を用いてFront Controllerの役割を担っています。アプリケーション開発者は通常、ControllerとModelそしてView（HTMLテンプレート）を作成することになります。

　では具体的なコード例をみていきましょう。以降の説明では**リスト12.1**のJAX-RSのアプリケーション設定クラスが用意されていることを前提に説明します。

リスト12.1　前提とするJAX-RSアプリケーション設定クラス

```
import javax.ws.rs.ApplicationPath;
import javax.ws.rs.core.Application;

@ApplicationPath("app")
public class App extends Application {

}
```

12-3　Controller

　MVC 1.0ではJAX-RSのアノテーションに加え、対象のクラス・メソッドがMVC用であることを示すために@javax.mvc.annotation.Controllerアノテーションを付けます。

　メソッドに@Controllerアノテーションを付けた場合、そのメソッドがMVC用のControllerになり、クラスに@Controllerアノテーションをつけた場合はそのクラスのすべてのメソッドがMVC用になります。

　Controllerの書き方は**リスト12.2**のようになります。

（注3）　org.glassfish.ozark.core.ViewResponseFilterおよびorg.glassfish.ozark.core.ViewableWriter

リスト12.2　基本的なController

```
@Path("hello")
public class HelloController {
    @GET
    @Controller
    public String hello() {
        return "hello.jsp";
    }
}
```

　この例ではhelloメソッドの返り値"hello.jsp"がView名（遷移先）です。デフォルトでは、このhello.jspという返り値の前に"/WEB-INF/views/"を加えたものが実際のViewのパスになります。
　すなわち、この例ではWEB-INF/views/hello.jspがViewとしてレンダリングされます。
　Controllerメソッドの返り値は**表12.2**の4つがサポートされています。

表12.2　Controllerメソッドの返り値の種類

返り値の型	View名の指定方法
void	メソッドに@javax.mvc.Viewアノテーションを付与してView名を指定する
String	View名を文字列で直接指定する
javax.mvc.Viewable	ViewableオブジェクトにView名を指定する。Stringで返すのとは異なり、Viewableには後に説明するjavax.mvc.Modelsやjavax.mvc.engine.ViewEngineも持たせることもできる
Response	JAX-RSのResponseオブジェクトにView名を指定する。Responseオブジェクトを使うことで、HTTPステータスコードやHTTPレスポンスヘッダを指定できる

　それぞれの実装例は**リスト12.2**のとおりです。

リスト12.2　各種返り値の実装例

```
@Controller
@Path("hello")
public class HelloController {
    @GET
    @View("hello.jsp")
    public void helloVoid() {
    }

    @GET
    public String helloString() {
        return "hello.jsp";
    }

    @GET
    public Viewable helloViewable() {
        return new Viewable("hello.jsp");
    }
```

Web層

```
@GET
public Viewable helloResponse() {
    return Response.status(Response.Status.OK).entity("hello.jsp").build();
}
}
```

　返り値は上記の制限がありますが、メソッドに取れる引数はJAX-RSと同じです。デフォルトのContent-Typeはtext/htmlですが、JAX-RSの@Producesアノテーションで変更することもできます。

　JAX-RSとは異なり、ControllerのインスタンスはCDIで管理されたBeanである必要があります。EJBをControllerとして扱うことはできません。また、JAX-RS同等にデフォルトでリクエストスコープです。

　本章では特に断りがない限りはCDIのbeans.xmlにbean-discovery-mode="all"が設定されていることを前提とします。bean-discovery-mode="annotated"の設定がされている場合は、Controllerクラスに@RequestScopedなどCDIのスコープアノテーションを付与してください。

12-4　Model

　Modelには表12.3の2種類がサポートされています。

表12.3　Modelの種類

種類	説明
javax.mvc.Modelsインターフェース	Mapベースのデータ受け渡し用インターフェース。画面に渡す値をModels.Models#put(String, Object)メソッドで設定する
@NamedがついたCDI管理Bean	JSFのように画面から直接CDI管理Beanにアクセスする

　Modelsを使う場合は、ControllerクラスにModelsインターフェースをインジェクトします（**リスト12.3**）。

リスト12.3　Modelsインターフェースの使用例

```
@Path("hello")
public class HelloController {
    @Inject
    Models models

    @GET
    @Controller
    public String hello() {
```

```
        models.put("greeting", new Greeting("Hello World!"));
        return "hello.jsp";
    }
}
```

　CDI管理Beanを使う場合はJAX-RSやJSFと同様に、**リスト12.4**のようなクラスを作成してControllerクラスにインジェクトします（**リスト12.5**）。

リスト12.4　Modelとして使用するCDI管理Bean

```
@Named
@RequestScoped
public class Greeting implements Serializable {
    private String message;
    // setter/getter略
}
```

リスト12.5　CDI管理BeanをModelとして使用する例

```
@Path("hello")
public class HelloController {
    @Inject
    Greeting greeting;

    @GET
    @Controller
    public String hello() {
        greeting.setMessage("Hello World!");
        return "hello.jsp";
    }
}
```

　実は現時点（EDR2）で仕様ではModelとして、javax.mvc.Modelsインターフェースをサポートするのは必須ですが、CDI管理Beanのサポートはオプション扱いになっています。
　一方で、ModelsよりCDI管理Beanを使うことが推奨されています。
　CDI管理Beanの場合、CDIでサポートされている各種スコープが使えます。@Namedと@RequestScopedを組み合わせる場合は、代わりに@javax.enterprise.inject.Modelアノテーションを使うこともできます（**リスト12.6**）。こちらのほうがシンプルです[注4]。

[注4]　EDR2の段階では、@Namedで付けられた名前とModelsに追加したキー名が重複した場合の挙動は定義されていません。名前の重複は避けたほうが無難です。

Web層

リスト12.6　@Modelを使う例

```java
@Model
public class Greeting implements Serializable {
    private String message;
    // setter/getter略
}
```

12-5　View

MVC 1.0では新たにViewテクノロジーを定義することは行っていません。Viewには既存のテクノロジーを使用します。仕様ではJSPとFaceletsのサポートが必須となっています。

JSPの例を**リスト12.7**に示します。

リスト12.7　JSPの例

```jsp
<%@ page contentType="text/html;charset=UTF-8" language="java" %>
<%@ taglib uri="http://java.sun.com/jsp/jstl/core" prefix="c" %>
<html>
    <head>
        <title>Hello</title>
    </head>
    <body>
        <h1><c:out value="${greeting.message}" /></h1>
    </body>
</html>
```

JSPからEL式でModelsに設定した値にアクセスできます。当然@Namedで名前付けした、CDI管理Beanもアクセスできます。Faceletsを使用したい場合はコントローラのメソッドの返り値（View名）の拡張子をxhtmlにします（**リスト12.8**）。

リスト12.8　Faceletsを使用する場合のControllerの例

```java
@GET
@Controller
public String hello() {
    greeting.setMessage("Hello World!");
    return "hello.xhtml";
}
```

Faceletsは**リスト12.9**のようになります。

リスト12.9　Faceletsの例

```xml
<?xml version="1.0" encoding="UTF-8"?>
<!DOCTYPE html>
<html xmlns="http://www.w3.org/1999/xhtml">
    <head>
        <title>Hello</title>
    </head>

    <body>
        <p>
            #{greeting.message}
        </p>
    </body>
</html>
```

　Controllerで返したView名から実際に対象のファイルを取得し、レンダリングするのがViewEngineです。現時点で**リスト12.10**のようなインターフェースになっています。

リスト12.10　ViewEngineインターフェース

```java
public interface ViewEngine {
    boolean supports(String view);
    void processView(ViewEngineContext context) throws ViewEngineException;
}
```

　ViewEngineはViewableにも指定でき、こちらで指定があればそれが優先されます。ViewableにViewEngineの指定がなければ、DIコンテナからViewEngineインスタンスをルックアップします。優先度の高いViewEngineからsupportメソッドを試してtrueの場合に、processViewメソッドを呼び出しレンダリングします。

　ViewEngineに@javax.annotation.Priorityを設定することで優先順位を指定できます。

　仕様ではViewEngineの実装までは言及されていませんので、実装依存でサポートするテンプレートエンジンが異なる、あるいは解決方法が異なるという可能性があります。なお、OzarkではJSPとFacelets以外に以下に示すViewEngineも用意されています。

- Thymeleaf
- FreeMarker
- Velocity
- Mustache
- Handlebars
- JSR-223（ScriptEngine）

12-6 リダイレクト

一般的にPOSTでデータを送信し、処理が終わった後にはブラウザリロードによるデータの二重送信を防ぐため、リダイレクトで完了画面に遷移させることが多いです。このようなパターンをPRG（Post-Redirect-Get）パターンと呼びます。遷移先にリダイレクトするにはJAX-RS同様にResponse#seeOtherメソッドが利用可能です（**リスト12.11**）。

リスト12.11　Response#seeOtherメソッドを使ったリダイレクトの例

```
@POST
@Controller
public Response redirect() {
    return Response.seeOther(URI.create("see/here")).build();
}
```

MVC 1.0では、この他に**リスト12.12**のように遷移先文字列のプリフィクスに"redirect:"をつけることで、リダイレクトさせることも可能です。

リスト12.12　プリフィクス文字列を使用したリダイレクトの例

```
@POST
@Controller
public String redirect() {
    return "redirect:see/here";
}
```

この場合もステータスコードは302です。

リダイレクト後は新たにGETのHTTPリクエストが送信されるため、リダイレクト前に設定したリクエストスコープのBeanの情報はリダイレクト後にアクセスできません。

これに対し、リダイレクト後1回だけはアクセスできるスコープを一般的にフラッシュスコープと呼びます。MVC1.0ではフラッシュスコープに相当するCDIのスコープとして@javax.mvc.annotation.RedirectScopedアノテーションが導入されました。

リスト12.13〜**リスト12.15**のエコーアプリケーションを通じて@RedirectScopedの使い方を確認しましょう。

リスト12.13　エコーアプリケーションのController

```java
import javax.inject.Inject;
import javax.mvc.annotation.Controller;
import javax.ws.rs.FormParam;
import javax.ws.rs.GET;
import javax.ws.rs.POST;
import javax.ws.rs.Path;

@Controller
@Path("echo")
public class EchoController {
    @Inject
    Echo echo;

    @GET
    public String echoForm() {
        return "echo.jsp";
    }

    @POST
    public String echo(@FormParam("name") String name) {
        echo.setName(name);
        return "redirect:/echo";
    }
}
```

リスト12.14　リダイレクトスコープBean

```java
import javax.inject.Named;
import javax.mvc.annotation.RedirectScoped;
import java.io.Serializable;

@Named
@RedirectScoped
public class Echo implements Serializable {
    private String name;
    // setter/getter略
}
```

リスト12.15　エコーアプリケーションのjsp

```jsp
<%@ page contentType="text/html;charset=UTF-8" language="java" %>
<%@ taglib uri="http://java.sun.com/jsp/jstl/core" prefix="c" %>
<html>
<head>
    <title>Echo</title>
</head>
<body>
```

```
<c:if test="${echo.name != null}">
    <p><c:out value="${echo.name}"/></p>
</c:if>

<form action="${pageContext.request.contextPath}/app/echo" method="post">
    Name: <input name="name" value=""><input type="submit" value="Send">
</form>
</body>
</html>
```

フォームに値を入力して、ボタンをクリックすると元のフォーム画面にリダイレクトされますが、フォームの上に入力した文字列が表示されます。ブラウザをリロードしてもPOSTの再送信は発生しませんが、その文字列は消えます。

なお、${mvc}でMVCアプリケーションのコンテキスト情報を持つjavax.mvc.MvcContextオブジェクトにアクセスすることができます。MvcContext#getContextPathメソッドでコンテキスト相対のパスを、MvcContext#getApplicationPathメソッドで@ApplicationPathで指定したパスからの相対パスを取得できます。Applicationクラスのサブクラスが存在しない場合はnullが返ります。

より便利なメソッドとしてはMvcContext#getBasePathが用意されています。Applicationクラスのサブクラスが存在すればMvcContext#getApplicationPathの結果が返り、存在しなければMvcContext#getContextPathの結果が返ります。

<form>のaction属性は**リスト12.16**のように書き換えることができます。

リスト12.16　MvcContextオブジェクトの使用

```
<form action="${mvc.basePath}/echo" method="post">
    Name: <input name="name" value=""><input type="submit" value="Send">
</form>
```

12-7　入力チェック

入力チェックにはBean Validationを使用します。前述のエコーアプリケーションの例を用いて、MVC 1.0のController上でBean Validationを扱う方法を説明します。

ControllerのメソッドメソッドメソッドメソッドにBean Validationの制約アノテーションを付与し、メソッドに@javax.validation.executable.ValidateOnExecutionアノテーションを付与します。入力チェックの結果はjavax.mvc.binding.BindingResultオブジェクトに格納され、BindingResultオブジェクトはインジェクトすることでControllerから参照可能です（**リスト12.17**）。

リスト12.17　入力チェックの例

```java
import javax.inject.Inject;
import javax.mvc.Models;
import javax.mvc.annotation.Controller;
import javax.mvc.binding.BindingResult;
import javax.validation.Valid;
import javax.validation.executable.ExecutableType;
import javax.validation.executable.ValidateOnExecution;
import javax.ws.rs.BeanParam;
import javax.ws.rs.GET;
import javax.ws.rs.POST;
import javax.ws.rs.Path;

@Controller
@Path("echo")
public class EchoController {
    @Inject
    Echo echo;
    @Inject
    BindingResult bindingResult;
    @Inject
    Models models;

    @GET
    public String echoForm() {
        return "echo.jsp";
    }

    @POST
    @ValidateOnExecution(type = ExecutableType.NONE)
    public String echo(@Size(min = 2, max = 30) @FormParam("name") String name) {
        if (bindingResult.isFailed()) {
            models.put("bindingResult", bindingResult);
            return "echo.jsp";
        }
        echo.setName(name);
        return "redirect:/echo";
    }
}
```

　@ValidateOnExecutionはBean Validationのアノテーションであり、メソッドのパラメータや返り値を実行時に検証するかどうかを制御します。MVC 1.0ではtype属性にExecutableType.NONEを指定することでメソッド実行のタイミングで入力内容にエラーがあっても処理を止めないようにします。その代わりにBindingResultに結果が格納されます。

Web層

@ValidateOnExecutionを付与しない場合、メソッド実行のタイミングで入力内容にエラーがあればConstraintViolationExceptionがスローされます。エラーメッセージは**リスト12.18**のように出力できます。

リスト12.18　エラーメッセージの出力例

```
<%@ page contentType="text/html;charset=UTF-8" language="java" %>
<%@ taglib uri="http://java.sun.com/jsp/jstl/core" prefix="c" %>
<html>
<head>
    <title>Echo</title>
</head>
<body>

<c:if test="${echo.name != null}">
    <p><c:out value="${echo.name}"/></p>
</c:if>
<c:if test="${bindingResult != null}">
    <ul>
    <c:forEach var="message" items="${bindingResult.allMessages}">
        <li><c:out value="${message}" /></li>
    </c:forEach>
    </ul>
</c:if>

<form action="${mvc.applicationPath}/echo" method="post">
    Name: <input name="name" value=""><input type="submit" value="Send">
</form>
</body>
</html>
```

入力チェックはControllerメソッドの引数をJavaBeanにしても当然機能します。Controllerの引数をStringの代わりに**リスト12.18**のクラスに変更しましょう。

リスト12.18　入力チェックにJavaBeanを使う例

```java
import javax.validation.constraints.NotNull;
import javax.validation.constraints.Size;
import javax.ws.rs.FormParam;
import java.io.Serializable;

public class EchoForm implements Serializable {
    @FormParam("name")
    @Size(min = 2, max = 30)
    private String name;
```

```java
    public String getName() {
        return name;
    }

    public void setName(String name) {
        this.name = name;
    }
}
```

Controllerのメソッドはリスト12.19のようになります。

リスト12.19　入力チェックにJavaBeanを使う場合のControllerの例
```java
@POST
@ValidateOnExecution(type = ExecutableType.NONE)
public String echo(@Valid @BeanParam EchoForm form) {
    if (bindingResult.isFailed()) {
        models.put("bindingResult", bindingResult);
        return "echo.jsp";
    }
    echo.setName(form.getName());
    return "redirect:/echo";
}
```

　入力チェック対象のBeanのプロパティ名ごとのエラーメッセージを取得するためにBindingResult#getViolations(String param)メソッドが用意されていますが、執筆時点のOzarkではこのメソッドが実装されておらずUnsupportedOperationExceptionがスローされてしまいます。正式リリースまでには使用できるようになるでしょう。
　代替として、リスト12.20のようにプロパティ名ごとにエラーメッセージのリストを作成することができます。

リスト12.20　Beanのプロパティ名ごとのエラーメッセージ作成例
```java
if (bindingResult.isFailed()) {
    // プロパティ名ごとにエラーメッセージのリストを作成する
    Map<String, List<String>> errors = bindingResult.getAllViolations()
            .stream()
            .collect(Collectors.groupingBy(v -> {
                String property = v.getPropertyPath().toString();
                return property.substring(property.lastIndexOf('.') + 1);
            }, Collectors.mapping(ConstraintViolation::getMessage, Collectors.toList())));
    models.put("errors", errors);
    return "echo.jsp";
}
```

Web層

画面では**リスト12.21**のようにエラーメッセージを表示できます。

リスト12.21　Beanのプロパティ名ごとのエラーメッセージ出力例

```html
<form action="${mvc.applicationPath}/echo" method="post" class="form-horizontal">
    Name: <input name="name" value=""><input type="submit" value="Send">
    <c:if test="${errors.name != null}">error! <c:out value="${errors.name}" /></c:if>
</form>
```

12-8　例外ハンドリング

例外ハンドリングは、前述の入力チェック以外は基本的にJAX-RSと同じで、javax.ws.rs.ext.ExceptionMapperを使用します（**リスト12.22**）。

リスト12.22　ExceptionMapperの使用例

```java
@Provider
public class OptimisticLockExceptionMapper implements ExceptionMapper<OptimisticLockException> {
    @Inject
    ErrorMessage errorMessage;

    @Override
    public Response toResponse(OptimisticLockException e) {
        errorMessage.setMessage(e.getMessage());
        return Response.status(Response.Status.CONFLICT)
                .entity("optimisticlock.jsp").
                .build();
    }
}

@Model
public class ErrorMessage implements Serializable {
    private String message;
    // setter/getterは略
}
```

リスト12.23のようなエラー画面のJSPを作成すればよいです。

リスト12.23　エラー画面JSPの例

```jsp
<%@ page contentType="text/html;charset=UTF-8" language="java" %>
<%@ taglib uri="http://java.sun.com/jsp/jstl/core" prefix="c" %>
<html>
<head>
    <title>Error</title>
</head>
<body>
  <h1>Optimistic Lock Error!</h1>
  <p><c:out value="${errorMessage.message}" /></p>
</body>
</html>
```

12-9　セキュリティ対策

12-9-1　CSRF（Cross-site Request Forgery）

　MVC 1.0ではCSRF対策がサポートされています。デフォルトではCSRFトークンチェック機能がオフになっており、プロパティを設定することでがオンにできます。

　リスト12.24のようにApplicationクラスのプロパティを設定してください。

リスト12.24　CSRF対策のプロパティ設定例

```java
import javax.mvc.security.Csrf;
import javax.ws.rs.ApplicationPath;
import javax.ws.rs.core.Application;
import java.util.HashMap;
import java.util.Map;

@ApplicationPath("app")
public class App extends Application {
    @Override
    public Map<String, Object> getProperties() {
        Map<String, Object> props = new HashMap<>();
        props.put(Csrf.CSRF_PROTECTION, Csrf.CsrfOptions.EXPLICIT);
        return props;
    }
}
```

　プロパティ名はCsrf.CSRF_PROTECTIONで取得できます。プロパティ値は**表12.4**の3種類があります。

Web層

表12.4　Csrf.CSRF_PROTECTIONに設定可能なプロパティ値

プロパティ値	説明
Csrf.CsrfOptions.EXPLICIT	CSRFトークンチェックを行うControllerのメソッドに明示的アノテーションを付与する
Csrf.CsrfOptions.IMPLICIT	すべてのPOSTリクエストに対してCSRFトークンチェックを行う
Csrf.CsrfOptions.NONE	CSRFトークンチェックを行わない（デフォルト）

　Csrf.CsrfOptions.EXPLICITを設定した場合は、CSRFトークンチェックを行いたいControllerのメソッドに@javax.mvc.annotation.CsrfValidを付与します（**リスト12.25**）。

リスト12.25　@CsrfValidの使用例

```
@POST
@CsrfValid
@ValidateOnExecution(type = ExecutableType.NONE)
public String echo(@Valid @BeanParam EchoForm form) {
    if (bindingResult.isFailed()) {
        models.put("bindingResult", bindingResult);
        return "echo.jsp";
    }
    echo.setName(form.getName());
    return "redirect:/echo";
}
```

　CSRFトークンを送信するためのリクエストパラメータ名およびトークン値はjavax.mvc.security.Csrfオブジェクトが保持しており、MvcContext#getCsrfメソッドで取得できます。Viewから以下のようにアクセスできます。

リスト12.26　CSRFトークンの埋め込み例

```
<input type="hidden" name="${mvc.csrf.name}" value="${mvc.csrf.token}">
```

　リクエストパラメータで送る以外にはHTTPリクエストヘッダーでもトークンを送信することができます。ヘッダー名および値はリクエストパラメータと同じです。Ajaxを使用する場合はHTTPリクエストヘッダーを使うと便利でしょう。
　CSRFトークンエラー時の挙動は、執筆時点では決まっていません。
　仕様としては、POSTメソッドおよびmedia typeがx-www-form-urlencodedの場合にCSRFトークンチェックをできるようにすることが必須です。その他のメソッドやmedia typeの場合にチェックするかどうかは実装次第です。

12-9-2 XSS（Cross-site Scripting）

XSS対策として、javax.mvc.security.Encodersインターフェースが用意されています。Encodersインターフェースには HTML をエスケープする html メソッドと JavaScript をエスケープする js メソッドが定義されています。

Encodersインスタンスは MvcContext#getEncoders で取得できます。

これまで JSP では <c:out> タグを使用してきましたが、Encoders#html メソッドで代替できます。Viewからは**リスト12.27**のように利用可能です。

リスト12.27　EncodersによるHTMLエスケープの例

```html
<html>
    <head>
        <title>Hello</title>
    </head>
    <body>
        <h1>${mvc.encoders.html(greeting.message)}</h1>
    </body>
</html>
```

JavaScriptのエスケープも同様に**リスト12.28**のように利用可能です。

リスト12.28　EncodersによるJavaScriptエスケープの例

```html
<script type="text/javascript">
var message = '${mvc.encoders.js(message)}';
// ...
</script>
```

12-10　参照実装 Ozark

JSR-371の参照実装は Ozark です。MVC 1.0 EDR2 を試す場合は、**リスト12.29**の依存関係を追加してください。

リスト12.29　Ozarkを使用するための依存関係

```xml
<dependency>
    <groupId>org.glassfish.ozark</groupId>
    <artifactId>ozark</artifactId>
    <version>1.0.0-m02</version>
</dependency>
```

GlassFish 4.1.1 で利用可能です。

Web層

> **COLUMN**
>
> ## 本当にJava EEで良いですか？
>
> 　Java EE 8でようやく導入されるMVCですが、Java EEには既にJSFという同じ役割を担当する技術が存在するにも関わらず、多くのユーザがこの機能を希望しました[※1]。2017年にリリースされる予定の MVC 1.0に含まれる機能のほとんどは、Spring Framework[※2]では2008年から使えています。
>
> 　Java EEは商用製品のリリースタイミングが遅く、商用Java EEサーバーの代表格であるOracle WebLogic Server、WebSphere Application Server、Red Hat JBoss Enterprise ApplicationPlatformのJava EE 7対応が揃ったのが2016年です（Java EE 7自体のリリースは2013年、仕様がほぼ決まったのは2012年）。
>
> 　これまでのJava EEのリリースでは、Java EEの仕様がほぼ決まってから商用サーバがリリースされるまでに3〜4年かかっています。つまりリリースサイクルが早まらなければJava EE 8対応の商用サーバーのリリースは2019年以降になることが予想されます[※3]。IT業界において、この期間の変化は大きいです。2012年はどうだったか思い出してみてください。
>
> 　いち早く新しい機能を使いたいという人にはSpring Frameworkが有力な選択肢となるでしょう。
>
> 　Java EE 8とリリース時期が近いSpring 5にはJDK 9、HTTP/2、Reactiveアーキテクチャ対応などの多くの新機能が盛り込まれます。また、Spring Boot[※4]というコンテナレスで非常に簡単にSpringアプリケーションを開発できるフレームワークも登場し、月間400万ダウンロードを超えるほどの人気を獲得しています。
>
> 　本書の読者のほとんどはJava EEユーザーだとは思いますが、"標準API"や"ベンダによる商用サポート"に大きなウェイトが置かれない場合は他の選択肢も考慮してみてはいかがでしょうか。
>
> ※1　https://java.net/downloads/javaee-spec/JavaEE8_Community_Survey_Results.pdf
> ※2　https://spring.io
> ※3　さらに悪いことにOracleのJava EE 8に対する活動が停滞気味であり、Java EE Guardians（https://javaee-guardians.io）という、現状に懸念を表明してJavaEEを守ろうとする団体が現れました。
> ※4　https://projects.spring.io/spring-boot

Part 4

データアクセス層

Java EEにおけるデータアクセステクノロジーであるJPAとトランザクション管理のためのJTAを学びます。EJBも本Partで説明します。

データアクセス層

13章 JPA（基礎編）

オブジェクトとリレーショナルデータベースに格納されたデータをマッピングするメカニズムであり、その標準APIがJPAです。本章ではJPAの概念と基本的な利用方法を学びます。SQLを定義するタイプのデータアクセスライブラリとの違いを意識して読み進めてください。

13-1 JPAの基礎

13-1-1 JPAとは

JPA (Java Persistence API) はJava EE/SE上で利用できるJava標準のORマッパーです。Javaオブジェクトを用いてRDBを管理するJava開発者が、標準的なORマッピングを容易に行えるように策定されました。

JPAの歴史を表13.1に示します。Java EE 5の一部として、JPA 1.0が2006年にリリースされ、執筆時点では2.1 (Java EE 7) が最新です。

JPAはEJBの一部であったEntityBeansを置き換えました。

表13.1 JPAの歴史

バージョン	対応するJSR	対応するJava EE	リリース年
JPA 1.0	JSR 220	5	2006年5月
JPA 2.0	JSR 317	6	2009年12月
JPA 2.1	JSR 338	7	2013年4月

JPAには以下のような特徴があります。

- Javaオブジェクトとデータベースに格納されているデータとのマッピング機能
- データベースへのCRUD処理をカプセル化したAPI
- Javaオブジェクトを検索するためのクエリ言語JPQL (Java Persistence Query Language)

データベース製品の差異もJPAによって吸収され、データベースを容易に変更可能なポータブルなアプリケーションを作成することも可能です。JPAの参照実装はEclipseLinkであり、その他Hibernate EntityManagerやApache OpenJPAなどの実装があります。

これらの実装は永続プロバイダとも呼ばれます。代表的なプロバイダについて表13.2で説明します。

表13.2 代表的な永続プロバイダ

製品名	特徴
EclipseLink	JPAの参照実装。GlassFishで使用されている
Hibernate EntityManager	JPAのベースとなったHibernateのJPA実装。JBoss/WildFlyで使用されている
Apache OpenJPA	Apacheソフトウェア財団で開発されているJPA実装。Apache TomEEで使用されている
Data Nucleus	Google AppEngineでデータストアにJPAを用いてアクセスする場合に使用されている

まずはJPAを使わず、JDBCを使ったプログラミング例をみてみましょう (**リスト13.1**)。

リスト13.1 JDBCによるプログラミング

```java
public List<Message> findAll() {
    List<Message> messages = new ArrayList<>();

    try (Connection connection = dataSource.getConnection();
        PreparedStatement stmt = connection.prepareStatement("SELECT id, message FROM message")) {
        try (ResultSet rs = stmt.executeQuery()) {
            while (rs.next()) {
                messages.add(new Message(rs.getLong("id"), rs.getString("message")));
            }
        }
    } catch (SQLException e) {
        // 例外ハンドリング
    }

    return messages;
}
```

JDBCプログラミングではSQLの実行結果をJavaオブジェクトに格納するだけでも次のような煩雑さがあります。

- お決まりの手続き
- 結果セット (ResultSet) からJavaオブジェクトへの手動マッピング
- チェック例外 (SQLException) のハンドリング

同じ処理をJPAを使って実装すると**リスト13.2**のようになります。

データアクセス層

リスト13.2　JPAを使ったプログラミング

```
@PersistenceContext
EntityManager entityManager;

public List<Message> findAll() {
    return entityManager.createQuery("SELECT x FROM Message x", Message.class)
            .getResultList();
}
```

JPAを使うことで、データベースのテーブルとJavaオブジェクトのマッピング（ORマッピング）が自動で行われます。マッピング例を**図13.1**に示します。

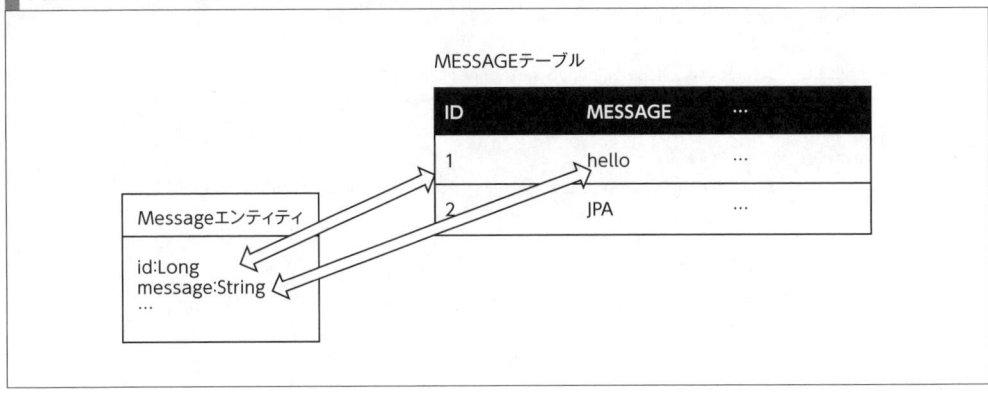

図13.1　マッピング例

JPAはJava EEだけでなく、Java SEからも利用可能です。

13-1-2　JPAの構成要素

まずはJPAを理解する上で重要な構成要素について説明します。

■エンティティ

データベースのテーブルをマッピングするJavaクラスをエンティティと呼びます。EJB2のような特別なインターフェースは不要であり、POJOが利用可能です。

エンティティは一意識別子を持ち、テーブルの主キーがマッピングされます。

エンティティクラスには@javax.persistence.Entityアノテーションを付与します。また、一意性識別子となるフィールドには@javax.persistence.Idアノテーションを付与します。例を**リスト13.3**に示します。

リスト13.3　エンティティのJavaクラス

```
@Entity
public class Message implements Serializable {
    @Id
    private Long id;
    // ...
}
```

■ EntityManager

　EntityManagerはJPAの中心要素であり、エンティティとデータベースのテーブルとのマッピングを管理します。ただのJavaオブジェクトであったエンティティはEntityManagerによって状態を管理されます。EntityManager管理下のエンティティは変更が追跡され、フラッシュされたタイミングでエンティティの状態をデータベースに自動的に同期します。

　EntityManagerはエンティティのCRUDや検索のためのAPIも提供します。このAPIを通じてアプリケーションはエンティティの状態を管理できます。EntityManagerを用いてエンティティを操作するためにSQLを記述する必要はありません。

　Java EE環境では**リスト13.4**のようにEntityManagerフィールドに@javax.persistence.PersistenceContextアノテーションをつけることで、Java EEコンテナに、コンテナで管理されたEntityManagerを注入させることができます。

リスト13.4　EntityManagerの注入

```
@PersistenceContext
EntityManager entityManager;
```

■ 永続性コンテキスト

　永続性コンテキストは「1つのトランザクション内でEntityManagerが管理するエンティティの集合」です。永続性コンテキスト中に同じ主キーを持つエンティティは1つだけ存在できます。EntityManagerが主キー検索でエンティティを取得する際は、テーブルに問い合わせる前に永続性コンテキストに対象の主キーをもつエンティティが存在しないか確認し、存在する場合はそのエンティティを返します。したがって、永続性コンテキストはキャッシュとして利用されます[注1]。

[注1] 1つのトランザクションよりも長く存在する拡張永続性コンテキストもありますが本書では扱いません。

■ EntityManagerFactory

EntityManagerFactoryはその名のとおり、EntityManagerを生成するために使用されます。Java SE環境やJUnit中では、**リスト13.5**のようにEntityManagerを取得するために使用されます。

リスト13.5　Java SEでEntityManagerFactoryの生成

```
EntityManagerFactory emf = Persistence.createEntityManagerFactory("persistenceUnit");
EntityManager entityManager = emf.createEntityManager();
```

　Java EE環境では**リスト13.6**のようにEntityManagerFactoryフィールドに@javax.persistence.PersistenceUnitアノテーションをつけることで、Java EEコンテナに、コンテナで管理されたEntityManagerFactoryを注入させることができます。

リスト13.6　Java EEでEntityManagerFactoryの注入

```
@PersistenceUnit
EntityManagerFactory emf;
```

　しかし、前述のとおり、通常はEntityManagerを自動で注入できるためJava EE環境ではEntityManagerFactoryは使用しません。

■ 永続性ユニット

　永続性ユニットはデータベースとエンティティの関係を記述するメタデータです。メタデータにはエンティティクラスの集合や、永続プロバイダ（すなわちどのJPA実装を使用するか）、トランザクションの種類、データベースの接続情報などが含まれます。このメタデータはpersistence.xmlという設定ファイルで定義され、クラスパス配下のMETA-INFディレクトリに置かれます。

　persistence.xmlの例を**リスト13.7**に、これらの構成要素の関連図を**図13.2**に示します。

リスト13.7　永続性ユニットの定義

```xml
<?xml version="1.0" encoding="UTF-8"?>
<persistence version="2.1" xmlns="http://xmlns.jcp.org/xml/ns/persistence" xmlns:xsi="http://www.w3.org/2001/XMLSchema-instance" xsi:schemaLocation="http://xmlns.jcp.org/xml/ns/persistence http://xmlns.jcp.org/xml/ns/persistence/persistence_2_1.xsd">
    <persistence-unit name="persistenceUnit" transaction-type="JTA">
        <jta-data-source>jdbc/hello-jpa</jta-data-source>
        <exclude-unlisted-classes>false</exclude-unlisted-classes>
    </persistence-unit>
</persistence>
```

図13.2　構成要素の関連図

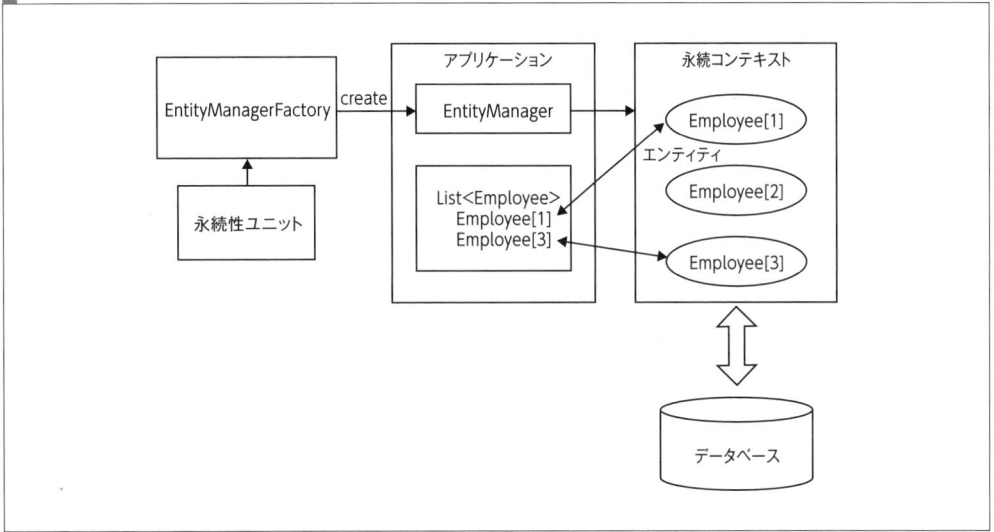

13-2　はじめてのJPA

　JPAの細かい説明をする前に、まずはJPAを使った簡単なメッセージ登録アプリケーションを作成して、JPAプログラミングを体感しましょう。本節ではNetBeans 8とGlassFish 4.1を使って説明します。なお、GlassFishにはJPA実装としてEclipseLinkが使用されています。

13-2-1　プロジェクトの作成

　「ファイル」→「新規プロジェクト」で「Maven」カテゴリから「Webアプリケーション」を選択し、「次へ」をクリックしてください（**図13.3**）。

Part 4 データアクセス層

図13.3 プロジェクトの作成画面

「新規Webアプリケーション」ウィザードで次の情報を入力して「次へ」をクリックしてください（**図13.4**）。

- プロジェクト名　hello-jpa
- グループID　hello
- パッケージ hello

図13.4 新規Webアプリケーション画面

「サーバー」と「Java EEバージョン」はデフォルトのままでかまいません（図13.5）。「終了」をクリックすればプロジェクトが作成されます。

図13.5　設定画面

13-2-2　データベースの作成

次に本アプリケーションで使用するデータベース（Java DB）を作成します。プロジェクトの「サービス」タブをクリックして「データベース」→「Java DB」を右クリックし、「データベースの作成」をクリックしてください（図13.6）。

図13.6　データベースの作成画面

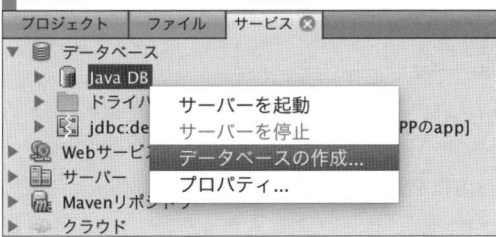

「Java DBデータベースを作成」ウィザードで次の情報を入力して「OK」をクリックしてください（図13.7）。

データアクセス層

- データベース名 hello-jpa
- ユーザー名 demo
- パスワード demo
- パスワードの確認 demo

図13.7　Java DBデータベース作成画面

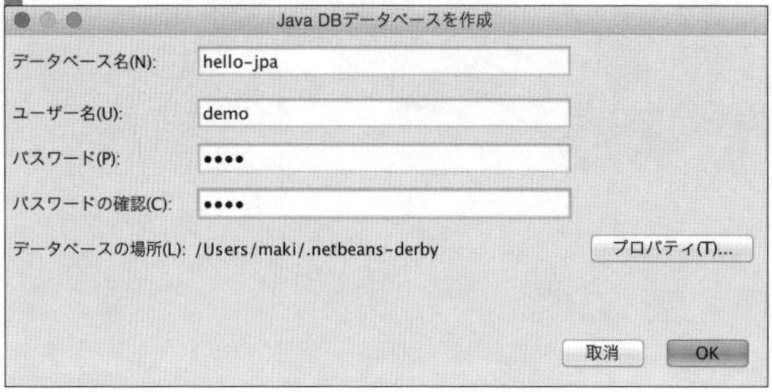

13-2-3　エンティティの作成

次に本アプリケーションで使用するエンティティを作成します。hello-jpaプロジェクトを右クリックして、「新規」→「エンティティ・クラス」をクリックしてください（**図13.8**）。

図13.8　エンティティクラス作成

「New エンティティ・クラス」ウィザードで次の情報を入力して「次」をクリックしてください。エンティティを作成する初回は「持続性ユニットの作成」にチェックを入れておいてください（**図13.9**）。

- クラス名 hello-jpa
- パッケージ demo
- 主キー型 Long

図13.9 New エンティティ・クラス画面

「New エンティティ・クラス」ウィザードで次の情報を入力してください。

- 持続性ユニット名 persistenceUnit
- 永続性プロバイダ EclipseLink（JPA 2.1）
- Java Transaction API の使用 チェック
- 表生成戦略 作成

また、初回は「データ・ソース」で「新しいデータ・ソース」を選択してください（**図13.10**）。

図13.10 新しいデータソースの選択画面

データアクセス層

「データ・ソースを作成」ウインドウで次の情報を入力して「OK」をクリックしてください（**図13.11**）。

- JNDI名 jdbc/hello-jpa
- データベース接続 jdbc:derby://localhost:1527/hello-jpa [DEMOのdemo]

図13.11　データベース接続選択画面

「New エンティティ・クラス」ウィザードの「データ・ソース」がjdbc/hello-jpaになっていることを確認して、「終了」をクリックしてください（**図13.12**）。プロジェクト内にMessage.javaとpersistence.xmlが作成されています（**図13.13**）。

図13.12　データソースの作成画面

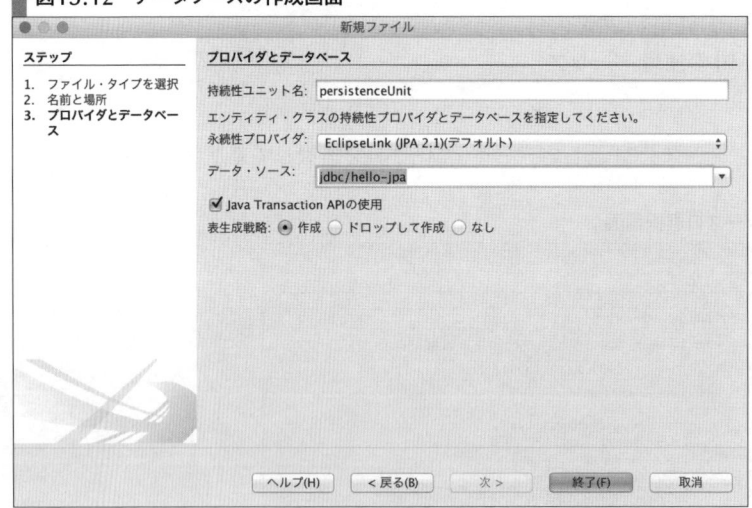

13章 JPA（基礎編）

図13.13　プロジェクトの確認

　作成されたMessage.javaを確認してください。クラスに@javax.persistence.Entityアノテーションが付与されています。エンティティクラスに関する説明は後に行いますが、このアノテーションがエンティティクラスであることを示しており、このクラスはMessageテーブルに対応します。また、@javax.persistence.Entityアノテーションが付与されたidフィールドも定義されています。このフィールドはテーブルの主キーに対応します。@javax.persistence.GeneratedValueアノテーションも付与されているため、この主キーは自動で採番されます。

　リスト13.8のようにMessage.javaにString型のmessageフィールドと、そのセッター・ゲッターを追加してください。このフィールドはテーブルのmessageカラムに対応します。

リスト13.8　Messageクラスの作成

```java
package hello;

import java.io.Serializable;
import javax.persistence.Entity;
import javax.persistence.GeneratedValue;
import javax.persistence.GenerationType;
import javax.persistence.Id;

@Entity
public class Message implements Serializable {
    private static final long serialVersionUID = 1L;
    @Id
    @GeneratedValue(strategy = GenerationType.AUTO)
    private Long id;
    private String message; // 追加

    public Long getId() {
        return id;
```

411

```
    }

    public void setId(Long id) {
        this.id = id;
    }

    public String getMessage() { // 追加
        return message;
    }

    public void setMessage(String message) { // 追加
        this.message = message;
    }

    // hashCodeメソッド、toStringメソッドは略
}
```

13-2-4　persistence.xmlの修正

次にsrc/main/resources/META-INFフォルダに作成されたpersistence.xmlを確認してください。XMLの中身をみるために、以下のように「ソース」タブをクリックしてください（**図13.14**）。

図13.14　persistence.xmlの編集

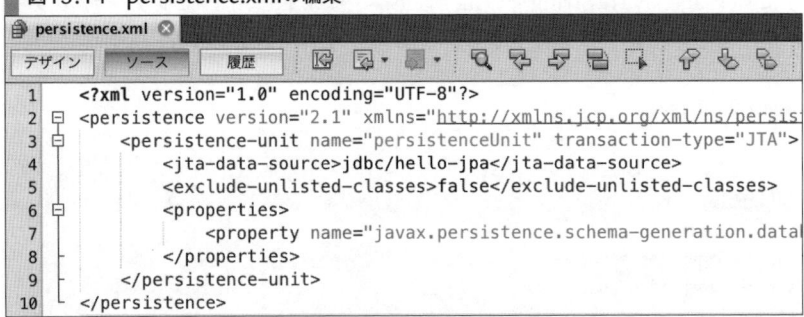

persistence.xmlで永続性ユニットの定義を行います。<persistence-unit>要素のname属性にウィザードで入力した"persistenceUnit"が設定されています。また<jta-data-source>要素にデータソースのJNDI名が設定されています。

アプリケーションを動かすためには生成された内容のままで問題ありませんが、永続プロバイダが発行するSQLを確認するために、SQLログを出力するプロパティを設定しておきます。**リスト13.9**のように<properties>属性内にEclipseLinkによるログ出力のための設定を追加してください。

リスト13.9　ログ出力のための設定追加

```xml
<?xml version="1.0" encoding="UTF-8"?>
<persistence version="2.1" xmlns="http://xmlns.jcp.org/xml/ns/persistence" xmlns:xsi="http://www.w3.org/2001/XMLSchema-instance" xsi:schemaLocation="http://xmlns.jcp.org/xml/ns/persistence http://xmlns.jcp.org/xml/ns/persistence/persistence_2_1.xsd">
    <persistence-unit name="persistenceUnit" transaction-type="JTA">
        <jta-data-source>jdbc/hello-jpa</jta-data-source>
        <exclude-unlisted-classes>false</exclude-unlisted-classes>
        <properties>
            <property name="javax.persistence.schema-generation.database.action" value="create"/>
            <property name="eclipselink.logging.level.sql" value="FINE"/><!-- 追加 -->
            <property name="eclipselink.logging.parameters" value="true"/><!-- 追加 -->
        </properties>
    </persistence-unit>
</persistence>
```

なお、javax.persistence.schema-generation.database.actionプロパティにcreateが設定されているため、アプリケーション起動時にエンティティに対応したテーブルが自動で生成されます。

13-2-5　EntityManagerを使用したJPAプログラミング

いよいよ、エンティティを操作するEntityManagerを使ったJPAプログラミングを行いましょう。helloパッケージを右クリックして「新規」→「Javaクラス」を選択してください（**図13.15**）。

図13.15　新規Javaクラスの作成

「New Javaクラス」ウィザードで次の情報を入力して「終了」をクリックしてください（**図13.16**）。

- クラス名 MessageService
- パッケージ hello

Part 4 データアクセス層

図13.16　MessageServiceクラスの作成画面

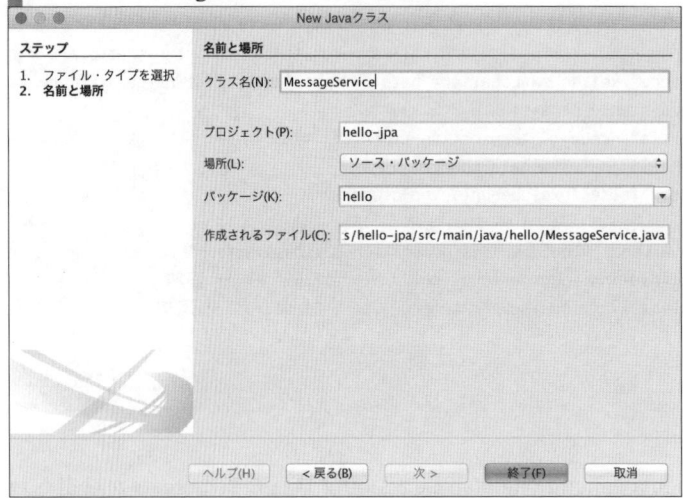

MessageServiceクラスに**リスト13.10**の内容を実装してください。

リスト13.10　MessageServiceクラスの実装

```java
package hello;

import java.util.List;
import javax.enterprise.context.ApplicationScoped;
import javax.persistence.EntityManager;
import javax.persistence.PersistenceContext;
import javax.transaction.Transactional;

@ApplicationScoped
@Transactional
public class MessageService {

    @PersistenceContext
    EntityManager entityManager;

    public Message create(String message) {
        Message entity = new Message();
        entity.setMessage(message);
        entityManager.persist(entity);
        return entity;
    }

    public List<Message> findAll() {
        return entityManager.createQuery("SELECT x FROM Message x", Message.class)
                .getResultList();
```

```
    }
}
```

　EntityManagerフィールドに@javax.persistence.PersistenceContextアノテーションを付与することで、EntityManagerインスタンスがJava EEコンテナより注入されます。
　EntityManagerの使用方法は後述しますが、createメソッドでMessageエンティティの永続化を行っています。また、findAllメソッドではJPQLを使ってMessageエンティティを全件取得しています。
　MessageServiceクラスに@javax.enterprise.context.ApplicationScopedアノテーションを付与しCDI管理Beanにしています。また、@javax.transaction.Transactionalアノテーションを付与し、MessageServiceクラスのメソッドが自動的にトランザクション管理されるようにしています。これらの説明は本章では割愛します。「**3章　CDI（基礎編）**」及び「**15章　トランザクション管理**」を参照してください。

13-2-6　Web向けエンドポイントの作成

　MessageServiceをJAX-RSを使ってWebに公開します。Messageを新規作成するパスと、Messageを全件取得するパスを作成します。
　MessageServiceクラスと同様にMessageEndpointクラスを作成してください。
　MessageEndpointクラスに**リスト13.11**の内容を実装してください。実装の詳細は本章では割愛します。詳しくは、「**6章　JAX-RS**」を参照してください。

リスト13.11　MessageEndpointクラスの実装

```
package hello;

import java.util.List;
import javax.enterprise.context.ApplicationScoped;
import javax.inject.Inject;
import javax.ws.rs.GET;
import javax.ws.rs.Path;
import javax.ws.rs.QueryParam;

@ApplicationScoped
@Path("message")
public class MessageEndpoint {
    @Inject
    MessageService messageService;

    @GET
    @Path("add")
    public Message add(@QueryParam("message") String message) {
        return messageService.create(message);
    }
```

データアクセス層

```
    @GET
    public List<Message> list() {
        return messageService.findAll();
    }
}
```

MessageEndpointクラスも@ApplicationScopedアノテーションを付与し、CDI管理Beanにしています。そしてMessageServiceフィールドに@javax.inject.Injectアノテーションを付与し、CDI管理されているMessageServiceインスタンスが注入されるようにしています。

次に、javax.ws.rs.core.Applicationを継承したクラスを作成して、@javax.ws.rs.ApplicationPathアノテーションを付与し、JAX-RSが対象とするパスを定義します。

これまでと同様にAppクラスを作成してください。Appクラスに**リスト13.12**の内容を実装してください。

リスト13.12　Appクラスの実装

```java
package hello;

import javax.ws.rs.ApplicationPath;
import javax.ws.rs.core.Application;

@ApplicationPath("app")
public class App extends Application {

}
```

以上でアプリケーションの作成は完了です。最終的には**図13.17**のようなプロジェクト構造になります。

図13.17　プロジェクト構造の確認

13-2-7 アプリケーションのデプロイと実行

いよいよ作成したアプリケーションを動かしましょう。hello-jpaプロジェクトを右クリックして「実行」をクリックしてください（図13.18）。これでアプリケーションのデプロイが行われ、アプリケーションが実行されます。

図13.18　アプリケーションの実行

Webブラウザのアドレスバーに「http://localhost:8080/hello-jpa/app/message/add?message=hello」を入力してアクセスしてください。図13.19のように、新規作成されたMessageエンティティがJSON形式で出力されます。IDが自動で採番されていることに着目してください。ログには以下のSQLが出力されます。

```
普通:    UPDATE SEQUENCE SET SEQ_COUNT = SEQ_COUNT + ? WHERE SEQ_NAME = ?
        bind => [50, SEQ_GEN]
普通:    SELECT SEQ_COUNT FROM SEQUENCE WHERE SEQ_NAME = ?
        bind => [SEQ_GEN]
普通:    INSERT INTO MESSAGE (ID, MESSAGE) VALUES (?, ?)
        bind => [1, hello]
```

図13.19　アプリケーションの実行結果①

```
← → C ⌂  localhost:8080/hello-jpa/app/message/add?message=hello
{
    id: 1,
    message: "hello"
}
```

データアクセス層

当スクリーンショットではGoogle Chromeの拡張「JSONView[注2]」を使って、JSONを整形しています。

もう一件、Messageエンティティを作成しましょう。次は、アドレスバーに「http://localhost:8080/hello-jpa/app/message/add?message=JPA」を入力してアクセスしてください。先ほどと同様に図13.20のように出力されます。

図13.20　アプリケーションの実行結果②

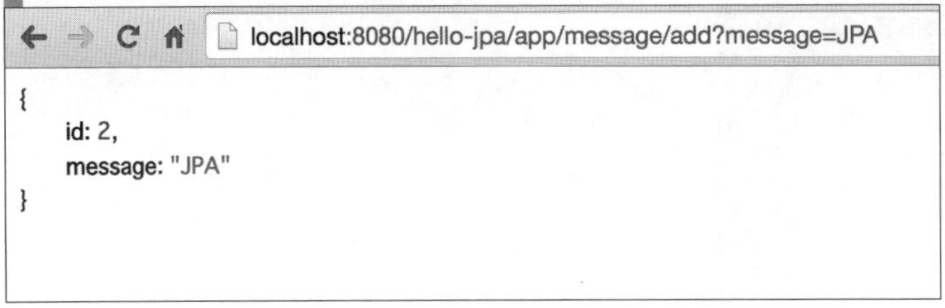

```
localhost:8080/hello-jpa/app/message/add?message=JPA
{
    id: 2,
    message: "JPA"
}
```

ログには以下のSQLが出力されます。

```
普通:   INSERT INTO MESSAGE (ID, MESSAGE) VALUES (?, ?)
        bind => [2, JPA]
```

初回のINSERTと異なり、シーケンスに関するSQLが発行されていませんが、これは初回に50件分のシーケンスを予め確保しているためです。

次に「http://localhost:8080/hello-jpa/app/message」にアクセスして、作成したMessageエンティティを全件取得しましょう。図13.21のように出力されます。

図13.21　アプリケーションの実行結果③

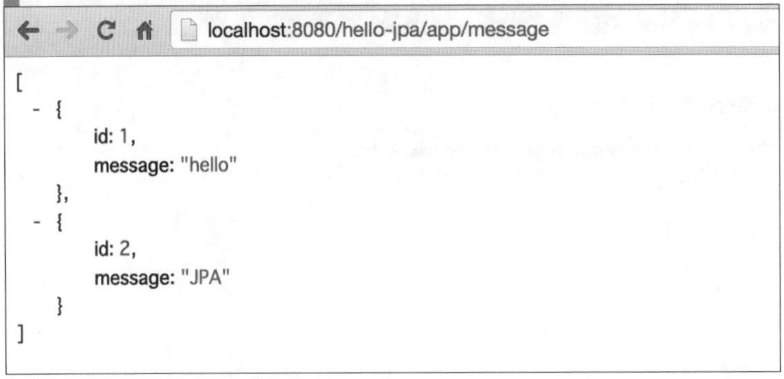

```
localhost:8080/hello-jpa/app/message
[
 - {
        id: 1,
        message: "hello"
   },
 - {
        id: 2,
        message: "JPA"
   }
]
```

(注2)　https://chrome.google.com/webstore/detail/jsonview/chklaanhfefbnpoihckbnefhakgolnmc

ログには以下のSQLが出力されます。

```
普通:    SELECT ID, MESSAGE FROM MESSAGE
```

以上で、実装したJPAの機能を試すことができました。

最後に、MESSAGEテーブルが自動生成されていることを確認するために、再度、プロジェクトの「サービス」タブをクリックして「データベース」→「jdbc:derby://localhost:1527/hello-jpa」→「DEMO」を開いてください（図13.22）。

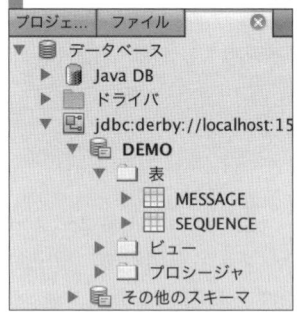

図13.22　データベースの確認

簡単なアプリケーションの作成でしたが、まずはJPAプログラミングの大枠を掴めたでしょうか。次節より、JPAの詳細について説明します。

13-3　エンティティ

既に説明しましたが、JPAではデータベースのテーブルをマッピングするJavaクラスをエンティティと呼びます。エンティティにアノテーションを付与することで、マッピングを定義します。XMLを用いてもマッピング定義はできますが、アノテーションを使うのが一般的です。

13-3-1　Entityの定義

エンティティであることを示すために**リスト13.13**のように@javax.persistence.Entityアノテーションをつけます。特別なインターフェースは不要であり、POJOクラスにアノテーションを付与すれば良いです。

ただし、エンティティをキャッシュやHTTPセッションなどに保持すること考え、一律java.io.Serializableを実装しておくのが良いでしょう。

データアクセス層

リスト13.13　@Entityの利用例

```
@Entity
public class Employee implements Serializable {
    // …
}
```

　エンティティクラスはエンティティ名を持ちます。この名前はJavaの世界でエンティティを特定するために使用され、後に説明するJPQLの中で使います。エンティティ名はデフォルトで単純クラス名(この場合はEmployee)です。明示的に指定する場合は**リスト13.14**のように@Entityのname属性に指定します。

リスト13.14　@Entityの利用例

```
@Entity(name = "Foo")
public class Employee implements Serializable {
    // …
}
```

　エンティティクラスはテーブルにマッピングされますが、マッピング先のテーブル名はデフォルトでエンティティのクラス名と同じになります。マッピング先のテーブル名を明示的に指定する場合は**リスト13.15**のように@javax.persistence.Tableアノテーションを使用します。

リスト13.15　@Entityの利用例

```
@Entity
@Table(name = "T_EMPLOYEE")
public class Employee implements Serializable {
    // …
}
```

　この例ではマッピング先のテーブル名は"T_EMPLOYEE"になります。

13-3-2　永続化属性の定義

　テーブルのカラムに対応するデータは、エンティティクラスのフィールドまたはプロパティ[注3]に保持されます。このフィールドまたはプロパティのことを本書では"永続化属性"と呼びます。**リスト13.16**の例のように特別な設定は不要で、フィールドを定義するだけで永続化属性とみなされます。

[注3]　ここでいうプロパティとはJavaBeansのプロパティであり、セッターsetAaa、ゲッターgetAaa (booleanの場合はisAaa)に対する"aaa"のことです。

リスト13.16　永続化属性（フィールド）

```
@Entity
public class Employee implements Serializable {
    private String name;

    // セッター/ゲッターは不要
    // ...
}
```

　JavaBeansの仕様に従ってセッター／ゲッターを定義した場合は、そのプロパティが永続化属性とみなされます。**リスト13.17**の例の場合はnameプロパティが永続化属性です。

リスト13.17　永続化属性（プロパティ）

```
@Entity
public class Employee implements Serializable {
    private String name;

    public String getName() {
        return this.name;
    }

    public void setName(String name) {
        this.name = name;
    }
    // ...
}
```

　エンティティクラスには一意識別子が必要です。一意識別子はテーブルの主キーに対応する永続化属性であり、**リスト13.18**のように@javax.persistence.Idアノテーションを付与して定義します。@Idアノテーションの設定はフィールドに対してもプロパティに対しても行えます。プロパティに設定する場合はゲッターに@Idアノテーションを付与します。

リスト13.18　エンティティの一意識別子

```
@Entity
public class Employee implements Serializable {
    // フィールドに設定
    @Id
    private Long id;

    public String getId() {
        return this.id;
    }
```

```
    public void setId(Long id) {
        this.id = id;
    }
    // ...
}
```

ここまでのエンティティとテーブルのマッピングを図13.23に示します。

図13.23　EmployeeエンティティとEMPLOYEEテーブルのマッピング

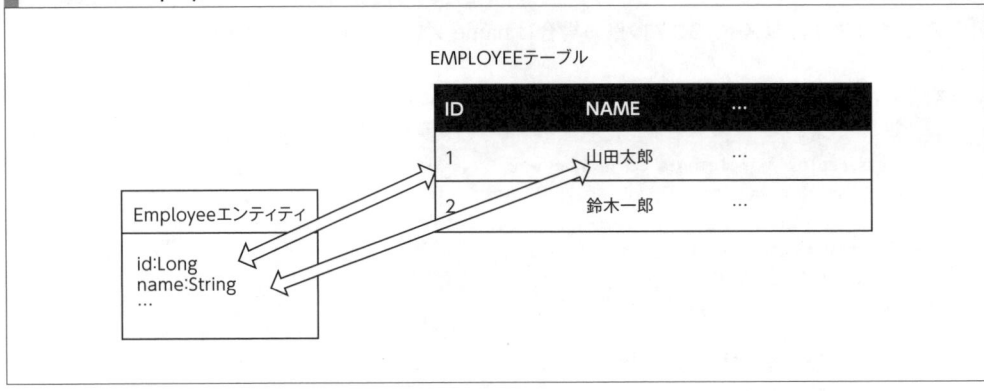

　一意識別子には複合主キーも対応しています。複合主キーの設定方法は後述します。エンティティの永続化属性はテータベースのカラムへマッピングされます。デフォルトでは、マッピング先のカラム名はフィールド名になります（この場合は"NAME"や"ID"です）。
　明示的にカラム名を指定する場合は**リスト13.19**のように@javax.persistence.Columnアノテーションを付与します。

リスト13.19　@Columnアノテーションによるカラム名指定

```
@Entity
public class Employee implements Serializable {
    // …
    @Id
    @Column(name = "EMP_ID")
    private Long id;

    @Column(name = "EMP_NAME", nullable = false, length = 100)
    private String name;

    // セッター・ゲッター略
}
```

この例ではidフィールドは"EMP_ID"カラムへ、nameフィールドは"EMP_NAME"カラムへマッピングされます。また、@Columnアノテーションには例からもわかるようにカラム名だけでなく、そのカラムのNull許可やサイズの設定、さらには一意制約の有無、値の挿入・更新の有無などのカラムに関連する設定も可能です。

@Columnはフィールドまたはプロパティに付与できます。@Id同様にプロパティの場合はゲッターに設定します。本書では@Idも@Columnも一貫してフィールドに設定します。

なお、JPAではエンティティクラスには引数なしのコンストラクタが必要です。このコンストラクタはpublicかprotectedである必要があります。コンストラクタの引数でフィールドを設定する場合でも、別途引数なしのコンストラクタを用意する必要があります。つまり、エンティティのフィールドにfinal修飾子をつけることはできません。また、エンティティクラスにfinal修飾子をつけることもできません。

13-3-3 主キーの設定

前述のとおり、主キーに対応するフィールドには@Idを付与します。JPAでは主キーを自動採番させることができます。この場合は主キーフィールドに@javax.persistence.GeneratedValueを付与します。手動で主キーを設定する場合は不要です。

主キーの生成手法は表13.3の4つがあります。@GeneratedValueアノテーションのstrategy属性で生成方法を指定できます。

表13.3 主キーの生成方法

生成方法	説明
GenerationType.IDENTITY	RDBMS固有の自動生成機能を使用する方法
GenerationType.SEQUENCE	シーケンスを使用する方法
GenerationType.TABLE	テーブルを使用する方法
GenerationType.AUTO（デフォルト）	上記のうちのどの方法を使用するかを永続プロバイダに任せる方法

■ RDBMS固有の自動生成機能を使用する方法

strategy属性にGenerationType.IDENTITYを指定して、RDBMS固有の自動生成機能を使用する方法をリスト13.20に示します。

リスト13.20　RDBMS固有の自動生成機能を使用する方法

```
@Id
@GeneratedValue(strategy = GenerationType.IDENTITY)
@Column(name = "EMP_ID")
private Long id;
```

この方法はすべてのRDBMSでサポートされているわけではなく、RDBMSによっては使用できません。また、RDBMSによって定義方法が異なります。

PostgreSQLの場合、対応するテーブルには次のように主キーのカラムにSERIAL、BIGSERIALを指定することになります。

```
CRETATE TABLE EMPLOYEE {
    EMP_ID BIGSERIAL NOT NULL PRIMARY KEY,
    ...
}
```

MySQLの場合は次のように主キーのカラムにAUTO_INCREMENT属性を付与します。

```
CRETATE TABLE EMPLOYEE {
    EMP_ID BIGINT NOT NULL AUTO_INCREMENT,
    ...
}
```

H2の場合は次のように主キーのカラムにIDENTITYを指定します。

```
CRETATE TABLE EMPLOYEE {
    EMP_ID IDENTITY NOT NULL PRIMARY KEY,
    ...
}
```

■ シーケンスを使用する方法

strategy属性にGenerationType.SEQUENCEを指定して、シーケンスを使用する方法を**リスト13.21**に示します。@javax.persistence.SequenceGeneratorアノテーションでジェネレータを定義し、@GeneratedValueアノテーションのgenerator属性でそのジェネレータ名を指定します。

リスト13.21　シーケンスを使用する方法

```
@Id
@SequenceGenerator(name = "EMPLOYEE_GEN", sequenceName = "EMPLOYEE_SEQ")
@GeneratedValue(strategy = GenerationType.SEQUENCE, generator = "EMPLOYEE_GEN")
@Column(name = "EMP_ID")
private Long id;
```

この方法もすべてのRDBMSでサポートされているわけではなく、RDBMSによっては使用できません。たとえばMySQLはシーケンスをサポートしていません。

シーケンスは次のように定義します。

```
CREATE SEQUENCE EMPLOYEE_SEQ INCREMENT BY 50 START WITH 1
```

　ここで50は@SequenceGeneratorアノテーションのallocationSize属性の値と一致させる必要があります。デフォルト値は50です。また1はinitialValue属性の値と一致させる必要があります。デフォルト値は1です。明示的に定義すると**リスト13.22**のようになります。

▎リスト13.22　シーケンスの設定
```
@SequenceGenerator(name = "EMPLOYEE_GEN", sequenceName = "EMPLOYEE_SEQ", allocationSize = 50,
initialValue = 1)
```

■ テーブルを使用する方法

　strategy属性にGenerationType.TABLEを指定して、テーブルを使用する方法を**リスト13.23**に示します。@javax.persistence.TableGeneratorアノテーションでジェネレータを定義し、@GeneratedValueアノテーションのgenerator属性でそのジェネレータ名を指定します。

▎リスト13.23　シーケンスを使用する方法
```
@Id
@TableGenerator(name = "EMPLOYEE_GEN", table = "ID_GEN", pkColumnName = "GEN_NAME",
    valueColumnName = "GEN_VALUE")
@GeneratedValue(strategy = GenerationType.TABLE, generator = "EMPLOYEE_GEN")
@Column(name = "EMP_ID")
private Long id;
```

　この方法はすべてのRDBMSで利用可能であり、もっともポータビリティーの高い方法と言えます。テーブルスキーマは**リスト13.24**のように定義されます（RDBMSにより異なります）。

▎リスト13.24　テーブル定義
```
CREATE TABLE ID_GEN {
    GEN_NAME VARCHAR(80) NOT NULL PRIMARY KEY,
    GEN_VALUE INTEGER
}
```

■ どの方法を使用するかを永続プロバイダに任せる方法

　どの方法を使用するかを永続プロバイダに任せる方法を**リスト13.25**に示します。永続プロバイダに任せる場合は単に@GeneratedValueアノテーションで指定するだけです。

データアクセス層

リスト13.25　テーブル定義

```
@Id
@GeneratedValue
@Column(name = "EMP_ID")
private Long id;
```

通常はデフォルトのAUTOでも問題ありませんが、RDBMSによって挙動が変わるので、複数のRDBMSに対応させるアプリを開発するのであれば、明示的に指定したほうが良いでしょう。

13-3-4　複合キーの使用

主キーに複合キーを使用したい場合は、複合キーを表すクラスに@javax.persistence.Embeddableアノテーションを付与し、エンティティクラスの一意識別子を示すために@Idの代わりに@javax.persistence.EmbeddedIdアノテーションを付与します。

例を**リスト13.26**に示します。

リスト13.26　複合キーを使用したエンティティ

```
@Entity
public class Employee implements Serializable {
    @EmbeddedId
    private EmployeeId id;
    // ...
}

@Embeddable
public class EmployeeId implements Serializable {
    private String firstName;
    private String lastName;
    // ...
}
```

@Embeddableを付けたクラスに@Idアノテーションは不要です。この場合は、Employeeテーブルの複合主キーであるFIRSTNAMEカラムとLASTNAMEカラムがEmployeeIdクラスにマッピングされます。

主キーに複合キーを指定するには**リスト13.27**のように@javax.persistence.IdClassアノテーションを使う方法もあります。

リスト13.27　@IdClassの使用例

```java
@Entity
@IdClass(EmployeeId.class)
public class Employee implements Serializable {
    @Id
    private String firstName;
    @Id
    private String lastName;
    // ...
}

// @Embeddableアノテーションは不要
public class EmployeeId implements Serializable {
    private String firstName;
    private String lastName;
    // ...
}
```

　サードパーティライブラリのクラスなど、複合キークラスにアノテーションをつけられない場合は、こちらを使用することになります。

13-3-5　埋め込みクラスの利用

　@Embeddable付きクラスは埋め込みクラスとして一意性識別子以外の永続化属性にも利用可能です。**リスト13.28**のように@Embeddedアノテーションを使用します。

リスト13.28　@Embeddedの使用例

```java
@Entity
public class Employee implements Serializable {
    @Id
    private Integer id;
    @Embedded
    private Name name;
    // ...
}

@Embeddable
public class Name implements Serializable {
    private String firstName;
    private String lastName;
    // ...
}
```

この手法はデータベースのドメイン型に対するクラス（ここでいうName）を作り、制約などを共通化する場合などに便利です。この場合、Employeeに対応するテーブルにはnameフィールドではなく、firstName, lastNameフィールドに対応するカラムが必要です。

エンティティとテーブルのマッピングを図13.24に示します。

図13.24　EmployeeエンティティとEMPLOYEEテーブルのマッピング

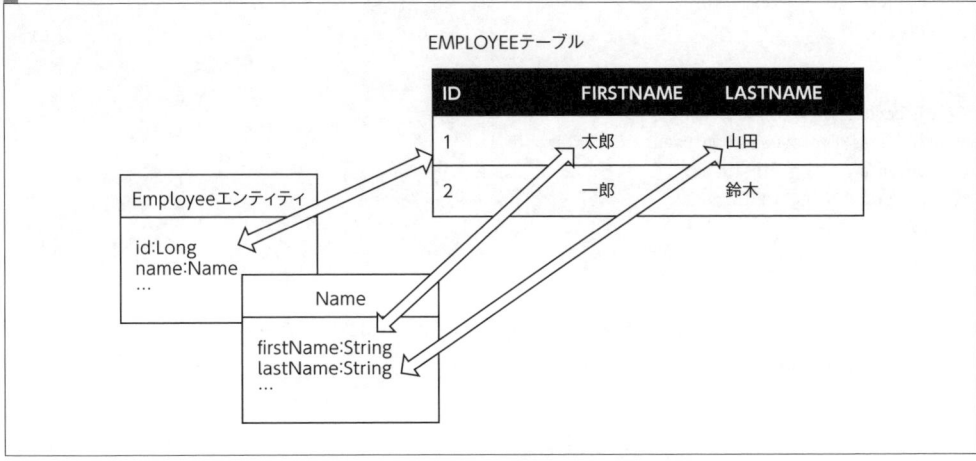

ではリスト13.29の場合はどうでしょう。

リスト13.29　@Embeddedのフィールドに対応するカラムが重複する場合

```java
@Entity
public class Employee implements Serializable {
    @Id
    private Integer id;
    @Embedded
    private Name firstName;
    @Embedded
    private Name lastName;
    // ...
}

@Embeddable
public class Name implements Serializable {
    private String value;
    // ...
}
```

この場合、valueフィールドに対応するカラムが重複してしまうため、エラーが発生します。そこで@javax.persistence.AttributeOverrideアノテーションを使うことで、@Embeddableなクラスのフィールドにマッピングするカラム名を指定できます。

リスト13.30ではfirstNameフィールドに対応するNameオブジェクトはfirst_nameカラムに、lastNameフィールドに対応するNameオブジェクトはlast_nameフィールドにマッピングされます。

リスト13.30　@AttributeOverrideの使用例

```
@Entity
public class Employee implements Serializable {
    @Id
    private Integer id;
    @Embedded
    @AttributeOverride(column = @Column(name = "first_name"), name = "value")
    private Name firstName;
    @Embedded
    @AttributeOverride(column = @Column(name = "last_name"), name = "value")
    private Name lastName;
    // ...
}

@Embeddable
public class Name implements Serializable {
    private String value;
    // ...
}
```

この場合のエンティティとテーブルのマッピングを図13.25に示します。

図13.25　EmployeeエンティティとEMPLOYEEテーブルのマッピング

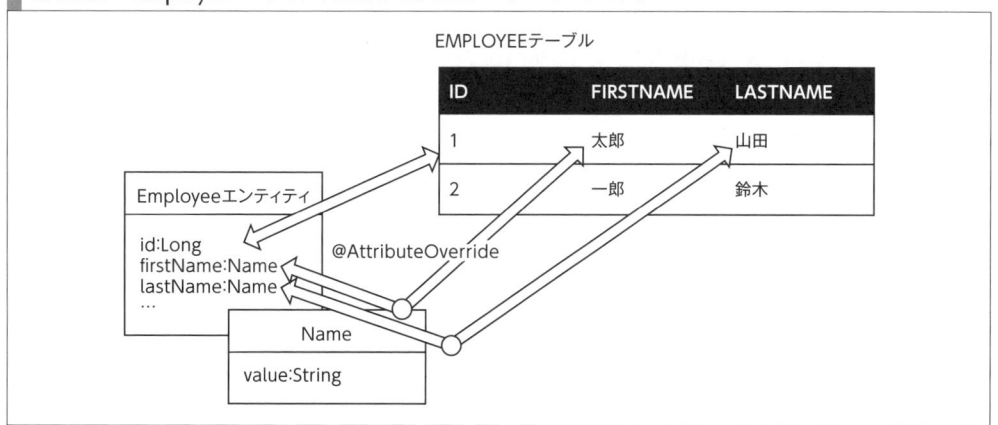

データアクセス層

@Embeddableなクラスの永続化属性が複数ある場合は、@javax.persistence.AttributeOverridesアノテーションを使って複数定義できます（**リスト13.31**）。

リスト13.31　@AttributeOverrideの使用例

```
@Entity
public class Employee implements Serializable {
    @Id
    private Integer id;
    @Embedded
    @AttributeOverrides({
        @AttributeOverride(column = @Column(name = "first_nm"), name = "firstName"),
        @AttributeOverride(column = @Column(name = "last_nm"), name = "lastName")
    })
    private Name name;
    // ...
}

@Embeddable
public class Name implements Serializable {
    private String firstName;
    private String lastName;
    // ...
}
```

13-3-6　日時を扱う属性の定義

java.util.Date、java.util.Calendar型の永続化属性には時制を指定する必要があります。時制は@javax.persistence.Temporalアノテーションで指定できます。指定可能な値は**表13.4**のとおりです。

表13.4　@Temporalアノテーションで指定可能な値

値	説明
TemporalType.DATE	日付のみを扱うことを指定する（java.sql.Dateに対応）
TemporalType.TIME	時刻のみを扱うことを指定する（java.sql.Timeに対応）
TemporalType.TIMESTAMP	日付と時刻を扱うことを指定する（java.sql.Timestampに対応）

リスト13.32　@Temporalの使用例

```
@Entity
public class Employee implements Serializable {
    // ...
    @Column(name = "HIRE_DATE")
    @Temporal(TemporalType.DATE)
    private Date hireDate;
}
```

「2014-01-12 13:47:15」というデータを、エンティティからデータベースへ値を格納する、またはデータベースからエンティティにマッピングする場合を考えましょう。

日付部分の「2014-01-12」だけが必要である場合はTemporalType.DATEを使用します。時刻部分の「13:47:15」だけが必要な場合はTemporalType.TIMEを使用します。両方必要な場合はTemporalType.TIMESTAMPを使用します。

なお、java.sql.Date、java.sql.Time、java.sql.Timestamp型を直接使うこともできます。この場合は@Temporalアノテーションは不要です。

13-3-7 精度を持つ数値属性の定義

BigDecimal型のフィールドには精度を指定できます（**リスト13.33**）。

リスト13.33 精度の指定例

```
@Entity
public class Employee implements Serializable {
    // ...
    @Column(precision = 8, scale = 2)
    private BigDecimal salary;
    // ...
}
```

リスト13.33のように、全体の有効桁数の値をprecision属性で、小数点記号の右側の合計桁をscale属性で指定できます。RDBMS製品によって異なりますが、上記の例だとテーブル定義ではDECIMAL(8, 2)が使用されます。

フィールドの型をdouble, floatにした場合は、テーブル定義ではそれぞれDOUBLE(8, 2)、FLOAT(8, 2)が使用されます。しかし、double、floatは浮動小数で原理的に10進数で正確な数値を表現できません。計算で誤差を出したくない場合はBigDecimalを使用してください。

13-3-8 ラージオブジェクトの利用

特定の永続化属性をデータベースにラージオブジェクトとして扱わせる場合には**リスト13.34**のように@javax.persistence.Lobアノテーションを付与します。

リスト13.34 @Lobの使用例

```
@Lob
@Column(name="REPORT")
private String report;
```

@Lobアノテーションを付与する永続化属性の型がStringまたはCharacter(配列含む)の場合はCLOB、それ以外の場合はBLOBが使用されます。

データベースからラージオブジェクトを読み込むのは一般的にコストが高いです。添付ファイルなど、特定のシーンのみでしか利用されない場合は、遅延ロード(初めて対象の永続化属性にアクセスした際に読み込む)を使用して、パフォーマンスの劣化を防ぐと良いでしょう。

特定の永続化属性を遅延ロードさせる場合は**リスト13.35**のように@javax.persistence.Basicアノテーションのfetch属性にjavax.persistence.FetchType#LAZYを指定します。

リスト13.35　ラージオブジェクトの遅延ロード

```
@Lob
@Basic(fetch = FetchType.LAZY)
@Column(name = "EMP_PIC")
private byte[] picture;
```

13-3-9　列挙型の利用

@javax.persistence.Enumeratedアノテーションを付与することで、永続化属性の型に列挙型を使用することもできます。

列挙型を使用した場合、データベース上ではデフォルトで、Enum#ordinal()の値がカラムの値として使用されます。@Enumeratedアノテーションのvalue属性にEnumType.STRINGを指定することでEnum#name()の値を使用することもできます。

リスト13.36に列挙型をエンティティのフィールド型に使用する例を挙げます。

リスト13.36　@Enumeratedの使用例

```
public enum CreditCardType {
    VISA,
    MASTER_CARD,
    AMERICAN_EXPRESS
}

@Entity
@Table(name = "CREDITT_CARD")
public class CreditCard {
    @Id
    private String number;
    @Enumerated(EnumType.ORDINAL) // 明示的に書かなくて良い
    private CreditCardType type;
    // ...
}
```

この場合はtypeカラムに0,1,2という値が格納されます。
　リスト13.37の場合はtypeカラムに"VISA","MASTER_CARD","AMERICA_EXPRESS"という値が格納されます。EnumのメンテナンスをえるとEnumType.ORDINALは使わないほうが良いでしょう。
　もしデータベース上に保存する値を何らかのコード値に変換したい場合は、後述のAttributeConverterを使うのが良いでしょう。

リスト13.37　EnumType.STRINGの使用例

```
@Entity
@Table(name = "CREDITT_CARD")
public class CreditCard implements Serializable {
    @Id
    private String number;
    @Enumerated(EnumType.STRING)
    private CreditCardType type;
    // ...
}
```

13-3-10　永続化対象外のフィールド

　エンティティクラスに定義したフィールドやプロパティは自動で永続化属性になります[注4]。
　すなわち、テーブル上には対応したカラムが存在することになります。しかし、必ずしもすべてのフィールドをカラム上に対応付けさせたくない場合（たとえば一時記憶領域としてフィールドを使用する場合や、ビジネスロジックのみ行うget/isから始まるメソッドを定義する場合）、**リスト13.38**のように@javax.persistence.Transientアノテーションを付与することで、永続化対象外にできます。

リスト13.38　@Transientの使用例

```
@Transient
private int xyz;

@Transient
public long getSubtotal() {
    long subtotal = 0L;
    // calculation
    return subtotal;
}
```

[注4] aaaフィールドがなくてもgetAaaメソッドを定義した場合は"aaa"が永続化属性とみなされます。

13-3-11 インデックスの定義

JPA 2.1からはエンティティにインデックスを定義できるようになりました。以下のように@Tableアノテーションのindexes属性に@javax.persistence.Indexアノテーションを使ってインデックスを複数定義できます。

リスト13.39のように@IndexアノテーションのcolumnList属性にインデックス対象のカラム名を指定します。

リスト13.39　インデックスの定義例

```
@Table(indexes = {@Index(columnList = "NAME"), @Index(columnList = "...")})
@Entity
public class Employee implements Serializable {
    // ...
}
```

デフォルトではインデックス名は永続プロバイダーが自動で生成しますが、リスト13.40のようにname属性でインデックス名を明示することもできます。

リスト13.40　インデックス名の指定

```
@Table(indexes = {@Index(name = "NAME_IDX", columnList = "NAME")})
```

また、リスト13.41のようにカラム名の後ろにASCまたはDESCをつけることで、インデックスの昇順・降順を指定することもできます。

リスト13.41　インデックスの昇順・降順の指定

```
@Table(indexes = {@Index(columnList = "NAME DESC")})
```

複合インデックスを作成したい場合はリスト13.42のようにカンマ区切りで指定します。

リスト13.42　複合インデックスの作成

```
@Table(indexes = {@Index(columnList = "FIRST_NAME, LAST_NAME")})
```

リスト13.43のように@Indexではunique属性でユニークインデックスの設定も可能です。デフォルトはfalseです。

リスト13.43　ユニークインデックスの指定

```
@Table(indexes = {@Index(columnList = "FIRST_NAME, LAST_NAME", unique = true)})
```

@Indexアノテーションを使うことで、JPAが自動で生成する主キーや外部キーの定義を上書きできます。エンティティにインデックスを定義できるようになったことで、よりエンティティからスキーマを定義しやすくなりました。

ただし、2.1時点ではエンティティで関数インデックスを定義することはできません。

13-4　EntityManagerの利用

いよいよ、JPAの中心要素であるEntityManagerの利用方法について説明します。

13-4-1　EntityManagerの生成

冒頭に述べたとおり、EntityManagerはEntityManagerFactoryから生成できます。

しかし、Java EEサーバーでJPAを使用する場合、コンテナがEntityManagerを注入してくれるので、EntityManagerFactoryを使用する必要はありません。

CDI管理BeanやEJBでは**リスト13.44**のように使用します。

リスト13.44　CDI管理BeanやEJBでのEntityManagerの使用

```java
// CDI管理Beanの場合
@ApplicationScoped
public class EmployeeService {
    @PersistenceContext
    EntityManager entityManager;

    // ...
}

// EJB(ステートレスセッションBean)の場合
@Stateless
public class EmployeeService {
    @PersistenceContext
    EntityManager entityManager;

    // ...
}
```

リスト13.45のように永続性ユニットを明示することもできます。persistence.xmlに複数の永続性ユニットを定義した場合は、使用する永続性ユニット名を指定してください。

リスト13.45　永続性ユニット名の指定
```
@PersistenceContext(unitName = "persistenceUnit")
EntityManager entityManager;
```

なお、Java SE環境では前述のとおり、**リスト13.46**のようにEntityManagerFactory経由でEntityManagerを取得します。

リスト13.46　Java SEでEntityManagerの取得
```
EntityManagerFactory emf = Persistence.createEntityManagerFactory("persistenceUnit");
EntityManager entityManager = emf.createEntityManager();
```

createEntityManagerFactoryメソッドの引数に使用する永続性ユニット名を指定してください。

13-4-2　エンティティの状態とライフサイクル

EntityManagerによるエンティティの操作を理解するためには、エンティティのライフサイクルの理解が不可欠です。**図13.26**を用いて、EntityManagerのAPI及び、エンティティのライフサイクルを説明します。**図13.26**はJPAの中でもっとも重要なポイントの1つですので必ず理解してください。

図13.26　エンティティのライフサイクル

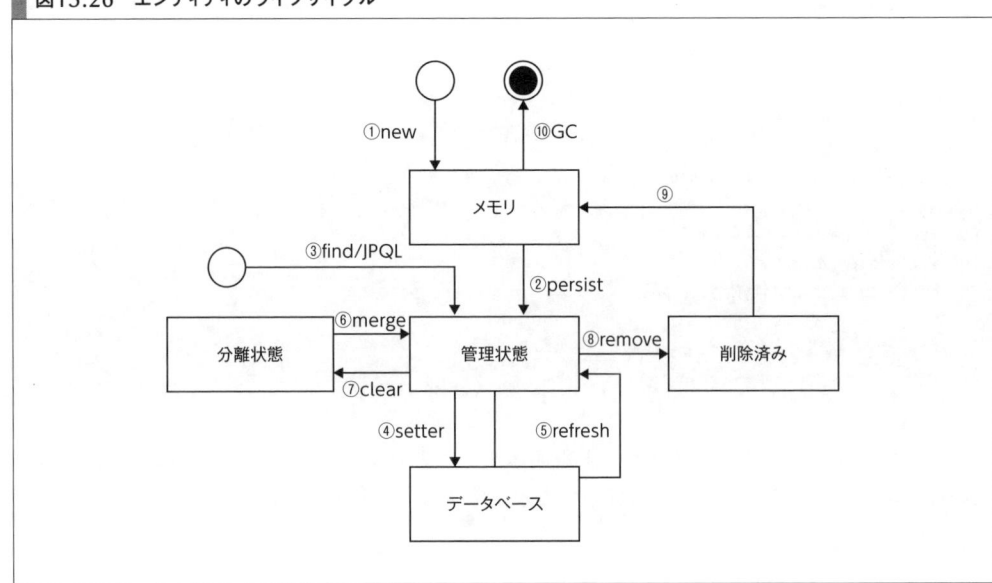

エンティティの状態には大きく分けて、新規状態、管理状態、分離状態、削除済み状態の4つの状態があります（**表13.5**）。

表13.5 エンティティの状態

状態	内容
新規状態	IDが振られておらず、まだ永続コンテキストに紐付いていない状態。JVMのメモリ上にのみ存在する状態
管理状態	IDが振られており、永続コンテキストに紐付いている状態。この状態になるとエンティティをDBに反映するために、状態の変更がトラッキングされる
分離状態	IDが振られているが、永続コンテキストに紐付いていない状態（または永続コンテキストから外れた状態）
削除済み状態	IDが振られており、永続コンテキストに紐付いているが、（次のDBへのコミットで）DBから削除される状態

13-4-3 新規状態のエンティティ

図13.26①に相当する処理です。エンティティのインスタンスをコンストラクタ（new）で生成します。

この時点ではJPAとは関係なく、エンティティはJVMのメモリ上に存在します。エンティティの任意のメソッドを実行してもかまいません（**リスト13.47**）。

リスト13.47 新規状態のエンティティ

```
Employee employee = new Employee();
employee.setName("木村三郎");
```

13-4-4 管理状態のエンティティ

図13.26①の状態のエンティティを管理状態へ遷移させるために、EntityManager.persistメソッドを使用します（**リスト13.48**）。

リスト13.48 管理状態へ遷移

```
entityManager.persist(employee);
```

persistメソッドを実行した直後にINSERTのSQLが呼ばれるかどうかは保証されていません。トランザクションがコミットされるタイミングでエンティティの状態がDBへ反映されます。

このタイミングでは以下のようなSQLが自動で実行されます。

```
INSERT INTO EMPLOYEE (NAME) VALUES ('木村三郎');
```

またコミット前に明示的にDBへ状態を反映させるにはEntityManager.flushメソッドを実行します（**リスト13.49**）。これらが**図13.26**③に当たる処理です。このタイミングでエンティティは永続コンテキストに紐付きます。

また、主キーに@GeneratedValueアノテーションが付与されている場合はIDが自動で採番され、フィールドに設定されます。この場合はpersistメソッドを呼ぶ前に設定した主キーフィールドは無視されます。

リスト13.49　flushメソッドの使用

```
entityManager.flush();
```

実はflushメソッドを実行するにはトランザクションが開始されている必要があります。トランザクションが開始されていない状態でflushメソッドを実行した場合、javax.persistence.TransactionRequiredExceptionがスローされます。

Java EE環境ではEJBやCDI(+@Transactional)で管理されているクラスのメソッドが呼ばれたタイミングでトランザクションが開始され、メソッドが正常終了した際にトランザクションがコミットされます。そのため、これらのメソッド内ではentityManagerを使ってエンティティを操作するだけで、エンティティの状態は自動的にDBへ反映されます。

Java SE環境ではEntityManager.getTransactionでEntityTransactionオブジェクトを取得し、begin/commitメソッドを実行してトランザクション管理を行う必要があります。EntityTransactionはrollbackメソッドでロールバックできます。主処理が終わっても、トランザクションがコミットされていなければロールバックしてください。トランザクションが完了しているかどうかはisActiveメソッドで確認できます、

Java SE環境における、ここまでの内容をまとめると**リスト13.50**のようなコードになります。

リスト13.50　Java SEでのコード例

```
EntityManagerFactory emf = Persistence.createEntityManagerFactory("persistenceUnit");
EntityManager entityManager = emf.createEntityManager();
EntityTransaction tx = entityManager.getTransaction();
tx.begin();
try {
    Employee employee = new Employee();
    employee.setName("木村三郎");
    entityManager.persist(employee);
    entityManager.flush(); // 明示的にDBへ反映したい場合のみ実行する。ここでは必須ではない。
    tx.commit();
} catch (RuntimeException e) {
    if (tx.isActive) {
        tx.rollback();
    }
```

```
    throw e;
}
```

　この場合はcommitメソッドでDBに反映されるため、flushメソッドは不要です。persistとcommitの間に処理を行う場合で、その処理中にエンティティのIDを使用する必要がある場合にflushメソッドを使用します。
　管理状態下にあるエンティティは、状態の変更（**リスト13.51**）が監視されており、flush/commitつまり図13.26③の遷移でDBへ反映されます。
　つまりUPDATEのSQLが実行されます。

リスト13.51　管理状態エンティティの状態変更
```
// employeeは管理状態
employee.setName("山田☆太郎");
// この後、flushやトランザクションのコミットでUPDATEのSQLが実行される
```

　このflushまたはコミットのタイミングでは次のようなSQLが実行されます。

```
-- employeeIdが1の場合
UPDATE EMPLOYEE SET NAME = '山田☆太郎' WHERE ID = 1
```

　エンティティへの変更がDBに反映されるのが管理状態です。EntityManagerにUPDATEのSQLを発行させるためのAPIがあるわけではない点に注意してください。
　先の例では属性が1つしかないので、セッターで変更した属性のみUPDATEされているように見えますが、デフォルトではJPAがエンティティをDBに反映するINSERT文やUPDATE文の項目にはエンティティのすべての永続化属性が含まれます。特定の属性をINSERT文やUPDATE文から除きたい場合は、その@Columnのinsertable属性、updatable属性をfalseにしてください。**リスト13.52**に例を示します。
　たとえばDBから取得した後はリードオンリーになる属性にはinsertable=falseとupdatable=falseを、新規作成時にのみ設定する属性にはupdatable=fasleを設定するのが安全かつ、出力されるSQLから無駄が減ります。

リスト13.52　updatable属性の指定
```
// 新規作成時刻は初回に設定した後、変更しない
@Column(updatable = false)
private Timestamp createdAt;
```

主キー検索／クエリ検索による管理状態

persistメソッド以外にも、EntityManager経由でエンティティを検索した場合、その検索結果のエンティティは管理状態になります。

検索には主キー検索とクエリによる検索があります。これは図13.26④に相当する遷移です。

主キー検索にはEntityManager.findメソッドを用います。第1引数に対象のエンティティクラス、第2引数に対象のエンティティの主キーを指定します（**リスト13.53**）。

リスト13.53 findメソッドの使用

```
Long employeeId = 1L; // 従業員情報の主キー
Employee employee = entityManager.find(Employee.class, employeeId);
```

このタイミングでは次のようなSQLが実行されます。

```
SELECT ID, NAME FROM EMPLOYEE WHERE ID = 1
```

主キーに対応するデータが存在しない場合、nullが返ります。getReferenceを使用すると、getReferenceが存在しない場合にはjavax.persistence.EntityNotFoundExceptionが発生します（**リスト13.54**）。

リスト13.54 getReferenceメソッドの使用

```
Long employeeId = 1L; // 従業員情報の主キー
Employee employee = entityManager.getReference(Employee.class, employeeId);

entityManager.getReference(999999L, employeeId); // 存在しない従業員 -> EntityNotFoundException
```

ただし、JPAの仕様でgetReferenceの結果は遅延評価が認められており、EntityNotFoundExceptionの発生は永続プロバイダの実装によって異なります（EclipseLink 2.6.0ではgetReferenceを実行したタイミングでEntityNotFoundExceptionが発生しますが、Hibernate 4.3.8.FinalではgetReferenceした結果に初めてアクセスした際にEntityNotFoundExceptionが発生します）。

主キー以外のフィールドで検索したい場合は、クエリを使用します。クエリには次の3種類がありますが、ここではJPQLの例を示します。また、JPQLの詳細に関しては後述します。

- JPQL (Java Persistence Query Language)
- Criteria Query
- Native Query (= SQL)

JPQLはEntityを操作するための言語です。EntityManager.createQueryメソッドの第1引数に記述できます。第2引数にはエンティティクラスを指定します。また、setParameterでクエリにバインドする引数を名前付きで指定できます。

これらのメソッドはTypedQueryインスタンス自身を返すため、メソッドチェーンで記述できます。

クエリによる検索結果を1件取得する場合は、getSingleResultメソッドを使用します（**リスト13.55**）。

リスト13.55　JPQLの例

```
TypedQuery<Employee> q = entityManager
        .createQuery("SELECT x FROM Employee x WHERE x.name = :name", Employee.class)
        .setParameter("name", "鈴木一朗");
Employee employee = q.getSingleResult();
```

このタイミングでは次のようなSQLが実行されます。

```
SELECT ID, NAME FROM EMPLOYEE WHERE NAME = '鈴木一朗'
```

結果を1件も取得できない場合は、javax.persistence.NoResultExceptionがスローされます。クエリによる検索結果をリストで取得する場合は、getResultListメソッドを使用します（**リスト13.56**）。

リスト13.56　getResultListの使用

```
TypedQuery<Employee> q = entityManager
        .createQuery("SELECT x FROM Employee x ORDER BY x.name ASC", Employee.class);
List<Employee> employees = q.getResultList();
```

このタイミングでは次のようなSQLが実行されます。

```
SELECT ID, NAME FROM EMPLOYEE ORDER BY NAME ASC
```

こちらの場合、結果を1件も取得できない場合は空のリストが返ります。クエリを構築する際には、**リスト13.57**のようにページング用のパラメーターを加えることもできます。

データアクセス層

リスト13.57　ページングパラメーターの指定
```
TypedQuery<Employee> q = entityManager
        .createQuery("SELECT x FROM Employee x ORDER BY x.name ASC", Employee.class)
        .setFirstResult(1) // 結果の先頭位置(オフセット)
        .setMaxResults(2); // 先頭位置からの取得件数
List<Employee> employees = q.getResultList();
```

このクエリによって実際に発行されるSQLはRDBMSによって異なりますが、たとえばMySQLの場合はSQLの末尾に"LIMIT 2 OFFSET 1"が付与されます。

なお、クエリを実行する前に、EntityManagerは一旦エンティティの変更をDBに反映します。つまり③の遷移も行われることに注視してください。

■ DBの変更を管理状態エンティティに反映

エンティティを取得した後に、別のプロセスによりDBの状態が変わってしまった場合など、DBの変更を管理状態のエンティティに反映させるにはEntityManager.refreshメソッドを呼び出します（**リスト13.58**）。

これは図13.26⑤に相当する遷移です。

リスト13.58　refreshメソッドの使用
```
Employee employee = entityManager.find(Employee.class, 2L);
entityManager.refresh(employee);
```

refreshメソッドを呼ぶとSELECTのSQLが発行され、その結果がエンティティに反映されます。ただし、refreshする対象のエンティティは管理状態である必要があります。管理状態以外の状態でrefreshメソッドを実行するとIllegalArgumentExceptionがスローされます。

13-4-5　分離状態のエンティティ

DB上には存在するがJVMのメモリ上にしか存在せず、管理状態になっていない（永続コンテキストに紐付いていない）エンティティの状態を分離状態と言います。

エンティティをEntityManager.persistを実施して管理状態に遷移させた後、トランザクションがコミットされて処理がトランザクション境界から抜けるとそのエンティティは分離状態になります。DB上に存在するエンティティをnewで生成して、IDを直接設定した場合も分離状態に相当します。

このようなエンティティを管理状態に遷移する場合、EntityManager.mergeメソッドを呼び出します（**リスト13.59**）。これは図13.26⑥に相当する遷移です。

リスト13.59　mergeメソッドの使用

```
Employee employee = new Employee();
employee.setId(1L); // 永続コンテキストにいないエンティティ(DB上には存在する)
employee.setName("山田☆太郎");
Employee managed = entityManager.merge(employee); // 管理状態に遷移したエンティティを返す
```

管理状態に遷移した後の挙動は、既に説明したとおりです。

Webアプリケーションで既存のエンティティを更新したい場合は、HTTPリクエストの情報からエンティティを生成し、DBへ反映させるためにmergeメソッドを実行することが多いです。

mergeメソッドの返り値は、引数に渡された分離状態のエンティティのコピーが管理状態になったものです。したがって、mergeメソッドを実行した後にエンティティを更新してDBに反映させたい場合は、返り値のエンティティを変更する必要があります。**リスト13.60**の使い方は正しくなく、**リスト13.61**が正しいです。

リスト13.60　mergeメソッドの誤った使用例

```
Employee employee = new Employee();
employee.setId(1L);                  // 永続コンテキストにいないエンティティ
entityManager.merge(employee);       // 管理状態に遷移したエンティティを返す
employee.setName("山田☆太郎");      // NG: これはDBに反映されない
```

リスト13.61　mergeメソッドの正しい使用例

```
Employee employee = new Employee();
employee.setId(1L);                                         // 永続コンテキストにいないエンティティ
Employee managed = entityManager.merge(employee);           // 管理状態に遷移したエンティティを返す
managed.setName("山田☆太郎");                              // OK: これはDBに反映される
```

mergeしたエンティティがDB上に存在しない場合は、persistメソッド同様にエンティティが新規作成されます。ただし、引数のエンティティが新規作成されたエンティティにコピーされる点がpersistメソッドとは異なります。

逆に、管理状態から分離状態に遷移させたい場合は、EntityManager.detachメソッドを呼び出します（**リスト13.62**）。

リスト13.62　detachメソッドの使用

```
Employee employee = entityManager.find(Employee.class, 1L);
// ...
entityManager.detach(employee);
```

管理状態のエンティティすべてを分離状態にしたい場合は、EntityManager.clearメソッドを使用します（**リスト13.63**）。

リスト13.63　clearメソッドの使用

```
entityManager.clear();
```

これらは図13.26⑦に相当する遷移です。

JPAを使ったアプリケーションのポータビリティを高めるためには、⑦の遷移を行う前に、flushメソッドを実行しておくのが良いです。JPAの実装によっては思わぬ箇所でDBとの同期が行われる可能性があるため、detachなどで永続コンテキストから離れる前に、エンティティの状態をDBに反映させましょう。

13-4-6　削除済みのエンティティ

管理状態のエンティティに対して、EntityManager.removeメソッドを実行すると、そのエンティティは削除済み状態に遷移します（**リスト13.64**）。**図13.26**⑧に相当します。

リスト13.64　removeメソッドの使用

```
Employee employee = entityManager.find(Employee.class, 1L);
entityManager.remove(employee);
```

トランザクションのコミット時やflushメソッド実行時などDBとの同期のタイミングで削除済み状態のエンティティに対応するDELETEのSQL文が発行されます。

DBから削除されたエンティティはJVM上に存在するただのインスタンスとなり（**図13.26**⑨の遷移）、ゆくゆくはGCされます（**図13.26**⑩の遷移）。

このタイミングで次ようなSQLが実行されます。

```
DELETE FROM EMPLOYEE WHERE ID = 1
```

なお、新規状態のエンティティに対してremoveメソッドを実行しても無視されます。また、分離状態のエンティティに対してremoveメソッドを実行した場合は、IllegalArgumentExceptionがスローされます。

13-5 永続性ユニットの設定

永続性ユニット、すなわちpersistence.xmlの設定について説明します。
リスト13.65の例を用いて説明します。

リスト13.65　persistence.xmlの設定例

```xml
<?xml version="1.0" encoding="UTF-8"?>
<persistence version="2.1" xmlns="http://xmlns.jcp.org/xml/ns/persistence" xmlns:xsi="http://
www.w3.org/2001/XMLSchema-instance" xsi:schemaLocation="http://xmlns.jcp.org/xml/ns/persistence
http://xmlns.jcp.org/xml/ns/persistence/persistence_2_1.xsd">
    <!-- name属性に永続性ユニット名（必須）とトランザクションの種類（オプション）を設定 -->
    <persistence-unit name="persistenceUnit" transaction-type="JTA">
        <!-- トランザクションがJTAの場合、データソースのJNDI名を指定 -->
        <jta-data-source>jdbc/hello-jpa</jta-data-source>
        <!-- 読み込むEntityの列挙。exclude-unlisted-classesがfalseの場合は、@Entityのついたクラス
        を読み込む -->
        <exclude-unlisted-classes>false</exclude-unlisted-classes>
        <properties>
            <!-- プロパティの設定 -->
        </properties>
    </persistence-unit>
</persistence>
```

　<persistence-unit>タグのtransaction-type属性には"JTA"か"RESOURCE_LOCAL"を指定します。JTAの場合はJava Transaction APIを使用し、RESOURCE_LOCALの場合はjavax.persistence.EntityTransactionを使用してトランザクションを管理します。指定しない場合、Java EE環境ではJTA、Java SE環境ではRESOURCE_LOCALが使用されます。

　<jta-data-source>タグにはJava EEコンテナで管理されているデータソースのJNDI名を設定します。省略した場合はJava EEサーバーデフォルトのデータソースが使用されます。デフォルトのデータソースはJava EEの仕様でjava:comp/DefaultDataSourceでアクセスできます。したがって省略した場合は**リスト13.66**の設定と同義です。

リスト13.66　<jta-data-source>の明示的指定

```xml
<jta-data-source>java:comp/DefaultDataSource</jta-data-source>
```

　なお、GlassFish 4の場合のデフォルトデータソースのJNDI名はjdbc/__defaultです。当然、<jta-data-source>タグはRESOURCE_LOCALの場合には不要です。

　Java EEコンテナで管理されているデータソースには接続情報も含まれているので、JNDI名を指定すれば、データベース接続のためのその他の設定は不要です。

データアクセス層

読み込むエンティティを明示的に指定する場合は、**リスト13.67**のように<exclude-unlisted-classes>タグをtrueにし、<class>タグでエンティティのFQCNを設定します。

リスト13.67 読み込むエンティティの明示的指定

```
<class>com.example.entity.Employee</class>
<class>com.example.entity.Department</class>
<class>com.example.entity.Address</class>
<exclude-unlisted-classes>true</exclude-unlisted-classes>
```

<exclude-unlisted-classes>の値はデフォルトでtrueなので省略してもかまいません。

なお、JPAの仕様には「The exclude-unlisted-classes element is not intended for use in Java SE environments.」と記載されており、この設定はJava EE向けであり、Java SEで使われることは想定されていません。

<properties>内に<property>タグでデータベースに関する設定、JPAの挙動に関する設定を行います(**リスト13.68**)。

リスト13.68 プロパティの指定

```
<properties>
    <property name="プロパティ名" value="プロパティ値" />
    <!-- ... -->
</properties>
```

プロパティ名がjavax.persistenceから始まるものは標準プロパティで、どの永続プロバイダーでも利用可能です。その他プロバイダーごとに固有(非標準)のプロパティも用意されています。

transaction-type属性がRESOURCE_LOCALの場合は以下のプロパティを設定して、接続先を指定します。

- javax.persistence.jdbc.driver   … JDBCドライバのFQCN
- javax.persistence.jdbc.url   … データベースのURL
- javax.persistence.jdbc.user   … データベースのユーザー名
- javax.persistence.jdbc.password … データベースのパスワード

非標準ですが、開発中に便利なSQLログ出力設定もここで行います。
EclipseLinkの場合は以下のプロパティを使用します。

- eclipselink.logging.level.sql   … SQLログのログレベル
- eclipselink.logging.parameters … SQLのバインドパラメータ出力有無

Hibernateの場合は以下のプロパティを使用します。

- hibernate.show_sql   …   SQLログの出力有無
- hibernate.format_sql …   SQLログのフォーマット有無

データベースのスキーマ生成に関する設定もプロパティで指定できます。これは後に説明します。ここまでのおさらいとして、Java SE環境で使用するpersistence.xmlの例を**リスト13.69**に示します。

リスト13.69　persistence.xmlの設定例

```xml
<?xml version="1.0" encoding="UTF-8"?>
<persistence xmlns="http://xmlns.jcp.org/xml/ns/persistence"
             xmlns:xsi="http://www.w3.org/2001/XMLSchema-instance"
             xsi:schemaLocation="http://xmlns.jcp.org/xml/ns/persistence
                                 http://xmlns.jcp.org/xml/ns/persistence/persistence_2_1.xsd"
             version="2.1">
    <persistence-unit name="persistenceUnit" transaction-type="RESOURCE_LOCAL">
        <class>com.example.entity.Employee</class>
        <class>com.example.entity.Department</class>
        <class>com.example.entity.Address</class>
        <properties>
            <!-- H2 Databaseを使用する場合 -->
            <property name="javax.persistence.jdbc.url"
                      value="jdbc:h2:mem:message;DB_CLOSE_DELAY=-1"/>
            <property name="javax.persistence.jdbc.user" value="sa"/>
            <property name="javax.persistence.jdbc.password" value=""/>
            <!-- データベースのスキーマ生成(後述) -->
            <property name="javax.persistence.schema-generation.database.action"
                      value="drop-and-create"/>
            <!-- 初期データの投入(後述) -->
            <property name="javax.persistence.sql-load-script-source" value="data.sql"/>

            <!-- EclipseLinkの場合 -->
            <property name="eclipselink.logging.level.sql" value="FINE"/>
            <property name="eclipselink.logging.parameters" value="true"/>
            <!-- Hibernateの場合 -->
            <property name="hibernate.show_sql" value="true"/>
            <property name="hibernate.format_sql" value="true"/>
        </properties>
    </persistence-unit>
    <!--<persistence-unit name="foo">-->
        <!-- -->
    <!--</persistence-unit>-->
</persistence>
```

13-6 コールバック

既にエンティティのライフサイクルについては見てきました。JPAでは、このライフサイクルの切り替わりのタイミングでコールバックを設定できます。

コールバックは以下のいずれかで実現可能です。

- エンティティのコールバックメソッドにアノテーションを付与する
- エンティティリスナーを作成する

13-6-1 コールバック用アノテーション

エンティティのコールバックメソッドにつけるアノテーションは**表13.6**のとおりです。

表13.6 エンティティのコールバック用アノテーション一覧

アノテーション	説明
@PostLoad	EntityManage.find/mergeメソッドやクエリ実行でエンティティが読み込まれた後に実行される
@PrePersist	EntityManage.persistメソッドの実行前に実行される
@PostPersist	データベースにエンティティが作成された後に実行される
@PreUpdate	データベースへエンティティの更新が行われる前に実行される
@PostUpdate	データベースへエンティティの更新が行われた後に実行される
@PreRemove	EntityManage.removeメソッドの実行前に実行される
@PostRemove	データベースからエンティティが削除された後に実行される

これらを前述のライフサイクルの図に当てはめると**図13.27**のようになります。

図13.27 ライフサイクル中のコールバックタイミング

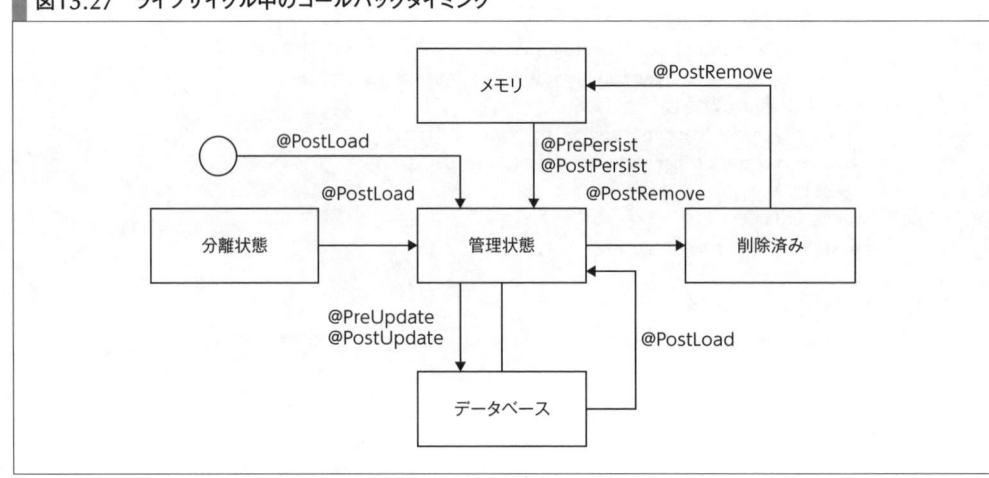

@PostPersist、@PreUpdate、@PostUpdate、@PostRemoveは実際にデータベースアクセスが行われるタイミングで実行されるため、EntityManager.flushやトランザクションのコミットが実施されるまでコールバックが呼ばれないことに注意してください。

リスト13.70に例を示します。

リスト13.70　コールバックの実装例

```
@Entity
public class Employee implements Serializable {
    private static final Logger log = Logger.getLogger(Employee.class.getName());
    // ...
    @PrePersist
    public void prePersist() {
        log.info(() -> this + "が永続化されます");
    }
    @PostPersist
    public void postPersist() {
        log.info(() -> this + "が永続化されました");
    }
    @PreUpdate
    public void preUpdate() {
        log.info(() -> this + "が更新されます");
    }
    @PostUpdate
    public void postUpdate() {
        log.info(() -> this + "が更新されました");
    }
    @PreRemove
    public void preRemove() {
        log.info(() -> this + "が削除されます");
    }
    @PostRemove
    public void postRemove() {
        log.info(() -> this + "が削除されました");
    }
    @PostLoad
    public void postLoad() {
        log.info(() -> this + "がロードされました");
    }
}
```

1つのコールバックメソッドに複数のアノテーションをつけてもかまいません。コールバックはロード後の初期化、更新前の入力チェック、更新後の監査ログなどの実装に役立つでしょう。コールバックメソッド内でJNDIやJDBC、JMS、EJBの呼び出しは可能です。また、実行時例外をスローしても良いです。

JPAアプリケーションのポータビリティーの観点から、コールバックメソッド内でEntityManagerの操作・クエリ発行や他のエンティティへのアクセスは行うべきではありません。これらはすべての永続プロバイダでサポートされているわけではないからです。

また、コールバックメソッドにはfinalやstaticをつけることもできません。

13-6-2　エンティティリスナー

エンティティのメソッドにアノテーションをつける方法では、特定のエンティティに特化した処理しか書けません。複数のエンティティ共通処理を実装したい場合にはコピーアンドペーストの繰り返しになってしまします。

共通処理を書きたい場合は、エンティティリスナーを作ると良いです。エンティティリスナーはPOJOにコールバック用アノテーションをつけたものです。

前述のコールバックメソッドの例をエンティティ共通のエンティティリスナーとして書くと**リスト13.71**のようになります。

リスト13.71　エンティティリスナーの実装例

```java
public class LoggingEntityListener {
    private static final Logger log = Logger.getLogger(LoggingEntityListener.class.getName());
    @PrePersist
    public void prePersist(Object entity) {
        log.info(() -> entity + "が永続化されます");
    }
    @PostPersist
    public void postPersist(Object entity) {
        log.info(() -> entity + "が永続化されました");
    }
    @PreUpdate
    public void preUpdate(Object entity) {
        log.info(() -> entity + "が更新されます");
    }
    @PostUpdate
    public void postUpdate(Object entity) {
        log.info(() -> entity + "が更新されました");
    }
    @PreRemove
    public void preRemove(Object entity) {
        log.info(() -> entity + "が削除されます");
    }
    @PostRemove
    public void postRemove(Object entity) {
        log.info(() -> entity + "が削除されました");
    }
```

```
    @PostLoad
    public void postLoad(Object entity) {
        log.info(() -> entity + "がロードされました");
    }
}
```

コールバック対象のエンティティをメソッド引数に取ります。エンティティに依存しない処理を書く場合は引数をObject型にします。特定の型にする場合は、そのクラスまたはその子クラスのみが対象です。

エンティティリスナーの設定には**リスト13.72**のように@EntityListenersアノテーションを使います。

リスト13.72　@EntityListenersの使用

```
@Entity
@EntityListeners(LoggingEntityListener.class)
public class Employee implements Serializable {
    // ...
}
```

エンティティリスナーはアノテーション以外にもXMLで設定することもできます。META-INF/orm.xmlに**リスト13.73**のように設定します。

リスト13.73　orm.xmlにエンティティリスナーを設定

```xml
<?xml version="1.0" encoding="UTF-8"?>
<entity-mappings xmlns="http://xmlns.jcp.org/xml/ns/persistence/orm"
                 xmlns:xsi="http://www.w3.org/2001/XMLSchema-instance"
                 xsi:schemaLocation="http://xmlns.jcp.org/xml/ns/persistence/orm
                                     http://xmlns.jcp.org/xml/ns/persistence/orm_2_1.xsd"
                 version="2.1">
    <entity class="xxx.yyy.zzz.Employee">
        <entity-listeners>
            <entity-listener class="xxx.yyy.zzz.LoggingEntityListener"/>
        </entity-listeners>
    </entity>
</entity-mappings>
```

また、XMLによる定義ではすべてのエンティティに対してデフォルトでリスナーを適用できます。META-INF/orm.xmlに**リスト13.74**のように設定します。

リスト13.74　デフォルトエンティティリスナーを設定

```xml
<?xml version="1.0" encoding="UTF-8"?>
<entity-mappings xmlns="http://xmlns.jcp.org/xml/ns/persistence/orm"
                 xmlns:xsi="http://www.w3.org/2001/XMLSchema-instance"
                 xsi:schemaLocation="http://xmlns.jcp.org/xml/ns/persistence/orm
                                     http://xmlns.jcp.org/xml/ns/persistence/orm_2_1.xsd"
                 version="2.1">
    <persistence-unit-metadata>
        <persistence-unit-defaults>
            <entity-listeners>
                <entity-listener class="xxx.yyy.zzz.LoggingEntityListener"/>
            </entity-listeners>
        </persistence-unit-defaults>
    </persistence-unit-metadata>
</entity-mappings>
```

この場合にエンティティ側でデフォルトのリスナーを適用を無効にしたい場合は、**リスト13.75**のように@ExcludeDefaultListenersアノテーションをつけます。

リスト13.75　@ExcludeDefaultListenersの使用

```java
@Entity
@ExcludeDefaultListeners
public class Employee implements Serializable {
    // ...
}
```

14章 JPA（発展編）

本章では、関連やJPQLなどJPAを実際に利用する上で必要となってくる概念を学びます。特に関連はJPAの中でも最も難しい考え方の一つです。試しながら学習することで理解を深めてください。

14-1 関連

これまで単一のエンティティに関するCRUD操作について見てきました。現実世界では、エンティティが独立していることは稀で、通常、エンティティは他のエンティティと関連があります。

JPAではデーターベース上のリレーションシップをJavaオブジェクトの関連として表現します。JPAのエンティティに関連が定義してあれば、関連フィールドを取得したい場合に特別なクエリを発行することなく、Getterを呼び出せば良くなります。

JPAは1対1、多対1、1対多、多対多のリレーションシップをサポートし、それぞれに応じたアノテーションが用意されています。これらの関連には1方向と双方向があり、合計で以下に示す7種類の関連があります。

- 1方向の1対1
- 双方向の1対1
- 1方向の1対多
- 1方向の多対1
- 双方向の1対多／多対1
- 1方向の多対多
- 双方向の多対多

双方向の1対多と多対1はお互い逆向きのものを双方向に扱っているため、同じ関連です。

関連には、所有側、被所有側という概念があります。通常はデータベースの上に外部キーを持つ方を所有側といい、参照される方を被所有側といいます。

14-1-1 1方向の1対1

1対1の関連を定義するには、@OneToOneアノテーションを使用します。所有側クラスには

以下のように被所有側のフィールドに@OneToOneアノテーションを付与すれば良いです。

リスト14.1の例では所有側がEmployeeエンティティで、被所有側がTravelProfile（出張用情報）エンティティです。EmployeeエンティティはTravelProfileエンティティを1つ持ちますが、TravelProfileエンティティはEmployeeエンティティを知らないので1方向です。

リスト14.1　1方向の1対1の例

```
@Entity
public class Employee implements Serializable {
    @OneToOne
    private TravelProfile profile;
    // ...
}

@Entity
public class TravelProfile implements Serializable {
    // ...
}
```

デフォルトでは所有側の関連のフィールドは"<関連のフィールド名>_<関連先の主キーのカラム名>"という名前の外部キーにマッピングされます。今回の場合は関連のフィールド名はprofileであり、関連先（TravelProfile）の主キーのカラム名がたとえばIDであると、マッピング対象の外部キーカラム名は"PROFILE_ID"となります。

この関連のテーブルとエンティティのマッピングを**図14.1**で示します。

図14.1　テーブルとエンティティのマッピング（1方向の1対1）

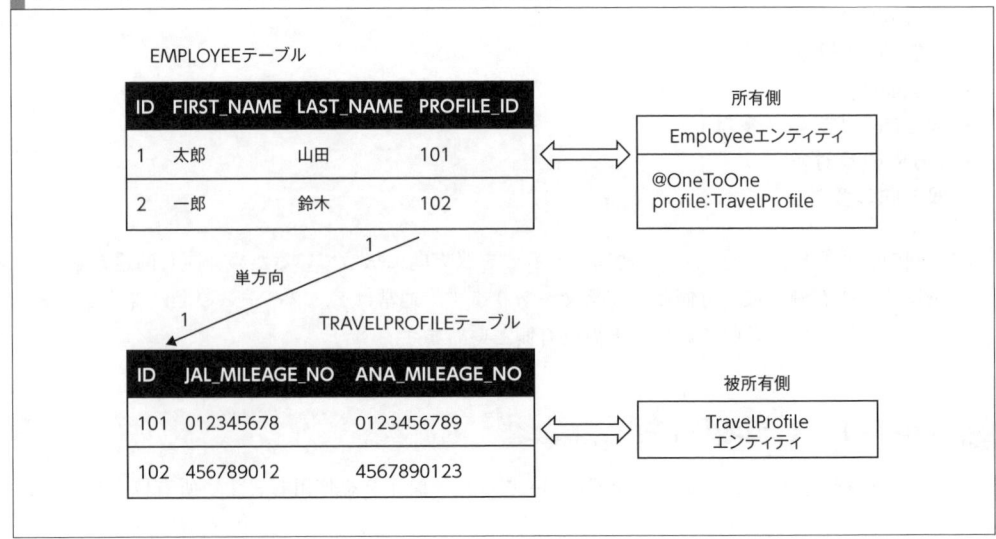

外部キーカラム名を明示的に指定する場合は、@JoinColumnアノテーションで指定します（**リスト14.2**）。

リスト14.2　外部キーカラム名の明示的指定

```
@Entity
public class Employee implements Serializable {
    @OneToOne
    @JoinColumn(name = "TRAVEL_PROF")
    private TravelProfile profile;
    // ...
}
```

外部キーが複合キーな場合は、@JoinColumnsアノテーションで複数の@JoinColumnを指定します。

14-1-2　双方向の1対1

双方向の場合も、1対1の関連を定義するには、@OneToOneアノテーションを使用します。**リスト14.3**の例では所有側クラス=Employee、被所有側クラス=Cubicle（パーティション）です。

リスト14.3　双方向の1対1の例（所有側）

```
@Entity
public class Employee implements Serializable {
    @OneToOne
    private Cubicle cubicle;
}
```

EmployeeとCubicleのリレーションシップを双方向にする場合は、被所有側クラスの所有側のフィールドに@OneToOneアノテーションを付与し、mappedBy属性に所有側クラスの被所有側のフィールド名を指定します（**リスト14.4**）。

リスト14.4　双方向の1対1の例（被所有側）

```
@Entity
public class Cubicle implements Serializable {
    @OneToOne(mappedBy="cubicle")
    private Employee resident;
    // ...
}
```

この関連のテーブルとエンティティのマッピングを**図14.2**で示します。

Part 4 データアクセス層

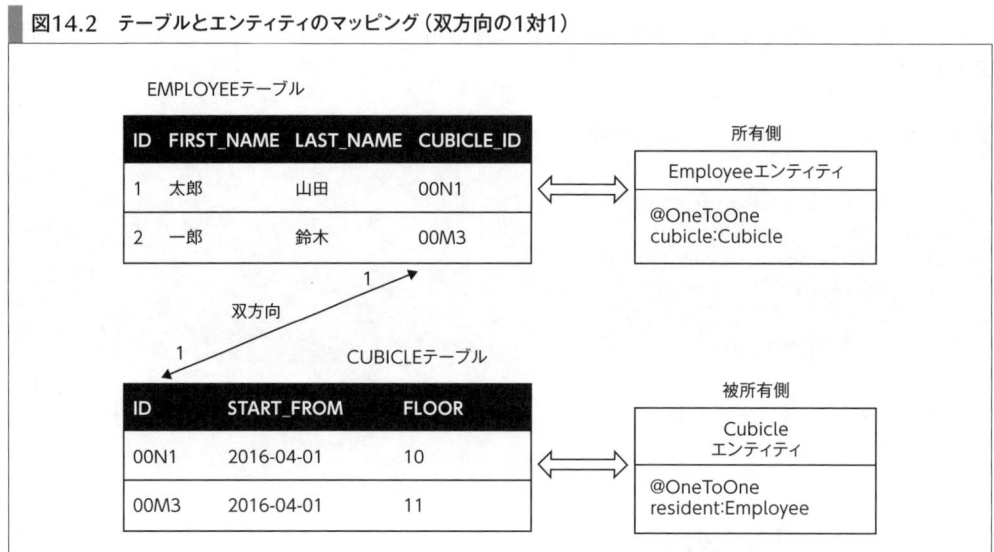

図14.2 テーブルとエンティティのマッピング（双方向の1対1）

14-1-3　1方向の多対1

　JPAでは、所有側クラスの被所有側フィールドに@ManyToOneアノテーションを付与することで多対1のリレーションシップを表現できます。**リスト14.5**の例では所有側クラス=Employee、被所有側クラス=Addressです。

リスト14.5　1方向の多対1の例

```
@Entity
public class Employee implements Serializable {
    @ManyToOne
    private Address address;
    // ...
}

@Entity
public class Address {
    // ...
}
```

　デフォルトでは所有側の関連のフィールドを"<関連のフィールド名>_<関連先の主キーのカラム名>"という名前の外部キーにマッピングします。今回の場合は関連のフィールド名がaddressであり、関連先(Address)の主キーのカラム名がたとえばIDであると、マッピング対象の外部キーカラム名は"ADDRESS_ID"となります。

この関連のテーブルとエンティティのマッピングを**図14.3**で示します。

図14.3　テーブルとエンティティのマッピング（1方向の多対1）

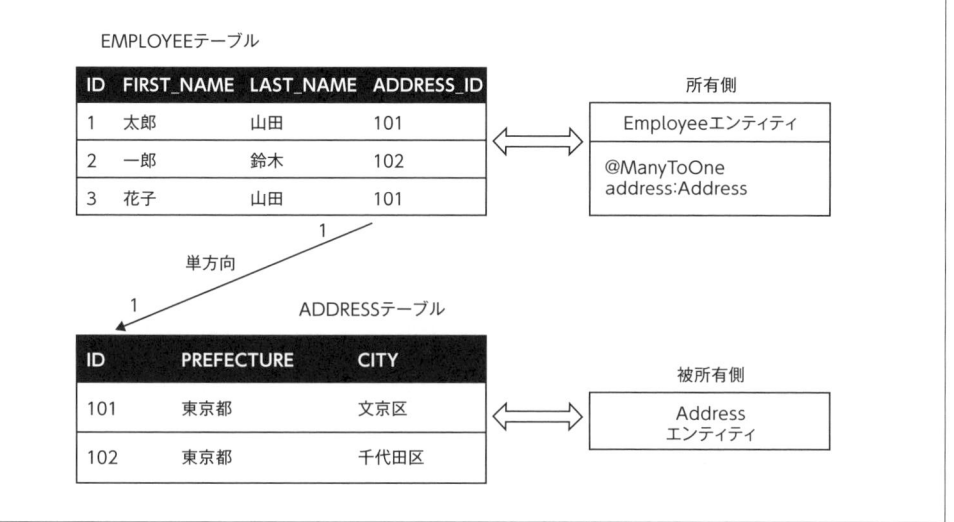

外部キーカラム名を明示的に指定する場合は、1対1のときと同様に@JoinColumnアノテーションで指定します（**リスト14.6**）。

リスト14.6　外部キーカラム名の明示的指定

```
@Entity
public class Employee implements Serializable {
    @ManyToOne
    @JoinColumn(name = "ADDR")
    private Address address;
    // ...
}
```

関連先テーブルの主キー以外と結合する場合はreferencedColumnNameで関連先のカラム名を指定します（**リスト14.7**）。

データアクセス層

リスト14.7　関連先テーブルの主キー以外と結合する場合

```java
@Entity
public class Employee implements Serializable {
    @ManyToOne
    @JoinColumn(name = "ADDR", referencedColumnName = "ADDR_ID")
    private Address address;
    // ...
}

@Entity
public class Address implements Serializable {
    @Column(name = "ADDR_ID")
    private Integer addrId;

    // ...
}
```

14-1-4　1方向の1対多

今度は逆に、所有側クラスの被所有側フィールドに @OneToMany アノテーションを付与することで1対多のリレーションシップを表現できます。**リスト14.8**の例では所有側クラス=Employee、被所有側クラス=AnnualReview（定期評価）です。

1人のEmployeeは複数のAnnualReviewを持っていますが、AnnualReviewは所有者の情報を持ちません。AnnualReviewからEmployeeを参照する必要がないので、この関連は1方向です。

リスト14.8　1方向の1対多の例

```java
@Entity
public class Employee implements Serializable {
    @OneToMany
    private List<AnnualReview> annualReviews;
    // ...
}
```

多を表現するのにjava.util.List以外に, java.util.Collectionやjava.util.Set、java.util.Mapを使用できます。

この関連を実現するために、結合テーブルが使用されます。この結合テーブル名はデフォルトでは"<所有側のテーブル名>_<被所有側のテーブル名>"です。今回の例だと"EMPLOYEE_ANNUALREVIEW"になります。

"EMPLOYEE_ANNUALREVIEW"のテーブルは2つのカラムを持ちます。1つめのカラム名は"所有側のテーブル名"_"所有側の主キーカラム名"、そのカラムは所有側のテーブルへの外部キーになります。

2つめのカラム名は"所有側のエンティティの被所有側フィールド名"_"被所有側の主キーカラム名"、そのカラムは被所有側のテーブルへの外部キーになります。

今回の例で、"EMPLOYEE","ANNUALREVIEW"テーブルともに主キーカラム名が"ID"の場合、"EMPLOYEE_ANNUALREVIEW"テーブルが持つカラム名は"EMPLOYEE_ID"と"ANNUALREVIEWS_ID"です。"ANNUALREVIEW_ID"ではないことに気をつけてください。

この関連のテーブルとエンティティのマッピングを図14.4で示します。

■ 図14.4　テーブルとエンティティのマッピング（1方向の1対多）

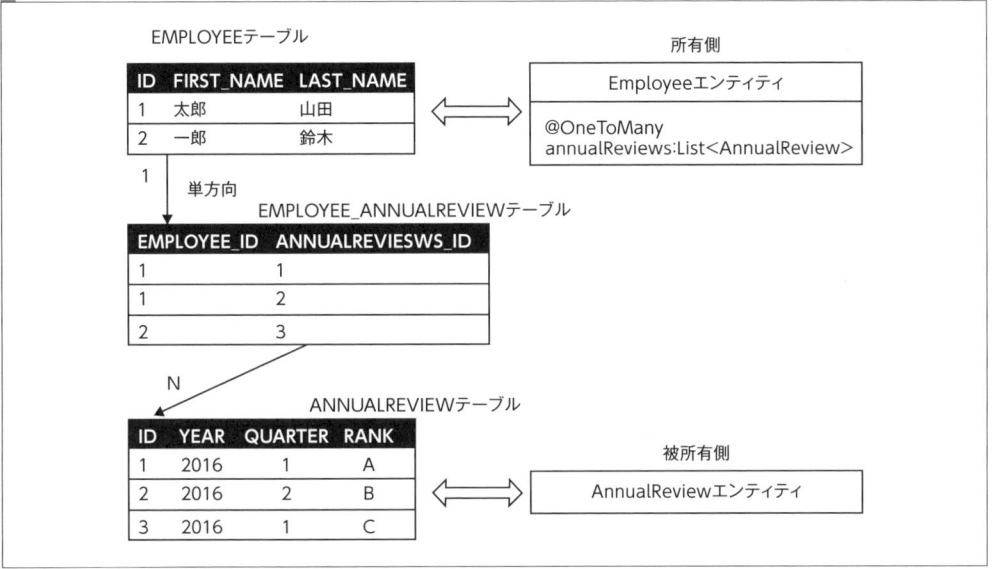

所有側クラスでは、@JoinTableアノテーションと@JoinColumnアノテーションを使用して、結合テーブルの設定を行うことができます。たとえば、結合テーブル名を"EMP_REVIEW"、"EMPLOYEE"テーブル（所有側）への外部キーカラムを"EMP"、"ANNUALREVIEW"テーブル（被所有側）への外部キーカラムを"REVIEW"としたい場合、リスト14.9のように設定します。

■ リスト14.9　結合テーブル名、カラム名の変更

```
@Entity
public class Employee implements Serializable {
    @OneToMany
    @JoinTable(name = "EMP_REVIEW",
            joinColumns = @JoinColumn(name = "EMP", referencedColumnName = "ID"),
            inverseJoinColumns = @JoinColumn(name = "REVIEW", referencedColumnName = "ID"))
    private List<AnnualReview> annualReviews;
    // ...
}
```

データアクセス層

@JoinTableアノテーションのjoinColumns属性や、inverseJoinColumns属性は配列で指定することができ、これは外部キーを複合キーにしたい場合に使用します。

14-1-5　双方向の1対多／多対1

次に双方向の1対多／多対1について説明します。これまでは1方向で、被参照クラスから参照側へアクセスできませんでした（必要がありませんでした）。

リスト14.10の例は、所有側クラス＝Employee、被所有側クラス＝Departmentです。双方向にするためには、@OneToManyのmappedBy属性に、所有側（Employeeクラス）から被所有側（Departmentクラス）を参照するフィールド名（ここではdepartment）を指定します。

リスト14.10　双方向の1対多／多対1の例

```
@Entity
public class Employee implements Serializable {
    @ManyToOne
    private Department department;
    // ...
}

@Entity
public class Department implements Serializable {
    @OneToMany(mappedBy = "department")
    private List<Employee> employees;
    // ...
}
```

デフォルトでは所有側の関連のフィールドを"<関連のフィールド名>_<関連先の主キーのカラム名>"という名前の外部キーにマッピングします。

今回の場合は関連のフィールド名＝department、関連先（Department）の主キーのカラム名＝IDであるので、マッピング対象の外部キーカラム名は"DEPARTMENT_ID"となります。

この関連のテーブルとエンティティのマッピングを図14.5で示します。

図14.5　テーブルとエンティティのマッピング（双方向の1対多／多対1）

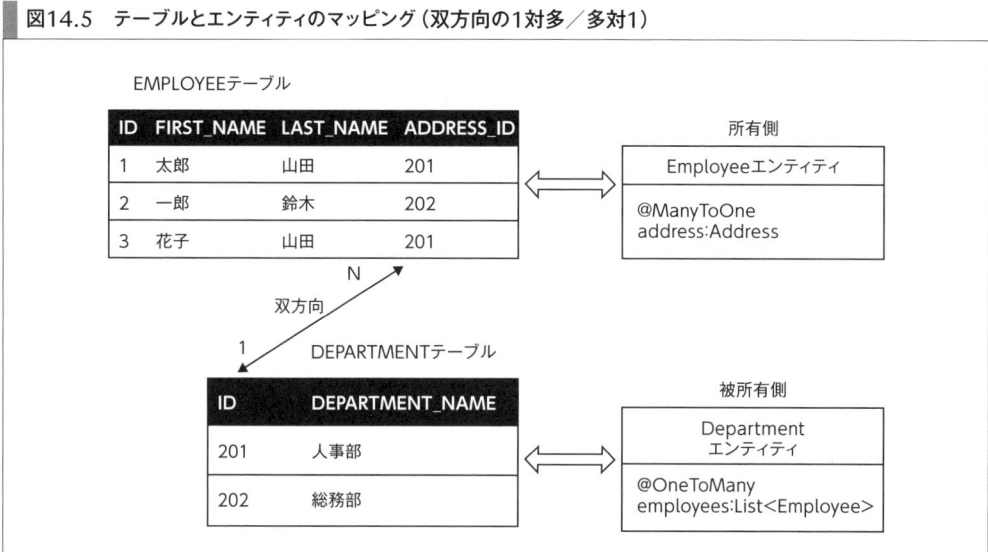

テーブル構造は1方向の多対1と同じですが、1方向の1対多とは異なります。

14-1-6　1方向の多対多

JPAは多対多のリレーションシップもサポートしています。この場合、@ManyToManyアノテーションを使用します。

リスト14.11の例では所有側クラス=Employee、被所有側クラス=Patent（特許）です。あるEmployeeは複数のPatentを所有し、あるPatentは複数のEmployeeから所有されます。

リスト14.11　1方向の多対多の例

```
@Entity
public class Employee implements Serializable {
    @ManyToMany
    private List<Patent> patents;
    // ...
}

@Entity
public class Patent implements Serializable {
    // ...
}
```

この関連を実現するために、結合テーブルが使用されます。この結合テーブル名はデフォルトでは"<所有側のテーブル名>_<被所有側のテーブル名>"です。

今回の例だと"EMPLOYEE_PATENT"になります。

"EMPLOYEE_PATENT"のテーブルは2つのカラムを持ちます。1つめのカラム名は"所有側のテーブル名"_"所有側の主キーカラム名"、そのカラムは所有側のテーブルへの外部キーになります。

2つめのカラム名は"所有側のエンティティの被所有側フィールド名"_"被所有側の主キーカラム名"、そのカラムは被所有側のテーブルへの外部キーになります。

今回の例で、"EMPLOYEE","PATENT"テーブルともに主キーカラム名が"ID"の場合、"EMPLOYEE_PATENT"テーブルが持つカラム名は"EMPLOYEE_ID"と"PATENTS_ID"です。"PATENT_ID"ではないことに気をつけてください。

この関連のテーブルとエンティティのマッピングを図14.6で示します。

図14.6 テーブルとエンティティのマッピング（1方向の多対多）

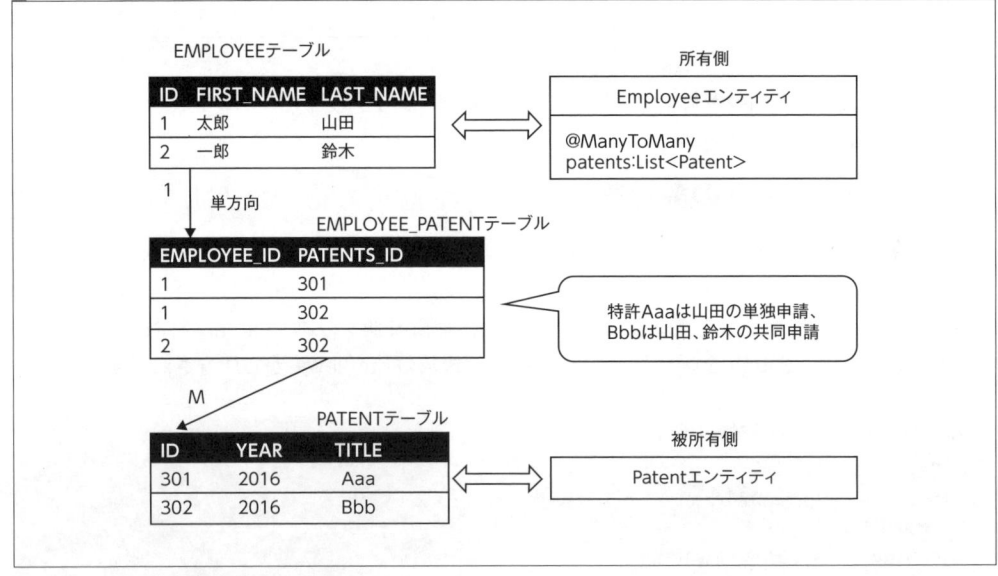

所有側クラスでは、@JoinTableアノテーションと@JoinColumnアノテーションを使用して、結合テーブルの設定を行うことができます。たとえば、結合テーブル名を"EMP_PATENT"、"EMPLOYEE"テーブル（所有側）への外部キーカラムを"EMP"、"PATENT"テーブル（被所有側）への外部キーカラムを"PATENT"としたい場合、**リスト14.12**のように設定します。

リスト14.12　結合テーブル名、カラム名の変更

```java
@Entity
public class Employee implements Serializable {
    @ManyToMany
    @JoinTable(name = "EMP_PATENT",
            joinColumns = @JoinColumn(name = "EMP", referencedColumnName = "ID"),
            inverseJoinColumns = @JoinColumn(name = "PATENT", referencedColumnName = "ID"))
    private List<Patent> patents;
    // ...
}
```

14-1-7　双方向の多対多

最後に双方向の多対多について説明します。

リスト14.13の例では所有側クラス=Project、被所有側クラス=Employeeです。

双方向にするためには、被所有側(Employee)の所有側フィールド(projects)の@ManyToManyアノテーションのmappedBy属性に所有側クラス(Project)の被所有側フィールド名(employees)を指定します。

リスト14.13　双方向の多対多の例

```java
@Entity
public class Project implements Serializable {
    @ManyToMany
    private List<Employee> employees;
    // ...
}

@Entity
public class Employee implements Serializable {
    @ManyToMany(mappedBy = "employees")
    private List<Project> projects;
    // ...
}
```

この場合も結合テーブルが使用されますが、1方向の場合と同様にデフォルトでは"<所有側のテーブル名>_<被所有側のテーブル名>"です。今回の例だと"PROJECT_EMPLOYEE"になります。

"PROJECT_EMPLOYEE"のテーブルもまた2つのカラムを持ちます。1つ目のカラム名は"被所有側のエンティティの所有側フィールド名"_"所有側の主キーカラム名"、そのカラムは所有側のテーブルへの外部キーになります。

2つ目のカラム名は"所有側のエンティティの被所有側フィールド名"_"被所有側の主キーカラム名"、そのカラムは被所有側のテーブルへの外部キーになります。

データアクセス層

今回の例で、"PROJECT"、"EMPLOYEE"テーブルともに主キーカラム名が"ID"の場合、"PROJECT_EMPLOYEE"テーブルが持つカラム名は"PROJECTS_ID"と"EMPLOYEES_ID"です。1方向の多対多の場合と若干ルールが異なり、"PROJECT_ID"ではなく、"PROJECTS_ID"であることに気をつけてください。

この関連のテーブルとエンティティのマッピングを図14.7で示します。

図14.7 テーブルとエンティティのマッピング（双方向の多対多）

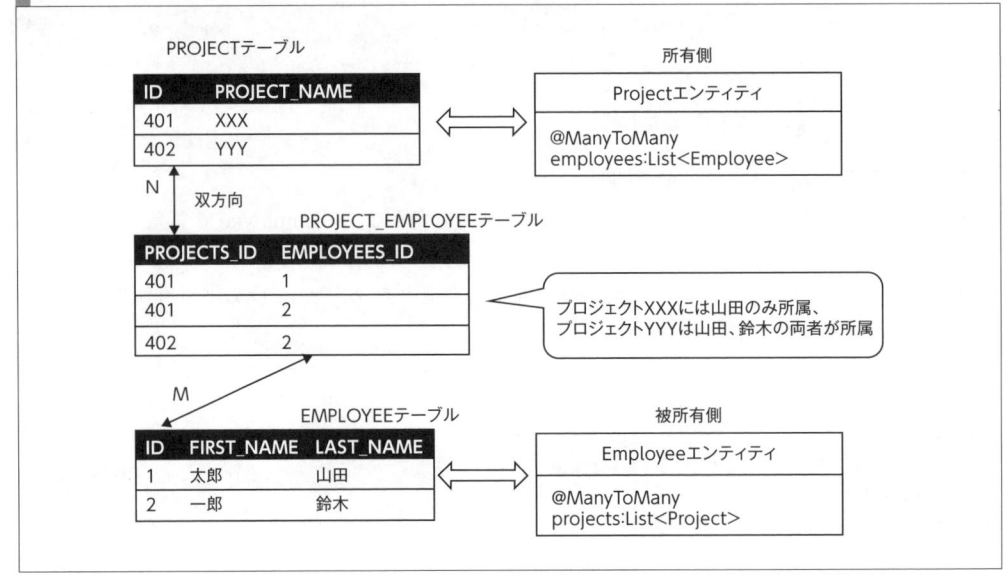

所有側クラスでは、@JoinTableアノテーションと@JoinColumnアノテーションを使用して、結合テーブルの設定を行うことができます。

たとえば、結合テーブル名を"PRJ_EMP"、"PROJECT"テーブル（所有側）への外部キーカラムを"PRJ"、"EMPLOYEE"テーブル（被所有側）への外部キーカラムを"EMP"としたい場合、**リスト14.14**のように設定します。

リスト14.14 結合テーブル名、カラム名の変更

```
@Entity
public class Project implements Serializable {
    @ManyToMany
    @JoinTable(name = "PRJ_EMP",
            joinColumns = @JoinColumn(name = "PRJ", referencedColumnName = "ID"),
            inverseJoinColumns = @JoinColumn(name = "EMP", referencedColumnName = "ID"))
    private List<Employee> employees;
    // ...
}
```

14-1-8　関連のソート

　関連が"多"の場合、そのフィールドはListやCollectionになりますが、このコレクションの順序はデフォルトでは不定です。ソート方法を明示する場合は@OrderByアノテーションを使用して、ソートするフィールド名と方向（昇順のASCまたは降順のDESC）を指定します。
　リスト14.15に例を示します。

リスト14.15　@OrderByの使用

```java
@Entity
public class Course implements Serializable {
  // ...
  @ManyToMany
  @OrderBy("lastname ASC")
  private List<Student> students;
  // ...
}
```

　@OrderByに値を指定しない場合は、対象の関連エンティティの主キーで昇順にソートします。
　リスト14.16のように、ネストしたフィールドや、複数フィールドを指定することも可能です。@OrderByの代わりに@OrderColumnアノテーションでソートするカラムを指定する方法もありますが、本書では割愛します。

リスト14.16　@OrderByでネストしたフィールド・複数フィールドの指定

```java
@Entity
public class Person implements Serializable {
    // ...
    @OneToMany
    @OrderBy("zipcode.zip, zipcode.plusFour")
    private Set<Address> residences;
    // ...
}

@Entity
public class Address implements Serializable {
    @Embedded
    private Zipcode zipcode;
    // ...
}

@Embeddable
public class Zipcode implements Serializable {
    private String zip;
    private String plusFour;
    // ...
}
```

14-1-9 関連エンティティのフェッチ

ここまで関連の説明をしてきましたが、関連するエンティティを取得（フェッチ）するタイミングにはEAGER（即時）とLAZY（遅延）の2種類存在します。

エンティティAとエンティティBの関連のフェッチがEAGERである場合は、Aを取得する際に、Bも取得します。

一方、エンティティAとエンティティBの関連のフェッチがLAZYである場合は、Aを取得する際に、Bは取得せず、Bが必要なタイミングでBを取得します。

これまで紹介した@OneToOne、@OneToMany、@ManyToOne、@ManyToManyアノテーションにはフェッチ方式がそれぞれデフォルトで決められています。**表14.1**に各アノテーションのデフォルト値を示します。

表14.1　フェッチ方式のデフォルト値

アノテーション	デフォルト値
@OneToOne	EAGER
@OneToMany	EAGER
@ManyToOne	LAZY
@ManyToMany	LAZY

先の例でEmployeeエンティティを読みこむたびにTravelProfileも読みこむ必要がない場合は、fetch属性を指定してデフォルトのEAGERからLAZYに変更します（**リスト14.17**）。

リスト14.17　フェッチ方式の変更

```
@Entity
public class Employee implements Serializable {
    @OneToOne(fetch = FetchType.LAZY)
    private TravelProfile profile;
    // ...
}
```

fetch属性を指定する際は用途に合わせて注意し、考慮してください。すべてLAZYにすれば常に性能が良くなるというわけではありません。

エンティティが分離状態にあるとき、LAZYな関連エンティティへのアクセス時の挙動は実装依存です（EclipseLink 2.6.0では関連エンティティが読み込まれますが、Hibernate 4.3.8.FinalではgetReferenceした結果に初めてアクセスした際にorg.hibernate.LazyInitializationExceptionが発生します）。

14-1-10 関連エンティティへのイベントの伝播

ここまでの例では関連エンティティを生成するには、**リスト14.18**に示すように主エンティティ（所有側）に関連エンティティをセットして、両方のエンティティを永続化する必要があります。

リスト14.18 関連エンティティの永続化

```
Employee employee = new Employee(...);
TravelProfile profile = new TravelProfile(...);
employee.setProfile(profile);
entityManger.persist(employee);
entityManger.persist(profile);
```

関連アノテーションのcascade属性にCascadeTypeを指定することで、エンティティの永続化に関するイベントを伝播させることができます。以下にCascadeTypeを設定する例を示します。

```
@Entity
public class Employee implements Serializable {
    @OneToOne(cascade = CascadeType.ALL)
    private TravelProfile profile;
    // ...
}
```

この設定を行うことで、前述のEmployeeエンティティとTravelProfileエンティティを永続化する処理は**リスト14.19**のように書けます。

リスト14.19 CascadeTypeを設定した場合の関連エンティティの永続化

```
Employee employee = new Employee(...);
TravelProfile profile = new TravelProfile(...);
employee.setProfile(profile);
entityManger.persist(employee);
```

EmployeeクラスのprofileフィールドにCascadeType.ALLの設定がされているため、Employeeエンティティを永続化すれば、関連するTravelProfileエンティティも永続化されます。
CascadeTypeは以下の6種類がサポートされています。

- ALL
- PERSIST
- MERGE
- REMOVE
- REFRESH
- DETACH

データアクセス層

ALL以外はEntityManagerのメソッド名に対応しています。ALLは残り5種すべてをサポートします。

ALLを選択すると、永続化だけでなく削除する場合もイベントが伝播されるため、注意が必要です。たとえば、**リスト14.20**のような記事とタグが多対多の関係であるケースを考えます。

リスト14.20　多対多の例

```java
@Entity
public class Article implements Serializable {
    @Id
    private Integer id;
    @ManyToMany(cascade = CascadeType.ALL)
    private List<Tag> tags;
    // ...
}

@Entity
public class Tag implements Serializable {
    @Id
    private Integer id;
    private String tagName;
    // ...
}
```

tagsフィールドがCascadeType.ALLの状態で、Articleエンティティを次のようにremoveメソッドで削除すると、そのエンティティに関連したTagエンティティもすべて削除されます。

```java
Article article = entityManager.find(id, Article.class);
entityManager.remove(article);
```

記事は削除しても、タグは残しておきたい場合には不都合な状態になります。また、削除した記事に関連するタグが他の記事からも参照されている場合は参照整合性制約違反になり、例外が発生します。

このようなケースでは**リスト14.21**のようにCascadeType.REMOVEを除けば、削除処理はTagエンティティには伝播しません。

リスト14.21　CascadeTypeの細かい設定

```java
@Entity
public class Article implements Serializable {
    @Id
    private Integer id;
    @ManyToMany(cascade = {
            CascadeType.PERSIST,
            CascadeType.MERGE,
            CascadeType.REFRESH,
            CascadeType.DETACH})
    private List<Tag> tags;
    // ...
}
```

　1対多の関連の場合は削除の伝播も気をつける必要があります。**リスト14.22**の例を利用して説明します。

リスト14.22　1対多の例

```java
@Entity
public class Employee implements Serializable {
    @OneToMany(cascade = CascadeType.ALL)
    private List<AnnualReview> annualReviews;
    // ...
}
```

　このとき、Employeeエンティティを削除すると伝播して削除されるのは「関連するAnnualReviewエンティティ」自体ではなく、関連テーブルのレコードのみです。この例では関連テーブルは「EMPLOYEE_ANNUALREVIEW」であり、このテーブルに存在する削除対象のEmployeeに関連するデータだけが削除されます。

　関連するAnnualReviewエンティティも併せて削除したい場合は、**リスト14.23**のようにorphanRemoval属性にtrueを設定する必要があります。

リスト14.23　orphanRemoval属性の設定

```java
@Entity
public class Employee implements Serializable {
    @OneToMany(cascade = CascadeType.ALL, orphanRemoval = true)
    private List<AnnualReview> annualReviews;
    // ...
}
```

COLUMN

CascadeType.PERSISTの注意点

　ManyToOneやManyToManyの場合は、CascadeType.PERSISTの場合も注意が必要です。
　先の例だと、CascadeType.PERSIST（またはCascadeType.ALL）を設定することにより、次のようにArticleエンティティとともにTagエンティティも永続化されます。

```
Tag tag = new Tag();
tag.setTagId(...);
// ...
article.setTag(Arrays.asList(tag));
entityManager.persist(article);
```

　しかし、ここで上手く働くのはArticleエンティティに設定したTagエンティティがデータベースに存在しない場合です。上記処理ではArticleエンティティに加え、Tagエンティティに対してもINSERT文が発行されます。従って、関連するTagエンティティがすでにデータベースに存在する場合は、制約違反が発生してしまいます。
　Tagエンティティがすでにデータベースに存在する場合にINSERTが行われないようにするには、対象のTagエンティティを管理状態にする必要があるため、findで取得するか、以下のようにあらかじめmergeを行う必要があります。

```
Tag tag = new Tag();
tag.setTagId(...);
// ...
tag = entityManager.merge(tag); // 注: mergeの返り値を使用すること
article.setTag(Arrays.asList(tag));
entityManager.persist(article);
```

　あるいは、以下のようにcascade属性を設定しない状態であれば、

```
@ManyToMany
private List<Tag> tags;
```

最初の例と同じく、次のように一意識別子が設定された関連エンティティを管理化状態に遷移させる必要はありません。

```
Tag tag = new Tag(); // すでにデータベースに存在するタグ
tag.setTagId(...);
// ...
article.setTag(Arrays.asList(tag));
entityManager.persist(article);
```

　ただし、当然ながらこのケースでTagエンティティがデータベースに存在しない場合は例外が発生します。cascade属性をつけるかつけないかはシステム次第ですが、関連エンティティがマスターデータのみの場合は、cascade属性をつけないほうがエンティティの挙動に混乱することは少ないでしょう。
　関連エンティティを動的に作成する必要がある場合は、cascade属性にCascadeType.PERSISTを設定し、関連エンティティをmergeした後にpersistするのが良いです。

14-1-11　関連エンティティと主キーを共有

　1対1の関連で、関連先エンティティの主キーとして関連元の主キーを使いたい場合を考えます。主キーが外部キーと兼用になるケースです。
　この場合は、@javax.persistence.MapsIdアノテーションを@OneToOneとともに付与すればよいです。**リスト14.24**に例を示します。

リスト14.24　MapsIdアノテーションの利用

```
@Entity
public class Patient implements Serializable {
    @Id
    @Column(name = "patient_id")
    private String patientId;
    // ...
}

@Entity
public class MedicalHistory implements Serializable {
    @Id
    private String id;

    @MapsId
    @JoinColumn(name = "patient_id")
    @OneToOne
    private Person patient;
    // ...
}
```

データアクセス層

この例ではMedicalHistoryの外部キーが主キーにもなります。

@MapsIdアノテーションは、外部キーが複合キーの一部となっているケースでも利用できます。

EmployeeエンティティとDailyReport（日報）エンティティが1対多である場合を考えます。このときDailyReportテーブルの主キーはreport_date（日付）とEmployeeテーブルの主キーであるemployee_idとの複合キーにします。

EmployeeエンティティとDailyReportエンティティは@MapsIdを使用して、**リスト14.25**のように定義できます。

リスト14.25　複合キーと@MapsIdの使用例

```
@Entity
public class Employee implements Serializable {
    @Id
    @Column(name = "employee_id")
    private Long employeeId;

    // ...
}

@Embeddable
public class DailyReportId implements Serializable {
    @Column(name = "employee_id")
    private Long employeeId;

    @Column(name = "report_date")
    @Temporal(TemporalType.DATE)
    private Date reportDate;
    // ...
}

@Entity
public class DailyReport implements Serializable {
    @EmbeddedId
    private DailyReportId reportId;

    @ManyToOne
    @JoinColumn(name = "employee_id")
    @MapsId("employeeId")
    private Employee employee;
    // ...
}
```

@MapsIdには複合キークラスのうち外部キーとしても使うフィールド名を指定します。

14-2 JPQL

JPAでエンティティを取得・更新するためのクエリ言語、Java Persistence Query Language（JPQL）について説明します。JPQLはSQLに似たJava標準でポータブルな言語です。JPQLは最終的にはSQLに変換されますが、JPQLで記述することでデータベース製品固有の方言が吸収され、すべてのデータベースで利用することができます。

SQLとの一番の違いは、SQLがデータベースのテーブル名とカラム名を使ってクエリを構築するのに対し、JPQLはエンティティの名前とフィールド名を使ってクエリを構築する点です。

一番簡単なクエリはこれまで何度か出てきていますが、以下に示すクエリです。

```
SELECT x FROM Employee x
```

これはSQLでいうと、以下に相当します。

```
SELECT x.id, x.name, ... FROM employee x
```

Employeeはエンティティ名です。エンティティ名はデフォルトではエンティティのクラス名です。これを明示的に指定したい場合は、@Entityアノテーションに設定できます。

JPQLはSQLとは異なり、エンティティに対して記述され、データベースとどうマッピングするかは考える必要がありません。

これからJPQLについて詳しく見ていきますが、基本的には**リスト14.26**のエンティティの例を使用して説明します。

リスト14.26 JPQLの例に使用するエンティティ

```
@Entity
public class Employee implements Serializable {
    @Id
    private Long id;
    private String name;
    @ManyToOne
    private Department department;
    @ManyToOne
    private Address address;
    // ...
}

@Entity
public class Department implements Serializable {
```

```
    @Id
    private Integer id;
    private String name;
    @OneToMany(mappedBy = "department")
    private List<Employee> employees;
    // ...
}

@Entity
public class Address {
    @Id
    private Integer id;
    private String name;
    @Embedded
    private Zipcode zipcode;
    // ...
}
```

14-2-1　SELECT文

JPQLのSELECT文はEntityManagerを介して以下のように実行可能です。

```
TypedQuery<Employee> query = entityManager.createQuery("SELECT x FROM Employee x",
                                                       Employee.class);
List<Employee> employees = query.getResultList();
```

TypedQueryは型を指定したクエリの型です。型を指定しない場合は、次のようにQuery型を作成できますが、クエリの結果はObject型で返り、キャストする必要があるため、TypedQueryが導入されたJPA 2.0以降は通常TypedQueryを使用します。

TypedQueryはQueryの継承インターフェースです。

```
Query query = entityManager.createQuery("SELECT x FROM Employee x");
```

SELECT文のシンタックスを簡単に示すと以下のようになります。

```
SELECT <SELECT句>
FROM <FROM句>
[WHERE <WHERE句>]
[ORDER BY <ORDER BY句>]
[GROUP BY <GROUP BY句>]
[HAVING <HAVING句>]
```

これらについて、説明します。

■ SELECT句

最初に説明したように、SELECT句にエンティティの識別子（ここではx）を指定することでエンティティを取得できます。

```
SELECT x FROM Employee x
```

SELECT句にはドット（.）表記を用いてエンティティのフィールドを指定することも可能です。本章では、ドット表記を用いてフィールドを表現する方法を「パス表記」と呼びます。

```
SELECT x.name FROM Employee x
```

この場合は、次のように指定したフィールドの型でTypedQueryを作成します。

```
TypedQuery<String> query = entityManager.createQuery("SELECT x.name FROM Employee x",
                                                    Employee.class);
List<String> employeeNames = query.getResultList();
```

ドット表記では関連エンティティを取得することも可能です（リスト14.27）。

リスト14.27　関連エンティティの取得
```
TypedQuery<Department> query = entityManager.createQuery("SELECT x.department FROM Employee x",
                                                        Employee.class);
List<Department> departments = query.getResultList();
```

この例では全従業員エンティティに対して、関連する部署エンティティを取得しています。従業員と部署は多対1の関係であり、通常は複数の従業員が同じ部署に所属します。従って、上記のクエリでは重複した部署が取得されます。

このような重複を除いて、従業員が所属している全部署を取得したい場合は、SQLと同様にDISTINCTをつけます（リスト14.28）。

リスト14.28　DISTINCTの指定
```
TypedQuery<Department> query = entityManager.createQuery("SELECT DISTINCT x.department FROM
                                                        Employee x", Employee.class);
List<Department> departments = query.getResultList();
```

データアクセス層

これまではエンティティをそのまま返す例を紹介しました。今度は写像の例を示します。
SELECT句には複数のフィールドを選択して指定できます。この方法を使用すると、不要なフィールドへのアクセスを省けるので効率的なクエリを実行することができます。
ただし、この場合のクエリの返り値の型はObject配列になります(**リスト14.29**)。

リスト14.29　Object配列で写像の結果を返す

```java
TypedQuery<Object[]> query = entityManager.createQuery("SELECT x.name, x.department.name FROM
    Employee x", Object[].class);
List<Object[]> result = query.getResultList();
result.forEach(x -> {
    String employeeName = (String) x[0];
    String departmentName = (String) x[1];
    // ...
});
```

この方法ではキャストが必要になり、タイプセーフではありません。次のコンストラクタ式を使うことで、タイプセーフに効率的なクエリを書くことができます(**リスト14.30**)。

リスト14.30　コンストラクタ式

```java
TypedQuery<NameAndDepartment> query = entityManager.createQuery(
        "SELECT NEW xxx.yyy.zzz.NameAndDepartment(x.name, x.department.name) FROM Employee x",
        NameAndDepartment.class);
List<NameAndDepartment> result = query.getResultList();
result.forEach(x -> {
    String employeeName = x.getEmployeeName();
    String departmentName = x.getDepartmentName();
    // ...
});
```

この場合、選択したフィールドをコンストラクタで受け取ることができるJavaクラスを作成する必要があります。コンストラクタ式には"NEW 受け取るJavaクラスのFQCN(...)"という表記を使います。

通常のエンティティとは異なり、コンストラクタ式では次のように使用するクラスのフィールドにfinalをつけることも可能です(**リスト14.31**)。

リスト14.31　コンストラクタ式で使用できるクラス

```java
public class NameAndDepartment implements Serializable {
    private final String employeeName;
    private final String departmentName;

    public NameAndDepartment(String employeeName, String departmentName) {
```

```
        this.employeeName = employeeName;
        this.departmentName = departmentName;
    }
    // ...
}
```

■ FROM句

これまで説明してきたようにJPQL中のFROMの後には"エンティティ名 (AS) 識別子"を記述します。

エンティティ名はエンティティクラス名ですが、エンティティに@Entity(value = "エンティティ名")をつけることで明示的にエンティティ名を指定できます。

識別子はJavaの変数名の命名規則に従う必要があります。

"エンティティ名 [AS] 識別子"はカンマ区切りで複数書くこともできます。

```
SELECT c FROM Customer c, Employee e WHERE c.hatsize = e.shoesize
```

上記の例では暗黙的に結合が行われていますが、FROM句にはSQLのように明示的にJOINを書くことができます。JOINを使うことで、関連エンティティを取得できます。

●内部結合

内部結合は次の形式でFROM句に記述できます。

```
[INNER] JOIN <パス表記> [AS] <識別子> [条件式]
```

結合元と結合先に関連(多対1、1対多、1対1、多対多)が必要です。使用例を以下に示します。

```
SELECT d FROM Employee e JOIN e.department d WHERE e.age >= 50
```

この例では年齢が50以上のEmployee(従業員)が所属するDepartment(部署)のエンティティが返ります。以下のようにINNERは書いても書かなくてもかまいません。

```
SELECT d FROM Employee e INNER JOIN e.department d WHERE e.age >= 50
```

このJPQLは次のSQLとほぼ同様です(永続プロバイダによって結果は異なります)。

```
SELECT d.id, d.name FROM employee e, department d WHERE (e.department = d.id) AND (e.age >= 50)
```

条件式を省略した場合は、関連の外部キーを用いて結合が行われます。
次のように条件式を記述して、ON句以降に結合条件を追加することができます。

```
SELECT d FROM Employee e JOIN e.department d ON (e.department = d) WHERE e.age >= 50
```

ただし、この場合でも外部キーによる条件は使われるため、WHERE句に条件を書く場合と等価です。最初の例は実は以下のようにJOINを使わず、パス表記だけを使ったJPQLでも表現できます。

```
SELECT e.department FROM Employee e WHERE e.age >= 50
```

この例だと、パス表記のほうがシンプルですが、関連のネストが多い複雑なクエリを書く場合は、JOINを使ったほうが可読性が良いです。

● 外部結合

JPQLでは外部結合もサポートされています。
外部結合は次の形式でFROM句に記述できます。

```
LEFT [OUTER] JOIN <パス表記> [AS] <識別子> [条件式]
```

JPA 2.1時点では左外部結合のみサポートされています。使用例を以下に示します。

```
SELECT s.name, COUNT(p)
    FROM Supplier s LEFT JOIN s.products p
    GROUP BY s.name
```

この例では、商品のSupplier(供給元)の名前と供給している商品数をもつObject配列が返ります(COUNTやGROUPは後に説明します)。このJPQLは次のSQLとほぼ同様です(永続プロバイダによって結果は異なります)。

```
SELECT s.name, COUNT(p.id)
    FROM supplier s LEFT JOIN products p
        ON s.id = p.supplier_id
    GROUP BY s.name
```

外部結合なので、商品を持たないSupplierも返ります。外部結合の条件式もON句を使って以下のように書けます。

```
SELECT s.name, COUNT(p)
    FROM Supplier s LEFT JOIN s.products p
        ON p.status = 'inStock'
    GROUP BY s.name
```

この場合のSQLは次のようになります。

```
SELECT s.name, COUNT(p.id)
    FROM supplier s LEFT JOIN products p
        ON s.id = p.supplier_id AND p.status = 'inStock'
    GROUP BY s.name
```

内部結合の場合はON句に条件を書くのも、WHERE句に条件を書くのも同じでしたが、外部結合の場合は異なります。WHERE句に条件を書くと次のようになります。

```
SELECT s.name, COUNT(p)
    FROM Supplier s LEFT JOIN s.products p
    WHERE p.status = 'inStock'
    GROUP BY s.name
```

前者のJPQLでは商品がない供給元も返りますが、後者では商品がない供給元は結果に含まれません。この違いは重要ですが、ON句がサポートされたのはJPA 2.1からです。

RIGHT JOINやFULL OUTER JOINはJPAではサポートされていません。

● フェッチ結合

次にJPQL独自のフェッチ結合について説明します。内部結合や外部結合は検索結果を絞ったり、取得項目を増やしたりするために使用しましたが、フェッチ結合は関連のエンティティを即時評価するために使用します。

これまで説明した内部結合や外部結合の場合、関連先エンティティを取得するために別途SQLが発行されます（発行されるタイミングはfetch属性がEAGERかLAZYかで異なります）。そのため、多くのSQLが発行されてしまう場合があります。

たとえば、**リスト14.32**を見てみましょう。

リスト14.32　多くのSQLが発行されてしまう例

```
List<Department> departments = entityManager.createQuery("SELECT x FROM Department x",
                                                          Department.class)
        .getResultList();
for (Department department : departments) {   // 部署の数だけSELECT文が発行される
    for (Employee employee : department.getEmployees()) {
        System.out.println(employee.getName());
    }
}
```

クエリを実行してDepartmentエンティティを取得したあと、関連するEmployeeエンティティを取得する際に遅延評価され、SQLが発行されます。

OneToManyはデフォルトではfetch属性がLAZYなため、for文のループ処理の中でEmployeeごとにSQLが実行されます。つまり、対象のEmployeeがN件存在する場合にはN+1回SQLが発行されます。具体的には次のようなSQLが発行されます。

```
SELECT ID, NAME FROM DEPARTMENT
SELECT ID, NAME, STATUS, ADDRESS_ID, DEPARTMENT_ID FROM EMPLOYEE WHERE (DEPARTMENT_ID = 1)
SELECT ID, NAME, STATUS, ADDRESS_ID, DEPARTMENT_ID FROM EMPLOYEE WHERE (DEPARTMENT_ID = 2)
SELECT ID, NAME, STATUS, ADDRESS_ID, DEPARTMENT_ID FROM EMPLOYEE WHERE (DEPARTMENT_ID = 3)
...
```

これはN+1問題と呼ばれることもあり、性能劣化を起こしやすい問題です。この例では、結合を用いていませんが、内部結合や外部結合の場合も同じ結果になります。

これに対して、Departmentエンティティを取得するクエリの中で関連するエンティティもまとめて取得するために用いるのがフェッチ結合です。

フェッチ結合は次の形式でFROM句に記述できます。

```
[INNER] JOIN FETCH <パス表記>
```

または

```
[LEFT [OUTER]] JOIN FETCH <パス表記>
```

先ほどの例をフェッチ結合を使って書き直すと次のようになります。

```
List<Department> departments = entityManager.createQuery("SELECT x FROM Department x JOIN FETCH x.employees", Department.class)
        .getResultList();
for (Department department : departments) {
    for (Employee employee : department.getEmployees()) {
        System.out.println(employee.getName());
    }
}
```

JOIN FETCHをつけてクエリを発行した場合、その結果の関連エンティティの取得も含むSQLが発行され、関連フィールドにはメモリ上に格納されることになります。

これにより、呼ばれるSQLは初回の1回のみであり、ループの中では既に取得済みの関連エンティティが使用されます。

ただし、このままでは一つ問題があります。JOIN FETCHをつけた結果、関連エンティティの数だけ、結果が返るため、もともと取得するつもりのエンティティに重複が発生します。重複を除くには、既に説明したDISTINCTを使用し、次のようにします。

```
List<Department> departments = entityManager.createQuery("SELECT DISTINCT x FROM Department x JOIN FETCH x.employees", Department.class)
        .getResultList();
for (Department department : departments) {
    for (Employee employee : department.getEmployees()) {
        System.out.println(employee.getName());
    }
}
```

これで結果も正しくなります。発行されるSQLは以下のようになります。

```
SELECT DISTINCT
    t1.ID,
    t1.NAME,
    t0.ID,
    t0.NAME,
    t0.STATUS,
    t0.ADDRESS_ID,
    t0.DEPARTMENT_ID
FROM EMPLOYEE t0, DEPARTMENT t1
WHERE (t0.DEPARTMENT_ID = t1.ID)
```

データアクセス層

フェッチ結合はSQL回数を減らせるので、性能向上には効果的ですが、万能ではありません。たとえば、ネストしたJOIN FETCHは仕様でサポートされておらず、フェッチ結合の適用範囲は限定的です。上記の例だと、Employeeは結合されましたが、Employeeに対して多対1の関連であるAddressエンティティは依然としてN回アクセスされてしまいます。

また、JOINすることにより不要なフィールドまで取得してしまうというメモリ使用量の観点でデメリットもあります。

N+1問題を回避するには、フェッチ結合を使う以外にも、前述のコンストラクタ式も有効です。

COLUMN

ネストしたJOIN FETCH

ネストしたJOIN FETCHやJOIN FETCHのエイリアスはJPAの仕様でサポートされていませんが、Hibernateでは利用可能です。次のようなクエリを書けば、SQLが1回にまとまります。

```
SELECT DISTINCT x FROM Department x JOIN FETCH x.employees e JOIN FETCH e.address
```

EclipseLinkでは次のようにヒントを設定することで対応することができます。

```
entityManager.createQuery("SELECT DISTINCT x FROM Department x JOIN FETCH x.employees")
        .setHint("eclipselink.join-fetch", "x.employees.address");
```

これで次のようなSQLを発行することができます。

```
SELECT DISTINCT
    t1.ID,
    t1.NAME,
    t0.ID,
    t0.NAME,
    t0.STATUS,
    t0.ADDRESS_ID,
    t0.DEPARTMENT_ID,
    t2.ID,
    t2.NAME
FROM EMPLOYEE t0, ADDRESS t2
    , DEPARTMENT t1
WHERE ((t0.DEPARTMENT_ID = t1.ID) AND (t2.ID = t0.ADDRESS_ID))
```

■ WHERE句

これまでの例で既に登場していますが、WHERE句にはSQLのように条件を記述できます。JPQLのWHERE句はSQLとほとんど同じなので、SQL経験者は容易に理解できます。SQLとJPQLの大きな違いは、JPQLではパス表記が使えるという点です。パス表記を使うことで、WHERE句の条件式でネストしたフィールドにアクセスできます。

以下にWHERE句の中で使える条件式について説明します。これらの条件式はWHERE句だけでなく、前述のON句や後述のHAVING句でも使用できます。

● バインドパラメータ

式中でクエリの外から値を埋め込むためのパラメータを使用できます。バインドパラメータを使用することで、エスケープ処理が行われるため、SQLインジェクトを防ぐことができます。

パラメータには位置パラメータと名前パラメータの2種類が用意されています。

位置パラメータは次の例のように、"?" + (1開始の連番) で表現できます。

```
WHERE x.itemName = ?1 AND x.price > ?2
```

このパラメータに値を埋め込むには、QueryクラスのsetParameter(int, Object)メソッドを使用します(**リスト14.33**)。

リスト14.33 位置パラメータを指定

```
TypedQuery<Item> q = entityManager.createQuery("SELECT x FROM Item x WHERE x.itemName = ?1
                                                AND x.price < ?2")
                    .setParameter(1, "お茶")
                    .setParameter(2, 120);
```

位置パラメータの記述順は関係ありません。1始まりである点に注意してください。

名前パラメータは次のように":" + (パラメータ名) で表現できます

```
WHERE x.itemName = :itemName AND x.price > :price
```

このパラメータに値を埋め込むには、QueryクラスのsetParameter(String, Object)メソッドを使用します(**リスト14.34**)。

リスト14.34 位置パラメータを指定

```
TypedQuery<Item> q = entityManager.createQuery("SELECT x FROM Item x WHERE x.itemName =
                                                :itemName AND x.price < :price")
                    .setParameter("itemName", "お茶")
                    .setParameter("price", 120);
```

Part 4 データアクセス層

●演算子

JPQLではSQLと同じような演算子が利用できます。以下に演算子の優先順を、優先度の高い順に示します。

① パス表記のドット (.)
② 符号 (+/-)
③ 積算 (*)、除算 (/)
④ 加算 (+)、減算 (-)
⑤ 比較演算子 =, >, >=, <, <=, <> (not equal) , [NOT] BETWEEN, [NOT] LIKE, [NOT]IN, IS[NOT]NULL, IS[NOT]EMPTY,[NOT]MEMBER[OF],[NOT]EXISTS
⑥ 論理演算子 (NOT, AND, OR)

()で括ることで優先度を上げることもできます。IS EMPTYやIS MEMBERはJPQL固有の演算子です。

●リテラル

式中に使えるリテラルを**表14.2**に示します。

表14.2 式中に使えるリテラル

種類	説明	例
文字列	シングルクオートで括ります	WHERE x.name = '山田太郎'
数値	数値をそのまま記述できます	WHERE x.salary > 400000
真偽値	TRUEまたはFALSE	WHERE x.enabled = TRUE
日付	Date型 {d 'yyyy-mm-dd'}	WHERE x.hiredDate > {d '2008-04-01'}
	TIME型 {t 'hh-mm-ss'}	
	TIMESTAMP型 {ts 'yyyy-mm-dd hh-mm-ss.f'}	
ENUM	FQCNで記述できます	WHERE x.status != com.example.enum.Status.DISABLED

●BETWEEN述語

SQLのように、BETWEENを使用できます。例を以下に示します。

```
WHERE x.salary BETWEEN 100000 AND 400000
WHERE x.salary NOT BETWEEN 100000 AND 400000
```

これらは以下の条件と等価です。

```
WHERE x.salary >= 100000 AND x.salary <= 400000
WHERE x.salary < 100000 AND x.salary > 400000
```

比較対象には数値以外にも文字列、日付が利用可能です。

```
WHERE x.hiredDate BETWEEN {d '2008-04-01'} AND {d '2009-03-31'}
```

● IN述語

SQLのように、INを使用できます。以下に例を示します。

```
WHERE x.country IN ('JP', 'US', 'UK')
WHERE x.country NOT IN ('JP', 'US', 'UK')
```

これらは次の条件と等価です。

```
WHERE (o.country = 'JP') OR (x.country = 'UK') OR (x.country = 'US')
WHERE NOT ((o.country = 'JP') OR (x.country = 'UK') OR (x.country = 'US'))
```

バインドパラメータを使ってコレクションを直接埋め込むことができます（**リスト14.35**）。

リスト14.35　IN述語にパラメータをバインド

```
List<String> countries = Arrays.asList("JP", "UK", "US");
TypedQuery<Employee> q = entityManager.createQuery("SELECT x FROM Employee x WHERE x.country
                                                    IN (:country)")
                .setParameter("country", countries);
```

● LIKE述語

SQLのように、LIKEを使用して文字列検索を行えます。ワイルドカードは"_"（任意の1文字）と"%"（空文字含む、任意の文字列）が使えます。以下に例を示します。

```
WHERE x.zip LIKE '120000_'
WHERE x.zip LIKE '1200%'
```

前者の例では"1200001"や"1200002"が該当しますが、"1200010"は該当しません。後者の例では"1200001"や"1200010"が該当しますが、"1201000"は該当しません。

LIKEによる比較文字列中にワイルドカード文字を使用したい場合は、エスケープする必要があります。エスケープ文字はLIKE述語の後ろにESCAPEを記述して指定します。次の例ではエスケープ文字を'¥'としています。

```
WHERE x.title LIKE '\_%' ESCAPE '\'
```

この条件式では"_foo"、"_bar"が該当します。

●サブクエリ

WHERE句／HAVING句の中ではサブクエリが利用可能です。次の例では、平均年齢以上の従業員を取得します。

```
SELECT x FROM Employee x WHERE x.age > (SELECT AVG(y.age) FROM Employee y)
```

●EXISTS述語

主クエリとサブクエリが関連している場合、EXISTS述語が使用できます。EXISTS述語内のサブクエリが1つ以上の結果を返した場合に、EXISTSはtrueを返します。

以下の例では、店IDが'001'の店舗に在庫がある商品情報を取得します。

```
SELECT DISTINCT x FROM Product x WHERE EXISTS (SELECT y FROM Stock y WHERE y.shopId = '001' AND
y = x.product)
```

EXIST述語を使うことで、より柔軟なクエリを記述することができます。

「すべてのテストの点数が50点以上である生徒を取得」したい場合に、「テストの点数に50点未満のものがある生徒以外を取得」と言い換えると、NOT EXISTSを使用して次のようにJPQLで表現できます[注1]。

```
SELECT DISTINCT x FROM Student x WHERE NOT EXISTS (SELECT y FROM Score y WHERE y.value < 50 AND
x = y.student)
```

●ALL／ANY述語

EXISTS述語はサブクエリが1つ以上の結果を返すかどうかを見ていましたが、ALL／ANY述語はサブクエリの結果がすべてまたは少なくとも一つが条件を満たすかを見ます。

```
WHERE パス表記 条件演算子 {ALL | ANY} (サブクエリ)
```

条件演算子は =, <, <=, >, >=, <> のいずれかです。

[注1]　出典「達人に学ぶSQL徹底指南書」P.147

ALLはサブクエリの結果が空の場合、結果のすべてが条件を満たす時にtrueを返します。結果の一つでも条件を満たさない場合はfalseを返します。ANYはサブクエリの結果が一つでも条件文を満たす場合にtrueを返します。結果が空または結果のすべてが条件を満たさない場合にfalseを返します。

たとえば、同じ部署のどのマネージャーよりも給料が多い従業員を返すJPQLは次のとおりです。

```
SELECT x FROM Employee x
  WHERE x.salary > ALL (SELECT y.salary FROM Manager y WHERE y.department = x.department)
```

■ ORDER BY句

これもこれまでの例で既に登場していますが、ORDER BY句にはSQLと同様に次の形式でソートするフィールド名を記述できます。

```
ORDER BY パス表記 [ASC | DESC] [, パス表記 [ASC | DESC] ...]
```

利用例は次のとおりです。

```
SELECT x FROM Employee x ORDER BY x.firstName, x.lastName
```

■ GROUP BY句/HAVING句

JPQLでもGROUP BY句/HAVING句を使用して、検索結果のグループ化ができます。

利用例は次のとおりです。例では、テストを2科目以上受けた生徒と科目数を取得します。

```
SELECT x, COUNT(s) FROM Student x JOIN x.scores s GROUP BY x HAVING COUNT(s) >= 2
```

リスト14.36に示すようにエンティティと集約関数の結果をもつJavaクラスを作成し、JPQL内でコンストラクタ式を使用するのが良いです。

リスト14.36 集約関数の結果を受け取るためのクラス

```java
public class StudentAndScoreCount implements Serializable {
    private final Student student;
    private final long scoreCount;

    public StudentAndScoreCount(Student student, long scoreCount) {
        this.student = student;
        this.scoreCount = scoreCount;
    }
    // ...
}
```

JPQLは次のようになります。

```
SELECT NEW xxx.yyy.zzz.StudentAndScoreCount(x, COUNT(s)) FROM Student x JOIN x.scores s GROUP BY
x HAVING COUNT(s) >= 2
```

■ 集約関数

これまでの説明の中ですでに使用していますが、**表14.3** に示す集約関数が利用可能です。

表14.3　利用できる集約関数

集約関数	意味
COUNT	集合の件数をLongで返します
MAX	集合の最大値をフィールドの型で返します。
MIN	集合の最小値をフィールドの型で返します。
AVG	集合の平均値をDoubleで返します
SUM	集合の和を返します。返り値の型は、 - フィールドの型がBigInteger以外の数値の場合は、Long - フィールドの型がBigIntegerの場合は、BigInteger - フィールドの型が浮動小数の場合は、Double - フィールドの型がBigDecimalの場合は、BigDecimal

■ 組み込み関数

JPQLには組み込み関数として、文字列関数のCONCAT, SUBSTRや数値関数のABS, SQRT, 日付関数のCURRENT_DATE, CURRENT_TIMESTAMPなどが用意されています。

詳細はJPA 2.1仕様の4.6.17.2を参照してください。

組み込み関数で提供されていない関数やユーザ定義関数は以下のように利用可能です。

```
SELECT x FROM Customer x WHERE FUNCTION('hasGoodCredit', x.balance, x.creditLimit)
```

■ CASE式

JPQLではCASE式を使うことで、SELECT文の結果や後述のUPDATE文のSET句内に場合分けを記述することができます。

CASE文は以下の形式で記述します。

```
CASE WHEN <評価式> THEN <式>
     WHEN <評価式> THEN <式>
     WHEN <評価式> THEN <式>
     ...
     ELSE <式>
END
```

リスト14.37の例では、生徒の試験受験回数に応じて結果を変えています。

リスト14.37　CASE式の使用例
```
SELECT
  x,
  (CASE WHEN COUNT(s) = 1 THEN '初回のみ'
   WHEN COUNT(s) >= 2 THEN '複数回'
   ELSE '未受験'
   END)
FROM Student x JOIN x.scores s
GROUP BY x
```

同じ評価の結果だけで分岐したい場合は、次の簡易形式を利用することができます。

```
CASE <式>
    WHEN <式> THEN <式>
    WHEN <式> THEN <式>
    WHEN <式> THEN <式>
    ...
    ELSE <式>
END
```

リスト14.37の例は簡易形式を用いてリスト14.38のように書き直せます。

リスト14.38　CASE式（簡易形式）の使用例
```
SELECT x,
       (CASE COUNT(s)
        WHEN 0 THEN '未受験'
        WHEN 1 THEN '初回のみ'
        ELSE '複数回' END) FROM Student x JOIN x.scores s GROUP BY x
```

　CASE式はSQL-92標準の文法ですが、CASE式をサポートしていないDBも存在します。その場合は、JPQLでもCASE文は使用できません。
　CASE式のさらなる簡易版としてNULLIF式、COALESCE式が用意されています。
　NULLIF式は以下の形式記述し、式1がNULLの場合に式2が返ります。

```
NULLIF(式1, 式2)
```

COALESCEは以下の形式で記述し、式1からの順番でNULLでないものが返ります。

```
COALESCE(式1 [, 式2, 式3, ...])
```

14-2-2　UPDATE文／DELETE文

JPQLではUPDATE文／DELETE文も用意されています。

EntityManagerによるEntityの更新、削除と異なり、JPQLでは条件に一致したエンティティをまとめて更新・削除できるため、バルク更新とも呼ばれます。**リスト14.39**にJPQLの例を示します。

リスト14.39　UPDATE文/DELETE文の例

```
UPDATE Employee x SET x.status = 'INACTIVE' WHERE x.status = 'ACTIVE'
DELETE FROM Employee x WHERE x.status = 'INACTIVE'
```

バルク更新を実行する場合は、**リスト14.40**のようにexecuteUpdateメソッドを実行する必要があります。

リスト14.40　バルク更新の実行例

```
int count = entityManager
        .createQuery("DELETE FROM Employee x WHERE x.status = 'INACTIVE'")
        .executeUpdate();
```

UPDATE文／DELETE文中に前述のCASE式を使用することも可能です。**リスト14.41**の例では、従業員のランクに応じて給料を増加します。

リスト14.41　UPDATE文でCASE式を使用

```
UPDATE Employee x SET x.salary = (CASE x.rank
                                    WHEN 1 THEN (x.salary * 1.1)
                                    WHEN 2 THEN (x.salary * 1.05)
                                    ELSE x.salary
                                  END)
```

バルク更新を行った場合、JPAの楽観ロック機能が有効にならないため注意が必要です。なお、楽観ロック機能については後述します。

■ Named Query

JPQLはクエリに名前をつけて定義することでクエリを共有できます。このようなクエリをNamed Queryと言います。Named Queryは@javax.persistence.NamedQueryアノテーションと@javax.persistence.NamedQueriesアノテーションを使ってエンティティに定義します。以下に定義例を示します。

```java
@Entity
@NamedQueries({
    @NamedQuery(name = "Employee.findAll", query = "SELECT x FROM Employee x"),
    @NamedQuery(name = "Employee.findByName", query = "SELECT x FROM Employee x WHERE x.name =
                                                      :name")
})
public class Employee implements Serializable {
    // ...
}
```

Named QueryはEntityManager#createNamedQueryメソッドにクエリ名を渡し、Query／TypedQueryオブジェクトを作成することで使用可能です。

```java
TypedQuery<Employee> query = entityManager.createNamedQuery("Employee.findByName",
                                                             Employee.class);
List<Employee> employees = query.setParameter("name", "山田").getResultList();
```

Named Queryは起動時にプリコンパイルさせておけるのでパフォーマンス面でメリットがありますし、文法のミスも起動時に検出されて安全です。検索条件が動的なクエリ以外はNamed Queryを使用したほうが良いでしょう。

Named QueryはXMLに記述することも可能です。クラスパス配下のMETA-INF/orm.xmlに**リスト14.42**のような定義を行います。

リスト14.42　Named Queryをorm.xmlに定義する例

```xml
<?xml version="1.0" encoding="UTF-8"?>
<entity-mappings version="2.1"
    xmlns="http://xmlns.jcp.org/xml/ns/persistence/orm"
    xmlns:xsi="http://www.w3.org/2001/XMLSchema-instance"
    xsi:schemaLocation="http://xmlns.jcp.org/xml/ns/persistence/orm
                        http://xmlns.jcp.org/xml/ns/persistence/orm_2_1.xsd">
    <named-query name="Employee.findAll">
        <query>SELECT x FROM Employee x</query>
    </named-query>
    <named-query name="Employee.findByName">
```

```xml
        <query>SELECT x FROM Employee x WHERE x.name = :name</query>
    </named-query>
</entity-mappings>
```

複雑で長いクエリはアノテーションで記述すると可読性が悪いため、XMLに記述するのは1つの手です。

JPA 2.1からはプログラマティックにNamed Queryを定義することもできるようになりました。**リスト14.43**はEJBやCDI管理Beanで定義することを想定した例です。

リスト14.43　プログラマティックなNamed Queryの定義例

```java
@PersistenceContext
EntityManager entityManager;
@PersistenceUnit
EntityManagerFactory emf;

// 初期化処理中にNamed Queryを定義する例
@javax.annotation.PostConstruct
public void init() {
    TypedQuery<Employee> query = entityManager.createQuery("SELECT x FROM Employee",
                                                            Employee.class);
    emf.addNamedQuery("Employee.findAll", query);
}
```

14-3　Criteria Query

ここまで説明してきたJPQLは文字列でクエリを組み立ててきました。従って、クエリの間違いがアプリケーションの実行時にしか検出されません。たとえば動的なWHERE句を構築したい場合はStringBuilderなどでクエリを作成することになりますが、これもミスに気づきづらいです。

このような課題に対して、コンパイル時にクエリの間違いを検出できるようにしたのが、Criteria Queryです。Criteria QueryはJPA 2.0で導入され、APIを用いてタイプセーフなクエリをプログラマティックに作成することができます。簡単な例を紹介します。

まずは、JPQLでクエリを書きます（**リスト14.44**）。

リスト14.44　通常のJPQL

```java
String jpql = "SELECT x FROM Employee x WHERE x.name = :name";
TypedQuery<Employee> query = entityManager.createQuery(jpql, Employee.class)
        .setParameter("name", "山田太郎");
// ...
```

これを Criteria Query で書くと**リスト14.45**のようになります。

■ リスト14.45　リスト14.44のJPQLに対するCriteria Query
```
CriteriaBuilder cb = entityManager.getCriteriaBuilder();
CriteriaQuery<Employee> cq = cb.createQuery(Employee.class);
Root<Employee> root = cq.from(Employee.class);
cq.select(root)
        .where(cb.equal(root.get("name"), "山田太郎"));

TypedQuery<Employee> query = entityManager.createQuery(cq);
// ...
```

　from()、select()、where()のメソッド名と対応するJPQLから内容は推測できると思います。Criteria Query にはその他にも orderBy()、groupBy()、having()、like() などJPQLの文法に対応するメソッドが用意されています。
　もう一例見てみましょう。**リスト14.46**のJPQLを考えます。

■ リスト14.46　LIKE述語を使用したJPQL
```
String jpql = "SELECT x FROM Employee x WHERE x.name LIKE :name ORDER BY x.name ASC";
TypedQuery<Employee> query = entityManager.createQuery(jpql, Employee.class)
        .setParameter("name", "山田%");
```

これを Criteria Query で書くと**リスト14.47**のようになります。

■ リスト14.47　リスト14.46のJPQLに対するCriteria Query
```
CriteriaBuilder cb = entityManager.getCriteriaBuilder();
CriteriaQuery<Employee> cq = cb.createQuery(Employee.class);
Root<Employee> root = cq.from(Employee.class);
cq.select(root)
        .where(cb.like(root.<String>get("name"), "山田%"))
        .orderBy(cb.asc(root.get("name")));

TypedQuery<Employee> query = entityManager.createQuery(cq);
```

　ここまでの例でCriteria Queryを使うことで、JPQLに相当するクエリをプログラムで表現できることが分かりました。
　このままでもクエリの文法ミスはコンパイラレベルでチェックできます。しかし、まだ完全にタイプセーフではありません。「root.get("name")」の箇所が、

- 属性名を文字列で指定している
- 属性の型が分からない（root.<String>get("name")というようにジェネリックメソッドの型パラメータを明示的に指定する必要がある）

という欠点を示しています。

この場合、Employeeクラスに修正が生じると、クエリ実行時にエラーが発生する可能性があります。以降でこの問題を解決するために、Metamodel APIを紹介します。

■ Metamodel APIを用いたタイプセーフなクエリ

前述の問題に対して、JPAではMetamodel APIというAPIが用意されており、エンティティの属性を型で表現できるようにしています。

たとえばEmployeeエンティティのString型のnameという属性に対して、Metamodel APIでは、次のように表現します。

```
SingularAttribute<Employee, String> name
```

このような情報をエンティティクラスから自動生成するためのMetamodel Generatorが各永続プロバイダから提供されています。

EclipseLinkのMetamodel GeneratorをMavenから使う例を示します。pom.xmlに**リスト14.48**の依存関係を追加してください。

リスト14.48　EclipseLinkでMetamodel Generatorを使用するための依存関係

```xml
<dependency>
    <groupId>org.eclipse.persistence</groupId>
    <artifactId>org.eclipse.persistence.jpa.modelgen.processor</artifactId>
    <version>2.6.0</version>
    <scope>provided</scope>
</dependency>
```

Hibernateの場合は**リスト14.49**のとおりです。

リスト14.49　HibernateでMetamodel Generatorを使用するための依存関係

```xml
<dependency>
    <groupId>org.hibernate</groupId>
    <artifactId>hibernate-jpamodelgen</artifactId>
    <version>4.3.8.Final</version>
    <scope>provided</scope>
</dependency>
```

あとは以下のように、MavenでコンパイルすればMetamodel APIのクラスが生成されます。

```
$ mvn compile
```

生成されるMetamodel APIのクラスはエンティティ名+"_"です。Employeeクラスの場合はEmplyee_クラスです。コンパイラによって、**リスト14.50**のようなMetamodelクラスが生成されます。

リスト14.50　生成されたMetamodelクラスの例

```
@Generated(value="EclipseLink-2.6.0.v20150309-rNA", date="2015-07-26T00:55:19")
@StaticMetamodel(Employee.class)
public class Employee_ {

    public static volatile ListAttribute<Employee, Address> address;
    public static volatile SingularAttribute<Employee, String> name;
    public static volatile SingularAttribute<Employee, Integer> id;
    public static volatile SingularAttribute<Employee, Department> department;
    public static volatile SingularAttribute<Employee, Employee> supervisor;
    public static volatile SingularAttribute<Employee, Integer> status;

}
```

リスト14.47の例を生成されたMetamodel APIを使って書き直すと、**リスト14.51**のようになります。

リスト14.51　Metamodel APIを使ったCriteria Query

```
CriteriaBuilder cb = entityManager.getCriteriaBuilder();
CriteriaQuery<Employee> cq = cb.createQuery(Employee.class);
Root<Employee> root = cq.from(Employee.class);
cq.select(root)
    .where(cb.like(root.get(Employee_.name), "山田%"))
    .orderBy(cb.asc(root.get(Employee_.name)));
```

これにより、クエリがタイプセーフになり、コンパイル時に誤りを検出できるようになりました。

■ Criteria QueryのJOIN

Criteria QueryでJOINを行いたい場合は、**リスト14.52**のようにクエリを構築します。

データアクセス層

リスト14.52　Criteria QueryのJOIN
```
CriteriaBuilder cb = entityManager.getCriteriaBuilder();
CriteriaQuery<Employee> cq = cb.createQuery(Employee.class);
Root<Employee> root = cq.from(Employee.class);
Join<Employee, Department> department = root.join(Employee_.department);

cq.select(root)
        .where(cb.equal(department.get(Department_.name), "人事部"));
```

　WHERE句の構築に、joinメソッドの返り値を使用できます。デフォルトでは内部結合(INNER JOIN)になります。外部結合(LEFT OUTER JOIN)にしたい場合は、以下のようにJoinTypeを指定します。

```
Join<Employee, Department> department = root.join(Employee_.department, JoinType.LEFT);
```

　フェッチ結合の場合は、**リスト14.53**のように少し方法が異なります。

リスト14.53　Criteria Queryのフェッチ結合
```
Root<Employee> root = cq.from(Employee.class);
root.fetch(Employee_.department);
cq.select(root)
        .distinct(true)
        .where(cb.equal(root.get(Employee_.department).get(Department_.name), "人事部"));
```

　fetchメソッドの返り値をWHERE句の構築に利用することはできないため、Employeeからネストする形で、Departmentの属性にアクセスします。

■ Criteria QueryのAND／OR条件

　これまで見てきたCriteriaBuilder#equalメソッドや、CriteriaBuilder#likeメソッドの結果はPredicateオブジェクトです。これらのオブジェクトをCriteriaBuilder#andメソッドやCriteriaBuilder#orメソッドで結合することができます。
　andメソッドの利用例を以下に示します。

```
Predicate where = cb.and(
        cb.equal(root.get(Employee_.name), "山田太郎"),
        cb.equal(department.get(Department_.name), "人事部"));
cq.select(root)
        .where(where);
```

orの場合も同様で、以下のとおりです。

```
Predicate where = cb.or(
        cb.equal(root.get(Employee_.name), "山田太郎"),
        cb.equal(department.get(Department_.name), "人事部"));
```

andメソッドやorメソッドの返り値もまたPredicateメソッドなので、ネストした条件を記述することも可能です。この書き方だと、条件が複雑な場合に見通しが悪くなるので、次のように空の条件文（CriteriaBuilder#conjunction）に条件を追加している書き方がわかりやすいです（**リスト14.54**）。

リスト14.54　Criteria Queryの条件を結合する例
```
Predicate where = cb.conjunction();
where = cb.and(where, cb.equal(root.get(Employee_.name), "山田太郎"));
where = cb.and(where, cb.equal(department.get(Department_.name), "人事部"));
```

■ Criteria Queryで動的なクエリ作成

Criteria Queryのもっとも効果的な利用シーンは動的な検索クエリを作成する場合です。検索フォーム画面をイメージしてください。フォームのフィールドに値を入力した場合のみ、そのフィールドが検索されるというケースです。

検索フォームを**リスト14.55**のJavaBeanで表現します。

リスト14.55　検索フォームに対応するJavaBean
```
public class EmployeeSearchCriteria implements Serializable {
    private String name;
    private String department;
    private String state;
    private String city;
    private String street;
    private String zip;
    // ...
}
```

このJavaBeanを使用して、検索メソッドを作成しましょう。フィールドがnullでも空文字でもない場合、departmentフィールドとstateフィールドは完全一致、それ以外のフィールドは前方一致で検索するように実装します。

まずは通常のJPQLによる実装を見てみましょう（**リスト14.56**）。

リスト14.56　動的なクエリを通常のJPQLで実装する例

```java
public List<Employee> search(EmployeeSearchCriteria criteria) {
    StringJoiner where = new StringJoiner(" AND "); // Java SE 8から追加されたクラス
    Map<String, Object> params = new HashMap<>(); // バインドパラメータ
    if (criteria.getName() != null && !criteria.getName().isEmpty()) {
        where.add("x.name LIKE :name");
        params.put("name", criteria.getName() + "%");
    }
    if (criteria.getDepartment() != null && !criteria.getDepartment().isEmpty()) {
        where.add("x.department.name = :department");
        params.put("department", criteria.getDepartment());
    }
    if (criteria.getStreet() != null && !criteria.getStreet().isEmpty()) {
        where.add("a.street LIKE :street");
        params.put("street", criteria.getStreet() + "%");
    }
    if (criteria.getCity() != null && !criteria.getCity().isEmpty()) {
        where.add("a.city LIKE :city");
        params.put("city", criteria.getCity() + "%");
    }
    if (criteria.getState() != null && !criteria.getState().isEmpty()) {
        where.add("a.state = :stat");
        params.put("state", criteria.getState());
    }
    if (criteria.getZip() != null && !criteria.getZip().isEmpty()) {
        where.add("a.zip LIKE :zip");
        params.put("zip", criteria.getZip() + "%");
    }

    StringBuilder jpql = new StringBuilder("SELECT DISTINCT x FROM Employee x JOIN x.address a");
    if (where.length() > 0) {
        jpql.append(" WHERE ")
            .append(where.toString());
    }
    jpql.append(" ORDER BY x.id ASC");

    TypedQuery<Employee> query = entityManager.createQuery(jpql.toString(), Employee.class)
            .setFirstResult(0)
            .setMaxResults(10);
    params.forEach(query::setParameter);
    return query.getResultList();
}
```

クエリの文字列結合にかなりの工夫を要していることがわかると思います。文字列を動的生成する場合は、実行時にならないとクエリが正しいかどうかわからないため、たくさんのパターンをテストする必要があります。

実際に、この例ではtypoが含まれています。

「a.state = :stat」が誤っており、「a.state = :state」が正しいです。気づきましたか？ この間違いもstateフィールドを検索するまで検出されないのです。他にも起こりえるミスとしては、空白文字が足りず、文字列結合時にキーワードが結合されてしまい、文法エラーになることがあります。

このような文法エラーはCriteria Queryを使用することで防ぐことができます。searchメソッドをCriteria Queryで書き直しましょう（**リスト14.57**）。

リスト14.57　リスト14.56の動的なクエリをCriteria Queryで実装した例

```java
public List<Employee> search(EmployeeSearchCriteria criteria) {
    CriteriaBuilder cb = entityManager.getCriteriaBuilder();
    CriteriaQuery<Employee> cq = cb.createQuery(Employee.class);
    Root<Employee> root = cq.from(Employee.class);
    Join<Employee, Address> address = root.join(Employee_.address);
    Predicate where = cb.conjunction();

    if (criteria.getName() != null && !criteria.getName().isEmpty()) {
        where = cb.and(where, cb.like(root.get(Employee_.name), criteria.getName() + "%"));
    }
    if (criteria.getDepartment() != null && !criteria.getDepartment().isEmpty()) {
        where = cb.and(where, cb.equal(root.get(Employee_.department).get(Department_.name),
                criteria.getDepartment()));
    }
    if (criteria.getStreet() != null && !criteria.getStreet().isEmpty()) {
        where = cb.and(where, cb.like(address.get(Address_.street), criteria.getStreet() + "%"));
    }
    if (criteria.getCity() != null && !criteria.getCity().isEmpty()) {
        where = cb.and(where, cb.like(address.get(Address_.city), criteria.getCity() + "%"));
    }
    if (criteria.getState() != null && !criteria.getState().isEmpty()) {
        where = cb.and(where, cb.equal(address.get(Address_.state), criteria.getState()));
    }
    if (criteria.getZip() != null && !criteria.getZip().isEmpty()) {
        where = cb.and(where, cb.like(address.get(Address_.zip), criteria.getZip() + "%"));
    }

    cq.select(root)
            .distinct(true)
            .where(where)
            .orderBy(cb.asc(root.get(Employee_.id)));

    TypedQuery<Employee> query = entityManager.createQuery(cq)
            .setFirstResult(0)
            .setMaxResults(10);
    return query.getResultList();
}
```

データアクセス層

クエリをJavaで書けるため、文法の間違いはコンパイルエラーでわかりますし、エンティティに変更があった場合も検出することができて安全です。

■ Criteria APIによるUPDATE／DELETE

JPA 2.1からはCriteria APIでUPDATE/DELETEも実行できるようになりました。**リスト14.39**のJPQLのUPDATE文をCriteria APIで書くと**リスト14.58**のようになります。

リスト14.58　リスト14.39のUPDATE文に対応するCriteria Query

```
CriteriaBuilder cb = entityManager.getCriteriaBuilder();
CriteriaUpdate<Employee> update = cb.createCriteriaUpdate(Employee.class);
Root<Employee> root = update.from(Employee.class);
update.set(Employee_.status, "INACTIVE")
      .where(cb.equal(root.get(Employee_.status), "ACTIVE"));

entityManager.createQuery(update)
      .executeUpdate();
```

また、**リスト14.39**のJPQLのDELETE文をCriteria APIで書くと、**リスト14.59**のようになります。

リスト14.59　リスト14.39のDELETE文に対応するCriteria Query

```
CriteriaBuilder cb = entityManager.getCriteriaBuilder();
CriteriaDelete<Employee> delete = cb.createCriteriaDelete(Employee.class);
Root<Employee> root = delete.from(Employee.class);
delete.where(cb.equal(root.get(Employee_.status), "INACTIVE"));

entityManager.createQuery(delete)
      .executeUpdate();
```

14-4　Native Query

JPAではJPQLの代わりにNative Query（=SQL）を使用することも可能です。**リスト14.60**に例を示します。

リスト14.60　Native Queryの使用例

```
// TypedQueryではない点に注意!
Query query = entityManager.createNativeQuery("SELECT emp_id, name FROM employee",
                                              Employee.class);
List<Employee> employees = (List<Employee>) query.getResult();
```

これまでJPQLを渡していたEntityManager#createQueryメソッドの代わりにEntityManager#createNativeQueryメソッドを用いてSQLを渡します。createNativeQueryメソッドの返り値はQuery型であり、TypedQueryを返すことができない点に注意してください。

SQLが使えるとは言え、以下のようにJPQLの様々なメリットが消えてしまうため基本的に使用すべきではありません。

- RDBMSの製品差が吸収されない
- TypedQueryが使えない
- バインドパラメータに名前が使えない
- setFirstResult/setMaxResults相当のSQL文も記述する必要がある

バインドパラメータを使用する場合は**リスト14.61**のように"?数字"を使用します。

リスト14.61　Native Queryにパラメータをバインド
```
Query query = entityManager.createNativeQuery("SELECT emp_id, name FROM employee WHERE
                                              name = ?1", Employee.class)
                           .setParameter(1, "山田");
```

JPQLではサポートされていない製品固有の機能を使う場合など、Native Queryは最終手段としての利用に止めたほうが良いです。

14-5　ストアドプロシージャ

JPA 2.1からはストアドプロシージャもサポートされました。ストアドプロシージャの文法はデータベース製品ごとに大きく異なり、JPAでストアドプロシージャの定義自体はできません。JPAではストアドプロシージャの呼び出し、および結果のオブジェクトマッピングがサポートされています。

ここではPostgreSQLのPL/pgSQLを例に用います。まずは**リスト14.62**の簡単なストアドプロシージャを呼び出すことを考えます。引数のINT値に1を加えて返すだけの簡単な関数です。

リスト14.62　ストアドプロシージャの例
```
CREATE OR REPLACE FUNCTION PLUS1(x INT)
  RETURNS
    INT AS $$
DECLARE
  y INT;
BEGIN
```

データアクセス層

```
  y = x + 1;
  RETURN y;
END;
$$ LANGUAGE plpgsql;
```

JPAからストアドプロシージャを呼ぶには、まずはエンティティに@javax.persistence.NamedStoredProcedureQueryアノテーションでストアドプロシージャ情報を設定します。以下に例を示します。

```
@NamedStoredProcedureQuery(name = "Employee.plus1", procedureName = "PLUS1", parameters = {
        @StoredProcedureParameter(mode = ParameterMode.IN, name = "x", type = Integer.class),
        @StoredProcedureParameter(mode = ParameterMode.OUT, name = "y", type = Integer.class) })
public class Employee implements Serializable {
    // ...
}
```

name属性にはJPAで使うストアドプロシージャ名、procedureName属性にはデータベースに定義したストアドプロシージャ名を指定します。parameters属性には@javax.persistence.StoredProcedureParameterアノテーションでストアドプロシージャのパラメータを定義できます。mode属性にはストアドプロシージャに合わせて以下のjavax.persistence.ParameterModeを指定します。

- IN　　　　　　… 入力となるパラメータ
- OUT　　　　　… 出力となるパラメータ
- INOUT　　　　… 入力兼出力となるパラメータ
- REF_CURSOR　… カーソルとなるパラメータ

また、name属性にはパラメータ名を、type属性にパラメータのJDBC型を指定します。呼び出し方は**リスト14.63**のとおりです。

リスト14.63　NamedStoredProcedureQueryの呼び出し例

```
StoredProcedureQuery query = entityManager
        .createNamedStoredProcedureQuery("Employee.plus1").setParameter("x", 100);
query.execute();
Integer y = (Integer) query.getOutputParameterValue("y"); // 101
```

EntityManager#createNamedStoredProcedureQueryで@NamedStoredProcedureQueryに指定した名前を渡し、javax.persistence.StoredProcedureQueryオブジェクトを作成します。これはjavax.persistence.Queryの子クラスであり、JPQLと同様にsetParameterメソッドでパラメータを指定します。

executeメソッドでストアドプロシージャを実行し、getOutputParameterValueメソッドで出力パラメータ値を取得できます。

リスト14.64に示すストアドプロシージャは返り値をエンティティにマッピングできます。

▌**リスト14.64　行を返すストアドプロシージャの例**

```
CREATE OR REPLACE FUNCTION FIND()
  RETURNS SETOF employee AS $$
BEGIN
  RETURN QUERY SELECT
                employee_id,
                employee_name
            FROM employee;
END;
$$ LANGUAGE plpgsql;
```

この場合、次のように@NamedStoredProcedureQueryのresultClasses属性にマッピングするクラスを指定できます。

```
@NamedStoredProcedureQuery(name = "Employee.find", procedureName = "FIND",
                    resultClasses = Employee.class)
```

マッピングされたエンティティはJPQLと同様にgetResultListやgetSingleResultメソッドで取得できます（**リスト14.65**）。

▌**リスト14.65　NamedStoredProcedureQueryの結果取得例**

```
StoredProcedureQuery query = entityManager
        .createNamedStoredProcedureQuery("Employee.find");
query.execute();
List<Employee> ret = query.getResultList();
```

次にカーソルを返す**リスト14.66**のストアドプロシージャを扱う例を紹介します。

▌**リスト14.66　カーソルを返すストアドプロシージャの例**

```
CREATE OR REPLACE FUNCTION CUR()
  RETURNS REFCURSOR AS $$
DECLARE cur REFCURSOR;
BEGIN
  OPEN cur FOR SELECT 1 UNION SELECT 2;
  RETURN cur;
END
$$ LANGUAGE plpgsql;
```

503

データアクセス層

このストアドプロシージャは非常に単純で、「1」と「2」の2行分のデータを返すクエリ（SELECT 1 UNION SELECT 2）のカーソルを返します。カーソルを返す場合は**リスト14.67**のようにmode属性にREF_CURSORを指定し、type属性にvoid.classを指定すれば良いです。

リスト14.67　NamedStoredProcedureQueryのカーソル定義例

```
@NamedStoredProcedureQuery(name = "Employee.cur", procedureName = "CUR", parameters = {
    @StoredProcedureParameter(mode = ParameterMode.REF_CURSOR, type = void.class) })
```

この場合もgetResultListメソッドでカーソルから得られるデータをリストとして取得できます。結果が空の場合、executeメソッドの結果はfalseになります。**リスト14.68**の例ではIntegerを返しましたが、エンティティを返すこともできます。

リスト14.68　NamedStoredProcedureQueryのカーソル結果取得例

```
StoredProcedureQuery query = entityManager
        .createNamedStoredProcedureQuery("Employee.cur");
if (query.execute()) {
    List<Integer> ret = (List<Integer>) query.getResultList(); // [1, 2]
    // ...
}
```

14-6　JPAでサポートされていないフィールド型のマッピング

JPAでサポートされていない型のフィールドに対して、DBのカラムをマッピングさせたいときにはJPA 2.1から導入されたjavax.persistence.AttributeConverterクラスを利用できます。このAttributeConverterを実装することで、任意の型マッピングを定義できます。

たとえば、Java SE 8で導入されたDate and Time API(JSR-310)のjava.time.LocalDateなどはJPA 2.1時点ではエンティティのフィールド型としてサポートされていません。

したがって日付を表現する場合はjava.sql.Dateまたはjava.util.Dateと@Temporal(TemporalType.DATE)を使用する必要がありました。AttributeConverterクラスがサポートされてからはjava.sql.Dateとjava.time.LocalDateの変換処理を書けば、エンティティのフィールドにLocalDateクラスを使用することができます。

リスト14.69にjava.sql.Dateとjava.time.LocalDateののAttributeConverterの実装例を示します。

リスト14.69　AttributeConverterの実装例

```java
import javax.persistence.AttributeConverter;
import javax.persistence.Converter;
import java.sql.Date;
import java.time.LocalDate;

@Converter
public class LocalDateAttributeConverter implements AttributeConverter<LocalDate, Date> {
    @Override
    public Date convertToDatabaseColumn(LocalDate localDate) {
        // エンティティのフィールドからDBのカラムへ変換する処理
        return localDate == null ? null : Date.valueOf(localDate);
    }

    @Override
    public LocalDate convertToEntityAttribute(Date date) {
        // DBのカラムからエンティティのフィールドへ変換する処理
        return date == null ? null : date.toLocalDate();
    }
}
```

このコンバーターを使う場合は、**リスト14.70**のようにフィールドに@Convertアノテーションをつけて、使用するコンバーターを指定します。

リスト14.70　コンバーターの指定例

```java
@Entity
public class Employee implements Serializable {
    // ...

    @Convert(converter = LocalDateAttributeConverter.class)
    private LocalDate enteredAt;
    // ...
}
```

AttributeConverterの@ConverterのautoApply属性をtrueにすることで、自動的にコンバーターを適用させることも可能です(**リスト14.71**)。

リスト14.71　コンバーターを自動適用させる方法

```java
@Converter(autoApply = true)
public class LocalDateAttributeConverter implements AttributeConverter<LocalDate, Date> {
    // ...
}
```

```
@Entity
public class Employee implements Serializable {
    // @Convert不要
    private LocalDate enteredAt;
    // ...
}
```

autoApply属性をtrueにしている場合は、すべてのフィールド/プロパティに反映されてしまうことに注意してください。たとえばStringやIntegerからのConverterをautoApply属性をtrueすると影響が大きいです。

AttributeConverterは主キーフィールド、関連のためのフィールドには適用できません。

また@Version、@Enumerated、@Temporalアノテーションがついたフィールドにも適用できないなど、いくつかの制限があります。

14-7 エンティティグラフ

エンティティグラフはその名前から推測される「エンティティのグラフ」というよりもエンティティと属性のひとかたまりのグループのようなものです。

findメソッドやクエリ実行時のフェッチの戦略（EAGERにするかLAZYにするか）をオーバーライドするために利用されます。

エンティティグラフはJPA 2.1で導入されました。エンティティグラフが導入される前は、エンティティの属性ごとにFetchType.EAGERやFetchType.LAZYを付けるか、クエリ内でフェッチ結合を用いることでしかフェッチ戦略を決めることができず、柔軟性に欠けました。エンティティグラフを用いることで、グループ化したエンティティと属性の集合にフェッチ戦略を決めることができ、ユースケースごとにEAGER/LAZYの有効・無効を切り替えられます。

エンティティグラフでは表14.4に示す3つのオブジェクトが登場します。

表14.4 エンティティグラフで用いられるオブジェクト

オブジェクト	内容
エンティティグラフノード	エンティティグラフのルートとなるノードであり、すべての属性やルートに属するサブグラフを含みます
属性ノード	エンティティの属性を表すノード。基本型（プリミティブやそのラッパー、String、Dateなど）の属性ノードはサブグラフを持ちませんが、ネストした関連エンティティや組み込み型の属性ノードはサブグラフを持ちます
サブグラフノード	ルートでないことを除き、エンティティグラフノードと同じです

図14.8を用いて説明します。

図14.8 エンティティグラフの例

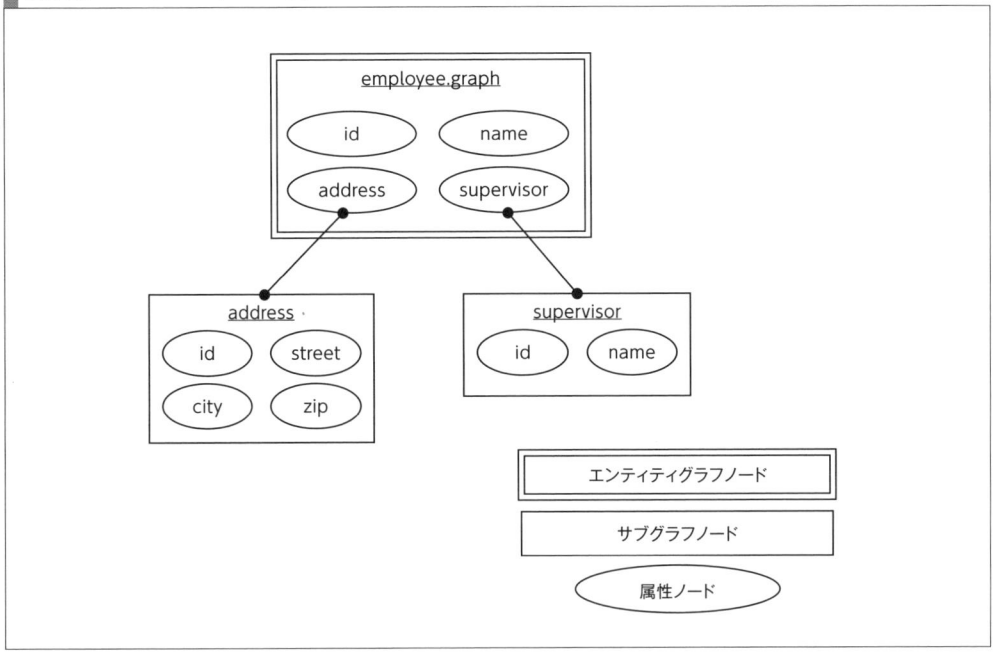

　エンティティグラフはエンティティにアノテーションをつけて静的に定義するか、APIを用いて動的に定義します。
　エンティティグラフの読み込みには「フェッチ」と「ロード」の2種類あり、フェッチはエンティティグラフ内に定義された属性がすべてEAGERで読み込まれ、定義されていない属性はLAZYで読み込まれます。ロードはエンティティグラフ内に定義された属性がすべてEAGERで読み込まれ、定義されていない属性はデフォルトのフェッチ方式（エンティティグラフを使わない場合と同じ）で読み込まれます。

14-7-1　アノテーションによる静的なエンティティグラフの定義

　次にアノテーションによるエンティティグラフを定義する方法を説明します。エンティティグラフノードは@NamedEntityGraphアノテーションを用いて定義します。
　リスト14.72に簡単な例を示します。

リスト14.72　エンティティグラフの定義例

```java
@Entity
@NamedEntityGraph(
    name = "address.graph",
    attributeNodes = {
        @NamedAttributeNode("street"),
        @NamedAttributeNode("city"),
        @NamedAttributeNode("state"),
        @NamedAttributeNode("zip")
    }
)
public class Address {
    @Id
    private Integer id;
    private String street;
    private String city;
    private String state;
    private String zip;
    // ...
}
```

　属性ノードの定義には@NamedAttributeNodeアノテーションを使用します。主キー（@Idや@EmbeddedIdのついた属性）とバージョン（@Versionのついた属性）は自動で属性ノードになります。

　全属性をエンティティグラフノードに含める場合は、**リスト14.73**のように定義することも可能です。

リスト14.73　全属性をエンティティグラフノードに含めるエンティティグラフの定義例

```java
@Entity
@NamedEntityGraph(includeAllAttributes=true)
public class Address {
    @Id
    private Integer id;
    private String street;
    private String city;
    private String state;
    private String zip;
    // ...
}
```

　@NamedEntityGraphに何も指定しない場合は、各属性のデフォルトのフェッチ方式に従います。Addressクラスの属性はすべて基本型なので、何も指定しない場合もincludeAllAttributes=trueを設定する場合も結果的にはすべてデフォルトでEAGERになります。

なお、@NamedEntityGraphsアノテーションを用いて、一つのエンティティに複数のエンティティグラフノードを定義することができます。

もう少し複雑な例を**リスト14.74**に示します。

リスト14.74　複雑なエンティティグラフの定義例

```java
@Entity
@NamedEntityGraph(
    name = "employee.graph",
    attributeNodes = {
        @NamedAttributeNode("name"),
        @NamedAttributeNode(value = "address", subgraph = "address"),
        @NamedAttributeNode(value = "supervisor", subgraph = "supervisor")
    }, subgraphs = {
        @NamedSubgraph(name = "address", attributeNodes = {
            @NamedAttributeNode("street"),
            @NamedAttributeNode("city"),
            @NamedAttributeNode("state"),
            @NamedAttributeNode("zip")
        }),
        @NamedSubgraph(name = "supervisor", attributeNodes = {
            @NamedAttributeNode("name")
        })
    }
)
public class Employee implements Serializable {
    @Id
    private Integer id;
    private String name;

    @ManyToOne // デフォルトでEAGER
    private Department department;

    @OneToMany // デフォルトでLAZY
    private List<Address> address;

    @ManyToOne(fetch = FetchType.LAZY)
    private Employee supervisor;
    // ...
}

// Address, Departmentクラスに@NamedEntityGraphは必要ありません
```

サブグラフノードの定義には@NamedSubgraphアノテーションを使用します。サブグラフの名前をルートノードの@NamedAttributeNodeのsubgraph属性に指定する必要があります。@NamedSubgraphでもサブグラフノード内の属性ノードを@NamedAttributeNodeアノテーションを用いて定義できます。

ここで定義したEmployeeのエンティティグラフを用いて、フェッチまたはロードを行った場合の各属性のフェッチ方式を**表14.5**に示します。

表14.5　エンティティグラフのフェッチ／ロードによる各属性のフェッチ方式

属性名	通常のfind/クエリ	フェッチ	ロード
name	EAGER	EAGER	EAGER
department	EAGER	LAZY[※1]	EAGER
address	LAZY	EAGER	EAGER
supervisor	LAZY	EAGER	EAGER
supervisor.name	-	EAGER	EAGER
supervisor.department	-	LAZY[※1]	EAGER
supervisor.address	-	LAZY	LAZY

※1　Hibernate 4.3の場合はEAGERになります。
　　 https://hibernate.atlassian.net/browse/HHH-8776 将来的にLAZYになる可能性があります。

フェッチとロードの違いは@NamedAttributeNodeで定義しなかった属性の扱いです。

department、supervisor.departmentはフェッチの場合はLAZYになりますが、デフォルトではEAGERの設定なので、ロード時にはEAGERになります。supervisor.addressはデフォルトがLAZYなため、フェッチの場合もロードの場合もLAZYになります。

用途に応じてエンティティグラフを作成することで、柔軟にフェッチ戦略を選択できることがわかります。ただし、EAGERの場合のSQLでJOINが使われるかどうかはJPAの実装依存であるため、エンティティグラフが前述のN+1問題を解決する訳ではありません。

14-7-2　エンティティグラフの使用方法

エンティティグラフは、EntityManagerのメソッドにヒントを与える形で利用可能です。ヒント名はフェッチの場合は"javax.persistence.fetchgraph"(**リスト14.75**)、ロードの場合は"javax.persistence.loadgraph"(**リスト14.76**)です。

リスト14.75　エンティティグラフの使用例（フェッチの場合）

```
EntityGraph<?> graph = entityManager.getEntityGraph("employee.graph");
Map<String, Object> hints = new HashMap<>();
hints.put("javax.persistence.fetchgraph", graph); // フェッチするためのエンティティグラフを指定
Employee employee = entityManager.find(Employee.class, employeeId, hints);
```

リスト14.76　エンティティグラフの使用例（ロードの場合）

```
hints.put("javax.persistence.loadgraph", graph); // ロードするためのエンティティグラフを指定
```

属性がロードされているかどうかはPersistenceUtil.isLoadedでチェックできます（**リスト14.77**）。

リスト14.77　PersistenceUtil.isLoadedでロードされているかどうかをチェック

```
PersistenceUtil util = entityManager.getEntityManagerFactory().getPersistenceUnitUtil();
System.out.println("name        = " + util.isLoaded(employee, "name"));
System.out.println("department  = " + util.isLoaded(employee, "department"));
System.out.println("address     = " + util.isLoaded(employee, "address"));
System.out.println("supervisor  = " + util.isLoaded(employee, "supervisor"));
System.out.println("supervisor.name        = " + util.isLoaded(employee.getSupervisor(), "name"));
System.out.println("supervisor.address     = " + util.isLoaded(employee.getSupervisor(),
                                                    "address"));
System.out.println("supervisor.department  = " + util.isLoaded(employee.getSupervisor(),
                                                    "department"));
```

javax.persistence.fetchgraphの場合は、以下のように出力されます（EclipseLinkのみ）。

```
name                  = true
department            = false
address               = true
supervisor            = true
supervisor.name       = true
supervisor.address    = false
supervisor.department = false
```

javax.persistence.loadgraphの場合は、以下のように出力されます。

```
name                  = true
department            = true
address               = true
supervisor            = true
supervisor.name       = true
supervisor.address    = false
supervisor.department = true
```

JPQLクエリを実行する場合にエンティティグラフを指定する方法は**リスト14.78**のとおりです。

リスト14.78　JPQLでエンティティグラフを指定

```java
EntityGraph<?> graph = entityManager.getEntityGraph("employee.graph");
TypedQuery<Employee> query = entityManager.createQuery("SELECT x FROM Employee x",
                                      Employee.class)
                        .setHint("javax.persistence.fetchgraph", graph);
```

14-7-3　Entity Graph APIによる動的なエンティティグラフの定義

エンティティグラフはAPIでプログラマティックに定義することも可能です。前述のアノテーションで定義したエンティティグラフをAPIを使って作成する方法を**リスト14.79**に示します。

リスト14.79　Entity Graph APIを使用して動的にエンティティグラフを定義する例

```java
EntityGraph<Employee> graph = entityManager.createEntityGraph(Employee.class);
graph.addAttributeNodes("name");

Subgraph<Address> addressSubgraph = graph.addSubgraph("address");
addressSubgraph.addAttributeNodes("street", "city", "zip");

Subgraph<Employee> supervisorSubgraph = graph.addSubgraph("supervisor");
supervisorSubgraph.addAttributeNodes("name");
```

動的なエンティティグラフはMetamodel APIを用いて、タイプセーフに作成することも可能です（**リスト14.80**）。

リスト14.80　Metamodel APIを使ったタイプセーフなエンティティグラフ定義例

```java
EntityGraph<Employee> graph = entityManager.createEntityGraph(Employee.class);
graph.addAttributeNodes(Employee_.name);

Subgraph<Address> addressSubgraph = graph.addSubgraph(Employee_.address);
addressSubgraph.addAttributeNodes(Address_.street, Address_.city, Address_.zip);

// ...
```

14-8 DDL／スキーマ生成

　JPAには起動時に、データーベースのスキーマを生成し、DDLを実行する機能があります。この機能は元々、EclipseLinkやHibernateなどのJPA実装ライブラリが独自に持っていましたが、JPA 2.1から標準化されました。

　スキーマ生成方法は、エンティティクラスのメタデータ（主にアノテーション）を用いて自動生成する方法と読み込まれるSQLスクリプトを明示的に指定する方法があります。

　また、スキーマ生成はDDLスクリプト読み込みだけでなく、書き込みにも対応しています。

　スキーマ生成に関する設定はpersistence.xmlの<properties>タグ内に**表14.6**に示すプロパティを用いて行います。

表14.6　スキーマ生成に関する設定

プロパティ	意味
javax.persistence.schema-generation.database.action	スキーマ生成によるDBの反映を行うかを指定します。指定可能な値はnone（DB反映を行わない）、create（生成のみ行う）、drop-and-create（破棄と生成を行う）、drop（破棄のみ行う）、未指定の場合はnoneになります
javax.persistence.schema-generation.create-source	スキーマ生成のための情報をどこから取得するかを指定します。指定可能な値はmetadata（エンティティクラスから読みこむ）、script（SQLスクリプトから読みこむ）、metadata-then-script（エンティティクラスから読み込んだ後、SQLスクリプトから読みこむ）、script-then-metadata（SQLスクリプトから読み込んだ後、エンティティクラスから読みこむ）、未指定の場合はmetadataになりますが、javax.persistence.schema-generation.create-script-sourceで読みこむスクリプトファイルパスを指定した場合はscriptになります
javax.persistence.schema-generation.drop-source	スキーマ破棄のための情報をどこから取得するかを指定します。指定可能な値はmetadata（エンティティクラスから読みこむ）、script（SQLスクリプトから読みこむ）、metadata-then-script（エンティティクラスから読み込んだ後、SQLスクリプトから読みこむ）、script-then-metadata（SQLスクリプトから読み込んだ後、エンティティクラスから読みこむ）、未指定の場合はmetadataになりますが、javax.persistence.schema-generation.drop-script-sourceで読みこむスクリプトファイルパスを指定した場合はscriptになります
javax.persistence.schema-generation.create-script-source, javax.persistence.schema-generation.drop-script-source	スキーマ生成・破棄のためのスクリプトファイルパスを指定します。ファイルパスはクラスパス相対または絶対パスが指定できます
javax.persistence.schema-generation.scripts.action	スキーマ生成によるSQLスクリプトの書き込みを行うかを指定します。指定可能な値はnone（書き込みを行わない）、create（生成用のスクリプト書き込みのみ行う）、drop-and-create（生成用のスクリプト書き込みと、破棄用のスクリプト書き込みを行う）、drop（破棄用のスクリプト書き込みのみ行う）、未指定の場合はnoneになります
javax.persistence.schema-generation.scripts.create-target, javax.persistence.schema-generation.scripts.drop-target	生成用のスクリプト、破棄生成用のスクリプトの書き込み先ファイルパスを指定します
javax.persistence.sql-load-script-source	スキーマ生成ではありませんが、DDL実行後に初期データを投入するためのスクリプトパスを指定できます

データアクセス層

設定例を示します。スキーマの生成、破棄はエンティティのメタデータから行い、DDL実行後に初期化スクリプト（data.sql）を読み込みたい場合は**リスト14.81**のように設定します。

リスト14.81　初期化スクリプトの指定例

```xml
<?xml version="1.0" encoding="UTF-8"?>
<persistence
    version="2.1"
    xmlns="http://xmlns.jcp.org/xml/ns/persistence"
    xmlns:xsi="http://www.w3.org/2001/XMLSchema-instance"
    xsi:schemaLocation="http://xmlns.jcp.org/xml/ns/persistence
                        http://xmlns.jcp.org/xml/ns/persistence/persistence_2_1.xsd">
    <persistence-unit name="persistenceUnit" transaction-type="JTA">
    <!-- Java SEの場合はtransaction-type="RESOURCE_LOCAL" -->
        <!-- 他の設定は略 -->
        <properties>
            <property name="javax.persistence.schema-generation.database.action"
                      value="drop-and-create"/>
            <property name="javax.persistence.schema-generation.create-source" value="metadata"/>
            <!-- 未指定でも可 -->
            <property name="javax.persistence.schema-generation.drop-source" value="metadata"/>
            <!-- 未指定でも可 -->
            <property name="javax.persistence.sql-load-script-source" value="data.sql"/>
            <!-- クラスパス直下のdata.sql -->
        </properties>
    </persistence-unit>
</persistence>
```

スキーマの破棄はエンティティのメタデータから行い、生成はDDLスクリプト（schema.sql）を用い、そのあと初期化スクリプト（data.sql）を読み込みたい場合は**リスト14.82**のように設定します。

リスト14.82　DDLスクリプトによるスキーマ生成例

```xml
<?xml version="1.0" encoding="UTF-8"?>
<persistence
    version="2.1"
    xmlns="http://xmlns.jcp.org/xml/ns/persistence"
    xmlns:xsi="http://www.w3.org/2001/XMLSchema-instance"
    xsi:schemaLocation="http://xmlns.jcp.org/xml/ns/persistence
                        http://xmlns.jcp.org/xml/ns/persistence/persistence_2_1.xsd">
    <persistence-unit name="persistenceUnit" transaction-type="JTA">
    <!-- Java SEの場合はtransaction-type="RESOURCE_LOCAL" -->
        <!-- 他の設定は略 -->
        <properties>
            <property name="javax.persistence.schema-generation.database.action" value="drop-
```

```xml
                                 and-create"/>
            <property name="javax.persistence.schema-generation.create-source"
                      value="script"/><!-- 未指定でも可 -->
            <property name="javax.persistence.schema-generation.create-script-source"
                      value="schema.sql"/><!-- クラスパス直下のschema.sql -->
            <property name="javax.persistence.schema-generation.drop-source"
                      value="metadata"/><!-- 未指定でも可 -->
            <property name="javax.persistence.sql-load-script-source"
                      value="data.sql"/><!-- クラスパス直下のdata.sql -->
        </properties>
    </persistence-unit>
</persistence>
```

エンティティのメタデータからスキーマ生成用、破棄用のスクリプトを/tmp以下に出力したい場合は、**リスト14.83**のように設定します。

リスト14.83　DDLスクリプトによるスキーマ破棄例

```xml
<?xml version="1.0" encoding="UTF-8"?>
<persistence
    version="2.1"
    xmlns="http://xmlns.jcp.org/xml/ns/persistence"
    xmlns:xsi="http://www.w3.org/2001/XMLSchema-instance"
    xsi:schemaLocation="http://xmlns.jcp.org/xml/ns/persistence
                        http://xmlns.jcp.org/xml/ns/persistence/persistence_2_1.xsd">
    <persistence-unit name="persistenceUnit" transaction-type="JTA">
    <!-- Java SEの場合はtransaction-type="RESOURCE_LOCAL" -->
        <!-- 他の設定は略 -->
        <properties>
            <property name="javax.persistence.schema-generation.scripts.action"
                      value="drop-and-create"/>
            <property name="javax.persistence.schema-generation.scripts.create-target"
                      value="/tmp/create.sql"/>
            <property name="javax.persistence.schema-generation.scripts.drop-target"
                      value="/tmp/drop.sql"/>
        </properties>
    </persistence-unit>
</persistence>
```

スクリプトの書き込みは**リスト14.84**のようにJava SEで実行することも可能です。ここで生成したSQLファイルを読み込み用に使用するのもよいでしょう。

データアクセス層

リスト14.84　Java SEでスクリプト生成例

```java
import javax.persistence.Persistence;
import java.util.Collections;

public class GenScript {
    // このプログラムを実行する場合はtransaction-type="RESOURCE_LOCAL"にする必要があります。
    public static void main(String[] args) {
        Persistence.generateSchema("persistenceUnit" /* persistence-unit名 */,
                            Collections.emptyMap());
    }
}
```

スキーマ生成は開発中に組み込みデーターベースを使用する場合やユニットテストの際に便利です。

14-9　同時実行制御

同じエンティティが並行でアクセスされることはよくあることです。ここでいうエンティティとは同じIDをもつレコードに対するデータのことで、たとえば同じ商品の在庫情報に対して複数のユーザーが同時に更新するということは当然のように起きます。

この際に、並行にトランザクション処理が行われてもアプリケーションとしての整合性を保つため、同時実行制御を考える必要があります。

JPAでは同時実行制御の仕組みとして楽観的ロックと悲観的ロックがサポートされています。楽観的ロックはその名のとおり、基本的には同時にトランザクションが競合しないことを前提に軽量な排他処理を行います。

ロックはトランザクション終了に行われ、期待している状態と異なる場合は例外（OptimisticLockException）がスローされます。

悲観的ロックはRDBMSの機能を用いて、対象の行（リソース）をロックし、他のトランザクションが同じ行を更新することを防ぎます。一般的にはSQL文のSELECT ... FROM UPDATEが使用されます。

競合が少ないユースケースでは楽観的ロックのほうがパフォーマンスに優れますが、頻繁に競合が発生するユースケースでは逆に悲観的ロックのほうが良いです。また、楽観的ロックは同時実行制御を行うのがトランザクションの終了時であるため、競合が発生しうる長い処理は悲観的ロックのほうが適しています。

JPAのロック機構ではデータベースのトランザクション分離レベルがRead Committed[注2]な場合に、Non-Repeatable Readを防ぐような働きをします。

[注2] 同一トランザクション内では同じレコードを何度読み込んでも同じ値を返す。

14-9-1　エンティティのバージョンニングによる楽観的ロック

JPAではエンティティにバージョン情報を付与することで、そのエンティティの更新時に自動的に楽観的ロックを有効にすることができます。バージョン情報を保持するカラムを用意し、@javax.persistence.Versionアノテーションを付与すれば、そのカラムは楽観的ロックによる同時実行制御に用いられます。

リスト14.85に例を示します。

リスト14.85　@Versionの指定例

```
@Entity
public class Employee implements Serializable {
    // ...
    @Version
    private Long version;
}
```

@Versionのついたフィールドは1エンティティにつき1つまでです。サポートされている型はint, long, short, これらのラッパー型、そしてjava.sql.Timestampのみです。Timestamp型（最終更新時刻カラムなど）の使用は推奨されていません。

既存のデータベースを使用し、新たにバージョン用カラムを追加できない場合のみTimestamp型に@Versionアノテーションをつけてください。

@Versionアノテーションを使用した楽観的ロックは自動で行われます。**図14.9**の例ではトランザクション2が、トランザクション終了時に失敗しロールバックされます。

図14.9　トランザクションが同時実行されるケース

```
●トランザクション1                                    ●トランザクション2
tx1.begin();                                          tx2.begin();
// version=1                                          // version=1
Employee e = entityManger.find(Employee.class, 1L);   Employee e = entityManger.find(Employee.class, 1L);
// salary=3000                                        // salary=3000
long salary = e.getSalary();                          long salary = e.getSalary();
e.setSalary(salary + 300);
tx1.commit();  // ①
// salary=3300, version=2
                                                      e.setSalary(salary + 100);
                                                      tx2.commit(); // ②
                                                      // salary=3100, version=2 ==> OptimisticLockException
```

データアクセス層

トランザクション1もトランザクション2もトランザクション開始時はEmployeeのversionが1でしたが、トランザクション1のほうが先にトランザクションが終了し、Employeeのversionは2になりました。①の段階で、

```
UPDATE employee SET salaray=3300, ... ,version=2 WHERE employee_id=1 AND version=1
```

というSQLが実行されます。
一方、トランザクション2も②で次のSQ+実行しようとします。

```
UPDATE employee SET salaray=3100, ... ,version=2 WHERE employee_id=1 AND version=1
```

しかし、データベース上のバージョンが既に2に変わってしまっているため楽観的ロックエラーとして、OptimisticLockExceptionがスローされます。OptimisticLockExceptionがスローされると、そのトランザクションはロールバックするようにマークされます。

なお、versionカラムはJPA側で自動で設定されるため、アプリケーション側から変更してはいけません。

たとえば、特定のバージョンの情報に対して変更をリクエストしていることを表すために、Web画面からバージョン情報を送ってエンティティに設定しても、JPAの楽観的ロックでは通常無視されます。ただし、JPQLやCriteria Queryによる更新ではversionカラムが自動でインクリメントされません。以下のようにクエリ内でインクリメントしてください。

```
UPDATE Employee x SET x.salary=x.salary+300, x.version=x.version+1
```

14-9-2 ロックモード指定による明示的なロック

ここまで自動的に楽観的ロックを行う方法を紹介しましたが、今回は明示的にロックを行う方法を紹介します。明示的なロックではロックを行うタイミングを指定できます。

EntityManagerのfindメソッド、lockメソッド、refreshメソッドまたはQueryのsetLockModeメソッドに対してjavax.persistence.LockModeType列挙型を指定することで、明示的なロックを指定できます。LockModeTypeによって楽観的ロックなのか悲観的ロックなのか、リードロックなのかライトロックなのか、バージョンカラムをインクリメントするのか、と指定できます。

代表的なLockModeTypeを表14.7に示します。

表14.7 ロックモードの種類

ロックモード	説明
OPTIMISTIC	楽観的ロックを使用します
OPTIMISTIC_FORCE_INCREMENT	楽観的ロックを使用します。バージョンカラムをインクリメントします
PESSIMISTIC_READ	悲観的ロックを使用します。リードロックを取得し、他トランザクションからの変更や削除を防ぎます。他のトランザクションはロックされたエンティティを読み取ることはできますが、変更や削除はできません
PESSIMISTIC_WRITE	悲観的ロックを使用します。ライトロックを取得し、他トランザクションからの読み取りや変更、削除を防ぎます
PESSIMISTIC_FORCE_INCREMENT	悲観的ロックを使用します。他トランザクションからの変更や削除を防ぎます。バージョンカラムをインクリメントします

findメソッドでLockModeTypeを指定する方法を以下に示します。読み込みのタイミングでロックを取得できます。

```
Employee employee = entityManager.find(Employee.class, employeeId, LockModeType.PESSIMISTIC_WRITE);
```

Queryに対しては以下のようにLockModeTypeを指定できます。この場合も読み込みのタイミングでロックを取得できます。

```
TypedQuery<Employee> query = entityManager.createQuery("...", Employee.class)
                    .setLockMode(LockModeType.PESSIMISTIC_FORCE_INCREMENT)
```

lockメソッドでLockModeTypeを指定する方法を以下に示します。lockメソッドを用いれば、任意のタイミングでロックを取得できます。

```
entityManager.lock(employee, LockModeType.OPTIMISTIC);
```

■ ロックモード指定による楽観的ロック

楽観的ロックを行う場合はLockModeTypeとしてOPTIMISTICまたはOPTIMISTIC_FORCE_INCREMENTを指定します。

リスト14.86の例では、ある部署内の全従業員の給料の合計値を計算します。

リスト14.86 楽観的ロックの例

```
long totalSalary = 0;
Department department = entityManager.find(Department.class, deptId);
for (Employee employee : department.getEmployees()) {
    entityManager.lock(employee, LockModeType.OPTIMISTIC);
    totalSalary += employee.getSalary(); // オーバーフローはしない前提
}
```

合計値を計算している途中で、別トランザクションによって従業員のデータが更新され、競合が検出された場合はOptimisticLockExceptionがスローされます。この例ではEmployeeエンティティを更新する訳ではありませんが、リードロックを行っています。Employeeエンティティのバージョンカラムは変更されません。

バージョンをインクリメントしたい場合は、OPTIMISTICのOPTIMISTIC_FORCE_INCREMENTを使います。OPTIMISTIC_FORCE_INCREMENTは通常ライトロックに使用されます。

@Versionによる自動的な楽観的ロックとは異なり、更新対象のエンティティ以外のエンティティでも楽観的ロックを行うことができます。なお、@Versionアノテーションをつけなくても楽観的ロックをサポートする永続プロバイダがあるかもしれませんが、仕様では@Versionのあるフィールドがないエンティティに対して楽観的ロックをサポートする必要はないと定められています。

もしも@Versionのないエンティティを楽観的ロックしようとした場合、サポートがされていなければPersistenceExceptionがスローされます。

■ ロックモード指定による悲観的ロック

楽観的ロックがコミットのタイミングまでロックを取得しないのに比べ、悲観的ロックは即座に対象のレコードをロックします。悲観的ロックを行う場合はLockModeTypeとしてPESSIMISTIC_READ、PESSIMISTIC_WRITEまたはPESSIMISTIC_FORCE_INCREMENTを指定します。

リスト14.87の例ではエンティティ取得時にロックを取得します。

リスト14.87　悲観的ロックの例

```
Employee employee = entityManager.find(Employee.class, employeeId,
                                  LockModeType.PESSIMISTIC_WRITE);
long salary = employee.getSalary();
employee.setSalary(salary + 300);
// コミット
```

コミット時にロックは解放され、他のトランザクションからもアクセスすることができるようになります。RDBMSに依りますが、多くの場合findメソッドを実行すると"SELECT ... FOR UPDATE"が発行されます。

パフォーマンスのボトルネックにならないようにロックする範囲をできるだけ小さくしたい場合は、find時にロックを取得するのではなく、**リスト14.88**のように必要なタイミングでrefreshしてロックするのが良いでしょう。

リスト14.88　refreshメソッドで悲観的ロックする例

```
Employee employee = entityManager.find(Employee.class);

//
// 排他する必要のない処理
//

entityManager.refresh(employee, LockModeType.PESSIMISTIC_WRITE);
long salary = employee.getSalary();
employee.setSalary(salary + 300);
```

　LockTypeModeにPESSIMISTIC_READを設定すると、リードロックになります。RDBMSによっては"SELECT ... FOR SHARE"が発行されます。
　LockTypeModeにPESSIMISTIC_FORCE_INCREMENTを設定すると@Versionアノテーションをつけたカラムをインクリメントできます。
　悲観ロック取得待ちのタイムアウトの時間は**リスト14.89**のようにヒントにより設定することも可能です。

リスト14.89　ロック取得待ちタイムアウトの指定

```
// findメソッド実行時にタイムアウト時間を設定する場合
Map<String, Object> hints = new HashMap<>();
hints.put("javax.persistence.lock.timeout", 1000); // タイムアウトを1秒に設定
Employee employee = entityManager.find(Employee.class, employeeId, hints);

// Queryにタイムアウト時間を設定する場合
TypedQuery<Employee> query = entityManager.createQuery("...", Employee.class)
    .setHint("javax.persistence.lock.timeout", 1000); // タイムアウトを1秒に設定
```

　対応しているRDBMSでは"SELECT ... FOR UPDATE WAIT <タイムアウトアウト時間>"が発行されます。**リスト14.90**のように、persistence.xmlを用いてアプリケーションに対して一括でタイムアウト時間を設定することも可能です。

リスト14.90　ロック取得待ちタイムアウトを一括指定

```xml
<?xml version="1.0" encoding="UTF-8"?>
<persistence
    version="2.1"
    xmlns="http://xmlns.jcp.org/xml/ns/persistence"
    xmlns:xsi="http://www.w3.org/2001/XMLSchema-instance"
    xsi:schemaLocation="http://xmlns.jcp.org/xml/ns/persistence
                        http://xmlns.jcp.org/xml/ns/persistence/persistence_2_1.xsd">
    <persistence-unit name="persistenceUnit" transaction-type="JTA">
    <!-- Java SEの場合はtransaction-type="RESOURCE_LOCAL" -->
```

```xml
            <!-- 他の設定は略 -->
            <properties>
                <property name="javax.persistence.lock.timeout" value="3000"/>
                <!-- デフォルトのタイムアウト時間を3秒に設定 -->
            </properties>
    </persistence-unit>
</persistence>
```

データベースからロックの取得に失敗した場合はPessimisticLockExceptionがスローされ、トランザクションはロールバックするようにマークされます。

一方、ロックの取得がタイムアウトになった場合は、LockTimeoutExceptionがスローされますが、PessimisticLockExceptionとは異なりトランザクションがロールバックするようマークされないので、そのトランザクション内で再実行可能です。

タイムアウト時間を0に設定した場合は、あるトランザクションが悲観的ロックを取得している間に他のトランザクションがロックを取ろうとすると即座にLockTimeoutExceptionががスローされます。対応しているRDBMSでは"SELECT ... FOR UPDATE NOWAIT"が発行されます。

タイムアウトの設定はあくまでのヒントであり、RDBMSによって挙動が異なるため、注意してください。特に複数のRDBMSに対応するポータブルなアプリケーションを作成する場合は、このヒントに頼らないほうが良いでしょう。

14-10 キャッシュ

既に説明したとおり、JPAでは永続性コンテキスト中ではエンティティがキャッシュされます。このキャッシュの生存期間は1トランザクションであり、非常に短命です。このキャッシュはレベル1キャッシュと呼ばれます。

これに対して、JPA 2.0からはレベル2キャッシュと呼ばれるEntityManagerFactory単位で共有されるキャッシュも利用可能です。レベル2キャッシュは複数の永続性コンテキストで使用できます。

レベル2キャッシュを有効にするかどうかはpersistence.xmlに<shared-cache-element>タグで設定します。<shared-cache-element>タグに設定可能な値は**表14.8**のとおりです。

表14.8 レベル2キャッシュを有効にするかどうかの指定値

設定値	説明
ALL	すべてのエンティティとその状態がキャッシュされる
NONE	キャッシュされない（L2キャッシュ無効）
ENABLE_SELECTIVE	@javax.persistence.Cacheable(true)アノテーションが付与されたエンティティのみキャッシュされる
DISABLE_SELECTIVE	@javax.persistence.Cacheable(false)アノテーションが付与されていないエンティティのみキャッシュされる
UNSPECIFIED	永続性プロバイダーのデフォルト動作に任せる

キャッシュによる予期せぬ挙動に悩まされるのを避け、必要な箇所だけキャッシュしたい場合はENABLE_SELECTIVEを使用してください。

```
<shared-cache-element>ENABLE_SELECTIVE</shared-cache-element>
```

レベル2キャッシュはjavax.persistence.Cacheインターフェースを通じて、明示的に削除できます。Cacheオブジェクトは**リスト14.91**のようにEntityManagerFactoryから取得できます。

リスト14.91　明示的なキャッシュの削除

```
@PersistenceUnit
EntityManagerFactory emf;

public void update() {
    // ...
    Cache cache = emf.getCache();
    if (cache.contains(Employee.class, employeeId)) {
        // キャッシュが存在する場合の処理
    }
}
```

キャッシュの削除は**リスト14.92**の3つの粒度で行えます。

リスト14.92　キャッシュ削除の粒度

```
// エンティティ(インスタンス)単位で削除
cache.evict(Employee.class, employeeId);
// エンティティクラス単位で削除
cache.evict(Employee.class);
// すべてのキャッシュを削除
cache.evictAll();
```

また、キャッシュからデータを取得するかどうか、データをキャッシュに保存するかどうかはそれぞれ次のヒントでデータアクセス単位で個別設定可能です。

- javax.persistence.cache.retrieveMode
- javax.persistence.cache.storeMode

これらのヒントに設定可能な値（Enum）は**表14.9**、**表14.10**のとおりです。

データアクセス層

表14.9　javax.persistence.cache.retrieveModeに指定可能な値

ヒント値	説明
CacheRetrieveMode.BYPASS	キャッシュを迂回して、直接データベースからデータを取得する
CacheRetrieveMode.USE	キャッシュからデータを取得する（デフォルト）

表14.10　javax.persistence.cache.storeModeに指定可能な値

ヒント値	説明
CacheStoreMode.BYPASS	キャッシュに保存しない
CacheStoreMode.REFRESH	データベースからデータを読み込んだ際、およびデータベースにデータをコミットした際にキャッシュにデータをキャッシュに保存する。既にキャッシュされているデータもキャッシュをリフレッシュする
CacheStoreMode.USE	データベースからデータを読み込んだ際、およびデータベースにデータをコミットした際にキャッシュにデータをキャッシュに保存する。既にキャッシュされているデータはキャッシュをリフレッシュしない（デフォルト）

ヒントは**リスト14.93**のように使用できます。

リスト14.93　キャッシュのヒントの指定例

```
// データ読み込み時にキャッシュに保存しない
TypedQuery<Employee> query = entityManager.createQuery("...", Employee.class)
                            .setHint("javax.persistence.cache.storeMode",
                                    CacheStoreMode.BYPASS);
```

15章 トランザクション管理

トランザクション管理の標準APIであるJTAにより、コードのシンプル化と2相コミットが実現できます。JDBCとの違いを振り返りながら学んでいきましょう。

15-1 トランザクションとは

　トランザクションとは、データの整合性を守るために、これ以上分割できない処理のグループを示します。システム性能を示す単位として良く使われ、『1秒間に10万トランザクション処理可能』のように表現されます。

　1トランザクションが示す処理範囲はアプリケーション自身で定義します。トランザクションの説明で代表例とされる銀行振り込みは、支払い元口座からの出金と、振り込み先口座への入金の両方が完了して1トランザクションです。

　出金または入金のいずれかのみ行われると、口座間のデータの整合性が保てなくなるため、振り込み処理はこれ以上分割できない処理グループです。

　Javaにおいてトランザクションの処理範囲を定義する方法は、主に3つあります。

- Java SEに含まれるJDBCによるトランザクション管理
- Java EEで提供されるJTA (Java Transaction API) によるトランザクション管理
- Java EEで提供されるEJB (Enterprise JavaBeans) によるトランザクション管理

　TomcatやJettyなどの代表的なサーブレットコンテナはJTAを実装していません。GlassFishのようなJTA実装サーバを利用しなくても、JDBCでコミット/ロールバックの操作が可能であるため、JTAがなぜ必要なのか疑問に思う方もいるでしょう。

　はじめにJDBCによるトランザクション管理を振り返り、JDBCでは足りない部分を、Java EEのトランザクション管理機能がどう補完しているのか紹介していきます。

データアクセス層

15-2 JDBCによるトランザクション管理

簡易な注文処理を想定したJDBCによるトランザクション管理のコード例を示します。

リスト15.1のコードでは、ordersテーブルに注文IDとアイテムID、数量を持つレコードを追加します。コネクションはJPAの解説時にも紹介した、GlassFish4がデフォルトで提供するApache Derby向けデータソース『jdbc/__default』より取得しています。

リスト15.1 JDBCによるトランザクション管理

```java
public class OrderDao {

    @Resource(lookup = "jdbc/__default")
    DataSource ds;

    public void submit(int orderId, int itemId, int quantity) {
        // コネクションプールからコネクション取得
        try (Connection conn = ds.getConnection()) {
            // 自動コミットの無効化
            conn.setAutoCommit(false);
            try (PreparedStatement ps = conn.prepareStatement(
                    "INSERT INTO orders (id, itemId, quantity) VALUES (?, ?, ?)")) {
                ps.setInt(1, orderId);
                ps.setInt(2, itemId);
                ps.setInt(3, quantity);
                ps.executeUpdate();

                // トランザクションのコミット
                conn.commit();
            } catch (SQLException e) {
                // executeUpdate実行時またはcommit実行時に
                // 例外が発生した場合はロールバック
                conn.rollback();
                throw new SQLRuntimeException(e);
            } finally {
                // プールに返す前に自動コミット設定を元に戻す
                conn.setAutoCommit(true);
            }
        } catch (SQLException e) {
            throw new SQLRuntimeException(e);
        }
    }
}
```

JDBCによるトランザクション管理は、以下のような流れで実行されます。

① Connection.setAutoCommit (false) による自動コミットの無効化
② PreparedStatement.executeUpdate () により1つ以上の更新SQLを実行
③ 更新成功時はConnection.commit ()によるコミット、例外発生時はConnection.rollback ()よりロールバック

　setAutoCommit (false) を最初に実行するのは、JDBCの仕様上、デフォルトではSQL実行時にコミットされる自動コミットが有効化されているためです。自動コミットの無効化により、複数のSQLを1つのトランザクションで実行し、まとめてコミットまたはロールバックできます。
　トランザクション管理とは直接関連しませんが、コード例に含まれるSQLRuntimeExceptionはJDBCやJava EEに含まれるクラスではなく、**リスト15.2**のようにユーザで作成するクラスです。

リスト15.2　SQLRuntimeExceptionの実装

```
public class SQLRuntimeException extends RuntimeException {
    public SQLRuntimeException(Throwable cause) {
        super(cause);
    }

    public SQLRuntimeException(String msg, Throwable cause) {
        super(msg, cause);
    }
}
```

　JDBCの各メソッドからは、呼び出し元でキャッチまたは再スローが強制される検査例外SQLExceptionがスローされます。DAOクラスの呼び出し元のビジネスロジック実装にSQLExceptionがスローされても、多くの場合エラーロギング以外の対処が困難です。
　DAOクラスの呼び出し元において、throws SQLExceptionのような再スローのコードが繰り返されるのを防ぐために、OrderDaoクラスでは実行時例外SQLRuntimeExceptionに変換してからスローしています。

15-2-1　JDBCによるトランザクション管理の課題

JDBCによるトランザクション管理には、主に2つの課題があります。

- 複数クラスをまたがるトランザクション管理コードが煩雑
- 複数データベースにまたがるトランザクションが実現できない

527

Part 4 データアクセス層

■ JDBCの課題①　複数クラスをまたがるトランザクション管理コードが煩雑

先ほどの例では、1クラスに閉じた範囲で『コネクション取得→SQL実行→コミットまたはロールバック』のトランザクション管理が完結していました。実際のアプリケーションでは1つのトランザクションが複数クラスの処理にまたがる可能性があります。

DBへの注文登録を行うOrderDaoクラスに加えて、注文を受けた商品の在庫を差し引くStockDaoクラスを1つのトランザクションで呼び出すことを考えます。

JDBCによるトランザクション管理では、同じjava.sql.ConnectionインスタンスからexecuteQueryメソッドやexecuteUpdateメソッドを実行することで、同一トランザクションに参加することを表現します。DAOクラスが分離された場合、何らかの手段で同一のConnectionインスタンスを各DAOクラスに渡す必要があります。

たとえば、以下のように各DAOクラス間を調停するOrderServiveクラスを作成し、各DAOクラスへのコネクションの受け渡し、およびコミットとロールバックの管理の役割を持たせます。

アプリケーションは図15.1のような構成になります。

図15.1　アプリケーションのレイヤ構成

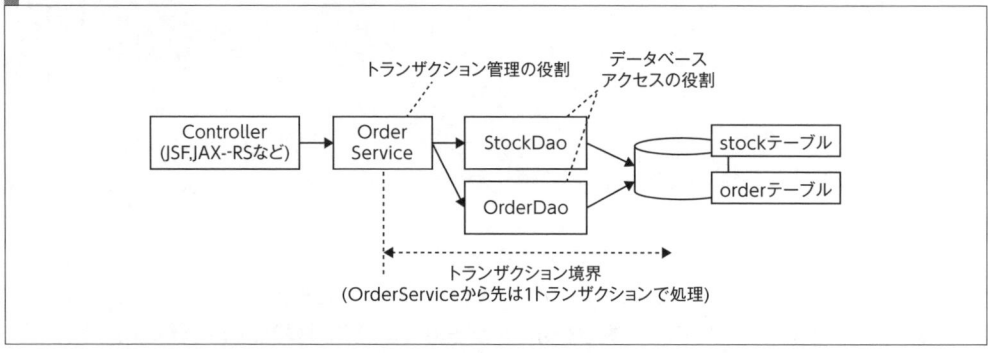

トランザクションはOrderServiceクラスから始まり、OrderServiceクラスでコミットまたはロールバックされます。このようなトランザクションの範囲のことを『トランザクション境界』と呼びます。

OrderServiceクラスのコードはリスト15.3のようになるでしょう。

リスト15.3　トランザクションを管理するServiceクラスの実装例

```
@ApplicationScoped
public class OrderService {

    @Inject
    StockDao stockDao;
```

```java
    @Inject
    OrderDao orderDao;

    @Resource(lookup = "jdbc/__default")
    DataSource ds;

    public void submit(int orderId, int itemId, int quantity) {
        try (Connection conn = ds.getConnection()){
            conn.setAutoCommit(false);

            try {
                stockDao.out(itemId, quantity, conn);
                orderDao.submit(orderId, itemId, quantity, conn);

                // 2つのDao実行が正常終了した場合はコミット
                conn.commit();
            } catch (SQLException e) {
                // どちらかでも失敗した場合はロールバック
                conn.rollback();
                throw new SQLRuntimeException(e);
            } finally {
                conn.setAutoCommit(true);
            }
        } catch (SQLException e) {
            throw new SQLRuntimeException(e);
        }
    }
}
```

OrderServiceクラスのコードにはビジネスロジックと関連しないコードが多く含まれます。

トランザクション管理のようなロジックと関連しないコードはなるべくアプリケーションとして実装したくありません。コード例のような注文処理であれば、在庫が足りなかった場合の振る舞い（自動追加発注 or エラーとして注文を断る）などの、アプリケーション固有のロジックに価値があるため、トランザクション管理のような定型処理はなるべくシンプルにするべきです。

この煩雑さがJDBCによるトランザクション管理の1つ目の課題です。

■ JDBCの課題②　複数データベースにまたがるトランザクションが実現できない

先ほどのOrderServiceクラスのコード例は、StockDaoクラスが操作するテーブルと、OrderDaoクラスが操作するテーブルが同じデータベースに含まれていることを前提としています。

各テーブルが別のマシンのデータベースに含まれる場合、同一マシンの複数インスタンスに分かれている場合などは、JDBCでは複数データベースをまたがるトランザクション管理ができません。JDBCのConnectionインターフェースによるトランザクション管理は、あくまで単一データベースの操作を目的としています。

データアクセス層

複数データベースへのコミットを同期するためには、アプリケーションがJDBCによってデータベースを操作するのではなく、**図15.2**のように2フェーズコミットの仕組みを実装したトランザクションマネージャが必要です。

図15.2　2フェーズコミット

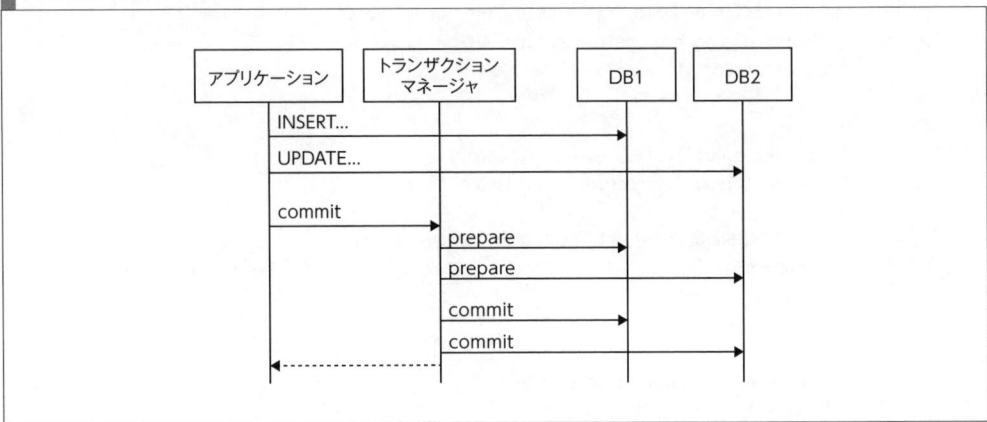

2フェーズコミットでは、コミットをprepareフェーズとcommitフェーズの2つに分割することで、コミットを各データベースに発行している途中のエラー発生に備えます。

トランザクションに参加するすべてのデータベースに対して、prepareフェーズ（コミット準備状態への遷移）が成功した場合のみコミットを実行します。prepareフェーズが1つでも失敗した場合、トランザクションに参加するすべてのデータベースに対してロールバックを発行します。

2フェーズコミットも完全なものではありません。prepareフェーズが成功し、片方のデータベースではcommitフェーズも完了した状態で、もう一方のデータベースに対するcommitフェーズでエラーとなる可能性があります。この場合、トランザクションマネージャはエラーが発生したデータベースへのコミットをリトライし、すべてのデータベースがコミットされるようにリカバリします。2フェーズコミット失敗時の詳細は「**15-6　JTAによるグローバルトランザクション**」のXAリカバリで解説します。

JDBCを利用したJava SE環境や、TomcatやJettyなどのサーブレットコンテナにはトランザクションマネージャの機能がないため、複数データベースにまたがるトランザクションの実現は困難です。これがJDBCによるトランザクション管理の2つ目の課題です。

15-3 JTAの概要

GlassFishなどのJava EE仕様の実装サーバにおいては、前述の課題を解決するために、トランザクションマネージャ機能が提供されています。トランザクションマネージャの仕様とアプリケーションが操作するためのAPIは、JTA（Java Transaction API）により規定されています。

JTAによるトランザクション管理は、**図15.3**の構成で実現されています。

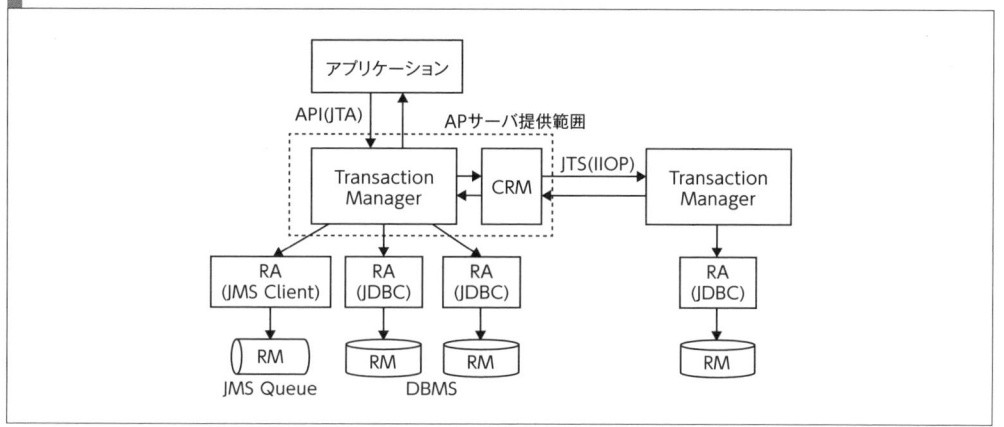

図15.3 トランザクション管理機能の構成

トランザクションマネージャは、アプリケーションとJMSキューやRDBMSなどのデータを管理するリソースマネージャ（RM:Resource Manager）の間を仲介し、コミットやロールバックなどのトランザクション操作をアプリケーションに代わって行います。リソースマネージャとの通信には、JDBCなどのリソースアダプタ（RA:Resource Adapter）を利用します。トランザクションマネージャ自体はJMSキューやDBMSとの具体的な通信方法を持たず、リソースアダプタが実装するjavax.transaction.xa.XAResourceインターフェースを操作して、トランザクションの開始終了を制御します。

アプリケーションはJTAで規定されたAPIにより、トランザクションマネージャを操作します。トランザクションマネージャは以下の機能を提供します。

■ APIやアノテーションによる、トランザクション境界を定義する機能

UserTransaction.begin()、UserTransaction.commit()のようなAPIや@Transactionalによる宣言的トランザクションにより、トランザクション境界を定義する機能を提供します。

トランザクション境界内においては、スレッドごとにトランザクションの状態を管理するトランザクションコンテキストに接続先リソース情報が保存されます。

データアクセス層

　この仕組みにより、同一トランザクションコンテキスト内であれば、複数の異なるクラスでDataSource.getConnection()した後にSQLを実行しても、トランザクション境界の完了時にまとめてコミットされます。

■ X/Open XA仕様の実装による、グローバルトランザクション機能

　X/OpenとはUNIX系システムの互換性を実現するために、各種標準仕様を整備していたコンソーシアムです。2フェーズコミットによる分散トランザクション方式は、1991年にX/Openが『X/Open Distributed Transaction Processing: The XA Specification』として仕様化[注1]されていました。

　X/OpenのXA仕様はC言語向けに作成されているため、各APIの仕様はxa.hのように、ヘッダーファイルとして定義されています。JTAでは一部を除いてXA仕様で定義されている仕様を引き継ぎ、各APIをJavaにマッピングしています。トランザクションマネージャやリソースマネージャといった構成要素は、元々はXA仕様で定義されていたものです。

　トランザクションマネージャは、アプリケーションとJDBCなどのリソースアダプタの間を仲介し、2フェーズコミットによるグローバルトランザクションを実現します。

■ 外部のトランザクションマネージャとの連携機能

　本書では解説しませんが、別のマシンからのリモートEJB呼び出しのトランザクションコンテキストを引き継いで、複数のAPサーバにまたがったトランザクションを実現できます。

　CRM (Communication Resource Manager) は、トランザクションマネージャ間のトランザクション伝搬を行います。

　JTAでは外部へのトランザクション伝搬の詳細は規定されていません。Java EEに含まれるもう1つのトランザクション仕様JTS (Java Transaction Service) で規定されており、CORBAの標準プロトコルであるIIOP (Internet Inter-ORB Protocol) でトランザクション情報をやり取りします。

(注1)　X/Open Distributed Transaction Processing: The XA Specification
https://www2.opengroup.org/ogsys/catalog/c193

15-4 JTAによるトランザクション境界の定義

JTAによるトランザクション境界の定義方法は2種類あります。
1つ目はJava EE 7から導入された@Transactionalによる宣言的トランザクション、2つ目は従来からあるjavax.transaction.UserTransactionインターフェースの操作によるものです。

15-4-1 @Transactionalによる宣言的トランザクション

Java EE 7より、@TransactionalをCDI管理Beanに適用することでトランザクション境界が定義可能となりました。先ほどのコード例で紹介したOrderServiceクラスに@Transactionalを適用すると、**リスト15.4**のようにシンプルなコードが実現できます。

▎リスト15.4　@Transactionalの適用例

```java
import javax.transaction.Transactional;

@Transactional
@ApplicationScoped
public class OrderService {
    @Inject
    StockDao stockDao;

    @Inject
    OrderDao orderDao;

    public void submit(int orderId, int itemId, int quantity) {
        stockDao.out(itemId, quantity);
        orderDao.submit(orderId, itemId, quantity);
    }
}
```

例ではsubmitメソッドの開始時にトランザクションが開始され、例外が発生せずにメソッド終了するとコミットされます。
このように、アノテーションの付与（宣言）によってメソッドの開始と終了を契機に、APサーバが割り込んでトランザクションの開始と終了を制御する機能を『宣言的トランザクション』と言います。
@Transactionをコード例のようにクラスに付与した場合、@PostConstructと@PreDestoryが付与されているライフサイクルメソッドを除く、すべてのメソッドにおいて宣言的トランザクションが有効化されます。

@Transactionalはメソッドにも付与可能です。

たとえば、OrderServiceクラスが更新系メソッドと参照系メソッドを含んでいた場合、クラスレベルに付与すると参照系処理においてもAPサーバのトランザクション管理機能が実行されるため、余分なオーバーヘッドが発生します。

リスト15.5のように、メソッドレベルで@Transactionalで付与することで、不要なトランザクションの発生を防ぎます。

リスト15.5　メソッドレベルの@Transactional適用例

```
// 更新系のみトランザクション境界を設定
@Transactional
public void submit(int orderId, int itemId, int quantity) {
    stockDao.out(itemId, quantity);
    orderDao.submit(orderId, itemId, quantity);
}

// 参照系ではトランザクション境界を設定しない
public Order find(int orderId) {
    return orderDao.find(orderId);
}
```

■JTAとJDBCの連携

JTAトランザクションを利用すると、特定のConnectionインスタンスをDAOクラスに渡して持ち回る必要がなくなります[注2]。

JTAのトランザクションが開始されると、現在のスレッドに対してトランザクションコンテキストが生成され、トランザクションの状態（アクティブ、コミット中、コミット済みなど）や、トランザクションに参加するリソース情報が保存されます。トランザクションが終了するとコンテキストは破棄されます。

JDBCアクセスの場合、DataSource.getConnectionメソッドにより、データソースからコネクションを取得すると、APサーバはトランザクションコンテキストにコネクション情報を保存します。以降同じコンテキスト内でDataSource.getConnectionメソッドを実行すると、同じトランザクションに参加可能なConnectionインスタンスが返されます。

このため、リスト15.6のようにそれぞれのDAOクラスでコネクションの取得が可能です。

JDBCによるトランザクション管理の例ではこの仕組みがなかったため、より上位レイヤのServiceクラスでDataSource.getConnectionメソッドを実行して、DAOメソッド呼び出し時の引数で渡していました。

[注2] GlassFish4.1.1にはバグがあり、JTAとJDBCの連携が動作せず、SQL実行後ただちにコミットされます。この問題は https://github.com/payara/Payara/issues/505 でレポートされています。

Serviceクラスは本来、トランザクション境界の定義だけでなく、ビジネスロジックを実装するレイヤです。ユニットテストを困難にさせるjavax.sql.DataSourceインターフェースなどに対する依存をDAOクラスに集約することで、Serviceクラスが持つロジックのテストコードが書きやすくなる効果があります。

リスト15.6　トランザクション境界中のDAOクラス実装例

```java
@ApplicationScoped
public class StockDao {
    @Resource(lookup = "jdbc/__default")
    DataSource ds;

    public void out(int itemId, int quantity) {
        // getConnection()を契機にJTAトランザクションに参加
        try (Connection conn = ds.getConnection()) {
            // SQL実行処理は省略
        } catch (SQLException e) {
            throw new SQLRuntimeException(e);
        }
    }
}
```

■JTAとJPAの連携

「**13-2　はじめてのJPA**」でも簡単に紹介しましたが、**リスト15.7**のようにpersistence.xmlのtransaction-type属性に"JTA"を設定すると、JPAによるデータベース操作を宣言的トランザクションに参加させることができます。

リスト15.7　persistence.xmlのtransaction-type設定

```xml
<persistence-unit name="persistenceUnit" transaction-type="JTA">
```

はじめてのJPAで紹介したコードの再掲になりますが、**リスト15.8**のコードはクラスレベルで@Transactionalが付与されています。createメソッドの終了後に自動的にコミットされ、例外発生時はロールバックされます。

リスト15.8　JPAの宣言的トランザクション適用例

```java
@ApplicationScoped
@Transactional
public class MessageService {

    @PersistenceContext
    EntityManager entityManager;
```

```java
public Message create(String message) {
    Message entity = new Message();
    entity.setMessage(message);
    entityManager.persist(entity);
    return entity;
}
...
```

　JPAを利用する場合もJDBCと同様に、同一トランザクションコンテキストにおいては、EntityManagerによる操作が同じトランザクションに適用されます。@PersistenceContextで取得したEntityManagerをクラス間で持ち回る必要はありません。

■ @Transactionalのロールバックポリシー

　デフォルトでは、@Transactionalが付与されたクラスやメソッドから実行時例外（java.lang.RuntimeExceptionの継承クラス）がスローされるとロールバックされます。

　注意点は検査例外（java.lang.Exceptionの継承クラス）がスローされても、ロールバックせずにコミットされることです。JDBCの代表的な例外であるjava.sql.SQLExceptionは検査例外であるため、ロールバックの対象外です。ここまでのコード例で何度か出てきているように、SQLExceptionを実行時例外SQLRuntimeExceptionに変換することで対処できます。

　JPAでデータベースアクセスする場合は、異常時にはEntityManagerから実行時例外がスローされるため、例外変換の考慮は不要です。

　@Transactionalのアノテーション要素、rollbackOnとdontRollbackOnを定義することで、ロールバックおよび非ロールバック対象の例外を明示的に指定できます。**リスト15.9**の例では、SQLException、またはSQLExceptionの継承クラスがスローされた場合にロールバックします。

リスト15.9　rollbackOnの適用

```java
@Transactional(rollbackOn = SQLException.class)
@ApplicationScoped
public class OrderService {...}
```

　リスト15.10の例では、ユーザ定義の実行時例外CannotNotifyExceptionがスローされても、ロールバックしないことを示します。

リスト15.10　dontRollbackOnの適用

```
@Transactional(dontRollbackOn = CannotNotifyException.class)
@ApplicationScoped
public class OrderService {...}
```

rollbackOnとdontRollbackOnには複数の例外クラスを指定できます。**リスト15.11**の例では、SQLException、IOException、またはこれらの継承クラスがスローされた場合にロールバックします。

リスト15.11　rollbackOnへの複数クラス適用

```
@Transactional(rollbackOn = {SQLException.class, IOException.class})
@ApplicationScoped
public class OrderService {...}
```

rollbackOnとdontRollbackOnの両方が定義されていた場合、dontRollbackOnが優先されます。**リスト15.12**の例では、IOException以外のすべての例外がロールバック対象となります。

リスト15.12　dontRollbackOnの優先適用

```
@Transactional(rollbackOn = Exception.class, dontRollbackOn = IOException.class)
@ApplicationScoped
public class OrderService {...}
```

■ トランザクション属性

@Transactional(TxType.REQUIRED)のように、アノテーション要素にトランザクション属性を指定することで、既に呼び出し元でトランザクションが開始されていた場合の振る舞いを定義できます。

トランザクション属性は、列挙型であるjavax.transaction.Transactional.TxTypeに定義されており、全部で6種類あります。トランザクション属性の指定がなかった場合のデフォルトはTxType.REQUIREDです。

●TxType.REQUIRED（デフォルト）

呼び出し元でトランザクションが開始されていなかった場合、新たにトランザクションを開始します。トランザクションが開始されていた場合は、トランザクションコンテキストを引き継いで、呼び出し元のトランザクションに参加します。

● TxType.REQUIRES_NEW

呼び出し元でトランザクションが開始されていなかった場合はTxType.REQUIREDと同様に、新たにトランザクションを開始します。

既にトランザクションが開始されていた場合は、現在のトランザクションをsuspend（中断）させ、新しいトランザクションを開始します。新たに生成したトランザクションが完了したら、トランザクションをresume（復元）させ、中断していたトランザクションを再開させます。

● TxType.MANDATORY

トランザクションコンテキスト配下で呼び出されることを必須（MANDATORY）とし、呼び出し元でトランザクションが開始されていなかった場合、javax.transaction.TransactionRequiredExceptionをラップしたjavax.transaction.TransactionalExceptionをスローします。

呼び出し元でトランザクションが開始されていた場合は、TxType.REQUIREDやSUPPORTSと同様に、トランザクションコンテキストを引き継いで実行します。

● TxType.SUPPORTS

呼び出し元でトランザクションが開始されていなかった場合、トランザクションを開始せずにメソッドを実行します。既に開始されていた場合は、トランザクションコンテキストを引き継いで実行します。

● TxType.NOT_SUPPORTED

呼び出し元でトランザクションが開始されていなかった場合は、TxType.SUPPORTSと同様にトランザクションを開始せずにメソッドを実行します。

既にトランザクションが開始されていた場合、現在のトランザクションを中断し、新しいトランザクションを開始せずにメソッドを実行します。メソッド完了後に中断していたトランザクションを再開させます。

● TxType.NEVER

呼び出し元でトランザクションが開始されていなかった場合は何もせず、トランザクションが開始されていた場合はInvalidTransactionExceptionをラップしたTransactionalExceptionをスローします。

■ @Transactionalの仕組み

@Transactionalによる宣言的トランザクションの実態は、CDIの解説で紹介したインターセプタです。**図15.4**のように、APサーバの実装に含まれるインターセプタがメソッド呼び出しに割り込んでトランザクション管理を実現しています。

図15.4 @Transactionalの仕組み

```
呼び出し元クラス → トランザクション開始 → @Transactional → StockDao
              ← commit/rollback      OrderService    OrderDao
              トランザクションインターセプタ
              (APサーバの内部クラス)
```

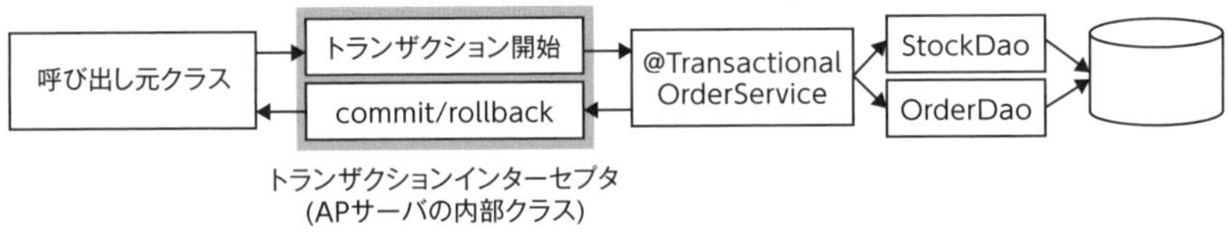

リスト15.13のように、@Transactionalには@InterceptorBindingが付与されており、対応するインターセプタ実装はAPサーバ固有の実装クラスとして提供されています。

リスト15.13 @Transactionalの定義

```
@Inherited
@InterceptorBinding
@Target(value={TYPE,METHOD})
@Retention(value=RUNTIME)
public @interface Transactional
```

GlassFish4.1の場合、**リスト15.14**に示すインターセプタが実装に含まれています。

リスト15.14 @Transactionに対応するGlassFish4.1のインターセプタ実装

```
package org.glassfish.cdi.transaction;

@javax.annotation.Priority(Interceptor.Priority.PLATFORM_BEFORE + 200)
@Interceptor
@javax.transaction.Transactional(javax.transaction.Transactional.TxType.REQUIRED)
public class TransactionalInterceptorRequired extends TransactionalInterceptorBase {
    // メソッド実装は省略
```

@PriorityにPLATFORM_BEFORE + 200が設定されているため、アプリケーションで通常利用するインターセプタ優先度@Priority(APPLICATION)よりも、先に動作するようになっています。PLATFORM_BEFORE + 200の優先度はJTAの仕様で規定されているため、Java EEに準拠しているサーバで共通です。

@Interceptorと@Transactional（javax.transaction.Transactional.TxType.REQUIRED）が付与されているため、デフォルトの@Transactionalに対応するインターセプタ実装クラスであることがわかります。

@TransactionalがCDI管理Beanにのみ適用可能なのは、ここまで紹介したようにインターセプタの仕組みを使って実装されていることが理由です。

■ @Transactionalの注意点

@TransactionalはCDI管理Beanへのインターセプタで実装されているため、**リスト15.15**のようにCDI管理Bean内のメソッド呼び出し時には適用されません。

リスト15.15　クラス内呼び出しにはトランザクションインターセプタが適用されない

```java
public void parent() {
    // 注意:トランザクション境界は設定されない
    child();
}

@Transactional
public void child() {
    entityManager.persist(...);
}
```

リスト15.16のようにクラスを分離して、メソッド呼び出し時のインターセプタを有効化させてください。

リスト15.16　インスタンス間の呼び出しの場合はインターセプタが適用される

```java
public class Parent {
  @Inject
  Child c;

  public void parent() {
      // トランザクション境界は設定される
      c.child();
  }
}
```

ロールバックマーキングの仕組みにも注意が必要です。**図15.5**のように、@Transactionalを付与したクラスが複数のレイヤに渡る場合について考えます。

図15.5 ロールバックマーキング

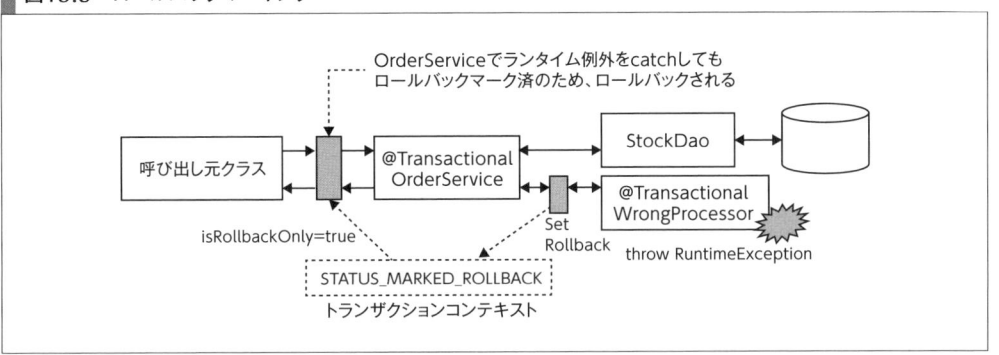

　@Transactionalが付与されたWrongProcessorクラスは、デフォルトのトランザクション属性TxType.REQUIREDにより、OrderServiceクラスで開始されたトランザクションコンテキストを引き継ぎます。

　この状態で、WrongProcessorクラスから実行時例外が投げられると、上位レイヤであるOrderServiceクラスで例外をキャッチしてもOrderServiceクラスのメソッド完了時にロールバックされます。下位レイヤのトランザクションインターセプタで実行時例外が検知された時点で、トランザクション状態がロールバックマーク状態に変更されることが要因です。

　複数のレイヤに@Transactionalを付与せずに、シンプルにServiceクラスのみに付与する規約をチーム内で運用すると、このロールバックマーキングの振る舞いを意識せずに済みます。

15-4-2　UserTransactionによるトランザクション管理

　@Transactionalがメソッド開始から終了までをトランザクション境界とすることに対し、任意の範囲でトランザクション管理を行う場合はjavax.transaction.UserTransactionインターフェースを利用します。

　フレームワークをユーザ自身で実装する場合にUserTransactionは便利ですが、通常は宣言的トランザクションを利用した方がコードがシンプルに保てるためおすすめです。

　リスト15.4で示したコード例を、UserTransactionを利用したAPIによるトランザクション境界設定で実装すると**リスト15.17**のようになります。

データアクセス層

リスト15.17　UserTransactionの利用例

```java
@ApplicationScoped
public class OrderService {
    @Inject
    StockDao stockDao;

    @Inject
    OrderDao orderDao;

    @Inject
    UserTransaction tx;

    public void submit(int orderId, int itemId, int quantity) {
        try {
            // トランザクションの開始
            tx.begin();

            // SQLの実行
            stockDao.out(itemId, quantity);
            orderDao.submit(orderId, itemId, quantity);

            // コミット
            tx.commit();
        } catch (NotSupportedException | SystemException | RollbackException
                | HeuristicMixedException | HeuristicRollbackException |
                SecurityException | IllegalStateException e) {
            try {
                // トランザクションのロールバック
                tx.rollback();
            } catch (IllegalStateException | SecurityException | SystemException ex) {
                System.err.println("rollback failed");
            }
            throw new OrderRuntimeException(e);
        }
    }
}
```

　かつてはJNDIによってAPサーバがインスタンス管理するUserTransactionの実装を取得していましたが、CDIの導入後は@InjectによるDIで取得可能となっています。

　また、@Transactionalと同様にUserTransactionによるトランザクション境界中では、異なるクラスでDataSource.getConnection()しても、同じトランザクションに参加可能なコネクションが返されます。

UserTransactionのbegin、commit、rollbackの各メソッドからは、多様な検査例外が返されます。いくつか重要な例外のみ解説します。その他の例外については、javadocを参照してください(注3)。

SystemExceptionはリソースマネージャから想定していない例外が返って来たことを示し、begin、commit、rollbackのいずれのメソッドからもスローされる可能性があります。JDBCの場合は、データベースからエラー応答が返ってきた場合の多くはSystemExceptionになります。

HeuristicMixedExceptionとHeuristicRollbackExceptionは、commitメソッドの実行時にデータベース側のタイムアウトなどの要因により、コミットまたはロールバックが既に行われていたときにスローされる例外です。このようなトランザクションマネージャの指示を待たずに行われる決定を"ヒューリスティックな決定"と呼びます。ヒューリスティックな決定については「**15-6-2 XAリカバリ**」で解説します。

HeurisicMixedExceptionはヒューリスティックな決定により、コミットされたリソースと、ロールバックされたリソースが混ざって一貫性が保たれなかったことを示します。

HeuristicRollbackExceptionはヒューリスティックな決定により、prepareフェーズが完了していたにも関わらず、トランザクションに参加したすべてのリソースがロールバックされたことを示します。

15-5 トランザクションタイムアウト

トランザクションが長期化すると、トランザクション中に取得したロックが解放されず、システムの同時並行性に影響を与えます。たとえばRDBMSの場合、更新時には行のロックを取るため、他のトランザクションが同じレコードの更新を試みるとロックの解放待ち状態になります。

SQLの応答遅延や、予期しない処理の長期化に備え、トランザクションタイムアウトの設定により開始から一定時間経過したトランザクションを自動的にロールバックできます。

タイムアウト時の挙動はJTA仕様で定義されておらず、APサーバの実装に依存します。GlassFish4の場合、タイムアウトに達すると、該当のトランザクションをロールバックマークし、コミット実行時にjavax.transaction.RollbackExceptionがスローされます。タイムアウト到達後、すぐにロールバックされないことに注意が必要です。

ロールバックマークされた状態で、長時間ユーザにレスポンスが返らない状態を避けるためには、SQLタイムアウト(注4)などの他タイムアウトと組み合わせる必要があります。

(注3) Java EE 7 Specification API : UserTransaction
https://docs.oracle.com/javaee/7/api/javax/transaction/UserTransaction.html
(注4) GlassFish4の場合のSQLタイムアウト設定方法は、Web管理コンソールの[JDBC Connection Pools]-[対象のプール]-[Advanced]タブにある、Statement Timeoutより設定可能です。デフォルトは -1(秒)で無効となっています。

データアクセス層

また、トランザクションタイムアウトの設定方法はJTAで定義されておらず、アプリケーションサーバの実装により異なります。

GlassFish4の場合、Web管理コンソールから設定できます（図15.6）。

① GlassFish起動後、http://localhost:4848/ の管理コンソールにアクセス
② デフォルトのインスタンスを対象とする場合、サイドバーの[Configurations]－[server-config]－[Transaction Service]を選択
③ 図15.6のスクリーンショットのように Transaction Timeout の部分にタイムアウト値（秒）を入力。デフォルトは0（タイムアウトしない）。

図15.6　GlassFish4のトランザクションタイムアウト設定

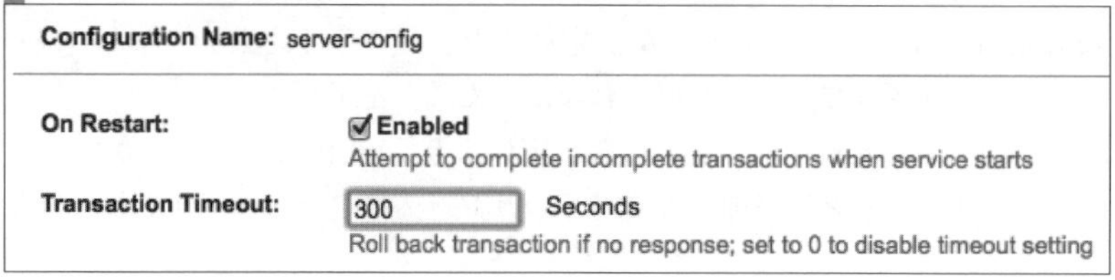

Configuration Name:	server-config
On Restart:	☑ Enabled Attempt to complete incomplete transactions when service starts
Transaction Timeout:	300　Seconds Roll back transaction if no response; set to 0 to disable timeout setting

GlassFishのコマンドラインツール asadmin からも以下のように設定できます。**リスト15.18**のコマンドはUnix系OSを対象としていますが、Windowsの場合は同じディレクトリにあるasadmin.batを実行してください。$GLASSFISH_HOME はGlassFishのzipを展開したディレクトリを示しています。

リスト15.18　asadminによるトランザクションタイムアウトの設定

```
トランザクションタイムアウト値の確認
$GLASSFISH_HOME/glassfish/bin/asadmin get server-config.transaction-service.timeout-in-seconds
server-config.transaction-service.timeout-in-seconds=0                              実際は一行
Command set executed successfully.

トランザクションタイムアウト値の設定
$GLASSFISH_HOME/glassfish/bin/asadmin set server-config.transaction-service.timeout-in-
seconds=300                                                                         実際は一行
server-config.transaction-service.timeout-in-seconds=300
Command set executed successfully.
```

15-6　JTAによるグローバルトランザクション

図15.7に示すように、JDBCでも実現可能な単一リソースのみトランザクションに参加する『ローカルトランザクション』対して、複数のリソースが参加するトランザクションを『グローバルトランザクション』と言います。

図15.7　ローカルトランザクションとグローバルトランザクション

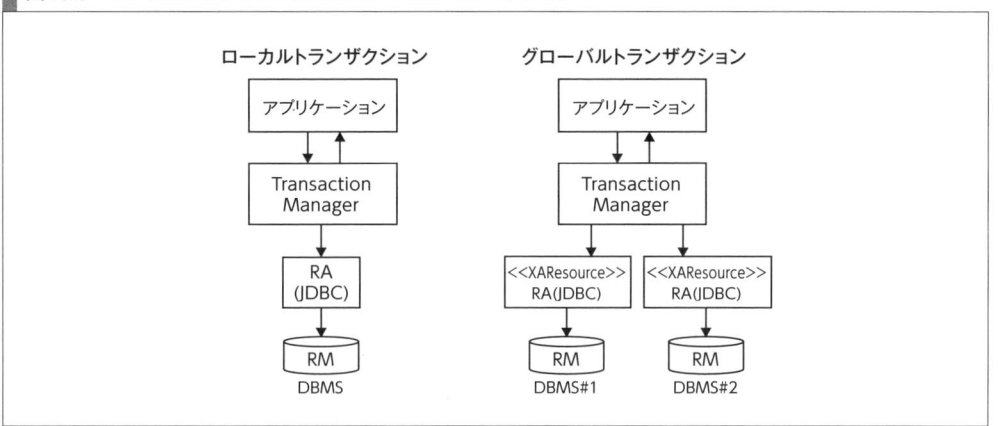

　JTAの仕様上は、@TransactionalおよびUserTransactionによるトランザクションの開始は、『グローバルトランザクション』の開始を示しています。しかし、参照実装であるGlassFish4をはじめ、多くのAPサーバの実装では、ローカルトランザクションもJTAにより制御可能としています。

　ローカル／グローバルトランザクションの制御にAPIの差異はなく、いずれも@TransactionalやUserTransactionによって実現できます。ローカルトランザクションとグローバルトランザクションの区別は、トランザクションに参加するJDBCなどのリソースアダプタによって識別されています。たとえば、トランザクション中にコネクションをjavax.sql.DataSourceインターフェースを実装したプールから取得した場合は、トランザクションマネージャはローカルトランザクションと認識し、Connection.commitメソッドなどのJDBC固有のAPIによってトランザクションを制御します。

　一方で、コネクションをjavax.sql.XADataSourceインターフェースを実装したプールから取得した場合は、トランザクションマネージャはグローバルトランザクションと認識します。XADataSourceとは、グローバルトランザクションに参加可能なXAResourceインターフェースを実装したコネクションを返すデータソースです[注5]。

(注5)　厳密にはXADataSourceは2フェーズコミット対応のコネクションを示すXAConnectionを返しますが、MySQLやPostgreSQLなどの代表的なJDBCではXAConnectionとXAResourceは同じクラスによって実装されています。

15-6-1 グローバルトランザクションとXAResourceインターフェース

グローバルトランザクションでは2フェーズコミットにより、prepareフェーズとcommitフェーズを分けて実行する必要がありますが、JDBCのConnectionインターフェースにはprepareメソッドが含まれていません。

グローバルトランザクションに参加するJDBCやJMSクライアントなどのリソースアダプタは、JTAが規定するjavax.transaction.xa.XAResourceインターフェースが実装されている必要があります。JDBCの場合、前述のとおりXADataSourceからコネクション取得すると、XAResourceを実装したコネクションが取得できます。

XAResourceインターフェースには、グローバルトランザクションにリソースを参加させ（XAResource.startメソッド）、2フェーズコミットなどの制御（XAResource.prepare、XAResource.commitメソッド）を行うためのAPIが規定されています。トランザクションマネージャは、JDBCドライバなどのリソースマネージャごとに実装されたXAResourceインターフェースの操作によって、prepareやcommitを実行します。

たとえばPostgreSQLのJDBCドライバの場合、org.postgresql.xa.PGXAConnectionクラスによりXAResourceインターフェースが実装されています。PostgreSQLの場合の2フェーズコミットは、図15.8に示す流れで実行されます。

図15.8　PostgreSQLの場合の2フェーズコミット

```
   AP          Transaction      <<XAResource>>      <<RM>>
               Manager          PGXAConnection      PostgreSQL

   │UserTransaction│                │                 │
   │.commit()      │                │                 │
   │──────────────▶│                │                 │
   │               │XAResource.prepare(...)           │
   │               │───────────────▶│ PREPARE TRANSACTION
   │               │                │────────────────▶│
   │               │◀───────────────│◀────────────────│
   │               │XAResource.commit(...)            │
   │               │───────────────▶│ COMMIT PREPARED │
   │               │                │────────────────▶│
   │               │◀───────────────│◀────────────────│
   │◀──────────────│                │                 │
```

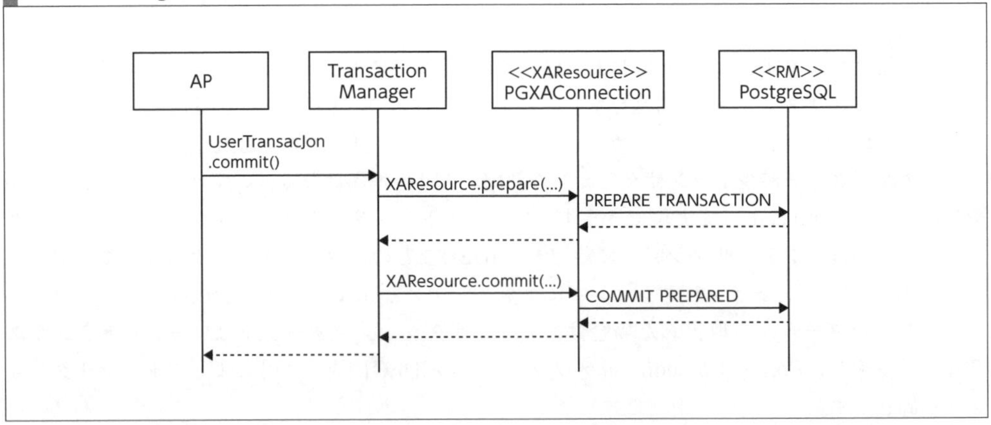

アプリケーションからUserTransaction.commit()を実行するか、または@Transactionalを付与したメソッドを抜けるタイミングで、トランザクションマネージャはXAResourceインターフェースを実装したPGXAConnectionインスタンスを操作し、2フェーズコミットを実現します。PostgreSQLの場合、2フェーズコミットを指示するSQLコマンド『PREPARE TRANSACTION』および『COMMIT PREPARED』がJDBCドライバにより発行されます。

このようなリソース固有のコマンドをトランザクションマネージャは把握しません。XAResourceインターフェースを実装したJDBCドライバ経由で操作を行います。

15-6-2　XAリカバリ

2フェーズコミットの処理の途中でトランザクションマネージャ、またはリソースマネージャがクラッシュすると、一時的にリソース間でトランザクション状態の不整合が発生します。

図15.9はprepareフェーズが正常終了し、commitフェーズの途中で片方のデータベースがクラッシュした場合のシーケンスを示します。

図15.9　XAリカバリ

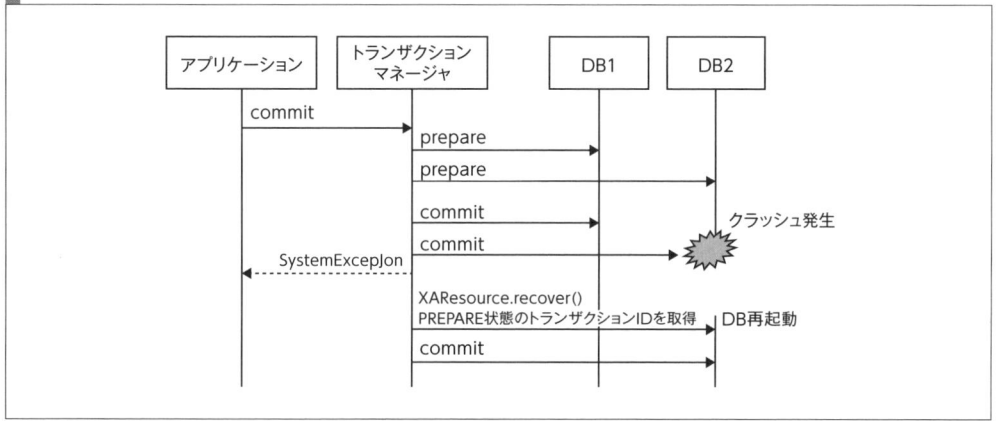

この状況では、DB1はコミットされた状態、DB2はクラッシュによりprepare状態のままコミットもロールバックもされない状況となり、一時的に不整合が発生しています。

トランザクションマネージャは、XAリカバリの仕組みにより、障害などにより一時的に失われたトランザクションの一貫性を可能な限り復旧する機能を持ちます。

トランザクションマネージャは障害に備え、2フェーズコミットの実行中にトランザクションログをファイルに出力し、各リソースのフェーズ実行状態を保存しています。さらにリソースの復旧後、トランザクションマネージャはリソースアダプタが実装するXAResource.recoverメソッドを実行し、クラッシュしたリソースに対してprepare状態のトランザクションIDの一覧を要求します。

取得したprepare状態のトランザクションIDは、トランザクションログよりコミットまたはロールバックの判断が可能です。例ではprepareフェーズが既に完了しているため、トランザクションマネージャは該当のトランザクションをコミットし、リソース間のトランザクションの一貫性を保ちます。

データアクセス層

図のパターン以外にも、以下のようなリカバリパターンがあります。

- 一方のリソースだけprepareが完了し、もう一方のprepareが完了する前にトランザクションマネージャまたはリソースマネージャがクラッシュした場合、リカバリ時はロールバックする
- 両方のprepareが完了してからトランザクションマネージャがクラッシュした場合、リカバリ時はコミットする

リカバリ契機とトランザクションログの実装は、JTA仕様では規定されていないため、APサーバ実装に依存します。

2フェーズコミットは完全に一貫性を保証する仕組みではありません。以下のようなケースでは、XAリカバリによってトランザクションの一貫性が復旧できず、不整合が発生する場合があります。

■ トランザクションログが失われた場合

トランザクションログがファイル破損などにより失われた場合、XAResource.recoverメソッドでprepare状態のトランザクションを取得しても、コミットまたはロールバックの判断できません。GlassFish4の場合、このようなトランザクションはリカバリ時にすべてロールバックします。一方のリソースがクラッシュ前にコミット済みであった場合、一方はコミットされ、一方はロールバックされるため不整合が発生します。

トランザクションログ損失時の不整合を防ぐためには、個々のリソースマネージャにログインして、prepare状態のトランザクションを手動でコミットまたはロールバックする必要があります。

また、トランザクションログを失わないためにも、ログ出力先には注意が必要です。設定はAPサーバの実装に依存しますが、出力先を信頼性のある外部ストレージに設定する、データベースのテーブルにトランザクションログを書き込むなどの対処が考えられます。

■ リソースマネージャによりヒューリスティックな決定がされた場合

prepareフェーズのトランザクションがアクセスしたデータは、ロックが継続して保持されます。ロックを解放するため、タイムアウトやネットワーク切断を契機に、トランザクションマネージャからの指示を待たずに自動的にリソースマネージャがコミットまたはロールバックするケースがあります。

このような状況を"ヒューリステックな決定"と言います。ヒューリステックとは経験則から判断することを意味し、タイムアウトの場合はロールバックするなどの判断を示します。

既にコミット済リソースがある状況で、ヒューリスティックな決定でロールバックが行われると、リソース間でトランザクションの一貫性が損なわれます。

一度コミットまたはロールバックされるとトランザクションは確定するため、修正には別トランザクションでデータ補正する必要があります。

15-6-3　グローバルトランザクションの注意点

グローバルトランザクションはシンプルに扱えて便利ですが、注意点もあります。

■ 性能の劣化

通常のトランザクションでは1回の通信でコミットするところ、2フェーズコミットではトランザクションに参加するすべてのリソースにprepareとcommitの2回に分けて実行するため、オーバーヘッドが掛かります。

また、トランザクション中に更新したレコードはロックを取得し続けるため、幅広いレコードを更新すると並列実行性能にも影響を与えます。

同じタイミングでのコミットが不要な場合は、一度メッセージキューに書き込んで非同期に処理し、1つのトランザクションに多くのリソースが参加しないようにする対処が考えられます。

■ 一貫性を完全に保証するものではない

「15-6-2　XAリカバリ」で紹介したとおり、トランザクションログの消失や、ヒューリスティックな決定により、一貫性が失われる可能性があります。

■ DBサーバ固有の考慮が必要

MySQL5.7.7(2015/4/8)より修正されていますが、MySQLにはXAリカバリ時にprepare済みトランザクションを取得できない不具合がありました[注6]。

また、PostgreSQL8.4以降ではprepare状態にできるトランザクションの最大数を示すmax_prepared_transactionsが0に設定されているため、デフォルトではグローバルトランザクションに参加させることができません。postgresql.confのmax_prepared_transactionsをmax_connections以下の値の範囲で拡大させる必要があります[注7]。

[注6]　http://bugs.mysql.com/bug.php?id=12161 参照
[注7]　https://www.postgresql.jp/document/9.4/html/runtime-config-resource.html#GUC-MAX-PREPARED-TRANSACTIONS 参照

16章 EJB Lite

冗長なコードと避けられたJ2EE時代と異なり、現在のEJB Liteは大幅にシンプル化されています。本章では生まれ変わったEJBを紹介します。

16-1 EJBとは

EJB（Enterprise JavaBeans）とは、トランザクション管理やDI/AOP、非同期処理などの、アプリケーションに必要な共通的な機能を提供するプラットフォームの仕様です。

クラスに対してEJBで定義されたアノテーションを付与してAPサーバにデプロイすると、APサーバによってインスタンス生成と破棄の管理が行われます。APサーバが生成したEJBのインスタンスは、サーブレットやCDI管理Beanなどのコンテナ管理クラスより、@InjectによるDIで取得できます。

リスト16.1の例はもっともシンプルなEJBのコードです。HelloBeanクラスには、フィールドに状態を保持しないため、呼び出しごとに異なるインスタンスが参照されても良いことを示す@Statelessアノテーションを付与しています。@Statelessが付与されたクラスは、クラスレベルで@Transactionalを付与したCDI管理Beanと同様に、宣言的トランザクションが有効化されます。

EJBの呼び出し時は、**リスト16.2**のように@InjectによるDIでAPサーバが管理するインスタンスを取得してメソッドを実行します。

リスト16.1　もっともシンプルなEJB
```java
import javax.ejb.Stateless;

@Stateless
public class HelloBean {
    public String echo(String s) {
        return "hello world! " + s;
    }
}
```

リスト16.2　EJBの呼び出し

```
@Inject
HelloBean helloBean;

public void helloWorld() {
    System.out.println(helloBean.echo("duke"));
}
```

16-1-1　EJB Liteとは

　J2EE1.4以前（EJB2）までは特定のインターフェースの実装が必要なことや、XMLによるデプロイメントディスクリプタの作成が必須であったことから、EJBの利用には煩雑なコードが伴いました。しかし、Java EE 5（EJB3）以降の大幅な仕様改善に伴い、現在はコード例のとおり非常にシンプルなコードで、EJBが利用可能となっています。

　EJB Liteとは、Java EE 6（EJB3.1）から導入された、EJB仕様から良く使われる機能を抽出したサブセット仕様です。

　EJBは度重なる仕様追加により仕様が肥大化しており、新たにEJBを利用する開発者にとって、すべての機能を把握することは難しくなっていました。また、仕様の肥大化により、EJB仕様をすべて満たす新たなAPサーバ開発の参入の障壁が高く、Java EEの特徴である実装サーバの多様化への障害となっていました。

　EJB Liteは、.earまたは.warファイル内のアプリケーション内に閉じた、ローカル呼び出しのみを対象としています。リモートサーバ間でのEJB呼び出し、メッセージキューとの連携（メッセージ駆動Bean）は対象外となっています。

　EJB Liteの機能範囲を表16.1に示します。本書ではEJBの基本と、EJB Liteに含まれる機能の中でもよく使われる機能を解説します。

表16.1　EJB Liteの機能範囲

EJBの機能	EJB Lite	Full EJB API
セッションBean（@Stateless,@Statefull,@Singleton）	○	○
ローカルビジネスインターフェース（@Local）	○	○
リモートビジネスインターフェース（@Remote）	×	○
DI/AOPの適用	○	○
メッセージ駆動Bean（@MessageDriven）	×	○
宣言的トランザクション	○	○
EJBアクセスの認証・認可API	○	○
JAX-WSエンドポイントへのセッションBean適用	×	○
非永続化タイマーサービス	○	○
永続化タイマーサービス	×	○
非同期実行（@Asynchronous）（※1）	○	○

※1　非同期実行（@Asynchronous）は、Java EE 7よりEJB Liteに追加されました。

16-2 セッションBean

セッションBeanは、EJBのコンテナ管理クラスの一種であり、@Injectでインジェクト可能なDI機能や、宣言的トランザクション機能を提供します。

Webアプリケーションの3つのレイヤ、Web層 - サービス層 - データソース層のうち、サービス層の実装に利用し、主にビジネスロジックの実装クラスに適用します。

セッションBeanはインスタンスの状態管理の考え方に応じて、以下の3つの種類が提供されています。

- ステートレスセッションBean
- ステートフルセッションBean
- シングルトンセッションBean

16-2-1 ステートレスセッションBean

ステートレスセッションBeanは呼び出し元ごとの状態を保持しないセッションBeanです。@Statelessアノテーションをクラスレベルに付与します。**リスト16.3**にコード例を示します。

ステートレス、ステートフル、シングルトンセッションBeanの各メソッドには、@Transactionalが付与されたCDI管理Beanと同様の宣言的トランザクションがデフォルトで有効化されています。**リスト16.3**のコード例の場合、entityManager.persistメソッドの実行時にはDBに書き込まれず、saveメソッドの終了時にまとめてコミットされます。

EJBもコンテナ管理クラスの一種であるため、コード例のようにJPAのEntityManagerインスタンスを@PersistenceContextによるDIで取得できます。

リスト16.3 ステートレスセッションBeanの例

```java
import javax.ejb.Stateless;
import javax.persistence.EntityManager;
import javax.persistence.PersistenceContext;

@Stateless
public class AlertService {
    @PersistenceContext
    EntityManager entityManager;

    public void save(List<Alert> alerts) {
        alerts.forEach(entityManager::persist);
    }
}
```

作成したAlertServiceクラスのインスタンス生成と破棄は、APサーバにより自動的に行われます。new演算子で生成して呼び出すと、DIや宣言的トランザクションなど、EJBが提供する機能が動作しません。

コンテナが管理するセッションBeanのインスタンス取得方法は、@Injectまたは@EJBによるDI、またはJNDIルックアップによる2種類があります。JNDIルックアップによる取得については、後述のグローバルJNDI名の解説時に紹介します。

リスト16.4の例は、@InjectによりJAX-RSのエンドポイントクラスからセッションBeanを参照する例です。

リスト16.4　JAX-RSエンドポイントからのセッションBean呼び出し

```java
@ApplicationScoped
@Path("alert")
public class AlertResource {
    @Inject
    AlertService alertService;

    @POST
    @Consumes(MediaType.APPLICATION_JSON)
    public Response create(List<Alert> alerts) {
        alertService.save(alerts);
        return Response.ok().build();
    }
}
```

@Injectによるインジェクト時には、CDIの機能を利用しています。このため、デフォルトでCDIが有効となるJava EE 7対応サーバでは問題になりませんが、Java EE 6対応サーバではbeans.xmlをwarなどのアーカイブに含めていないと@InjectによるDIは動作しません。

このような場合は、リスト16.5のようにJava EE 5から提供されているセッションBean取得用の@EJBアノテーションを利用します。

リスト16.5　@EJBによるセッションBeanの取得

```java
@EJB
AlertService alertService;
```

リスト16.3のコード例において、フィールドにEntityManagerインスタンスを保持していたように、ステートレスセッションBeanは厳密にはステートレスではありません。ステートレスセッションBeanが示す"ステートレス"とは、呼び出し元クライアントごとの状態を持たないことを意図しています。

このため、ステートレスセッションBeanにおいても、以下のようなインスタンスはフィールドに保持されます。

- Logback、Log4jなどの各種ロガーインスタンス
- @Injectで取得した他のEJBや、CDI管理Beanへの参照
- EntityManager、DataSourceなどのコンテナ管理インスタンス

一方で、フィールドにカウンタ情報などのステートを保持してはいけません。

ステートレスセッションBeanでは、呼び出しごとに同じインスタンスが返されることを保証していません。GlassFish4を含む多くの実装サーバでは、セッションBeanのインスタンスプールが実装されており、呼び出し時にはプールから空いているインスタンスが払い出されます。

16-2-2　ステートフルセッションBean

ステートフルセッションBeanはクライアントごとの状態を保持するセッションBeanです。

ここでいう『クライアント』とは、@InjectやJNDIルックアップで取得したセッションBeanへの参照を示します。ステートフルセッションBeanの実装クラスには、**リスト16.6**のように@Statefulアノテーションをクラスレベルで付与します。

リスト16.6　ステートフルセッションBeanの例

```java
import javax.ejb.Stateful;

@Stateful
public class Counter {
    private int count;

    public int add(int delta) {
        return count += delta;
    }
}
```

ステートレスセッションBeanと異なり、@Injectで取得した参照ごとに、繰り返し呼び出すと毎回同じインスタンスが参照されます。**リスト16.7**の例では、フィールド変数counter1、counter2ごとに同じインスタンスが参照されます。状態管理の単位はあくまで呼び出し元の参照ごとで、HTTPセッションではないことに注意が必要です。

16章 EJB Lite

リスト16.7　サーブレットからのステートフルセッションBean呼び出し

```java
@WebServlet("/count")
public class CountServlet extends HttpServlet {

    @Inject
    Counter counter1;

    @Inject
    Counter counter2;

    @Override
    protected void doGet(HttpServletRequest request, HttpServletResponse response)
            throws ServletException, IOException {
        response.setContentType("text/plain;charset=UTF-8");
        PrintWriter out = response.getWriter();
        out.println("counter1: " + count1.add(1));   //=> 1 2 3
        out.println("counter2: " + count2.add(2));   //=> 2 4 6
    }
}
```

■ ステートフルセッションBeanのライフサイクル

　ステートフルセッションBeanは、@Injectまたは@EJBによるDI、JNDIルックアップによるEJBに対する参照の取得時に初期化されます。

　HTTPセッションの破棄と同様に、インスタンス破棄のタイミングは明示的な破棄とタイムアウトの2種類があります。@Removeアノテーションが付与されたメソッドを実行すると、明示的な破棄が行われます。

　先ほどのCounterクラスの実装に、@Removeメソッドを追加した例を**リスト16.8**に示します。

リスト16.8　@Removeの適用例

```java
import javax.ejb.Remove;

@Stateful
public class Counter {
    private int count;

    public int add(int delta) {
        return count += delta;
    }

    @Remove
    public void remove() {
        // リソース解放処理などを実装する
        // 今回の例では処理なし
    }
}
```

555

タイムアウトの設定は、@StatefulTimeoutに設定します。**リスト16.9**の@StatefulTimeout(30)の部分は、30分間対象のステートフルセッションBeanにアクセスがなかった場合、インスタンスが破棄されることを示します。@StatefulTimeoutのアノテーション要素valueの単位は、デフォルトで分を示します。単位を変更する場合は、コメントアウトの例のように、アノテーション要素unitに時間単位を設定します。

リスト16.9　StatefulTimeoutの設定例

```
import javax.ejb.StatefulTimeout;

@Stateful
@StatefulTimeout(30)         //=> 30分
// @StatefulTimeout(value = 1, unit = TimeUnit.HOURS) //=> 1時間
// @StatefulTimeout(value = 1, unit = TimeUnit.DAYS)  //=> 1日
public class Counter {...}
```

タイムアウトのデフォルト値はEJB仕様で定義されておらず、APサーバの実装に依存します。参照実装のGlassFish4の場合、デフォルトのタイムアウトは5400秒です。

■ パッシブ化

ステートフルセッションBeanの特徴的な挙動として『パッシブ化』があります。

パッシブ化とは、LRU方式で長時間参照されていないインスタンスをシリアライズ化して、ディスクなどの外部媒体に書き込む機能です。ライフサイクルが長期に渡るインスタンスが多数存在する場合に、Javaヒープメモリを空けることが目的です。パッシブ化されたインスタンスを再度参照する時は、ディスクなどの媒体から再度Javaヒープメモリにロードします。

Java EE 7より、**リスト16.10**のように、パッシブ化せずにJavaヒープメモリ内にインスタンスを留める設定が可能です。パッシブ化によるディスク書き出しと読み込みはコストが高いため、メモリが潤沢な環境では負荷軽減に有効な設定です。

リスト16.10　パッシブ化の無効化

```
@Stateful(passivationCapable=false)
public class Counter {...}
```

■ ステートフルセッションBeanの並行アクセス

ステートレスセッションBean、ステートフルセッションBean共に、1つのインスタンスに対するマルチスレッドアクセスを許容しないことで、スレッドセーフを実現しています。

ステートレスセッションBeanは、リクエストごとに割り当てられるインスタンスが不定であるため、たとえ並行アクセスがあってもプールから2つのインスタンスを払い出して実行され、

ブロックが発生しません。

　しかしステートフルセッションBeanは、クライアントごとに毎回同じインスタンスを呼び出す必要があります。同一クライアントによる並行アクセスが行われた場合、先発のEJBメソッドが完了するまで、後発のリクエストはブロックされ待ち状態となります。

　ステートフルセッションBeanの最初のコード例**リスト16.6**で、一見するとスレッドセーフではない実装を紹介していたのは、この仕様があるためです。コンテナが単一インスタンスへの並行リクエストをブロックするため、スレッドセーフとなります。

　後発のリクエストはデフォルトで無期限ブロックされますが、@AccessTimeoutアノテーションにより、ブロック時間のタイムアウトを調整できます。

　リスト16.11の例では、リクエストが30秒以上ブロックされた場合、後発リクエストにおいてjavax.ejb.ConcurrentAccessTimeoutExceptionがスローされタイムアウトします。

リスト16.11　並行アクセス時のブロックタイムアウト設定例

```
import javax.ejb.AccessTimeout;

@Stateful
@AccessTimeout(value = 30, unit = TimeUnit.SECONDS)
public class Counter {...}
```

　@AccessTimeoutはメソッド単位で付与できます。クラス、メソッドの両方に@AccessTimeoutが付与されていた場合は、メソッドの設定が優先されます。

■ ステートフルセッションBeanの用途

　ステートフルセッションBeanの用途はあまり多くありません。Webアクセス（HTTP）の場合、クライアントごとの状態管理にはサーブレットのHttpSession、またはCDIの@SessionScopedを利用する方が適切です。

　かつてはSwingやアプレットなど、GUIクライアントからアクセスされるサーバサイドの実装に、リモート呼び出しのステートフルセッションBeanが利用されていました。しかし現在では、専用のクライアントライブラリが必要なリモートEJBはあまり利用されず、GUIクライアントからのアクセスであってもHTTPをベースとしたREST方式が一般的です。

　また、複数APサーバが存在する環境でステートフルセッションBeanを利用すると、HTTPセッションと同様に、状態のサーバ間レプリケーションについて考慮する必要があり、スケールアウトの阻害となります。

　ステートフルセッションBean以外の手段で実装するとコードが必要以上に複雑になる場合、既存資産の流用の都合など、必要性がある場合のみ利用することをおすすめします。

16-2-3　シングルトンセッションBean

シングルトンセッションBeanは、アプリケーションごとに1インスタンスのみ生成されるセッションBeanです。シングルトンセッションBeanの実装クラスには@Singletonアノテーションをクラスレベルで付与します。

EJBの@Singletonでは、ステートレス、ステートフルと同様に宣言的トランザクションがデフォルトで有効化されています。また、後述のアノテーションによる排他制御機能を持っています。

シングルトンセッションBeanのコード例を**リスト16.12**に示します。

リスト16.12　シングルトンセッションBeanの例

```java
import javax.ejb.Singleton;

@Singleton
public class Counter {
    private int count;

    public int add(int delta) {
        return count += delta;
    }

    public int now() {
        return count;
    }
}
```

■ シングルトンセッションBeanの並行アクセス制御

前述の**リスト16.12**のコード例は、一見するとスレッドセーフではないように見えます。しかし、**リスト16.12**のコード例はスレッドセーフです。

シングルトンセッションBeanは、デフォルトではすべてのメソッドに対して排他ロックが掛かっており、ステートフルセッションBeanと同様に単一インスタンスへの並行アクセスをブロックします。デフォルトの排他ロックの他にも、読み込み処理の並行アクセスを許容する、共有ロックの適用が可能です。たとえば現在値の参照のみ行うnowメソッドは、共有ロックに切り替えることで、並行アクセスが可能となります。共有ロックでは、共有ロック同士であれば並行でロック取得が可能です。

共有ロックを利用するためには、@Lock(LockType.READ)を対象のクラスまたはメソッドに付与します。**リスト16.13**のコード例では、nowメソッドに複数のスレッドが並行アクセスが可能です。

デフォルトの排他ロックが適用されるaddメソッドの実行中に、nowメソッドで共有ロックを試みた場合、addメソッドが完了するまでブロックされます。また、nowメソッドの実行による共有ロック中に、排他ロックを取得するaddメソッドを実行した場合もブロックされます。この振る舞いにより、nowメソッドは常に最新のカウント値が参照できます。

▍リスト16.13　共有ロック@Lock(LockType.READ)の適用例

```
import javax.ejb.Lock;
import javax.ejb.LockType;
import javax.ejb.Singleton;

@Singleton
public class Counter {
    private int count;

    public int add(int delta) {
        return count += delta;
    }

    @Lock(LockType.READ)
    public int now() {
        return count;
    }
}
```

このように、シングルトンセッションBeanでは、デフォルトでコンテナによる排他制御が行われています。コンテナ管理によるロックモードはアノテーションで制御可能で、以下の2種類あります。

- @Lock (LockType.WRITE)
  排他ロックを取得し、インスタンスへの並行アクセスをブロックする。オブジェクトの状態を書き込むするときに使用する。デフォルトのロックモード
- @Lock (LockType.READ)
  共有ロックを取得し、共有ロック同士の並行アクセスを許可する。オブジェクトの状態を参照するときに使用する

既にロックが取得されていた状況での共有ロックと排他ロックの違いについて、**表16.2**に示します。

▍表16.2　共有ロックと排他ロックの違い

	共有ロック中	排他ロック中
排他ロック @Lock(WRITE)	ブロック	ブロック
共有ロック @Lock(READ)	アクセス可	ブロック

ロックのタイムアウトはステートフルセッションBeanと同様に@AccessTimeoutアノテーションにより設定します。**リスト16.14**のコード例では、30秒間ロック待ちによりブロックされた場合にタイムアウトし、javax.ejb.ConcurrentAccessTimeoutExceptionがスローされます。

リスト16.14　シングルトンセッションBeanのブロックタイムアウト設定
```
@Singleton
@AccessTimeout(value = 30, unit = TimeUnit.SECONDS)
public class Counter {...}
```

ここまで説明してきたコンテナ管理による排他制御を無効とし、ユーザがsynchnorinizedブロックやjava.util.concurrentパッケージに含まれるクラスにより排他制御を実装できます。

コンテナ管理の排他制御を無効とする場合は、**リスト16.15**のように@ConcurrencyManagement(BEAN)をクラスレベルに付与します。

リスト16.15　コンテナ管理排他制御の無効化
```
import javax.ejb.ConcurrencyManagement;
import javax.ejb.Singleton;
import static javax.ejb.ConcurrencyManagementType.BEAN;

@Singleton
@ConcurrencyManagement(BEAN)
public class Counter {...}
```

@ConcurrencyManagementはシングルトンセッションBeanの排他制御の方式を定義するアノテーションです。デフォルトでは、コンテナ管理による排他制御を示す@ConcurrencyManagement(CONTAINER)が付与された場合と同じ振る舞いになります。

■ @Startupによるアプリケーション起動時初期化

シングルトンセッションBeanの初期化タイミングはAPサーバの実装に依存します。一般的には初回呼び出し時にインスタンス生成され、@PostConstructメソッドが実行されます。

この振る舞いは、@PostConstructの処理がファイルやDBアクセスを含む高コストの処理であった場合、初回リクエスト時の遅延を招きます。アプリケーション起動時に初期処理を行う方が適切です。

シングルトンセッションBeanにはアプリケーション起動時に初期化する機能があります。対象のクラスに@Startupアノテーションを付与すると、アプリケーション起動時にインスタンス生成および@PostConstructメソッドの実行が行われます。

リスト16.16のコード例は、シングルトンセッションBeanが一般的に適用される、アプリケーション固有のパラメータを保持するクラスです。クラス定義に@Startupが付与されているため、initメソッドによるパラメータのロード処理はアプリケーション起動時に実行されます。

リスト16.16　@Startupによるアプリケーション起動時初期化

```java
import javax.ejb.Startup;

@Singleton
@Startup
@Lock(LockType.READ)
public class ApplicationConfig {

    private int orderQuantityLimit;
    private int orderItemsLimit;

    @PostConstruct
    public void init() {
        // プロパティファイルやDBからアプリケーション固有パラメータをロード
        this.orderQuantityLimit = fromFileOrDB("quantityLimit");
        this.orderItemsLimit = fromFileOrDB("itemsLimit");
    }

    // getterメソッドは省略
}
```

複数のシングルトンセッションBeanを@Startupにより起動時に初期化する場合、@DependsOnアノテーションにより順序制御を定義することが可能です。

リスト16.17のコード例では、Firstクラスの@PostConstructメソッドが完了してから、Secondクラスの初期化が開始されます。@DependsOnのアノテーション要素に指定されている"First"はEJB名を示します。デフォルトのEJB名はパッケージ名を除いたクラス名です。

リスト16.17　@DependsOnによる初期化の順序制御

```java
import javax.ejb.DependsOn;

@Singleton
@Startup
public class First {...}

@Singleton
@Startup
@DependsOn("First")
public class Second {...}
```

16-3 クライアントビューとビジネスインターフェース

CDI管理Beanと同様に、EJBにおいてもコンテナ管理インスタンスへのアクセスは、クライアントビューと呼ばれるプロキシを経由します。

宣言的トランザクション機能の組み込みや、ステートレスセッションBeanでインスタンスプールから現在実行中でないインスタンスを参照する仕組みは、このクライアントビューによるプロキシで実現しています。

クライアントビューとセッションBeanインスタンスの構成を図16.1に示します。

図16.1 クライアントビュー

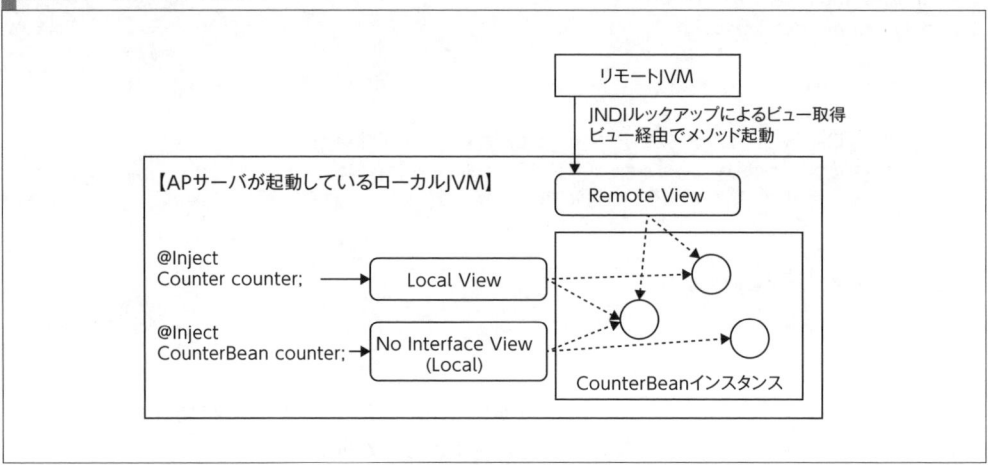

クライアントビューは、アクセス元がローカル限定、リモートアクセス可能の2種類あります。本書で主に解説するEJB Liteでは、ローカルクライアントビューのみ提供しています。

- ローカルクライアントビュー
  ローカルJVM（主にear/warファイル内）からのみアクセス可能なビュー。メソッド呼び出し時の引数は参照渡しとなる。ローカルクライアントビューの一種として、セッションBeanにおいてインターフェースの実装を省略した、No-Interfaceビューがある
- リモートクライアントビュー
  リモートJVM（リモートマシンまたは同一マシン別Javaプロセスからのアクセス）からアクセス可能なビュー。ローカルからのアクセスも可能。メソッド呼び出し時の引数は値渡しとなる。

セッションBeanの実装には、EJB3.0（Java EE 5）まではビジネスインターフェースと呼ばれる、ビジネスロジックのメソッドを定義したインターフェースが必要でした。

先ほどのローカルからのみアクセス可能なステートフルセッションBeanのカウンタ実装は、EJB3.0では**リスト16.18**のように@Localアノテーションを付与したインターフェースと、セッションBeanの実装クラスの2つが必要でした。

リスト16.18　ローカルアクセスのみ可能なセッションBean例

```
import javax.ejb.Local;

@Local
public interface Counter {
    public int add(int delta);
}

@Stateful
public class CounterBean implements Counter {...}
```

ビューの取得には、実装クラスの型は指定できず、**リスト16.19**のようにビジネスインターフェースの型を指定していました。

リスト16.19　ローカルクライアントビューの取得

```
@EJB
Counter counter;
```

EJB3.1（Java EE 6）からはここまで紹介してきたコード例のように、ビジネスインターフェースの省略が可能です。

ビジネスインターフェースを省略したNo-Interfaceビューでは、ローカルアクセスのみ可能です。インターフェースを実装する場合も、ローカルアクセス時は@Localをインターフェースに付与する必要はありません。

No-Interfaceビュー利用時の注意点は、@Localが付与されたビジネスインターフェースが実装されている場合、No-Interfaceビューの利用には明示的に@LocalBeanアノテーションの付与が必要なことです。

たとえば、前述のCounterBeanクラスのように、@Localを持つビジネスインターフェースを実装していた場合、

```
@Inject
CounterBean counterBean;
```

のように実装クラスの型でNo-Interfaceビューを取得するためには、**リスト16.20**のように@LocalBeanをセッションBeanの実装クラスに付与します。

データアクセス層

リスト16.20 @LocalBeanによる明示的なNo-Interfaceビューの公開

```
import javax.ejb.LocalBean;

@Stateful
@LocalBean
public class CounterBean implements Counter {...}
```

16-4 セッションBeanの例外ハンドリング

セッションBeanから投げられる例外は、アプリケーション例外とシステム例外の2種類に区別され、それぞれ例外がスローされたときの振る舞いが異なります。

16-4-1 アプリケーション例外

ビジネスロジック上の事前条件を満たしていない場合に、EJBの呼び出し元に伝えるための例外を示します。たとえば、**リスト16.21**のように在庫が足りない場合にスローする例外は、アプリケーション例外です。

リスト16.21 アプリケーション例外の例

```
@Stateless
public class StockManager {
    public int out(long id, int quantity) throws InsufficientException {
        ...
        if (stock.getNowQuantity() < quantity) {
            // 現在数より出庫依頼が多かった場合は例外
            throw new InsufficientException("id: " + id + ", only " + stock.getNowQuantity());
        }
    }
}
```

すべての検査例外（java.lang.Exceptionの継承クラス）は、アプリケーション例外として扱われます。実行時例外（java.lang.RuntimeExceptionの継承クラス）をアプリケーション例外として扱う場合は、**リスト16.22**のように例外クラスに@ApplicationExceptionアノテーションを付与します。

リスト16.22　実行時例外のアプリケーション例外化

```java
import javax.ejb.ApplicationException;

@ApplicationException
public class InsufficientException extends RuntimeException {...}
```

　アプリケーション例外がセッションBeanからスローされた場合は、宣言的トランザクションはロールバックされません。ロールバックさせたい場合は、**リスト16.23**のように@ApplicationException(rollback = true)を設定します。
　例では実行時例外に付与していますが、検査例外であっても明示的に@ApplicationException(rollback = true)を付与することでロールバックさせることが可能です。

リスト16.23　宣言的トランザクションをロールバックさせるアプリケーション例外

```java
@ApplicationException(rollback = true)
public class InsufficientException extends RuntimeException {...}
```

16-4-2　システム例外

　DBに接続できない、依存先サービスのREST APIが応答しない、OutOfMemoryErrorなどのエラー発生など、アプリケーションでのリカバリが難しい例外を示します。実行時例外[注1]がセッションBeanからスローされた場合はシステム例外として扱われます。
　システム例外がセッションBeanからスローされると、その例外は実行時例外javax.ejb.EJBExceptionでラップされて呼び出し元にスローされることに注意が必要です。
　リスト16.24のコードでは、在庫不足を示すInsufficientExceptionが実行時例外で、かつ@ApplicationExceptionも付与されていない場合、EJBExceptionのcatch節が実行されます。

リスト16.24　システム例外のハンドリング

```java
@ApplicationScoped
@Path("stock")
public class StockResource {
    @Inject
    StockManager stockManager;

    @Path("{id}")
    public Response out(@PathParam("id") long id, @QueryParam("quantity") int quantity) {
        try {
            stockManager.out(id, quantity);
```

[注1]　厳密には検査例外であるjava.rmi.RemoteExceptionもシステム例外に含まれますが、リモートEJB呼び出し時に発生する例外で、ローカル呼び出しのみ使うEJB Liteの範囲では、意識する必要はありません。

Part 4 データアクセス層

```
        } catch (InsufficientException e) {
            // ここには入らない
        } catch (EJBException ejbEx) {
            // ここに入る
            // システム例外の原因となった例外の取得
            Throwable cause = ejbEx.getCause();
            ...
        }
    }
}
```

その他にも、システム例外が発生した場合は以下のような対処がAPサーバにより実行されます。

- 宣言的トランザクションのロールバック
- APサーバログへの例外ロギング（アプリケーションでcatchして明示的にロギングしなくても自動的にロギングされます）
- ステートレス、ステートフルの場合はシステム例外が発生したセッションBeanインスタンスの破棄。シングルトンの場合はインスタンス破棄は行われない

セッションBeanからアプリケーション例外、システム例外がスローされた場合の主な振る舞いを **表16.3** にまとめます。

表16.3 セッションBeanから例外をスローした場合の振る舞い

例外の種類	クライアントにスローされる例外	例外のロギング	ロールバック
デフォルトのアプリケーション例外	アプリケーション例外がそのまま投げられる	しない	しない
ロールバック有効化したアプリケーション例外（@ApplicationException(rollback=true)）	アプリケーション例外がそのまま投げられる	しない	する
システム例外	javax.ejb.EJBExceptionで元の例外がラップされる	する	する

16-5 セッションBeanのコンテナ管理トランザクション機能

セッションBeanに含まれる各メソッドでは、「**15章 トランザクション管理**」で紹介したJTAの@Transactional(TxType.REQUIRED)と同等の宣言的トランザクションが有効化されます。

@TransactionalとCDI管理Beanの組み合わせと異なる点は、トランザクション属性の設定方法です。

トランザクション属性は@TransactionAttributeアノテーションにより設定します。**リスト16.25**のコード例では、更新系メソッドはデフォルト属性のREQUIREDを使用し、トランザクション境界が不要な参照系処理ではSUPPORTSに設定し、必要のないトランザクションを抑止しています。

リスト16.25　セッションBeanのトランザクション属性設定

```
import javax.ejb.Stateless;
import javax.ejb.TransactionAttribute;
import static javax.ejb.TransactionAttributeType.SUPPORTS;

@Stateless
public class OrderService {
    // 更新系はデフォルトのREQUIREDを利用
    public void submit(int orderId, int itemId, int quantity) {
        ...
    }

    // 参照系ではトランザクション境界を設定しない
    @TransactionAttribute(SUPPORTS)
    public Order find(int orderId) {
        ...
    }
}
```

　@TransactionAttributeのアノテーション要素に指定可能な属性は、列挙型であるjavax.ejb.TransactionAttributeTypeに定義されています。

　属性の種類は@Transactinalに指定したTxTypeと同様に、REQUIRED、REQUIRES_NEW、MANDATORY、SUPPORTS、NOT_SUPPORTED、NEVERの6種類で、それぞれが示す意味は@TransactionalのTxTypeと同じです。

　セッションBeanの例外ハンドリングで解説したように、ロールバックポリシーも@Transactionalと同等で、実行時例外（EJBの用語ではシステム例外）がスローされた場合にロールバックし、検査例外（EJBの用語ではアプリケーション例外）ではロールバックしません。

　セッションBeanでは、@Transactional(rollbackOn = Exception.class)のように、宣言的トランザクションの適用クラスにおいてロールバック／非ロールバック例外クラスの定義はできません。ロールバック／非ロールバックの定義はセッションBeanの例外ハンドリングで解説したように、例外クラスに対して@ApplicationException(rollback = false or true)を付与してコントロールします。

　CDI管理Beanを対象とする@Transactionalは、EJBの宣言的トランザクション管理機能をモデルに作られたため、両者は非常に良く似ています。

16-6 グローバルJNDI名

セッションBeanのインスタンス取得方法は、@Injectや@EJBによるDIの他にも、JNDIルックアップによる方法があります。

Java EE 6（EJB3.1）よりセッションBeanのJNDI命名規則が標準化され、どのJava EE実装製品でも同じ名前でルックアップできるようになっています。

EJBの仕様では、名前が参照可能な範囲に応じて、1つのセッションBeanに対して『java:global』『java:app』『java:module』の3種類のプレフィックスを持つJNDI名が割り当てられます。**リスト16.26**にJNDI名のシンタックス、シンタックスに含まれる各項目の意味を**表16.4**に示します。

java:globalは参照範囲を限定しない、グローバルなJNDI名です。本書では解説しませんが、リモートEJBの参照時にはjava:globalから始まるJNDIを参照します。

java:appは同じアプリケーションの範囲で参照可能なJNDI名です。フォーマットからear名が省略されているため、リモートEJBのルックアップのように、earファイル外のクラスからルックアップする時には使えません。

java:moduleは同じモジュールの範囲で参照可能なJNDI名です。モジュールとは、earファイルに含まれる個々のwarやjarファイルのことを示します。フォーマットからear名に加えてモジュール名も省略されているため、同じearファイル内でもwarからjarや、jarファイルを跨いだルックアップ時には使えません。

リスト16.26　java:globalから始まるJNDI名のシンタックス

```
java:global[/<app-name>]/<module-name>/<bean-name>[!<fully-qualified-interface-name>]
java:app/<module-name>/<bean-name>[!<fully-qualified-interface-name>]
java:module/<bean-name>[!<fully-qualified-interface-name>]
```

表16.4　JNDIシンタックスに含まれる各項目の意味

項目	内容
<app-name>	セッションBeanが含まれるearファイル名。セッションBeanがearファイル内のjarまたはwarに含まれていた場合のみ付与され、earファイルでパッケージングされていない時は省略される
<module-name>	セッションBeanが含まれるwarまたはjarファイル名
<bean-name>	対象のセッションBeanの、パッケージ名を取り除いたクラス名。例：jp.co.gihyo.perfectjavaee.EchoBeanクラスの<bean-name>はEchoBean
<fully-qualified-interface-name>	対象のセッションBeanが実装するインターフェースのパッケージ名を含む完全修飾名。セッションBeanがインターフェースを実装していない場合は、！より先は省略される

いくつかの具体例を紹介します。

■例① sample.warにセッションBeanの実装クラスjp.co.gihyo.perfect.javaee.SampleBeanが含まれている場合

以下3つのJNDI名が割り当てられます。

```
java:global/sample/SampleBean
java:app/sample/SampleBean
java:module/SampleBean
```

■例② 例①の条件に加えて、SampleBeanクラスがインターフェースjp.co.gihyo.perfect.javaee.Sampleを実装している場合

以下6つのJNDI名が割り当てられます。

```
java:global/sample/SampleBean
java:app/sample/SampleBean
java:module/SampleBean
java:global/sample/SampleBean!jp.co.gihyo.perfect.javaee.Sample
java:app/sample/SampleBean!jp.co.gihyo.perfect.javaee.Sample
java:module/SampleBean!jp.co.gihyo.perfect.javaee.Sample
```

■例③ 例①の条件に加えて、sample.warがapp.earに含められている場合

java:globalにはearファイル名が加えられたJNDI名が割り当てられます。java:appとjava:moduleは変わりません。

```
java:global/app/sample/SampleBean
java:app/sample/SampleBean
java:module/SampleBean
```

JNDIルックアップのコードは**リスト16.27**のようになります。ステートレスセッションBeanの解説時に紹介した@InjectによりDIでインスタンス取得するコードをJNDIルックアップに置き換えたものです。

データアクセス層

リスト16.27　JNDIルックアップによるセッションBeanの取得と呼び出し
```
// ルックアップ元とセッションBeanが同じwarファイルに含まれることを想定
AlertService alertService = InitialContext.doLookup("java:module/AlertService");

// セッションBeanのメソッド呼び出し
alertService.save(alerts);
```

　JDNIルックアップによるEJBインスタンスの取得は、ユニットテスト時にモックに差し替えにくいため、原則は@Injectによる取得がおすすめです。JNDIルックアップが必要となる場合は、以下のようなケースです。

- ユーザがnew演算子によって生成した、非コンテナ管理インスタンスからセッションBeanを参照したい場合
- ステートフルセッションBean利用時において、システム例外によりインスタンスが破棄されたため、新しいインスタンスのクライアントビューを再取得する必要がある場合
- Java SE環境で動作するスタンドアロンJavaクライアントから、リモートEJBを参照したい場合

16-7　セッションBeanへのインターセプタ適用

　セッションBeanに対しても、CDI管理Beanと同様に、インターセプタバインディングおよび@Interceptorsによるインターセプタ設定が可能です。インターセプタの実装方法については、「**3-8　インターセプタ**」を参照してください。

16-8　EJBタイマーサービス

　EJBタイマーサービスを利用すると、定時起動処理や、特定の時間に1回だけ起動する処理を実現できます。Unix系OSのcronやatコマンドのようなイメージです。
　warアプリケーション中にタイマ定義を含めることができるため、cron追加とwarデプロイの2つのリリース作業が、warデプロイに一元化できるメリットがあります。
　タイマーサービスには、@Scheduleアノテーションによるcronと同様のスケジュール起動のタイマーと、javax.ejb.TimerServiceインターフェースによるAPIによるタイマー設定の2種類が用意されています。

16-8-1 @Scheduleによる定時起動タイマ

@Scheduleによる定時起動タイマは、ステートレスセッションBean、シングルトンセッションBeanに設定できます。ステートフルセッションBeanには@Scheduleは適用できません。

@Scheduleのアノテーション要素にタイマ定義を行い、コールバックして欲しいメソッドに付与します。**リスト16.28**のコード例では、アプリケーション起動後、10秒間隔で標準出力にメッセージを表示します。

リスト16.28　10秒間隔で起動するタイマー

```java
import javax.ejb.Schedule;
import javax.ejb.Singleton;

@Singleton
public class ScheduledTimer {
    @Schedule(hour="*", minute="*", second="*/10")
    public void timeout() {
        System.out.println("10 seconds interval");
    }
}
```

コールバックメソッドには、**リスト16.29**のようにタイマ関連の各種情報を保持するjavax.ejb.Timerを引数に設定できます。

リスト16.29　引数Timerを受け取るコールバックメソッド

```java
@Schedule(hour="*", minute="*", second="*/10")
public void timeout(Timer t) {
    // @Scheduleに設定されているスケジュール情報を取得
    ScheduleExpression schedule = t.getSchedule();
    System.out.println(schedule);     //=> ScheduleExpression [second=*/10;minute=*;hour=*;...

    // 次回のタイマ起動日付時刻を取得
    Date nextTimeout = t.getNextTimeout();
    System.out.println(nextTimeout);  //=> Sat Nov 07 22:33:30 JST 2015
}
```

コード例で指定されているhour（時）、minute（分）、second（秒）以外にも、dayOfMonth（日）、month（月）、dayOfWeek（曜日）の設定が可能です。設定可能な時刻情報の一覧を**表16.5**に示します。

データアクセス層

dayOfMonth以上の単位はデフォルト値が "*" となっており、それぞれ毎日、毎月、毎曜日に実行することを示します。hour以下の単位はデフォルト値が0となっているため、@Schedule(second="10") は、毎日0時0分10秒に実行することを示します。

毎時毎分に実行したい場合は、**リスト16.29**のようにhourとminuteの明示的な指定が必要です。

表16.5　@Scheduleで設定可能な時刻情報一覧

	デフォルト値	設定可能な値
second (秒)	0	0～59の数値
minute (分)	0	0～59の数値
hour (時)	0	0～23
dayOfMonth (日)	*	0～31の数値。
		マイナスから始まる数値。-5は月末より5日前を示す。
		月末日を示す文字列 "Last"。
		[1st, 2nd, 3rd, 4th, 5th, Last]と[Sun, Mon, ... ,Sat]の組み合わせ。dayOfMonth="2nd Sat"は第2土曜日を示す。
month (月)	*	1～12の数値。
		"Jan","Feb","Mar",..."Dec"のような3文字表現。
dayOfWeek (曜日)	*	0～7の数値。0および7は両方とも日曜日を示す。
		"Sun","Mon","Tue",..."Sat"のような3文字表現。

コード例やデフォルト値に書かれている "*" は、取り得る値すべてが設定されていることを示します。second="*" であれば、second="0,1,2,3,..(省略)..,59" のように、すべての値をカンマ区切りで列挙することと同じ意味です。"*"が示すワイルドカード以外にも、**表16.6**のような属性がアノテーション要素に設定可能です。

表16.6　@Scheduleの各項目に設定可能な属性一覧

属性例	名称	意味
hour="*"	ワイルドカード	取り得る値すべてが設定されていることを示す。hour="0,1,2,...,23"のように0～23すべての値がリストされた場合と同じ
dayOfWeek="Mon, Wed, Fri"	リスト	カンマ(,)区切りのOR条件。例は月・水・金曜日を示す
dayOfWeek="Mon-Fri"	レンジ	ハイフン(-)で値の開始値と終了値の範囲を指定。例は月～金曜日の平日を示す
second="*/10"	インクリメント	開始値とインターバルの指定。例は0,10,20,30,40,50の10秒間隔を示す。開始値に*が設定された場合は0とみなされる。second="*/10"は、second="0/10"と同じ意味。second="30/10"の場合は開始値が30になるため、30,40,50が対象

スケジュール定義のいくつかの例を以下に示します。

- @Schedule (minute="2", hour="4")
  毎日4時2分0秒に起動。

- @Schedule (minute="10, 20", hour="4", dayOfWeek="0")
  毎週の日曜日の4時10分と4時20分に起動。
- @Schedule (dayOfWeek="Sun")
  毎週日曜日の0時0分0秒に起動
- @Schedule (hour="*/6", dayOfWeek="Mon-Fri")
  月曜から金曜の間、6時間おきの0分0秒に起動。

1つのクラスに対して、**リスト16.30**のように、複数の@Scheduleでスケジュール化されたメソッドを持つことができます。また、1つのメソッドに対して@Schedulesにより複数のスケジュールを割り当てることも可能です。

リスト16.30　複数スケジュールの定義例

```java
import javax.ejb.Schedule;
import javax.ejb.Schedules;
import javax.ejb.Singleton;

@Singleton
public class ScheduledTimer {
    @Schedule(hour="*", minute="*", second="*/10")
    public void timeout() {
        System.out.println("10 seconds interval");
    }

    @Schedules(
        @Schedule(minute="2", hour="4", dayOfMonth="2nd Sat")
        @Schedule(minute="10", hour="5", dayOfMonth="4th Sat")
    )
    public void multiTimeout() {
        System.out.println("2nd Sat 04:02:00 or 4th Sat 05:10:00");
    }
}
```

16-8-2　TimerServiceによるAPIを用いたタイマ定義

@Scheduleでは、アノテーションにより宣言的にスケジュールを設定していましたが、APIによるタイマー登録も可能です。

タイマの定義は、@ResourceによるDIで取得した、TimerServiceインスタンス経由で行います。

TimerServiceのメソッドによってタイマを登録すると、同じクラスに含まれる@Timeoutアノテーションが付与されたメソッドがコールバック登録の対象となります。@Timeoutが付与されたコールバック対象メソッドは、1クラスに1つのみ含めることが可能で、複数のメソッドに@

Timeoutを付与することはできません。

リスト16.31のコード例では、createIntervalTimerメソッドにより、5秒間隔で定期的に処理するタイマを登録しています。引数のTimerConfigにより、タイマ登録時の処理からコールバックメソッドに任意の値を渡すことも可能です。例では、TimeConfigにより文字列"test message"をコールバックメソッドに渡しています。

登録されたタイマーはTimer.cancelメソッドによりキャンセルできます。リスト16.31の例では、タイマ生成時に返されるTimerインスタンスをフィールドに保持することで、後でキャンセルできるように状態を保持しています。

リスト16.31　TimerServiceによるインターバルタイマの登録

```java
import javax.ejb.Timeout;
import javax.ejb.Timer;
import javax.ejb.TimerConfig;
import javax.ejb.TimerService;

@Singleton
@Startup
public class MannualTimer {

    @Resource
    TimerService timerService;

    private Timer timer;

    @PostConstruct
    public void initTimer() {
        TimerConfig config = new TimerConfig();
        config.setInfo("test message");

        // 第1引数は初回タイマ起動までの時間、第2引数はタイマ間隔(ミリ秒)
        // 第3引数はコンフィグ情報。
        // 今から0秒後より、5000ミリ秒間隔で@Timeoutメソッドを実行
        this.timer = timerService.createIntervalTimer(0, 5000, config);
    }

    @Timeout
    public void timeout(Timer timer) {
        System.out.println(timer.getInfo()); //=> "test message"
    }

    public void cancel() {
        // タイマーのキャンセル
        timer.cancel();
    }
}
```

TimerServiceにはインターバルタイマーの登録の他にも、複数のタイマーが用意されています。

リスト16.32の例では、createSingleActionTimerメソッドにより、1回のみ実行されるタイマーを登録しています。Unix系OSのatコマンドのイメージです。

リスト16.32　1回のみ実行するタイマの登録

```
@PostConstruct
public void initTimer() {
    // 現在から5秒後に1回だけ実行するタイマ。
    // ZoneOffset.ofHours(9)は、日本のタイムゾーンがUTCから時差+9時間を示す
    Instant after5sec = LocalDateTime.now().plusSeconds(5).toInstant(ZoneOffset.ofHours(9));
    this.timer = timerService.createSingleActionTimer(Date.from(after5sec), new TimerConfig());
}
```

リスト16.33の例では、createCalendarTimerメソッドにより、@Scheduleで指定するようなcron風の表記でタイマーを登録しています。スケジュール表記はjavax.ejb.ScheduleExpressionクラスにより表現します。

リスト16.33　ScheduleExpressionクラスによるcron表記のタイマ登録

```
@PostConstruct
public void initTimer() {
    // @Schedule(hour = "*", minute = "*", second = "*/5") と同じ
    ScheduleExpression schedule
        = new ScheduleExpression().hour("*").minute("*").second("*/5");
    this.timer = timerService.createCalendarTimer(schedule, new TimerConfig());
}
```

16-8-3　タイマーの永続化

　GlassFish4などのFull EJB APIを実装しているサーバでは、@ScheduleやTimerServiceによって登録されたタイマー定義は、ファイルやDBに永続化されます。

　EJB Liteではタイマーの永続化はサポートされていませんが、GlassFishやWildFlyなどの代表的なAPサーバは、EJBの仕様をすべて実装しているため、デフォルトでタイマーは永続化されます。GlassFish4の場合、タイマー情報は組み込みDerbyに保存されます。

　タイマーの永続化により、サーバ再起動を実施してもタイマー定義は消えずに保持されます。

　しかし、タイマーの永続化には注意点もあります。以下の図16.2 永続化タイマーの注意点のように、サーバ停止中にタイマーの指定時刻やインターバルに到達していた場合、サーバ再起動後の直後にコールバックメソッドが実行されます。

たとえば夜間バッチなどの用途で永続化タイマーを利用していた場合、1日サーバ停止後の日中帯にサーバ再起動すると、意図しないタイミングでバッチが動作することになります。

図16.2　永続化タイマーの注意点

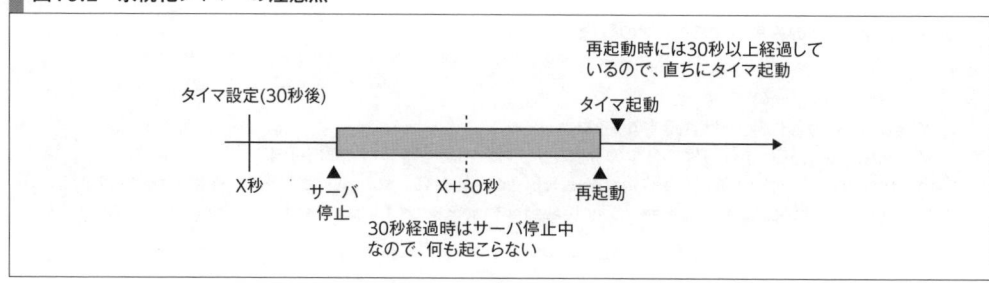

タイマーの永続化はオプション指定により、無効化することも可能です。@Scheduleによるタイマ定義の場合は、**リスト16.34**のようにpersistent=falseを設定します。

リスト16.34　@Scheduleによる非永続化タイマーの登録

```java
@Schedule(hour="*", minute="*", second="*/10", persistent=false)
public void timeout() {
    System.out.println("10 seconds interval");
}
```

TimerServiceによるタイマ定義の場合は、**リスト16.35**のようにsetPersistent(false)を設定したTimerConfigをタイマー定義メソッドの引数に設定します。

リスト16.35　TimerServiceによる非永続化タイマーの登録

```java
public void initTimer() {
    TimerConfig config = new TimerConfig();
    config.setPersistent(false);
    ScheduleExpression schedule
        = new ScheduleExpression().hour("4").minute("2");
    this.timer = timerService.createCalendarTimer(schedule, config);
}
```

16-9　@Aynchronousによる非同期メソッドの実行

@AsynchronousアノテーションをセッションBeanのクラスまたはメソッドに付与すると、メソッドの実行を非同期にできます。

非同期メソッドの返り値型はvoidまたはjava.util.concurrent.Futureです。非同期メソッドから呼び出し元に値を返す時は、FutureインターフェースのAsyncResultを利用します。AsyncResultの型パラメータにより、任意の型を返り値として定義できます。

リスト16.36に非同期EJB呼び出しが可能なセッションBeanの例を示します。

リスト16.36　非同期メソッドの実装例

```java
import java.util.concurrent.Future;
import javax.ejb.AsyncResult;
import javax.ejb.Asynchronous;
import javax.ejb.Stateless;

@Stateless
public class AsyncSessionBean {
    @Asynchronous
    public Future<String> async() {
        // 何らかの時間のかかる処理 ...

        // 任意の返り値型の値を返すことが可能。例はString型。
        return new AsyncResult<String>("hello world!");
    }
}
```

呼び出し元のコード例は**リスト16.37**のとおりです。

呼び出し元コードでは、Future.getメソッドにより結果の取得が可能です。Future.getメソッドは非同期メソッドが完了するまでブロックします。ブロック時間にタイムアウトを設定することも可能です。

非同期メソッドから例外がスローされた場合は、Future.getメソッドの実行時にExecutionExceptionがスローされます。ExecutionExceptionは非同期メソッドからスローされた例外をラップしており、元の例外はgetCauseメソッドにより取得可能です。

データアクセス層

リスト16.37　非同期メソッドのクライアントコード

```java
@Stateless
public class CallAsyncBean {
    @Inject
    AsyncSessionBean asyncBean;

    public void callAsync() {
        Future<String> future = asyncBean.async();

        // 非同期メソッド実行中の間、他の処理を実行...

        try {
            // 非同期メソッド完了までブロックされる
            String result = future.get();

            // ブロック時間にタイムアウトを設定したい場合。例は10秒でタイムアウト。
            // future.get(10, TimeUnit.SECONDS);
        } catch (InterruptedException e) {
            // future.get()の待機中に、他スレッドからThread.interrpt()された場合
        } catch (ExecutionException execEx) {
            // 非同期実行メソッドから例外がスローされた場合
            Throwable th = execEx.getCause();
        }
    }
}
```

16-9-1　非同期メソッドのキャンセル

　非同期メソッドのキャンセルは、Future.cancelメソッドの実行により可能です。**リスト16.38** にコード例を示します。cancelメソッドの引数にfalseを設定した場合は、非同期メソッドがまだ実行されていない場合のみ、キャンセルを試みます。キャンセルに成功すると**true**が返されます。
　cancelメソッドの引数にtrueを設定した場合は、非同期メソッド側でキャンセル要求が来ているか確認するSessionContext.wasCancelCalledメソッドにおいて、**true**が返されるようになります。

リスト16.38　非同期メソッド呼び出し側からのキャンセル要求

```java
@Stateless
public class CallAsyncBean {
    @Inject
    AsyncSessionBean asyncBean;

    public void callAsync() {
```

```
        Future<String> future = asyncBean.async();

        // cancelメソッドの引数にfalseが設定された場合、
        // 非同期メソッドがまだ実行されていなかった場合はキャンセルされる。
        // 既に実行中の場合はキャンセルされない。
        boolean canceled = future.cancel(false);

        // trueが設定されていた場合は、非同期メソッド側でSessionContext.wasCancelCalled()
        // を呼び出した時に、trueが返り、キャンセル要求が検知できる(詳細は後述)。
        // boolean canceled = future.cancel(true);
        ...
    }
}
```

実行中タスクをキャンセルしたい場合は、**リスト16.39**のようにSessionContext.wasCancelCalledメソッドにより、Future.cancel(true)が実行されたことを検知するコードを非同期クラス側に盛り込む必要があります。

Future.cancel(true)は、非同期セッションBean呼び出しにおいては、wasCancelCalledメソッドからtrueが返されるようになるだけの仕組みです。Thread.interrptメソッドにより割込みを掛けたり、実行中のタスクを強制的に停止させることはしません。

たとえば、SQLクエリのハングアップによる遅延では、Future.cancel(true)によりタスクをキャンセルさせることができません。executeQueryメソッドの応答待ち中には、SessionContext.wasCancelCalledメソッドを実行できないためです。Statement.setQueryTimeoutメソッドや、APサーバ固有のSQLタイムアウト機能を利用する必要があります。

リスト16.39 キャンセルに対応した非同期メソッドの実装

```
import javax.ejb.SessionContext;
import java.util.concurrent.CancellationException;

@Stateless
public class AsyncSessionBean {
    @Resource
    SessionContext context;

    @Asynchronous
    public Future<String> async() {
        // 呼び出し元でFuture.cancel(true)が実行されると、
        // wasCancelCalled()からもtrueが返される
        if (context.wasCancelCalled()) {
            throw new CancellationException("cancel detected.");
        }
    }
}
```

16-9-2 非同期メソッドのトランザクションコンテキスト

@Asynchronousが付与された非同期メソッドには、呼び出し元で既に開始されていたトランザクションは引き継がれません。非同期メソッド開始に伴い、新たにトランザクションは開始されます。

メソッドに@Asynchronousが付与されていても、デフォルトのREQUIRED属性相当の宣言的トランザクションは他のセッションBeanと同様に有効となっています。

COLUMN

CDIとEJBの使い分け

ここまで紹介してきたように、CDI管理BeanとEJBセッションBeanの機能は類似するものが多いです。

表Aに機能の比較をまとめていますが、CDIの特徴はリクエスト、セッションなどのスコープを考慮した状態管理が可能なことです。EJBのステートフルセッションBeanは、スコープに沿った状態管理ができないため、Webアプリケーション(特にJSF)との相性が悪く、CDI導入の動機となりました。

シンプルにWebアプリケーションを実装する分には、EJBを一切使わなくてもJava EEアプリケーションの実装が可能です。かつてはビジネスロジックの実装はEJBに行いましたが、CDI管理BeanにおいてもDI/AOPが利用できるため、CDI管理Beanで十分でしょう。一方で、タイマーや非同期メソッド実行など、まだEJBでしか実現できない機能もあります。EJB固有の機能が必要な場合は、セッションBeanで実装すると良いと思います。

Java EEの近年の傾向として、機能が肥大化しすぎていたEJB仕様から、独立した仕様を分離し、CDI管理Beanでも利用できるように整理する動きがあります。かつてEJB仕様の一部であったインターセプタ仕様の分離や、JTAへの@Transactionalの導入がその代表例です。

Java EE 7ではまだEJBでしか実現できない機能が残っていますが、EJB固有機能は徐々に縮小していくと考えられます。

表A　CDIとEJBの機能比較

機能	CDI	EJB
@InjectによるDI	○	○
インターセプタの適用	○	○
宣言的トランザクション	○	○
@NamedによるEL式連携	○	○
スコープ	○	×
@Startupによるデプロイ時初期化	×	○
タイマーサービス	×	○
非同期メソッド実行	×	○
リモート呼び出し[※1]	×	○
メソッドへの認証・認可設定(@RunAsなど)[※1]	×	○
メッセージ駆動Bean[※1]	×	○

※1　本書では解説していない機能です。

付録  JSP

A-1 JSPとは

JSPはJavaの構文をそのままテンプレート言語として書けるビュー仕様として始まりました。主にHTML生成のために使います。現在のJSPの主流はカスタムタグです。カスタムタグの標準ライブラリがJSTLです。JSTLおよびカスタムタグ活用に必須のELについては本文を参照してください。

JSPの文法

JSPファイルは動的に変化する部分と不変な部分で構成されます。本書では前者を動的コンテンツ、後者を静的コンテンツと呼びます。JSPには動的コンテンツを記述する構文(**表A.1**)があり、それ以外のJSPファイル中のテキストはすべて静的コンテンツとして解釈されます。

表A.1 JSPの構文

名前	文法
ディレクティブ	<%@ ... %>
コメント	<%-- ... --%>
スクリプト	<% ... %>、<%= ... %>、<%! ... %>
アクション	<foo:bar ...>
EL (Expression Language)	${...}

■ ディレクティブ

ディレクティブはページのメタ情報やページ生成処理に必要な情報を指定します。

```
<%@ ディレクティブ 属性名=値 属性名=値 ... %>
```

よく使用するディレクティブを**表A.2**にまとめます。これら以外はJSPリファレンスを参照してください。

JSP

表A.2 JSPのディレクティブ

ディレクティブ名	説明	具体例
page	出力するページのメタ情報を指定	`<%@ page pageEncoding="utf-8" contentType="text/html; charset=utf-8" %>`
taglib	タグライブラリの使用を宣言	`<%@ taglib prefix="c" uri="http://java.sun.com/jsp/jstl/core" %>`
include	他のJSPを取り込む	`<%@ include file="header.jsp" %>`

■ スクリプト

スクリプトは、Javaコードでページ生成処理を記述する構文です（**表A.3**）。

表A.3 スクリプト

名称	文法	説明
スクリプトレット	`<% 任意のJavaコードの断片 %>`	Javaコードを実行して出力ストリームoutへの出力文字列を出力
式	`<%= 任意のJavaの式 %>`	Javaの式を評価して、評価値の文字列表現を出力
宣言	`<%! Javaの宣言 %>`	他のスクリプトで使うメソッドやフィールドを宣言

■ アクション

アクションは次の構文で記述します。

```
<接頭辞:タグ名 属性名=値 属性名=値 .../>
<接頭辞:タグ名 属性名=値 属性名=値 ...>ボディ</接頭辞:タグ名>
```

接頭辞とタグ名でアクションが一意に決まります。使える属性はアクションごとに決まっています。アクションは**表A.4**の3種類あります。

表A.4 アクション

種類	説明
標準アクション	jspという接頭辞で呼び出すアクション
カスタムタグ	開発者がJavaのコードで記述
タグファイル	開発者がJSPの構文で記述

■ JSPの暗黙オブジェクト

表A.5の暗黙オブジェクトは、JSPコード内で宣言なしに使える識別子です。

表A.5　暗黙オブジェクト

名前	型
request	javax.servlet.http.HttpServletRequest
response	javax.servlet.http.HttpServletResponse
pageContext	javax.servlet.jsp.PageContext
session	javax.servlet.http.HttpSesion
application	javax.servlet.ServletContext
out	javax.servlet.jsp.JspWriter
config	javax.servlet.ServletConfig
page	java.lang.Object
exception	java.lang.Throwable

本書のJSPの前提

特に指定がない限り、本書のJSPサンプルコードの冒頭に**リストA.1**の内容が記述されていると考えてください。

リストA.1　JSPサンプルコードの雛形

```
<%-- エンコーディングはUTF-8 --%>
<%@ page pageEncoding="utf-8" contentType="text/html; charset=utf-8" %>
<%-- セッションオブジェクトを生成しない --%>
<%@ page session="false" %>

<%-- JSTLを使用する --%>
<%@ taglib prefix="c" uri="http://java.sun.com/jsp/jstl/core" %>
<%@ taglib prefix="fmt" uri="http://java.sun.com/jsp/jstl/fmt" %>
<%@ taglib prefix="fn" uri="http://java.sun.com/jsp/jstl/functions" %>
```

索引

記号

@AccessTimeout ················· 557, 560
@Alternative ···························· 100
@Any ······································ 55
@ApplicationException ················ 564
@ApplicationPath ······················ 178
@ApplicationScoped ········ 41, 67, 89, 309
@AroundConstruct ····················· 104
@AroundInvoke ·························· 80
@AssertFalse ··························· 359
@AssertTrue ···························· 359
@Asynchronous ························ 577
@AttributeOverride ···················· 429
@AttributeOverrides ·················· 430
@BeanParam ··························· 196
@Cacheable ···························· 522
@Column ································ 422
@ConcurrencyManagement ·········· 560
@Constraint ···························· 362
@Consumes ···························· 199
@Context ······························· 186
@Controller ····························· 382
@ConversationScoped ······ 67, 309, 310
@Converter ····························· 505
@CookieParam (JAX-RS) ············· 189
@CsrfValid ······························ 396
@DecimalMax ·························· 360
@DecimalMin ·························· 360
@Decorator ····························· 109
@Default ································· 55
@DefaultValue ···················· 182, 190
@Delegate ······························ 109
@Dependent ············ 67, 72, 89, 98, 309
@DependsOn ··························· 561
@Digits ·································· 360
@Disposes ································ 58
@Embeddable ·························· 427
@EmbeddedId ·························· 426
@Encoded ······························ 190
@Entity ···························· 402, 419
@EntityListeners ······················· 451

@Enumerated ·························· 432
@ExcludeDefaultEntityListeners ····· 452
@FacesComponent ···················· 341
@FacesConverter ······················ 330
@FacesValidator ······················· 333
@FlowScoped ···················· 309, 312
@FormParam ··························· 194
@Future ································· 361
@GeneratedValue ······················ 423
@GroupSequence ······················ 374
@HeaderParam (JAX-RS) ············· 189
@Id ································· 402, 421
@IdClass ································ 427
@Index ·································· 434
@Inject ······················ 31, 40, 43, 550
@Interceptor ····························· 80
@InterceptorBinding ···················· 82
@Interceptors ·························· 105
@javax.ejb.Singleton ·················· 558
@javax.inject.Singleton ········ 67, 73, 89
@JoinColumn ············ 455, 457, 462, 464
@JoinTable ···················· 459, 462, 464
@Lob ···································· 431
@Local ·································· 563
@LocalBean ···························· 563
@Lock ·································· 558
@ManagedBean ······················· 308
@ManyToMany ···················· 461, 463
@ManyToOne ···············456, 460, 464
@MapsId ································ 471
@MatrixParam (JAX-RS) ·············· 189
@Max ··································· 359
@Min ···································· 359
@Model ··································· 78
@MultipartConfig ······················ 137
@Named ······················ 40, 56, 75, 308
@NamedAttributeNode ················ 508
@NamedEntityGraph ·················· 507
@NamedQueries ······················· 491
@NamedQuery ·························· 491
@NamedStoredProcedureQuery ····· 502
@Nonbinding ····························· 54

@NormalScope	65
@NotNull	359
@Null	359
@Observes	112, 122
@OnClose	256
@OnError	256
@OneToMany	458, 460, 464
@OneToOne	453, 455, 464
@OnMessage	256, 265
@OnOpen	256
@Past	360
@Path	180
@PathParam (JAX-RS)	189
@PathParam (WebSocket)	261
@Pattern	361
@PersistenceUnit	404
@PersistenceContext	403, 435
@PostConstruct	60, 74, 309
@PostPersist	448
@PostRemove	448
@PostUpdate	448
@PreDestroy	74, 309
@PreUpdate	448
@Priority	80, 84, 102, 109
@Produces	57, 182, 206
@Provider	187
@Qualifier	50, 116
@QueryParam (JAX-RS)	189
@RedirectScoped	388
@Remove	555
@RequestScoped	63, 67, 89, 309
@Resource	33, 61
@Schedule	571
@Schedules	573
@Scope	66
@SequenceGenerator	424
@ServerEndpoint	253
@SessionScoped	40, 67, 89, 309
@Size	359
@Startup	560
@Stateful	554
@Stateless	552
@Stereotype	77
@StetefulTimeout	556
@Suspended	219
@Table	420, 434

@TableGenerator	425
@Temporal	430
@Timeout	573
@Transactional	533, 539
@TransactionAttribute	566
@Transient	433
@Typed	49
@Valid	371
@Version	517
@Vetoed	91
@ViewScoped	309, 310
@WebFilter	158
@WebListener	162
@WebServlet	127, 130

数字

1方向の1対1	453
1方向の1対多	458
1方向の多対1	456
1方向の多対多	461
2フェーズコミット	530, 546

A

Ajax	324
Apache BVal	355
Application サブクラス (JAX-RS)	178
Apply Request Values	316
asadmin	23
AsyncContext オブジェクト	165
AsyncRespons オブジェクト	219
AttributeConverter	504

B

Bean Validation	355
beans.xml	86, 88, 91, 101, 103, 109
Bean ディスカバリモード	89
Bean 型	49, 94, 98
Bean 定義アノテーション	89
Bean 名	75
binding 属性	300
Built-in constraints	358
BusyConversationException	69

C

CacheControl オブジェクト	210
CDI Conversation Filter	69

Index

CDI (Context and Dependency Injection) ······· 17, 37
CDIイベント ······· 111
CDI管理Bean ······· 45
cid ······· 68
CloseReasonオブジェクト ······· 264
Concurrency Utilities for Java EE ······· 217
ConcurrentAccessTimeoutException ······· 557, 560
Connectionインターフェース ······· 526
Constraint Composition ······· 372
ConstraintValidatorインターフェース ······· 368
Controller ······· 381
Conversationインターフェース ······· 70
Conversationスコープ ······· 67
ConvertDateTime ······· 329
Converterインターフェース (JSF) ······· 330
ConvertNumber ······· 329
Criteria Query ······· 492
CRM ······· 532
Cross-Parameter Constraints ······· 376
CSRF ······· 352, 395
Custom Constraints ······· 367

D

DataSourceインターフェース ······· 35, 60
Decoder.Text<T>インターフェース ······· 268
Dependentスコープ ······· 72
DI (Dependency Injection) ······· 30
DIコンテナ ······· 34
dontRollbackOn ······· 536
doメソッド (サーブレット) ······· 128

E

EJB ······· 17, 550
EJB Lite ······· 551
EJBException ······· 565
EJBタイマーサービス ······· 570
EL (Expression Language：式言語) ······· 222
EL式 ······· 27, 81, 315
Encoder.Text<T>インターフェース ······· 273
EndPoint (WebSocket) ······· 255
EndpointConfigオブジェクト ······· 277
Endpoint抽象基底クラス ······· 257
EntityManager ······· 403, 435
EntityManagerFactory ······· 404
EntityTrancation ······· 438
EventMetadataインターフェース ······· 120

Eventインターフェース ······· 111, 114
Exception Handler ······· 349
ExceptionMapper ······· 187
ExecutableValidatorクラス (Bean Validation) ······· 358

F

Facelets ······· 281
Faces Flow ······· 312
faces-config.xml ······· 307, 312, 314, 317, 333, 349, 352
FacesContext ······· 36, 296
FacesServlet ······· 281
Filterインターフェース ······· 157
Flashオブジェクト ······· 322
Flashスコープ ······· 322
FlowBuilder ······· 312, 313
flow-definitionタグ ······· 314
Front Controllerパターン ······· 381
Fullプロファイル ······· 16

G

GlassFish ······· 23, 281
glassfish-web.xml ······· 286
Grouping constraints ······· 373

H

HandlesTypesアノテーション ······· 172
HeuristicMixedException ······· 543
HeuristicRollbackException ······· 543
Hibernate Validator ······· 355, 356, 357
HTML5 Friendly Markup ······· 301
HTMLエスケープ ······· 351
HttpHeadersオブジェクト ······· 192
HttpServletRequestオブジェクト ······· 134, 145
HttpServletResponseオブジェクト ······· 139
HttpServletクラス ······· 127
HttpSessionBindingListenerインターフェース ······· 163
HttpSessionオブジェクト ······· 129, 146, 150

I

IceFaces ······· 342
id属性 ······· 297
immediate属性 ······· 301, 319, 325
InjectionPointインターフェース ······· 62
InvocationContext ······· 80
Invoke Application ······· 316

索引

J

JavaBeans	355, 377
javax.enterprise.event.Reception	122
javax.enterprise.event.TransactionPhase	124
JAX-RS	174
JDBC	526
JNDI(Java Naming and Directory Interface)	21
JNDIルックアップ	33
JPA	400
JPQL	473
jsessionid	148, 151
JSF (JavaServer Faces)	280, 281
JSFのライフサイクル	316
JSR	280
JSTL (JSP Standard TagLibrary)	239
JTA	531
JTS	532

M

Managed Executor Services	218
Maven	23
MessageBodyReader	199
MessageBodyWriter	211
MessageHandlerインターフェース	263
META-INFディレクトリ	133
Metamodel API	494
Model	384
Multi-valued constraint	375
MVC 1.0	380
MvcContext	390

N

N+1問題	480
Named Query	491
Native Query	500
NetBeans	281
NonexistentConversationException	71

O

Object graph validation	371
ObserverException	121
OmniFaces	348
onerror属性	327
onevent属性	325
Ozark	380, 397

P

ParamConverter	190
Pass-through Attribute	301, 302
Pass-through Element	301, 304
persistence.xml	404, 445
PhaseListener	316
PreparedStatementインターフェース	526
PrettyFaces	348
PrimeFaces	342
Process Validations	316
Project Stage	353

R

ReadListenerインターフェース	168
Refresh Period	353
RemoteEndPointオブジェクト	270
Render Response	316
rendered属性	300
RequestDispatcherオブジェクト	141
Resouce Library Contract	306
Responseオブジェクト	208
REST	174
Restore View	316
RichFaces	342
RollbackException	543
rollbackOn	536

S

ScheduleExpressionクラス	571
ServerEndpointConfigオブジェクト	259
ServletContainerInitializerインターフェース	131, 171
ServletContextオブジェクト	131, 146
SessionContext.wasCancelCalledメソッド	578
Sessionオブジェクト (WebSocket)	255, 262
Skip Comments	353
SQLExceptionクラス	526
Stateless View (JSF)	354
SystemException	543

T

TimerServiceインターフェース	573
Timerクラス	571
TransactionAttributeType	567
TransactionalException	538
TxType.MANDATORY	538

Index

TxType.NEVER	538
TxType.NOT_SUPPORTED	538
TxType.REQUIRED	537
TxType.REQUIRES_NEW	538
TxType.SUPPORTS	538

U

UIComponent	294
UIViewRoot	295
UriBuilderクラス	213
UriInfoオブジェクト	192, 213
UserTransactionインターフェース	541

V

Validatorインターフェース (JSF)	333, 334
Validatorクラス (Bean Validation)	357
View	386
ViewEngine	387

W

web.xml	131, 133
web-fragment.xmlファイル	173
WEB-INFディレクトリ	133
WebSocket	248
WebSocketContainerオブジェクト	264
WebSocketクライアントコード	252
Webプロファイル	16
WriteListenerインターフェース	168

X

X/Open XA仕様	532
XADataSourceインターフェース	545
XAResourceインターフェース	531, 546
XAリカバリ	547
XHTML	287
XSS	396

あ行

アプリケーション例外	564
暗黙オブジェクト(EL)	234
依存性の注入	30
イベントオブジェクト	111
インジェクトポイント	46
インターセプタ	79
インターセプタバインディング型	82
インタセプタ (JAX-RS)	204, 216

永続化タイマー	575
永続性コンテキスト	403
永続性ユニット	404, 445
エンコーダクラス (WebSocket)	273
エンティティ	402, 419
エンティティグラフ	506
エンティティのコールバック	448
エンティティのライフサイクル	436
エンティティマネージャ	60
エンティティリスナー	450
横断的関心事	79
オブザーバ	111

か行

カスタムコンバータ (JSF)	330
カスタムコンポーネント	341
カスタムバリデータ (JSF)	333
カスタムペイロード (WebSocket)	266, 273
管理Bean	281, 308
関数タグライブラリ (JSTL)	246
関連エンティティのフェッチ	464
関連エンティティへのイベントの伝播	467
疑似スコープ	65
キャッシュ	522
キャッシュ制御 (JAX-RS)	210
クエリパラメータ	135
クエリ文字列 (JSF)	321
クライアントビュー	562
クライアントプロキシ	64
グローバルJNDI名	568
グローバルトランザクション	545, 549
限定子	49, 115
コアタグライブラリ (JSTL)	239
コンストラクタインジェクト	46
コンストラクタ式	476
コンテキストパス	127, 134
コンテナアーキテクチャ	20
コンポーネントツリー	295

さ行

サーバプッシュ通信	249
サーブレット	126
サーブレットコンテナ	525, 530
システム例外	565
書式タグライブラリ (JSTL)	246
条件付きオブザーバメソッド	122

シングルトンセッションBean	558
スコープ	40, 63
スコープ (EL)	233
ステートフルセッションBean	554
ステートレス	153
ステートレスセッションBean	552
ステレオタイプ	73, 76, 86, 102
ストアドプロシージャ	501
セキュリティAPI (サーブレット)	154
セッション (WebSocket)	276
セッション (サーブレット)	147
セッションBean	552
セッションスコープ	63
セッターインジェクト	46
宣言的トランザクション	533, 552
双方向の1対1	455
双方向の1対多	460
双方向の多対1	460
双方向の多対多	463

た行

タイプセーフ	42, 48, 56
代替Bean	100
タグライブラリ	287
ディスポーザメソッド	58
デコーダクラス (WebSocket)	267
デコレータ	107
テンプレート	334
同時実行制御	516
ドット演算子 (.)(EL)	229
トランザクション	525
トランザクションID	547
トランザクションオブザーバ	123
トランザクションコンテキスト	534, 580
トランザクションタイムアウト	543
トランザクションマネージャ	531
トランザクションログ	547
トランザクション境界	528
トランザクション属性	537, 566

な行

ナビゲーション (JSF)	320, 321
ノーマルスコープ	65
ノンブロッキングI/O処理 (サーブレット)	168

は行

パッシブ化	556
ビジネスインターフェース	562
非同期処理 (JAX-RS)	217
非同期処理 (サーブレット)	164
非同期送信処理 (WebSocket)	272
ヒューリスティックな決定	543, 548
標準コンバータ (JSF)	328
標準バリデータ (JSF)	331
ファイルアップロード (JSF)	293
フィールドインジェクト	46
フィルタ (サーブレット)	157
フェッチ結合	479
フォームビーン	195
フォワード処理	141, 144
複合コンポーネント (Composite Component)	336
ブラケット演算子 ([])(EL)	231
ブロードキャスト送信 (WebSocket)	275
プロデューサフィールド	59
プロデューサメソッド	56, 97

ら行

ライフサイクルコールバックメソッド	74
リクエストスコープ	63
リクエストフィルタ (JAX-RS)	201
リスナ (サーブレット)	161
リソース (JSF)	305
リソースアダプタ	531
リソースクラス (JAX-RS)	178
リソースマネージャ	531
リソースメソッド (JAX-RS)	178, 181
リダイレクト (JSF)	321
リダイレクト処理	143
リダイレクト処理 (JAX-RS)	212
リッチコンポーネントライブラリ	342
レスポンスフィルタ (JAX-RS)	215
ローカルトランザクション	545
ロールバックマーキング	540

著者略歴

井上 誠一郎(Seiichiro Inoue)

米国でロータスノーツ開発に従事。帰国後、アリエルネットワーク株式会社を創業。15年間アリエルネットワーク社CTOを務めたが、本書執筆時点でアリエルネットワーク社はワークスアプリケーションズ社に吸収されて消滅。現在、ワークスアプリケーションズ社のエグゼクティブフェロー。主な著書は「P2P教科書」「パーフェクトJava(第1版)」「実践JS サーバサイドJavaScript入門」「パーフェクトJavaScript」「パーフェクトJava(第2版)」。

●本書担当
1章、5章、6章、7章、8章

昨年、「パーフェクトJava 改訂2版」を出版しました。その時、紙幅の関係でサーバサイド系の内容を割愛しました。そして本書の執筆がスタートしました。

実は「パーフェクトJava 改訂2版」の後書きで、「パーフェクトJava EE & Spring Framework(仮題)」の予告を先走りました。が、諸般の事情により、Java EEのみの書籍になりました。仮に両方を扱っていたらページ数が倍近くになるリスクがあったので現実的な選択だったと思っています。

オラクル社の社員を除けば、日本でJava EEの本を書く上では、なかなか良い執筆陣を揃えられた自負があります。我々執筆陣はオラクル社員ではないので、建前を書く必要がありません。建前よりも本音の本です。これが本書の魅力になっていることを願います。

槙 俊明(Toshiaki Maki)

クラウドネイティブなアプリケーション開発を推進し、企業のソフトウェア開発方法の変革を牽引する企業のソリューションアーキテクト。Twitterアカウントは@making。

主な著書に『はじめてのSpring Boot(工学社)』、『Spring徹底入門 Spring FrameworkによるJavaアプリケーション開発(翔泳社)』など。

●本書担当
12章、13章、14章

好きなJava EE APIはJPAです。JPA、Bean Validation、Servletを除くと、基本的にJava EEは使いません。個人的にはSpring Bootがオススメです。

Java EE APIを使うのは悪くないですが、Java EEサーバーが持つ機能はもっとPaaSのようなプラットフォームに吸収されていっていると思います。

上妻 宜人（Norito Agetsuma）

SIerの技術部門に所属し、Java関連のテクニカルサポート業務に従事。Javaトラブルシューティングの日々を送る。

● 本書担当
2章、3章、4章、15章、16章

トラブルシューティングで様々なシステムのコードを見ると、Java EEサーバを利用しているのにも関わらず、サーブレットコンテナ相当の機能しか利用されていない場面に度々遭遇します。世の中のJava EEサーバが本来の力を発揮できること願って、本書を執筆しました。
Java EEは最新鋭のフレームワークではありません。しかし、Java EEが持つ強力な後方互換性は、10年以上動くことが求められる企業システムにおいて大きな利点です。開発の現場で、本書に出会うことを楽しみにしています。

菊田 洋一（Yoichi Kikuta）

株式会社構造計画研究所にて、主に製造業向け業務システムの受託開発に従事。.NET C#を中心とした開発からJavaによるWeb開発へ、2012年頃にシフトする。初めてJava EE 6を触った頃から「Challenge Java EE」ブログを書き始めて、日々の開発で学んだことを記録。2014年発売の「Javaエンジニア養成読本」にてJava EE章を担当。

● 本書担当
9章,10章,11章

はじめてJavaのWeb開発を任されたとき、フレームワークの選択に苦労しました。なぜJavaの世界にはこんなにたくさん選択肢があるんだ!と(笑)。その頃に感じた驚きや悩みは今でも変わらず、新しいものが出ては消えたり、Springの進化の速さを知るたびに「時代はSpring Bootでは…」と悩んだり。
Java EE選択後も、JSFの評判が良くないなど、日々不安でした。実際、JSFはWeb本来のシンプルな思想から離れた重厚な仕組みです。GUIアプリ感覚に楽ができる部分もあれば、細かい所で苦労する面もあります。
本書では、そういった経験に基づいた観点も踏まえて書きました。少しでも読者の方々のお役に立てれば幸いです。
最後に、本書の執筆へお声かけ頂いた井上さん、槇さん、上妻さん、本当にありがとうございました。すごい執筆メンバの中へ加わることに、当初とても躊躇しましたが、大変良い経験をさせて頂きました。

イラスト● ダバカン
装丁● 三浦 かなえ (kanaemiura.com)
本文デザイン・DTP● 技術評論社　制作業務部
編集● 原田崇靖

サポートページ● http://book.gihyo.jp

パーフェクト Java EE

2016年8月25日　初　版　第1刷発行

著　者　井上誠一郎／槙俊明／上妻宜人／菊田洋一
発行者　片岡　巌
発行所　株式会社技術評論社
　　　　東京都新宿区市谷左内町21-13
　　　　電話　03-3513-6150　販売促進部
　　　　　　　03-3513-6177　雑誌編集部
印刷／製本　港北出版印刷株式会社

定価はカバーに表示してあります。

造本には細心の注意を払っておりますが、万一、乱丁（ページの乱れ）や落丁（ページの抜け）がございましたら、小社販売促進部までお送りください。送料小社負担にてお取り替えいたします。

本書の一部または全部を著作権法の定める範囲を超え、無断で複写、複製、転載、あるいはファイルに落とすことを禁じます。

©2016　井上誠一郎／槙俊明／上妻宜人／菊田洋一
ISBN 978-4-7741-8316-9 C3055
Printed in Japan

本書の内容に関するご質問は、下記の宛先までFAXまたは書面にてお送りください。お電話によるご質問、および本書に記載されている内容以外のご質問には、一切お答えできません。あらかじめご了承ください。

〒162-0846
東京都新宿区市谷左内町21-13
株式会社技術評論社
『パーフェクト Java EE』質問係
FAX: 03-3513-6173

なお、ご質問の際に記載いただいた個人情報は質問の返答以外の目的には使用いたしません。また、質問の返答後は速やかに破棄させていただきます。